混凝土结构设计与算例

（含按计算器程序计算）

郭继武　编著

中国建筑工业出版社

图书在版编目（CIP）数据

混凝土结构设计与算例/郭继武编著. —北京：中国建筑工业出版社，2014.6

ISBN 978-7-112-16730-2

Ⅰ.①混… Ⅱ.①郭… Ⅲ.①混凝土结构-结构设计②混凝土结构-设计计算 Ⅳ.①TU370.4

中国版本图书馆 CIP 数据核字（2014）第 072830 号

《混凝土结构设计与算例》依据《混凝土结构设设计规范》(GB 50010—2010) 编写。内容分为两大部分：混凝土结构的基本理论和典型例题。

基本理论部分，分为 12 章。内容包括：建筑结构荷载分类及其组合，建筑结构概率极限状态设计，钢筋和混凝土材料的力学性能，受弯、受压、受拉、受扭构件承载力计算，钢筋混凝土构件变形和裂缝的计算，钢筋混凝土双向板和楼梯计算；弹性地基梁计算和结构地震反应时程分析法，以及编程计算器介绍和编程方法。

例题部分涵盖了混凝土基本构件中的典型实例，每个例题都由手算和按计算程序计算两种方法完成。在第 12 章中对编程计算器、算法语言、编程方法和操作步骤，结合实例作了扼要的介绍。

本书可作为高等学校土建专业师生参考用书，也可供施工管理、建筑施工、工程监理等工程技术人员学习、参考。

责任编辑：郭　栋
责任设计：董建平
责任校对：张　颖　赵　颖

混凝土结构设计与算例
（含按计算器程序计算）
郭继武　编著
*
中国建筑工业出版社出版、发行（北京西郊百万庄）
各地新华书店、建筑书店经销
北京千辰公司制版
北京君升印刷有限公司印刷
*
开本：787×1092 毫米　1/16　印张：21½　字数：532 千字
2014 年 9 月第一版　　2014 年 9 月第一次印刷
定价：**49.00** 元
ISBN 978-7-112- 16730-2
（25510）

前　言

《混凝土结构》是高等学校土建专业重点课程之一。众所周知，其特点是内容多、符号多、计算公式多、构造规定多。因此，这就给读者学习带来了困难。

笔者在分析了《混凝土结构》的这些特点后，为了克服读者学习中的困难，笔者编写了这本《混凝土结构设计与算例》一书，作为读者学习参考。本书的特点是，简明扼要地介绍了混凝土结构的基本理论，并配有大量的典型例题。

基本理论内容包括：建筑结构荷载分类及其组合，建筑结构极限状态设计，钢筋、混凝土材料力学性能，受弯、受压、受拉、受扭构件承载力计算，钢筋混凝土构件变形和裂缝计算，钢筋混凝土双向板和楼梯计算；弹性地基梁计算和结构地震反应时程分析简介。

在编写这部分内容时，笔者力求做到由浅入深、循序渐进、理论联系实际，对规范的一些条文规定和有关公式及其限制条件从不同角度作了诠释。

例如，在偏压构件中，新版规范编入了 P-δ 效应新的计算方法，即 $C_{m}-\eta_{ns}$法，该方法考虑了杆端不同弯矩的情形。为了深入理解这一方法的物理概念，书中采用了“等代柱法”进行讲解，并对公式进行了推证，同时对规范公式作了讨论。

例题部分涵盖了混凝土基本构件中不同情况下的典型实例，为了提高读者的学习和工作效率，每个例题都由手算和按计算器程序计算两种方法完成。在书的附录中，介绍了计算器用的算法语言、编程方法（含例题）和操作步骤。

按计算器程序做习题可极大地提高学习效率，并且可以校对手做习题的计算结果，通过编程还可使读者加深对规范和课程内容的理解。

由于篇幅所限，附录中只收入了“弯剪扭构件承载力计算”、“弹性地基梁计算”和“单层钢筋混凝土框架地震反应计算”三个计算程序。其他计算程序列于附录程序索引表中，如有读者需要，请到中国建筑工业出版社网站 http://www.cabp.com.cn “图书配套资源下载”栏目下载。

由于笔者水平所限，书中可能存在疏漏之处，尚请广大读者批评指正。编写本书过程中，参考了公开发表的一些文献和专著，谨向这些作者表示感谢。

目　录

第1章　建筑结构荷载分类及其组合

建筑结构在使用期间要承受各种“作用”。这里所指的“作用”包括施加在结构上的集中或分布荷载，以及引起结构外加变形或约束变形的原因（如地震、基础沉降和温度变化等）。前者称为直接作用，习惯上称为荷载；后者称为间接作用。新版荷载规范内容虽已覆盖了直接作用和间接作用，但为了尊重习惯和方便使用，规范名称仍沿用《建筑结构荷载规范》（GB 50009—2012）。

§1-1　荷载的分类

结构上的荷载可按下列性质分类：

1.1.1　按随时间的变异分类

1. 永久荷载　在结构使用期间内其值不随时间而变化，或其变化与平均值相比可以忽略不计的荷载。例如，结构自重、土压力、预加应力等。永久荷载也叫做恒载。

2. 可变荷载　在结构使用期间内其值随时间而变化，且其变化与平均值相比不可忽略的荷载。例如，楼面可变荷载、风荷载、雪荷载、吊车荷载等。可变荷载也叫做活荷载。

3. 偶然荷载　在结构使用期间内不一定出现的荷载，但它一旦出现，其量值很大且其持续时间很短。例如，爆炸力、撞击力等。

1.1.2　按随空间位置的变异分类

1. 固定荷载　在结构空间位置上具有固定分布的荷载。例如，结构构件的自重、工业厂房楼面固定设备荷载等。

2. 自由荷载　在结构空间位置上的一定范围内可以任意分布的荷载。例如，工业与民用建筑楼面上人的荷载、吊车荷载等。

1.1.3　按结构的反应特点分类

1. 静态荷载　不使结构产生加速度，或所产生加速度可忽略不计的荷载。例如，结构自重、住宅、办公楼楼面的活荷载等。

2. 动态荷载　使结构产生的加速度不能忽略不计的荷载。例如，吊车荷载、机器的动力荷载、作用在高耸结构上的风荷载等。

§1-2　荷载代表值

结构设计时，应根据不同的设计要求，采用不同的荷载数值，即所谓荷载代表值。

《建筑结构荷载规范》(GB 50009—2012)[①] 给出了四种荷载代表值，即标准值、组合值、频遇值和准永久值。永久荷载采用标准值作为代表值：可变荷载采用标准值、组合值、频遇值和准永久值作为代表值。荷载标准值是结构设计时采用的荷载基本代表值。而其他代表值都可在标准值的基础上乘以相应的系数得到。

1.2.1 荷载标准值

荷载标准值是指结构在使用期间内，在正常情况下可能出现的最大荷载值。

1. 永久荷载标准值

由于永久荷载的变异性不大，因此其标准值可按结构设计规定的尺寸、材料或构件单位体积（或单位面积）的自重平均值确定。按这种方法确定的永久荷载标准值，一般相当于永久荷载概率分布的0.5的分位值，即正态分布的平均值。对于某些重量变异性较大材料和构件（如屋面保温材料、防水材料、找平层以及现浇钢筋混凝土板等），考虑到结构的可靠性，在设计中应根据该荷载对结构有利或不利，分别取其自重的下限或上限。关于材料单位重量，可按《荷载规范》附录A采用。

2. 可变荷载标准值

可变荷载标准值应根据荷载设计基准期（为确定可变荷载而选用的时间参数，一般取50年）最大荷载概率分布的某一分位值确定（图1-1）。即

$$Q_k = \mu + \alpha\sigma = \mu(1 + \alpha\delta) \tag{1-1}$$

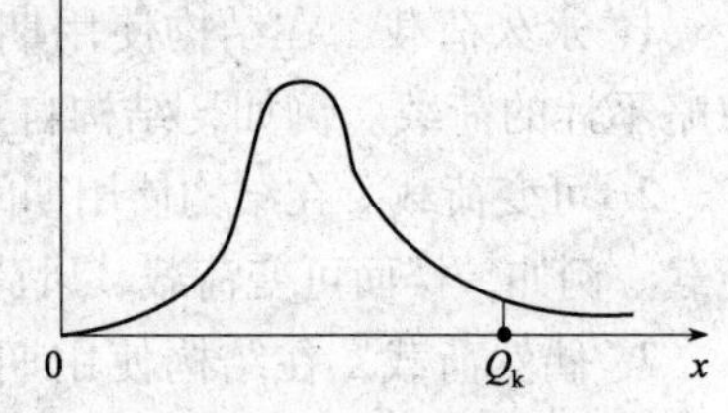

图1-1 可变荷载标准值的确定

式中 Q_k——可变荷载标准值；

μ——设计基准期最大荷载平均值；

σ——设计基准期最大荷载标准差；

α——荷载标准值的保证率系数；

δ——设计基准期最大荷载变异系数。

（1）民用建筑楼面可变荷载标准值

我国有关单位对办公楼、住宅和商店等民用建筑的楼面可变荷载进行了调查，经统计分析表明，在设计基准期内民用建筑楼面最大可变荷载概率分布服从极值Ⅰ型分布，其分布函数为：

$$F_1(x) = e^{-e^{\lambda(x-u)}} \tag{1-2a}$$

式中

$$\lambda = \frac{1.28255}{\sigma} \tag{1-2b}$$

$$u = \mu - \frac{0.57722}{\lambda} \tag{1-2c}$$

办公楼、住宅和商店最大荷载平均值分别为1.047kN/m^2、1.288kN/m^{2}和2.841kN/m^2，标准差分别为0.302kN/m^2、0.300kN/m^{2}和0.553kN/m^2。

《建筑结构荷载规范》(GBJ 9—1987) 规定，办公楼、住宅和商店楼面可变荷载标准值分别为1.5kN/m^2、1.5kN/m^{2}和3.5kN/m^2。它们分别相当于设计基准期最大荷载概率分

① 本书以后简称《荷载规范》。

布平均值加1.5、0.7和1.2倍各自的标准差σ_{LT}，于是楼面可变荷载标准值分别为：

办公室　$Q_k=\mu+\alpha\sigma=1.047+1.5\times0.302=1.50\text{kN/m}^2$

住宅　$Q_k=\mu+\alpha\sigma=1.288+0.7\times0.300=1.50\text{kN/m}^2$

商店　$Q_k=\mu+\alpha\sigma=2.841+1.2\times0.553=3.50\text{kN/m}^2$

由式（1-2a）可算出它们的保证率。例如，对于办公室，其中

$$x=Q_k=1.5\text{kN/m}^2$$

$$\lambda=\frac{1.28255}{\sigma}=\frac{1.28255}{0.302}=4.247$$

$$u=\mu-\frac{0.57722}{\lambda}=1.047-\frac{0.57722}{4.247}=0.9111\text{kN/m}^2$$

$$\lambda(x-u)=4.247\times(1.50-0.9111)=2.501$$

将以上数值代入式（1-2a），即可求得办公室与$\alpha=1.5$对应的可变荷载的保证率为

$$F_{\mathrm{I}}(x)=e^{-e^{-\lambda(x-u)}}=e^{-e^{-2.501}}=0.921=92.1\%$$

亦即办公室可变荷载取保证率为92.1%的分位值。

同样，可求得住宅和商店的可变荷载的保证率分别为79.1%和88.5%。由此可见，1987年版《荷载规范》可变荷载的保证率是不一致的，其中住宅的可变荷载的保证率偏低较多。考虑到工程界普遍的意见，认为对于建筑工程量较大的办公楼和住宅来说，其可变荷载标准值与国外相比偏低，又鉴于民用建筑的楼面可变荷载今后的变化趋势也难以预测。因此，2001年版《荷载规范》将办公室和住宅的楼面可变荷载的最小值取为2.0kN/m²。由式（1-2a）可算出它们的保证率，分别为99.0%和97.3%。2001年版《荷载规范》办公楼和住宅可变荷载的保证率有了较大的提高。而商店的楼面活荷载仍保持原标准值。

民用建筑楼面活荷载标准值见表1-1。

民用建筑楼面均布活荷载标准值及其组合值、频遇值和准永久值系数　　表1-1

项次	类　别	标准值（kN/m²）	组合值系数ψ_c	频遇值系数ψ_f	准永久值系数ψ_q
1	（1）住宅、宿舍、旅馆、办公楼、医院病房、托儿所、幼儿园	2.0	0.7	0.5	0.4
	（2）试验室、阅览室、会议室、医院门诊室	2.0	0.7	0.6	0.5
2	教室、食堂、餐厅、一般资料档案室	2.5	0.7	0.6	0.5
3	（1）礼堂、剧场、影院、有固定座位的看台	3.0	0.7	0.5	0.3
	（2）公共洗衣房	3.0	0.7	0.6	0.5
4	（1）商店、展览厅、车站、港口、机场大厅及其旅客等候室	3.5	0.7	0.6	0.5
	（2）无固定座位的看台	3.5	0.7	0.5	0.3
5	（1）健身房、演出舞台	4.0	0.7	0.6	0.5
	（2）运动场、舞厅	4.0	0.7	0.6	0.3
6	（1）书库、档案厅、储藏室	5.0	0.9	0.9	0.8
	（2）密集柜书库	12.0	0.9	0.9	0.8

续表

项次	类别			标准值（kN/m^2）	组合值系数 ψ_c	频遇值系数 ψ_f	准永久值系数 ψ_q
7	通风机房、电梯机房			7.0	0.9	0.9	0.8
8	汽车通道及停车库	（1）单向板楼盖（板跨不小于2m）和双向板楼盖（板跨不小于3m×3m）	客车	4.0	0.7	0.7	0.6
			消防车	35.0	0.7	0.5	0.0
		（2）双向板楼盖（板跨不小于6m×6m）和无梁楼盖（柱网不小于6m×6m）	客车	2.5	0.7	0.7	0.6
			消防车	20.0	0.7	0.5	0.0
9	厨房	（1）餐厅		4.0	0.7	0.7	0.7
		（2）其他		2.0	0.7	0.6	0.5
10	浴室、卫生间、盥洗室			2.5	0.7	0.6	0.5
11	走廊、门厅	（1）宿舍、旅馆、医院病房、托儿所、幼儿园、住宅		2.0	0.7	0.5	0.4
		（2）办公楼、餐厅、医院门诊部		2.0	0.7	0.6	0.5
		（3）教学楼及其他可能出现人员密集的情况		3.5	0.7	0.5	0.3
12	楼梯	（1）多层住宅		2.0	0.7	0.5	0.4
		（2）其他		3.5	0.7	0.5	0.3
13	阳台	（1）可能出现人员密集的情况		3.5	0.7	0.6	0.5
		（2）其他		2.5	0.7	0.6	0.5

注：1. 本表所给各项活荷载适用于一般使用条件，当使用荷载较大、情况特殊或有专门要求时，就按实际情况采用；

2. 第6项书库活荷载当书架高度大于2m时，书库活荷载尚应按每米书架高度不小于2.5kN/m^2 确定；

3. 第8项中的客车活荷载仅适用于停放载人少于9人的客车；消防车活荷载适用于满载总重为300kN的大型车辆；当不符合本表的要求时，应将车轮的局部荷载按结构效应的等效原则，换算为等效均布荷载；

4. 第8项消防车活荷载，当双向板楼盖板跨介于3m×3m～6m×6m之间时，应当跨度线性插值确定；

5. 第12项楼梯活荷载，对预制楼梯踏步平板，尚应按1.5kN集中荷载验算；

6. 本表各项荷载不包括隔墙自重和二次装修荷载；对固定隔墙的自重应按永久荷载考虑，当隔墙位置可灵活自由布置时，非固定隔墙的自重应取不小于1/3的每延米长墙重（kN/m）作为楼面活荷载的附加值（kN/m^2）计入，且附加值不应小于1.0kN/m^2。

设计楼面梁、墙、柱及基础时，表1-1中的楼面活荷载标准值在下列情况下应乘以规定的折减系数。

1）设计楼面梁时的折减系数：

① 第1（1）项当楼面梁从属面积超过25m^2时，应取0.9；

② 第1（2）~7项当楼面梁从属面积超过50m^2时，应取0.9；

③ 第8项对单向板楼盖的次梁和槽形板的纵肋应取0.8；对单向板楼盖的主梁应取0.6；对双向板楼盖的梁应取0.8；

④ 第9～13项应采用与所属房屋类别相同的折减系数。

2）设计墙、柱及基础时的折减系数：

① 第1（1）项应按表1-2规定采用；

② 第1（2）~7项应采用与其楼面梁相同的折减系数；

③ 第8项对单向板楼盖应取0.8；对双向板楼盖和无梁楼盖应取0.8；

④ 第9~13项应采用与所属房屋类别相同的折减系数。

活荷载按楼层的折减系数　表1-2

墙、柱、基础计算截面以上的层数	1	2~3	4~5	6~8	9~20	>20
计算截面以上各楼层活荷载载总和折减系数	1.00 （0.90）	0.85	0.70	0.65	0.60	0.55

注：当楼面梁的从属面积超过25m^{2}时，应采用括号内的数值。

（2）屋面均布活荷载

房屋建筑的屋面，其水平投影面上的屋面均布活荷载，应按表1-3采用。

屋面均布活荷载标准值及其组合值、频遇值和准永久值系数　表1-3

项　次	类　　别	标准值（kN/m^2）	频遇值系数 ψ_c	频遇值系数 ψ_f	准永久值系数 ψ_q
1	不上人的屋面	0.5	0.7	0.5	0.0
2	上人的屋面	2.0	0.7	0.5	0.4
3	屋顶花园	3.0	0.7	0.6	0.5
4	屋顶运动场地	3.0	0.7	0.6	0.4

注：1. 不上人的屋面，当施工或维修荷载较大时，应按实际情况采用；对不同类型的结构应按有关设计规范的规定采用，但不得低于0.3kN/m^2；

2. 当上人的屋面兼作其他用途时，应按相应楼面活荷载采用；

3. 对于因屋面排水不畅、堵塞等引起的积水荷载，应采取构造措施加以防止；必要时应按积水的可能深度确定屋面活荷载；

4. 屋顶花园活荷载，不包括花圃土石等材料自重。

（3）雪荷载标准值

屋面水平投影面上的雪荷载标准值，按下式计算：

$$s_k = \mu_s s_0 \tag{1-3}$$

式中　s_k——雪荷载标准值（kN/m^2）；

μ_r——屋面积雪分布系数，即地面基本雪压换算为屋面雪荷载的换算系数；其值根据不同类型的屋面形式，按《荷载规范》表7.2.1采用；

s_0——基本雪压（kN/m^2），一般按《荷载规范》附录E中附表E5给出的50年一遇的雪压采用。

（4）风荷载标准值

垂直于建筑物表面上的风荷载标准值，应按下列公式计算：

1）当计算主要承重结构时

$$w_k = \beta_z \mu_s \mu_z w_0 \tag{1-4}$$

式中　w_k——风荷载标准值（kN/m^2）；

β_z——高度z处的风振系数，按《荷载规范》8.4相关规定计算；

μ_s——风荷载体型系数，按《荷载规范》8.4相关规定采用；

μ_z——风压高度变化系数，按《荷载规范》表8.2.1采用；

w_0——基本风压（kN/m^2），一般按《荷载规范》附录E中附表E5给出的50年一遇的风压采用，但不得小于$0.3kN/m^2$。

2）当计算围护结构时

$$w_k = \beta_{gz} \mu_{sl} \mu_z w_0 \tag{1-5}$$

式中 β_{gz}——高度z处阵风系数，阵风系数应按《荷载规范》表8.6.1确定；

μ_{sl}——局部风压体型系数，按《荷载规范》8.3条规定采用。

1.2.2 荷载组合值

当考虑两种或两种以上可变荷载在结构上同时作用时，由于所有荷载同时达到其单独出现的最大值的可能性很小，因此，除主导荷载（产生荷载效应最大的荷载）仍以其标准值作为代表值外，对其他伴随的荷载应取小于标准值的组合值为其代表值。

可变荷载组合值可写成

$$Q_c = \psi_c Q_k \tag{1-6}$$

式中 Q_c——可变荷载组合值；

Q_k——可变荷载标准值；

ψ_c——可变荷载组合值系数，民用建筑楼面和屋面均布活荷载组合值系数分别见表1-1和表1-3；雪荷载组合值系数可取0.7；风荷载组合值系数可取0.6。

1.2.3 荷载频遇值

荷载频遇值是设计基准期内会经常出现的荷载值。它是正常使用极限状态按频遇组合设计时采用的一种可变荷载代表值。其值可根据在设计基准期内达到或超过该值的总持续时间与设计基准期的比值为0.1的条件确定。

可变荷载频遇值可按下式计算：

$$Q_f = \psi_f Q_k \tag{1-7}$$

式中 Q_f——可变荷载频遇值；

ψ_f——频遇值系数，民用建筑楼面和屋面均布活荷载频遇值系数分别见表1-1和表1-3；雪荷载频遇值系数可取0.6；风荷载频遇值系数可取0.4；

Q_k——可变荷载标准值。

1.2.4 荷载准永久值

荷载准永久值是正常使用极限状态按准永久组合和按频遇组合设计采用的一种可变荷载代表值。

在进行结构构件变形和裂缝验算时，要考虑荷载长期作用对构件刚度和裂缝的影响。永久荷载长期作用在结构上，故取荷载标准值。可变荷载不像永久荷载那样，在设计基准期内全部作用在结构上。因此，在考虑荷载长期作用时，可变荷载不能取其标准值，而只能取在设计基准期内经常作用在结构上的那部分荷载。它对结构的影响类似于永久荷载，这部分荷载就称为荷载准永久值。可变荷载准永久值，根据在设计基准期内荷载达到和超过该值的总持续时间与设计基准期的比值为0.5的条件确定（图1-2）。

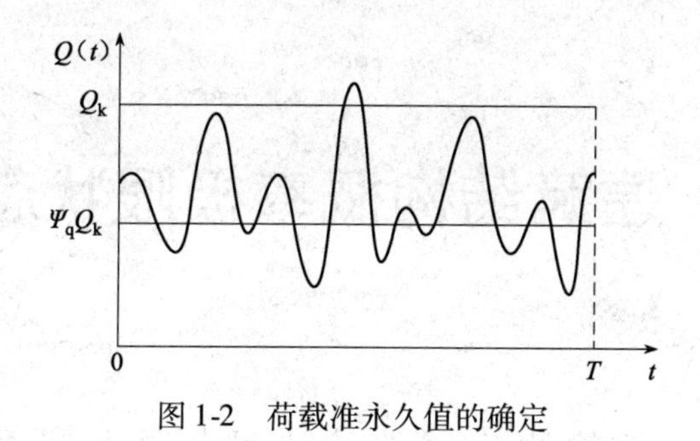

图1-2　荷载准永久值的确定

可变荷载准永久值可写成：

$$Q_q = \psi_q Q_k \tag{1-8}$$

式中　Q_q——可变荷载准永久值；

Q_k——可变荷载标准值；

ψ_q——准永久值系数，民用建筑楼面和屋面均布活荷载准永久值系数分别见表1-1和表1-3；雪荷载准永久值系数应按雪荷载分区Ⅰ、Ⅱ和Ⅲ的不同，分别取0.5、0.2和0；雪荷载分区应按《荷载规范》附录E.5采用，亦可由附图E.6.2直接查出；风荷载准永久值系数可取0。

第2章　建筑结构概率极限状态设计法

§2-1　建筑结构的设计使用年限和安全等级

2.1.1　建筑结构设计使用年限

随着我国市场经济的发展，建筑市场迫切要求明确建筑结构设计使用年限。《建筑结构可靠度设计统一标准》(GB 50068—2001）首次正式提出了"设计使用年限"，明确了设计使用年限是设计规定的一个时期，在这一规定时期内，只需进行正常维护而不需进行大修即可按预期目的使用，完成预定的功能。

《建筑结构可靠度设计统一标准》(GB 50068—2001）规定，结构设计使用年限遵循表2-1的标准。

建筑结构设计使用年限分类　　表2-1

类别	设计使用年限（年）	示　例	类别	设计使用年限（年）	示　例
1	5	临时性建筑	3	50	普通房屋和构筑物
2	25	易于替换的结构构件	4	100	纪念性建筑和特别重要的建筑结构

2.1.2　建筑结构的安全等级

建筑结构设计时，应根据建筑结构破坏可能产生的后果（危及人的生命，造成经济损失，产生社会影响等）的严重性，采用不同的安全等级。建筑结构安全等级的划分，应符合表2-2要求。

建筑结构的安全等级　　表2-2

安全等级	破坏后果	建筑物类型	安全等级	破坏后果	建筑物类型
一级	很严重	重要的房屋	三级	不严重	次要的建筑物
二级	严重	一般的房屋			

注：1. 对特殊的建筑物，其安全等级应根据具体情况另行确定；
2. 地基基础设计安全等级及按抗震要求设计的建筑安全等级，尚应符合国家现行有关规范的规定。

应当指出，建筑物中各类结构构件的安全等级，宜与整个结构的安全等级相同。对其中部分结构构件的安全等级可进行调整，但不得低于三级。

§2-2　概率极限状态设计法

2.2.1　结构的功能及其极限状态

1. 结构的功能

任何结构在规定的时间内，在正常条件下，均应满足预定功能的要求。这些功能的要求是：

（1）安全性　建筑结构应能承受在正常施工和正常使用过程中可能出现的各种作用（如荷载、温度变化、基础沉降等），以及应能在偶然事件（如爆炸、罕遇地震等）发生时及发生后保证必需的整体稳定性。

（2）适用性　建筑结构在正常使用过程中，应有良好的工作性能。例如，构件应具有足够的刚度，以避免在荷载作用下产生过大的变形或振动。

（3）耐久性　建筑结构在正常维护条件下，应能完好地使用到设计所规定的年限。例如，不致出现混凝土保护层剥落和裂缝过宽而使钢筋锈蚀。

结构的安全性、适用性和耐久性，总称为结构的可靠性。

结构的可靠性以可靠度来度量。所谓结构可靠度，是指在规定的时间内（一般取50年），在规定的条件下（指正常设计，正常施工和正常使用），完成预定的功能的概率。因此，结构可靠度是其可靠性的一种定量描述。

2. 结构功能的极限状态

整个结构或结构的一部分，超过某一特定状态就不能满足设计规定的某一功能要求，此特定状态称为该功能的极限状态。

建筑结构设计的目的就在于，以最经济的效果，使结构在规定的时间内，不超过各种功能的极限状态。我国《建筑结构可靠度设计统一标准》(GB 50068—2001）考虑到结构的安全性、适用性和耐久性的功能，将结构的极限状态分为以下两类。

（1）承载能力极限状态

这种极限状态对应于结构或结构构件达到最大承载力或不适于继续承载的变形。

当结构或结构构件出现下列情况之一时，应认为超过了承载能力极限状态：

1）整个结构或结构的一部分作为刚体失去平衡，如结构或结构构件发生滑移或倾覆。

2）结构构件或连接因材料强度不足而破坏（包括疲劳破坏)，或因过度塑性变形而不适于继续承受荷载。

3）结构转变为机动体系。

4）结构或构件丧失稳定（如压曲等）。

（2）正常使用极限状态

这种极限状态对应于结构或结构构件达到正常使用或耐久性能的某项规定限值。

当结构或结构构件出现下列情况之一时，应认为超过了正常使用极限状态：

1）影响正常使用或外观的变形。

2）影响正常使用或耐久性能的局部损坏（包括裂缝)。

3）影响正常使用的振动。

4）影响正常使用的其他特定状态。

由上不难看出，承载能力极限状态是考虑有关结构安全性功能的，而正常使用极限状态则是考虑结构适用性和耐久性的功能的。由于结构或结构构件一旦出现承载能力极限状态，它就有可能发生严重的破坏，甚至倒塌，造成人身伤亡和重大经济损失。因此，应当把出现这种极限状态的概率控制得非常严格。而结构或结构构件出现正常使用极限状态，要比出现承载能力极限状态的危险性小得多，还不会造成人身丧亡和重大经济损失。因此，可以把出现这种极限状态的概率略微放宽一些。

2.2.2 极限状态设计法

如前所述，结构的极限状态分为两类：承载能力极限状态和正常使用极限状态。

在进行结构设计时，就应针对不同的极限状态，根据结构的特点和使用要求给出具体的标志及限值，以作为结构设计的依据。这种以相应于结构各种功能要求的极限状态作为结构设计依据的设计方法，就称为“极限状态设计法”。

1. 失效概率与可靠指标

按极限状态设计的目的，在于保证结构安全可靠，这就要求作用在结构上的荷载或其他作用（如地震、温度影响等）对结构产生的效应（如内力、变形、裂缝）不超过结构在到达极限状态时的抗力（如承载力、刚度、抗裂等），即：

$$S \leqslant R \tag{2-1}$$

式中 S——结构的作用效应；

R——结构的抗力。

将式（2-1）写成：

$$Z = g(S, R) = R - S = 0 \tag{2-2}$$

式(2-2)称为“极限状态方程”。其中 $Z = g(S,R)$ 称为功能函数。S、R 称为基本变量。显然

当 $Z > 0$（即 $R_d > S_d$）时，结构处于可靠状态；

当 $Z < 0$（即 $R_d < S_d$）时，结构处于失效状态；

当 $Z = 0$（即 $R_d = S_d$）时，结构处于极限状态。

结构所处的状态见图 2-1。由此可见，通过结构功能函数 Z 可以判别结构所处的状态。

应当指出，由于决定效应 S 的荷载，以及决定结构抗力 R 的材料强度和构件尺寸都不是定值，而是随机变量，故 S 和 R 亦为随机变量。因此，在结构设计中，保证结构绝对安全可靠是办不到的，而只能做到大多数情况下结构处于 $R < S$ 失效状态的失效概率足够小，我们就可以认为结构是可靠的。

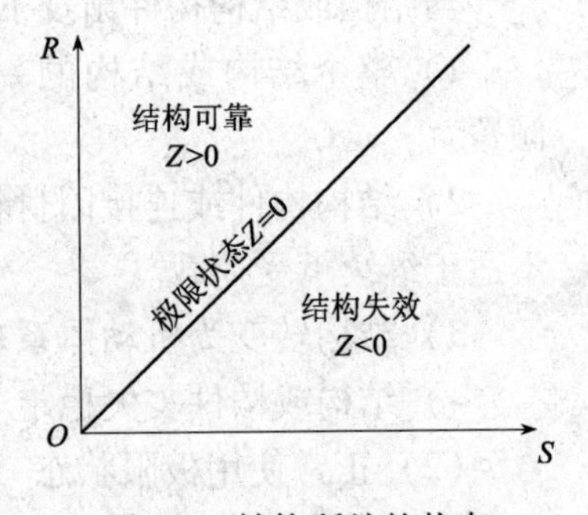

图 2-1 结构所处的状态

下面建立结构失效概率的表达式。

设基本变量 R、S 均为正态分布，故它们的功能函数：

$$Z = g(R, S) = R - S \tag{2-3}$$

亦为正态分布（见图2-2）。

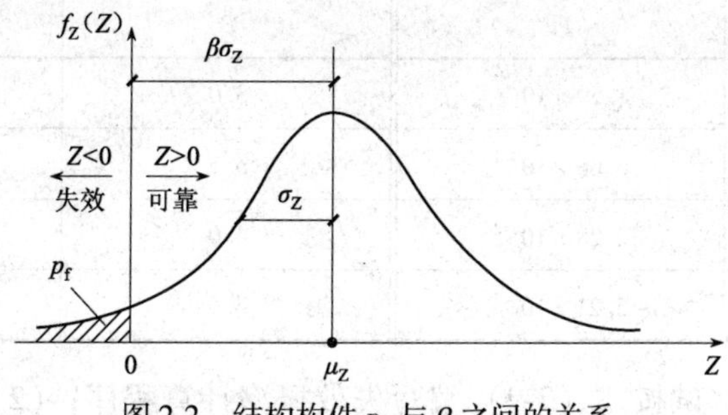

图2-2　结构构件 p_f 与 β 之间的关系

在图2-2中，$Z<0$ 的一侧表示结构处于失效状态，而 $f_Z(Z)$ 的阴影面积则为失效概率，即：

$$p_f = P(Z < 0) = \int_{-\infty}^{0} f_Z(Z)\mathrm{d}Z \tag{2-4}$$

设变量 Z 的平均值

$$\mu_Z = \mu_R - \mu_S \tag{2-5}$$

和标准差

$$\sigma_Z = \sqrt{\sigma_R^2 + \sigma_S^2} \tag{2-6}$$

式中　μ_R、μ_S——结构抗力和荷载效应平均值；

　　　σ_R、σ_S——结构抗力和荷载效应标准差。

将式（2-4）写得具体一些，于是

$$p_f = \frac{1}{\sqrt{2\pi}}\int_{-\infty}^{0}\frac{1}{\sigma_Z}e^{-\frac{(Z-\mu_Z)^2}{2\sigma_Z^2}}\mathrm{d}Z \tag{2-7}$$

为计算方便，将式（2-7）中的被积函数进行坐标变换，即将一般正态分布变换成标准正态分布。为此，设 $t=\dfrac{Z-\mu_Z}{\sigma_Z}$，则得 $\mathrm{d}t=\dfrac{\mathrm{d}Z}{\sigma_Z}$，即得 $\mathrm{d}Z=\sigma_Z\mathrm{d}t$，积分上限由原来的 $Z=0$ 变换成 $t=\dfrac{0-\mu_Z}{\sigma_Z}=-\dfrac{\mu_Z}{\sigma_Z}$，令

$$\beta = \frac{\mu_Z}{\sigma_Z} = \frac{\mu_R - \mu_S}{\sqrt{\sigma_R^2 + \sigma_S^2}} \tag{2-8}$$

将上列关系式代入式（2-7），可得：

$$p_f = \frac{1}{\sqrt{2\pi}}\int_{-\infty}^{-\beta} e^{-\frac{t^2}{2}}\mathrm{d}t = \Phi(-\beta) = 1 - \Phi(\beta) \tag{2-9}$$

式中，函数 $\Phi(\beta)$ 已制成表格，可供查用。

式（2-9）就是所要建立的失效概率表达式。由式中可以看出，β 值与失效概率 p_f 在数字上具有一一对应关系，两者也具有相对应的物理意义。若已知 β 值，则可求得 p_f 值。参见表2-3。由于 β 值愈大，p_f 值愈小，即结构愈可靠。因此，β 值称为“可靠指标”。

可靠指标 β 与失效概率 p_f 的对应关系　　表 2-3

β	p_f	β	p_f
1.0	1.59×10^{-1}	3.0	1.35×10^{-3}
1.5	6.68×10^{-2}	3.5	2.33×10^{-4}
2.0	2.28×10^{-2}	4.0	3.17×10^{-5}
2.5	5.21×10^{-3}	4.5	3.40×10^{-6}

【例题 2-1】（1）试按式（2-9）编写失效概率计算程序；(2)设可靠指标 $\beta=3.0$。求相应的失效概率。

【解】

（1）计算程序（程序名：[PF]）

```
"β="? →X:                          (输入积分上限β)
"n="? →N:                          (输入划分的小梯形的数量)
0.5→A:                              (将0.5赋给初始面积)
"W=": X÷N→W:                       (计算每一个小梯形的宽度)
For 1→I To N:                       (确定循环初值和终值)
"T=": (I-0.5) W→T                  (计算第i个小梯形中点的横坐标)
"H=":(1÷√(2π)e∧(-T²÷2))→H         (计算第i个小梯形中点的高度)
"Φ(β)=": A+WH→A                    [累计-∞~β曲边梯形的面积,即Φ(β)]
Next
"pf=": 1-A ◢                        (输出失效概率)
```

（2）失效概率计算过程见表 2-4。

【例题 2-1】附表　　表 2-4

步骤	屏幕显示	输入数据	单位	计算结果	说　明
1	$\beta=?$	3，EXE			输入积分上限
2	$n=?$	100，EXE			输入划分小梯形的数量
3	p_f			0.00135	输出失效概率

由于以 p_f 度量结构的可靠度具有明确的物理意义，能较好地反映问题的本质，这已为国际所公认。但是，计算 p_f 在数学上比较复杂，而计算 β 比较简单，且表达上也较直观。因此，现有国际标准、其他国家标准以及我国《建筑结构可靠度设计统一标准》(GB 50068—2001)都采用可靠指标 β 代替失效概率 p_f 来度量结构的可靠度。

当已知两个正态分布的基本变量 R 和 S 的统计参数：μ_R、μ_S 及 σ_R、σ_S 后，即可按式（2-8）直接求出 β 值。对于多个正态和非正态基本变量的情况，其基本概念仍相同。

由式（2-8）可见，β 直接与基本变量的平均值和标准差有关，而且还可以考虑基本变量的概率分布类型。这就是说，它已概括了各有关基本变量的统计特性，从而可较全面地反映各影响因素的变异性。此外，β 是从结构功能函数 Z 出发，综合地考虑了荷载和抗力变异性对结构可靠度的影响。

2. 概率极限状态设计法

如上所述，以结构的失效概率或可靠指标来度量结构可靠度，并建立了结构可靠度与结构极限状态之间的数学关系，这种设计方法就是所谓的“以概率理论为基础的极限状态设计法”，简称“概率极限状态设计法”。

按概率极限状态设计法设计，当验算结构的承载力时，一般是根据结构已知各种基本变量的统计特性（如平均值、标准差等），求出可靠指标 β，使之大于或等于设计规定的可靠指标 $[\beta]$，即：

$$\beta \geqslant [\beta] \tag{2-10}$$

当设计截面时，一般是已知各种基本变量的统计特性，然后根据设计规定的可靠指标 $[\beta]$ 求出所需的结构构件的抗力平均值，再求出抗力标准值，最后选择结构构件的截面尺寸。

设计规定的可靠指标 $[\beta]$ 简称设计可靠指标，理论上应根据各种结构构件的重要性、破坏性质（脆性、延性）及失效后果以优化方法分析确定。

限于目前的条件，并考虑到规范、标准的连续性，不使其出现大的波动，原《建筑结构设计统一标准》(GBJ 68—84)(“简称84标准”)，对设计可靠指标 $[\beta]$ 采用了“校准法”确定。所谓“校准法”就是通过对现有的结构构件可靠度的反演计算和综合分析，确定今后设计时所采用的结构构件可靠指标 $[\beta]$ 的方法。

为了确定结构构件承载能力的设计可靠指标，“84标准”选择了14种有代表性的构件进行了分析，分析表明，对这14种构件，按20世纪70年代编制的设计规范计算，它们的设计可靠指标 $[\beta]$ 总平均值为3.30，其中，属于延性破坏的构件平均值为3.22，这就是我国现行建筑结构可靠度的一般水准。

根据这一校准结果，对于承载力极限状态，“84标准”规定，安全等级为二级的属延性破坏的结构构件取 $[\beta]=3.2$，属脆性破坏的结构构件取 $\beta=3.7$；对其他安全等级，β 值在此基础上分别增减0.5，与此值相应的50年内的失效概率 p_f 运算值约差一个数量级。

《建筑结构可靠度设计统一标准》(GB 50068—2001) 规定，结构构件承载能力极限状态的设计可靠指标 $[\beta]$，不应小于表2-5的数值。

结构构件承载能力极限状态的设计可靠指标 $[\beta]$　　表2-5

破坏类型	安全等级		
	一　级	二　级	三　级
延性破坏	3.7	3.2	2.7
脆性破坏	4.2	3.7	3.2

由上可见，采用“校准法”，根据我国20世纪70年代编制的规范的平均可靠指标来确定今后设计时采用的可靠指标，其实质是从总体上继承现有的可靠度水准。这是一种稳妥可行的办法，这种方法也为其他国家广为采用。

结构构件正常使用极限状态的设计可靠指标，我国《建筑结构可靠度设计统一标准》(GB 50068—2001) 规定，根据其作用效应的可逆程度宜取0～1.5。ISO 2394：1998 规定，对可逆的正常使用极限状态，其设计可靠指标取为0；对不可逆的正常使用极限状态，其设计可靠指标取为1.5。

这里的不可逆的正常使用极限状态是指，产生超越状态的作用被移掉后，仍将永久保持超越状态的一种极限状态；可逆的正常使用极限状态是指，产生超越状态的作用被移掉后，将不再保持超越状态的一种极限状态。

【例题 2-2】某结构钢拉杆受永久荷载作用，其轴向力 N_G 服从正态分布，其平均值 $\mu_{N_G}=125\text{kN}$，标准差 $\sigma_{N_G}=9\text{kN}$。截面承载力 R 亦服从正态分布，其平均值 $\mu_{R_G}=180\text{kN}$，标准差 $\sigma_{R_G}=14.3\text{kN}$。若拉杆的设计可靠指标要求 $[\beta]=3.2$，试校核该拉杆的可靠度，并计算失效概率。

【解】（1）手算

本题为两个正态分布的基本变量 S 和 R 的情形。其状态方程为：

$$Z=g(R,S)=R-S=0$$

因此，可直接采用式（2-8）计算 β 值。于是

$$\beta=\frac{\mu_R-\mu_S}{\sqrt{\sigma_R^2+\sigma_S^2}}=\frac{180-125}{\sqrt{14.3^2+9^2}}=3.26>[\beta]=3.2$$

故该拉杆可靠度符合要求。

钢拉杆的失效概率按式（2-9）计算

$$p_f=\frac{1}{\sqrt{2\pi}}\int_{-\infty}^{-\beta}e^{-\frac{t^2}{2}}\text{d}t=\Phi(-\beta)=1-\Phi(\beta)=1-\Phi(3.26)=1-0.9994=0.6\times10^{-3}$$

其中，Φ（3.26）=0.9994 由标准正态分布函数表查得。

（2）按程序计算

计算程序（程序名：[BEITA]）

"μ_R"? →M：（输入截面承载力平均值）

"μ_S"? →N：（输入轴力平均值）

"σ_R"? →R：（输入截面承载力标准差）

"σ_S"? →S：（输入轴力标准差）

"$\beta=$"：$\langle M-N\rangle \div\sqrt{\langle R^2+S^2\rangle}\to B$：（输出可靠指标）

计算过程见表2-6。

【例题 2-2】附表 **表 2-6**

步骤	屏幕显示	输入数据	单位	计算结果	说　明
1	$\mu_R=?$	180，EXE			输入截面承载力平均值
2	$\mu_S=?$	125，EXE			输入轴力平均值
3	$\sigma_R=?$	14.3，EXE			输入截面承载力标准差
4	$\sigma_S=?$	9，EXE			输入轴力标准差
5	β			3.26	输出可靠指标

失效概率计算见【例题 2-2】，这里从略。

3. 极限状态设计实用表达式

如上所述，按概率极限状态设计法设计时，一般是已知各种基本变量统计特性，然后根据设计可靠指标，按照相应的公式，求出所需要的结构构件的抗力平均值，进而求出抗力标准值。最后选择截面尺寸。

显然，直接根据设计可靠指标［β］按极限状态设计法进行设计，特别是对于基本变量多于两个，又非服从正态分布，极限状态方程又非线性时，计算工作量是相当烦琐的。

长期以来，工程界已习惯于采用基本变量的标准值和分项系数进行结构构件设计。考虑到这一习惯，并为了应用上的简便，《建筑结构可靠度设计统一标准》(GB 50068—2001) 给出了，以各基本变量标准值和分项系数形式表示的极限状态设计实用表达式。其中，分项系数是根据下列原则经优选确定的：在各项标准值已给定的情况下，要选择一组分项系数，使按实用表达式设计与按概率极限状态设计法设计，结构构件可靠指标的误差最小。

(1) 按承载能力极限状态设计

《建筑结构可靠度设计统一标准》(GB 50068—2001) 规定，进行承载能力极限状态设计时，应按荷载的基本组合或偶然组合计算荷载组合的效应设计值，并按下列设计表达式进行设计：

$$\gamma_0 S_d \leqslant R_d \tag{2-11}$$

式中　γ_0——结构重要性系数，对安全等级为一级、二级、三级的结构构件可分别取 1.1、1.0、0.9；

S_d——荷载组合的效应设计值；

R_d——结构构件抗力设计值。

1) 基本组合　对于基本组合，荷载组合的效应设计值应从下列组合中取最不利值确定：

① 由可变荷载效应控制的组合：

$$S_d = \sum_{j=1}^{m} \gamma_{G_j} S_{G_j k} + \gamma_{Q_1} \gamma_{L_1} S_{Q_1 k} + \sum_{i=2}^{n} \gamma_{Q_i} \psi_{c_i} S_{Q_i k} \tag{2-12}$$

式中　γ_{G_j}——永久荷载的分项系数，当其作用效应对结构不利时，对由可变荷载效应控制的组合，应取 1.2；对由永久荷载效应控制的组合，应取 1.35；当其作用效应对结构有利时，一般情况下应取 1.0；

γ_{Q_i}——第 i 个可变荷载的分项系数，其中 γ_{Q_1} 为主导可变荷载 Q_1 的分项系数，一般情况下取 1.4；对于标准值大于 4kN/m^2 的工业房屋的楼面可变荷载，取 1.3；

γ_{L_i}——第 i 个可变荷载考虑设计使用年限的调整系数，其中 γ_{L_1} 为主导可变荷载 Q_1 考虑设计使用年限的调整系数；楼面和屋面活荷载考虑设计使用年限的调整系数，当设计使用年限为 5、50 和 100 年时，分别取 0.9、1.0 和 1.1；

$S_{G_j k}$——按第 j 个永久荷载标准值 G_{jk} 计算的荷载效应值；

$S_{Q_i k}$——按第 i 个可变荷载标准值 Q_{ik} 计算的荷载效应值：其中 $S_{Q_1 k}$ 为诸可变荷载效应中起控制作用者；

ψ_{c_i}——第 i 个可变荷载组合系数，当风荷载与其他可变荷载组合时，采用 0.6；其他情况，采用1.0；

m——参与组合的永久荷载数；

n——参与组合的可变荷载数。

② 由永久荷载效应控制的组合：

$$S_d = \sum_{j=1}^{m} \gamma_{G_j} S_{G_jk} + \sum_{i=1}^{n} \gamma_{Q_i} \psi_{c_i} S_{Q_ik} \tag{2-13}$$

2）偶然组合

对于偶然组合，荷载组合的效应设计值宜按下列规定确定：

用于承载能力极限状态计算的效应设计值，应按下式进行计算：

$$S_d = \sum_{j=1}^{m} S_{G_jk} + S_{A_d} + \psi_{f_1} S_{Q_1k} + \sum_{i=2}^{n} \psi_{q_i} S_{Q_ik} \tag{2-14}$$

式中 S_{A_d}——按偶然荷载标准值 A_d 计算的荷载效应值；

ψ_{f_1}——第1个可变荷载的频遇值系数；

ψ_{q_i}——第 i 个可变荷载的准永久值系数。

用于偶然事件发生后受损结构整体稳固性验算的效应设计值，应按下式进行计算：

$$S_d = \sum_{j=1}^{m} S_{G_jk} + \psi_{f_1} S_{Q_1k} + \sum_{i=2}^{n} \psi_{q_i} S_{Q_ik} \tag{2-15}$$

注：组合中的设计值仅适用于荷载与荷载效应为线性的情况。

（2）按正常用极限状态设计

按正常使用极限状态设计时，应根据不同的设计要求，分别采用荷载效应的标准组合、频遇组合和准永久组合，使荷载效应的设计值（变形、裂缝、振幅和加速度等）符合下式的要求：

$$S_d \leqslant C \tag{2-16}$$

式中 S_d——荷载组合的效应设计值；

C——结构或结构构件达到正常使用要求的规定限值（变形、裂缝、振幅和加速度等）。

1）标准组合　主要用于当一个极限状态被超越时将产生严重的永久性损害的情况。组合时永久荷载采用标准值效应，对参加组合的可变荷载，除效应最大的主导荷载采用标准值效应外，其余的可变荷载均采用组合值效应。荷载效应组合的设计值按下式计算：

$$S_d = \sum_{j=1}^{m} S_{G_jk} + S_{Q_1k} + \sum_{i=2}^{n} \psi_{c_i} S_{Q_ik} \tag{2-17}$$

式中 ψ_{c_i}——可变荷载 Q_i 的组合值系数。

2）频遇组合　主要用于当一个极限状态被超越时将产生局部损害、较大变形或短暂振动等情况。组合时永久荷载采用标准值效应，对参加组合的可变荷载，除效应最大的主导荷载采用频遇值效应外，其余的可变荷载均采用准永值效应。荷载效应组合的设计值应按下式计算：

$$S_d = \sum_{j=1}^{m} S_{G_jk} + \psi_{f_1} S_{Q_1k} + \sum_{i=2}^{n} \psi_{q_i} S_{Q_ik} \tag{2-18}$$

式中　ψ_{f_1}——可变荷载 Q_1 的频遇值系数；

ψ_{q_i}——可变荷载 Q_i 的准永久值系数。

3）准永久组合　主要用于当长期效应是决定性因素时的一些情况。组合时永久荷载采用标准值效应，可变荷载均采用准永久值效应。荷载效应组合的设计值应按下式计算：

$$S_d = \sum_{j=1}^{m} S_{G_jk} + \sum_{i=1}^{n} \psi_{q_i} S_{Q_ik} \tag{2-19}$$

§2-3　混凝土结构的耐久性

2.3.1　混凝土结构的环境类别

混凝土结构暴露的环境类别应按表 2-7 的要求划分。

混凝土结构的环境类别　　**表 2-7**

项次	环境类别	条　　件
1	一	室内干燥环境； 无侵蚀性静水浸没环境
2	二 a	室内潮湿环境； 非严寒和非寒冷地区的露天环境； 非严寒和非寒冷地区与无侵蚀性的水或土壤直接接触的环境； 严寒和寒冷地区的冰冻线以下与无侵蚀性的水或土壤直接接触的环境
3	二 b	干湿交替环境； 水位频繁变动的环境； 严寒和寒冷地区的露天环境； 严寒和寒冷地区的冰冻线以上与无侵蚀性的水或土壤直接接触的环境
4	三 a	严寒和寒冷地区冬季水位变动区环境； 受除冰盐影响环境； 海风环境
5	三 b	盐渍土环境； 受除冰盐作用环境； 海岸环境
6	四	海水环境
7	五	受人为或自然的侵蚀性物质影响的环境

注：1. 室内潮湿环境是指构件表面经常处于结露或潮湿环境；
2. 严寒和寒冷地区的划分应符合现行国家标准《民用建筑热工设计规范》GB 50176 的有关规定；
3. 海岸环境和海风环境宜根据当地，考虑主导风向及结构所处迎风、背风部位等因素的影响，由调查研究和工程经验确定；
4. 受除冰盐影响环境是指受到除冰盐盐雾影响的环境；受除冰盐作用环境是指被除冰盐溶液溅射的环境以及使用除冰盐地区的洗车房、停车楼等建筑；
5. 暴露的环境是指混凝土结构表面所处的环境。

2.3.2　结构混凝土材料的耐久性基本要求

设计使用年限为 50 年的混凝土结构，其混凝土材料宜符合表 2-8 的规定。

结构混凝土材料的耐久性基本要求表 **表 2-8**

环境等级	最大水胶比	最低强度等级	最大氯离子含量（%）	最大碱含量（kg/m^3）
一	0.60	C20	0.30	不限制
二 a	0.55	C25	0.20	3.0
二 b	0.50（0.55）	C30（C25）	0，15	
三 a	0.45（0.50）	C35（C30）	0.15	
三 b	0.40	C40	9，19	

注：1. 氯离子含量系指其占胶凝材料总量的百分比；
2. 预应力混凝土中的最大氯离子含量为 0.06%，其最低混凝土强度等级宜按表中的规定提高两个等级；
3. 素混凝土构件的水胶比及最低强度等级的要求可适当放松；
4. 有可靠工程经验时，二类环境中的最低混凝土强度等级可降低一个等级；
5. 处于严寒和寒冷地区二 b、三 a 环境中的混凝土应使用引气剂，并可采用括号中的有关参数；
6. 当采用非碱活性骨料时，对混凝土中的碱含量可不用限制。

【例题 2-3】 某办公楼屋盖预制圆孔板，计算跨度 $l_0=3.14$m，板宽 1.20m，屋面材料作法：二毡三油上铺小石子，20mm 厚水泥砂浆找平层。60mm 加气混凝土保温层，板底 20mm 厚水泥砂浆抹灰。屋面活荷载标准值为 $0.50kN/m^2$，雪荷载标准值为 $0.30kN/m^2$。

【解】（1）标准值

1）永久荷载

二毡三油、小石子	$0.35kN/m^2$
20mm 厚水泥砂浆找平层	$20\times0.02=0.40kN/m^2$
60mm 加气混凝土保温层	$60\times0.06=0.36kN/m^2$
预制圆孔板	$2.00kN/m^2$
20mm 厚板底抹灰	$20\times0.02=0.40kN/m^2$
	$3.51kN/m^2$
作用在板上的线荷载标准值	$3.51\times1.20=4.21kN/m$

2）可变荷载

因为屋面活荷载大于雪荷载，故取活载计算，其线荷载标准值

$$q_k=0.50\times1.20=0.60kN/m$$

（2）荷载效应（弯矩）设计值

经比较本题由永久荷效应控制组合，故 $\gamma_{G_1}=1.35$，而 $\gamma_{Q1}=1.4$，$\psi_{c1}=0.7$。将这些数值代入式（2-13），得：

$$M_{max}=\gamma_{G_1}S_{Gk}+\gamma_{Q_1}\psi_{c_1}S_Q$$

$$=1.35\times\frac{1}{8}4.21\times3.14^2+1.4\times0.7\times\frac{1}{8}\times0.6\times3.14^2$$

$$=7.73kN\cdot m$$

【例题 2-4】 某教学楼一外伸梁，跨度 $l=6$m，$a=2$m。作用在梁上的永久荷载标准值 $g_k=16.17kN/m$，可变荷载标准值 $q_k=7.20kN/m$（图 2-3）。试求 AB 跨最大弯矩设计值。

【解】（1）荷载最不利位置和分项系数

为了求得 AB 跨最大弯矩设计值，可变荷载应仅布置在该跨内，且 BC 跨的永久荷载分项系数应取1.0，而 AB 跨的永久荷载分项应取1.2。

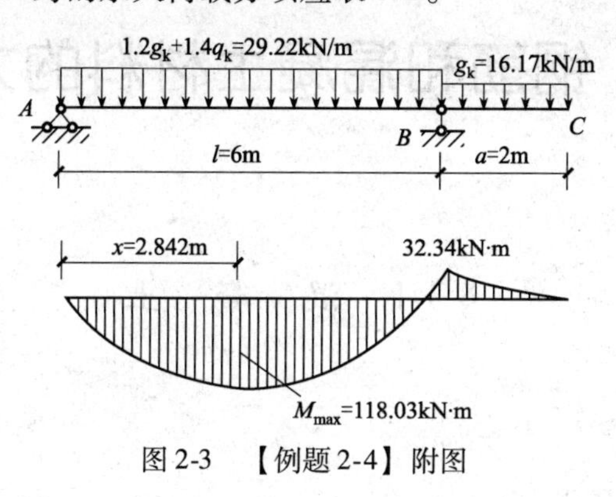

图2-3　【例题2-4】附图

（2）荷载设计值

永久荷载设计值

AB 跨：　$\gamma_G g_k = 1.2 \times 16.17 = 19.14 \text{kN/m}$

BC 跨：　$\gamma_G g_k = 1.0 \times 16.17 = 16.17 \text{kN/m}$

可变荷载设计值

$$\gamma_{Q1} q_1 = 1.4 \times 7.20 = 10.08 \text{kN/m}$$

AB 跨总的线荷载

$$p = \gamma_G g_k + \gamma_Q q = 19.14 + 10.18 = 29.22 \text{kN/m}$$

（3）AB 跨最大弯矩设计值

$$M_x = R_A x - \frac{1}{2} p x^2 = 83.05x - \frac{1}{2} 29.22 x^2$$

$$\frac{dM_x}{dx} = 83.05 - 29.22x = 0$$

解得：

$$x = 2.842 \text{m}$$

于是，AB 跨最大弯矩设计值：

$$M_{max} = 83.05 \times 2.842 - \frac{1}{2} \times 29.48 \times 2.842^2 = 118.03 \text{kN} \cdot \text{m}$$

第3章　钢筋和混凝土材料的力学性能

§3-1　混　凝　土

3.1.1　混凝土强度

1. 混凝土立方体抗压强度

按照标准方法制作养护的边长为150mm的立方体试块，在28d龄期，用标准试验方法测得的抗压强度，叫做混凝土立方体抗压强度。用符号$f_{cu,k}$表示。

《混凝土结构设计规范》(GB 50010—2010) 规定，混凝土强度等级由立方体抗压强度标准值$f_{cu,k}$确定。立方体抗压强度标准值等于混凝土强度总体概率分布的平均值减去1.645倍标准差：

$$f_{cu,k}=\mu_{f_{cu}}-1.645\sigma_{f_{cu}} \tag{3-1}$$

即取混凝土强度概率分布0.05的分位值（低分位值）。它具有95%保证率（图3-1）。

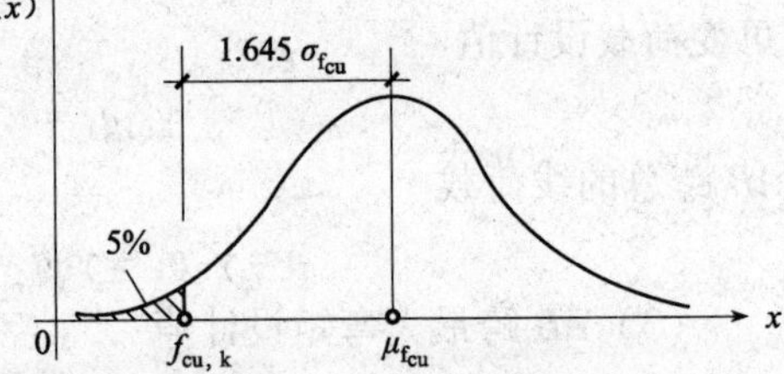

图3-1　混凝土立方体抗压强度标准值

例如，对于强度等级为C30的混凝土，其立方体抗压强度标准值等于30N/mm²，即

$$f_{cu,k}=\mu_{f_{cu}}-1.645\sigma_{f_{cu}}=30\text{N/mm}^2 \tag{3-2}$$

式中　$f_{cu,k}$——混凝土立方体抗压强度标准值；

$\mu_{f_{cu}}$——混凝土立方体抗压强度平均值；

$\sigma_{f_{cu}}$——混凝土立方体抗压强度标准差。

立方体抗压强度标准值$f_{cu,k}$是混凝土基本代表值，混凝土各种力学指标可由它换算得到。

《混凝土结构设计规范》(GB 50010—2010)将混凝土强度等级分为14级：C15、C20、C25、C30、C35、C40、C45、C50、C55、C60、C65、C70、C75、C80。其中，C(Concrete)表示混凝土，C后面的数字表示混凝土立方体抗压强度标准值，单位为N/mm²。

《混凝土结构设计规范》规定，素混凝土结构的混凝土强度等级不应低于C15；钢筋混凝土结构的混凝土强度等级不应低于C20；采用强度等级400MPa及以上的钢筋时，混凝土强度等级不应低于C25。

预应力混凝土结构的混凝土强度等级不宜低于C40，且不应低于C30。

承受重复荷载的钢筋混凝土构件，混凝土强度等级不应低于C30。

2. 混凝轴心抗压强度

在工程中，钢筋混凝土轴心受压构件，如柱、屋架的受压腹杆等，它们的长度比其横截面尺寸小得多。因此,钢筋混凝土轴心受压构件中的混凝土强度,与混凝土棱柱体轴心抗压强度接近。所以,在计算这类构件时,混凝土强度应采用棱柱体轴心抗压强度,简称轴心抗压强度。

混凝土轴心抗压强度,按照标准方法制作养护的截面为150mm×150mm,高度为600mm的棱柱体经28d龄期,用标准试验方法测得的抗压强度,用符号f_c表示。

早期我国所做的394组棱柱体抗压强度试验结果如图3-2所示。由图中可见,混凝土轴心抗压强度平均值μ_{f_c}与立方体抗压强度平均值$\mu_{f_{cu}}$的关系成线性关系:$\mu_{f_c}=\alpha_{c1}\mu_{f_{cu}}$;其次,考虑到结构构件中混凝土强度与试件的差异,根据经验,并结合试验数据分析,为安全计,对试件强度乘以修正系数0.88。此外,由于强度等级C40以上的混凝土在受压时强度破坏时有明显的脆性性质,故它们的轴心抗压强度平均值,应再乘以强度降低系数α_{c2}。于是,轴心抗压强度平均值可写成:

$$\mu_{f_c}=0.88\times\alpha_{c1}\alpha_{c2}\mu_{f_{cu}} \tag{3-3}$$

式中　α_{c1}——轴心抗压强度平均值与立方体的比值，对C50及以下的混凝土取0.76，对C80取0.82，中间按线性插入法取值；

α_{c2}——考虑混凝土脆性的强度降低系数，对C40及其以下的混凝土取1.0，对C80取0.87，中间按线性插入法取值。

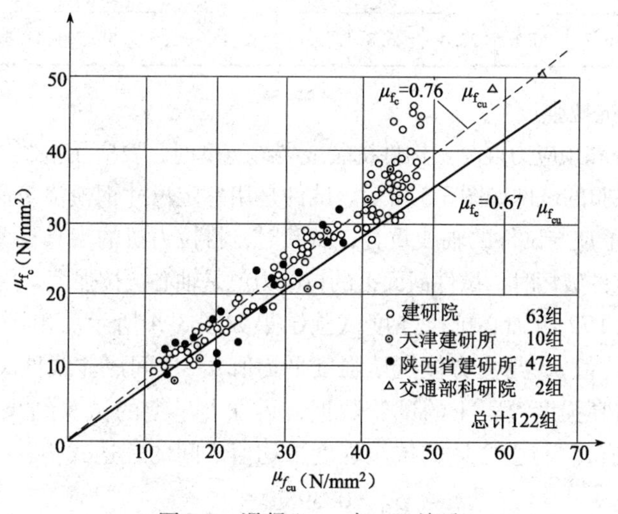

图3-2　混凝土μ_{f_c}与$\mu_{f_{cu}}$关系

《混凝土结构设计规范》规定，混凝土强度标准值取其平均值减去1.645倍的标准差，即取混凝土强度概率分布0.05（百分位）的分位值。这时混凝土强度的保证率为95%。

现以混凝土强度等级C20为例，说明轴心抗压强度标准值的计算方法。根据混凝土强度标准值的取值原则：

$$f_{cu,k}=\mu_{f_{cu}}-1.645\sigma_{f_{cu}}=\mu_{f_{cu}}(1-1.645\delta) \tag{3-4}$$

$$f_{ck}=\mu_{f_c}-1.645\sigma_{f_c}=\mu_{f_c}(1-1.645\delta)^{①} \tag{3-5}$$

①　在推导公式时，假定同一等级的混凝土有相同的变异系数，即$\frac{\sigma_{f_{cu}}}{\mu_{f_{cu}}}=\frac{\sigma_{f_c}}{\mu_{f_c}}=\delta$。

当混凝土强度等级为 C20 时，$\alpha_{c1}=0.76$，$\alpha_{c2}=1.0$，于是，由式（3-3）得：

$$\mu_{f_c}=0.88\times0.76\times1\times\mu_{f_{cu}}=0.67\mu_{f_{cu}}$$

将上式代入式（3-5），并考虑到式（3-4），则得：

$$f_{ck}=0.67\frac{f_{cu,k}}{1-1.645\sigma}(1-1.645\sigma)$$

即

$$f_{ck}=0.67f_{cu,k}\tag{3-6}$$

于是，C20 混凝土轴心抗压强度标准值为：

$$f_{ck}=0.67f_{cu,k}=0.67\times20=13.4\text{N/mm}^2$$

《混凝土结构设计规范》取 $f_{ck}=13.4\text{N/mm}^2$。

混凝土轴心抗压强度标准值见表 3-1。

混凝土轴心抗压强度标准值（N/mm^2）　　**表 3-1**

强度	混凝土强度等级													
	C15	C20	C25	C30	C35	C40	C45	C50	C55	C60	C65	C70	C75	C80
f_{ck}	10.0	13.4	16.7	20.1	23.4	26.8	29.6	32.4	35.5	38.5	41.5	44.5	47.4	50.5

3. 混凝土轴心抗拉强度

计算钢筋混凝土和预应力混凝土构件抗裂或裂缝宽度时，要应用混凝土轴心抗拉强度。混凝土轴心抗拉强度试验的试件如图 3-3 所示。试件是用一定尺寸钢模浇筑而成。两端预埋直径 20mm 带肋钢筋，钢筋应与试件的轴线重合，试验时，将拉力机的夹具夹紧试件两端钢筋，使试件均匀受拉。当试件破坏时，试件截面上的拉应力就是轴心抗拉强度，用符号 f_t 表示。

我国早期进行的 72 组轴心抗拉强度试验结果如图 3-4 所示。由图中可以看出，混凝土轴心抗拉强度平均值 μ_{f_t} 与立方体抗压强度平均值 $\mu_{f_{cu}}$ 之间成非线性关系。

根据近年 11 组高强度混凝土的试验数据，再加上早期的试验结果，经回归统计得到轴心抗拉强度平均值 μ_{f_t} 与立方体的抗压强度平均值之间的表达式为：

$$\mu_{f_t}=0.395\mu_{f_{cu}}{}^{0.55}\tag{3-7}$$

同样，考虑到结构构件与试件的差异和混凝土的脆性性质，需对上式进行修正：

$$\mu_{f_t}=0.88\times\alpha_{c2}0.395\mu_{f_{cu}}{}^{0.55}\tag{3-8}$$

式中，符号意义同前。

现仍以混凝土强度等级 C20 为例，说明轴心抗拉强度标准值的计算方法。根据混凝土强度标准值的取值原则，

$$f_{tk}=\mu_{f_t}-1.645\sigma_{f_t}=\mu_{f_t}(1-1.645\delta)\tag{3-9a}$$

由式（3-8）得，$\mu_{f_t}=0.348\mu_{f_{cu}}{}^{0.55}$，将它代入式（3-7），并考虑到式（3-4），则得：

$$f_{tk}=0.348\left(\frac{f_{cu,k}}{1-1.645\delta}\right)^{0.55}(1-1.645\delta)$$

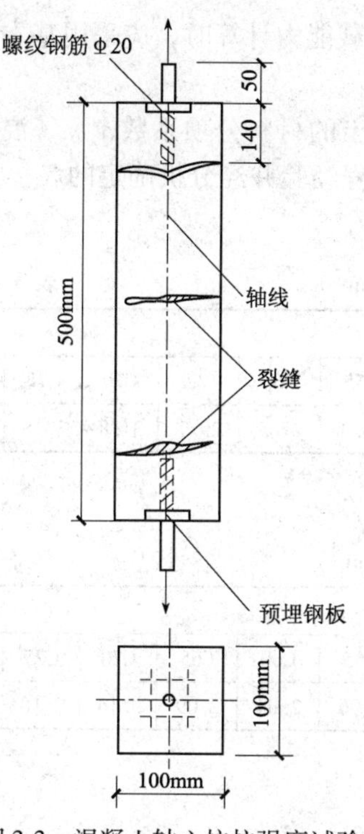

图 3-3　混凝土轴心抗拉强度试验

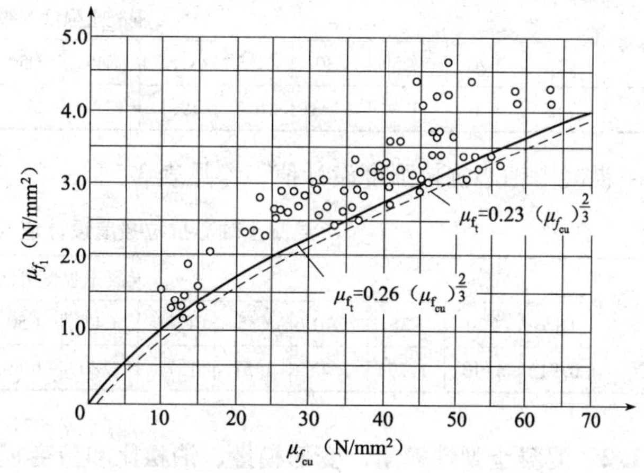

图 3-4　混凝土 μ_{f_t} 和 $\mu_{f_{cu}}$ 试验关系曲线

经整理后，得：

$$f_{tk}=0.348\,(f_{cu,k})^{0.55}(1-1.645\delta)^{0.45} \tag{3-9b}$$

根据我国 1979～1980 年全国际 10 个省市和自治区的混凝土强度的统计调查结果，各种强度等级混凝土的变异系数，如表 3-2 所示。

混凝土变异系数 δ　　**表 3-2**

混凝土强度等级	C15	C20	C25	C30	C35	C40	C45
变异系数 δ	0.21	0.18	0.16	0.14	0.13	0.12	0.12
混凝土强度等级	C50	C55	C60	C65	C70	C75	C80
变异系数 δ	0.11	0.11	0.10	0.10	0.10	0.10	0.10

由表 3-2 查得 C20 混凝土的变异系数 $\delta=0.18$，于是，C20 混凝土轴心抗拉强度标准值为

$$f_{tk}=0.348\,(f_{cu,k})^{0.55}(1-1.645\delta)^{0.45}$$
$$=0.348\times20^{0.55}(1-1.645\times0.18)^{0.45}=1.543$$

《混凝土结构设计规范》取 $f_{tk}=1.54\text{N/mm}^2$。

混凝土轴心抗拉强度标准值见表 3-3。

混凝土轴心抗拉强度标准值（N/mm^2）　　**表 3-3**

强度	混凝土强度等级													
	C15	C20	C25	C30	C35	C40	C45	C50	C55	C60	C65	C70	C75	C80
f_{tk}	1.27	1.54	1.78	2.01	2.20	2.39	2.51	2.64	2.74	2.85	2.93	2.99	3.05	3.11

《混凝土结构设计规范》规定，混凝土结构构件按承载能力计算时，应采用基本组合或偶然组合，采用基本组合时，混凝土强度应采用设计值。

混凝土强度设计值，等于混凝土强度标准值除以混凝土的材料分项系数 γ_c。《混凝土结构设计规范》规定，$\gamma_c = 1.35$。它是根据可靠指标及工程经验并经分析确定的。

混凝土轴心抗压强度设计值，参见表 3-4。

混凝土轴心抗压强度设计值（N/mm^2） **表 3-4**

强度	混凝土强度等级													
	C15	C20	C25	C30	C35	C40	C45	C50	C55	C60	C65	C70	C75	C80
f_c	7.2	9.6	11.9	14.3	16.7	19.1	21.1	23.1	25.3	27.5	29.7	31.8	33.8	35.9

混凝土轴心抗拉强度设计值，参见表 3-5。

混凝土轴心抗拉强度设计值（N/mm^2） **表 3-5**

强度	混凝土强度等级													
	C15	C20	C25	C30	C35	C40	C45	C50	C55	C60	C65	C70	C75	C80
f_t	0.91	1.10	1.27	1.43	1.57	1.71	1.80	1.89	1.96	2.04	2.09	2.14	2.18	2.22

3.1.2 混凝土弹性模量、变形模量、泊松比和剪变模量

1. 混凝土弹性模量

计算混凝土构件变形和预应力混凝土构件预应力时，需要应用混凝土的弹性模量。但是，在一般情况下，混凝土的应力和应变呈曲线变化，见图 3-5。因此，混凝土的弹性模量并不是常数，那么怎样定义混凝土的弹性模量？又如何取值呢？

通过一次加载的混凝土关系 $\sigma—\varepsilon$ 曲线原点的斜率，叫做原点弹性模量，以符号 E_c 表示。由图 3-6 看出：

$$E_c = \tan\alpha_0 \tag{3-10a}$$

式中 E_c——原点弹性模量；

α_0——通过混凝土 $\sigma—\varepsilon$ 曲线原点处的切线与横坐标轴的夹角。

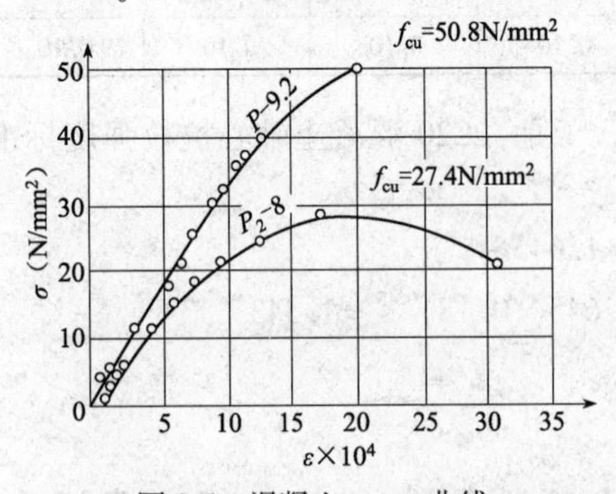

图 3-5 混凝土 $\sigma—\varepsilon$ 曲线

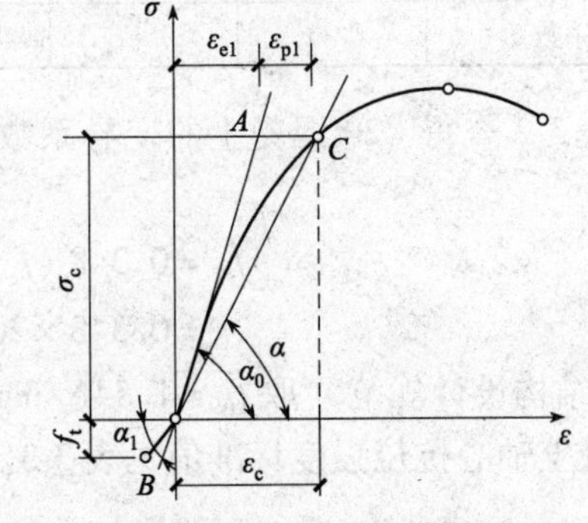

图 3-6 混凝土棱柱体一次加载的 $\sigma—\varepsilon$ 曲线

但是，E_c 的准确值不易从一次加载的 $\sigma—\varepsilon$ 曲线上求得。《混凝土结构设计规范》规定的 E_c 值是在重复加载 $\sigma—\varepsilon$ 曲线上求得的。试验采用棱柱体试件，选用应力 $\sigma = (0.4 \sim 0.5)f_c$，反复加载 5~10 次。由于混凝土是弹塑性材料，每次卸载至零时，变形不能完全恢复，尚存

有塑性变形。随着荷载重复次数的增加，每次卸载的塑性变形将逐渐减小。试验表明，重复加载次数达到5～10次后，塑性变形已基本稳定。σ-ε 关系基本接近直线（图3-7），并平行于相应原点弹性模量的切线。因此，我们可以取 $\sigma=(0.4\sim0.5)f_c$，重复加载5～10次后的 σ—ε 直线的斜率作为混凝土的弹性模量 E_c。

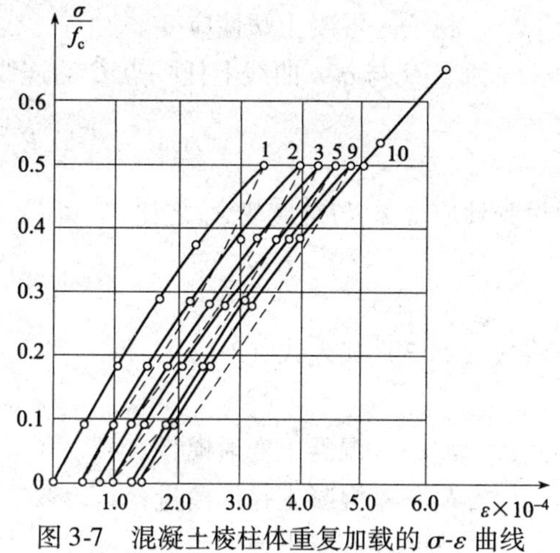

图3-7 混凝土棱柱体重复加载的 σ-ε 曲线

《混凝土结构设计规范》对不同强度等级的混凝土所做的试验结果，如图3-8所示，并给出了弹性模量的计算公式：

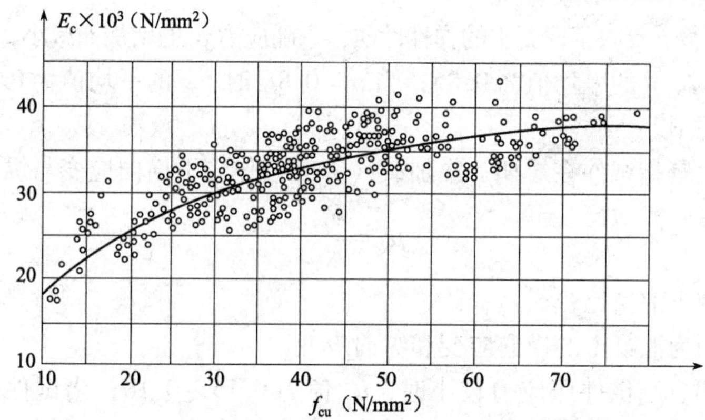

图3-8 混凝土 E_c 与 $f_{cu,k}$ 的关系曲线

$$E_c=\frac{10^5}{2.2+\frac{34.7}{f_{cu,k}}} \tag{3-10b}$$

式中 E_c——混凝土弹性模量（N/mm²）；

$f_{cu,k}$——混凝土立方体抗压强度（N/mm²）。

根据式（3-10*b*）求得的不同强度等级的混凝土弹性模量，见表3-6。

混凝土弹性模量（$\times10^4$N/mm²） **表3-6**

混凝土强度等级	C15	C20	C25	C30	C35	C40	C45	C50	C55	C60	C65	C70	C75	C80
E_c	2.20	2.55	2.80	3.00	3.15	3.25	3.35	3.45	3.55	3.60	3.65	3.70	3.75	3.80

注：当有可靠试验依据时，弹性模量值也可根据实测数据确定。

2. 混凝土变形模量

当应力 σ 较大，超过 $0.5f_c$ 时，弹性模量 E_c 已不能反映这时的 σ—ε 之间的关系。为此，我们给出变形模量的概念。σ—ε 曲线上任一点 C 的应变 ε_c 由两部分组成（图3-8）：

$$\varepsilon_c=\varepsilon_{el}+\varepsilon_{pl} \tag{3-11}$$

式中 ε_{el}——混凝土弹性应变；

ε_{pl}——混凝土塑性应变。

原点 O 与 σ-ε 曲线上任一点 C 的连线（割线）的斜率，称为变形模量，即

$$E_c' = \tan\alpha = \frac{\sigma_c}{\varepsilon_c} \tag{3-12}$$

设弹性应变 ε_{el} 与总应变 ε_e 之比，

$$\nu = \frac{\varepsilon_{el}}{\varepsilon_c} \tag{3-13}$$

将式（2-13）代入式（2-12），得

$$E_c' = \nu E_c \tag{3-14}$$

式中 E_c'——混凝土变形模量；

E_c——混凝土弹形模量；

ν——混凝土弹性系数。

混凝土弹性系数 ν 反映了混凝土的弹性性质，它随应力 σ 的增加而减小，变形模量降低。当 $\sigma = 0.5f_c$ 时，ν 的平均值为 0.85；当 $\sigma = 0.8f_c$ 时，ν 的平均值为 0.4～0.7。

3. 混凝土泊松比

混凝土泊松比是指试件在短期一次加载（纵向）作用下横向应变与纵向应变之比，即

$$\mu_c = \frac{\varepsilon_x}{\varepsilon_y} \tag{3-15}$$

式中 μ_c——混凝土泊松比；

ε_x、ε_y——分别为混凝土的横向应变和纵向应变。

试验结果表明，当试件压应力较小时，μ_c 值为 0.15～0.18；当试件接近破坏时，μ_c 值可达 0.50 以上。《混凝土结构设计规范》取 $\mu_c = 0.2$。

4. 混凝土剪变模量

由材料力学可知，剪变模量可按下式计算：

$$G_c = \frac{E_c}{2(1+\mu_c)} \tag{3-16}$$

式中 G_c——混凝土剪变模量。

其余符号意义同前。

若取 $\mu_c = 0.20$，则 $G_c = 0.417E_c$，《混凝土结构设计规范》取 $G_c = 0.4E_c$。

§3-2 钢　　筋

建筑用的钢筋，要求具有较高的强度和良好的塑性，便于加工和焊接。为了检查钢筋的这种性能，就要掌握钢筋的化学成分、生产工艺和加工条件。

3.2.1 钢筋的分类

建筑工程所用的钢筋，按其加工工艺不同分为两大类：

1. 普通钢筋

用于混凝土结构构件中的各种非预应力钢筋，统称为普通钢筋。这种钢筋为热轧钢

筋。是由低碳钢或普通合金钢在高温下轧制而成。按其强度不同分为：HPB300、HRB335（HRB335F）、HRB400（HRBF400、RRB400）、HRB500（HRBF500）四级。其中，第一个字母表示生产工艺，如 H 表示热轧（Hot-Rolled），R 表示余热处理（Remained heat treatment ribbed）；第二个字母表示钢筋表面形状，如 P 表示光面（Plain round），R 表示带肋（Ribbed）；第三个字母 B（Bar）表示钢筋。在 HRB 后面加字母 F（Fine）的，为细精粒热轧钢筋。英文字母后面的数字表示钢筋屈服强度标准值，如 400，表示该级钢筋的屈服强度标准值为 $400\mathrm{N/mm^2}$。

细精粒热轧钢筋是《混凝土结构设计规范》为了节约合金资源，新列入的具有一定延性的控轧 HRBF 系列热轧带肋钢筋。

考虑到各种类型钢筋的使用条件和便于在外观上加以区别。国家标准《钢筋混凝土用钢筋 第 1 部分：热轧光圆钢筋》（GB 1499.1—2008）规定，HPB300 级钢筋外形轧成光面，故又称光圆钢筋。国家标准《钢筋混凝土用钢筋 第 2 部分：热轧带肋钢筋》（GB 1499.2—2007）规定，HRB335、HRB400、RRB400 级钢筋外形轧成肋形（横肋和纵肋）。横肋的纵截面为月牙形，故又称月牙肋钢筋。月牙肋钢筋（带纵肋）① 表面及截面形状如图 3-9 所示。

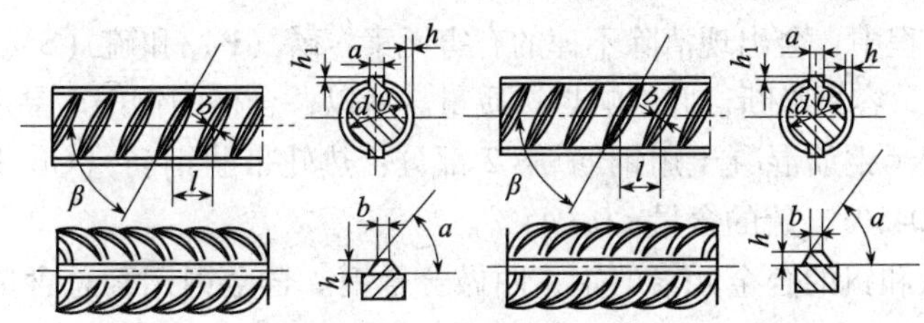

图 3-9　月牙肋钢筋（带纵肋）表面及截面形状

余热处理钢筋是在钢筋热轧后经淬火，再利用芯部余热回火处理而形成的。经这样处理后，不仅提高了钢筋的强度，还保持了一定的延性。

2. 预应力钢筋

用于预应力混凝土构件中的中强度预应力钢丝、预应力螺纹钢筋、消除应力钢丝和钢绞线统称为预应力钢筋。

（1）中强度预应力钢丝　分为光面、螺旋肋两种。它是预应力钢筋新增的品种，以补充中等强度预应力筋的空缺。用于小跨度的预应力混凝土构件。

（2）预应力螺纹钢筋　它是预应力钢筋中新增的大直径钢筋，其公称直径分为 $d=18\mathrm{mm}$、$25\mathrm{mm}$、$32\mathrm{mm}$、$40\mathrm{mm}$、$50\mathrm{mm}$。

（3）消除应力钢丝

1）光面钢丝　它是将钢筋冷拔后，校直，再经中温回火消除应力并经稳定化处理而成的钢丝。

2）螺旋肋钢丝　它是将低碳钢或低合金钢热轧成盘条，经冷轧缩径后再冷轧成有肋钢丝。

---

①　带肋钢筋通常带有纵肋，也有不带纵肋的。图中符号意义见国家标准《钢筋混凝土用钢筋 第 2 部分：热轧带肋钢筋》（GB 1499.2—2007）。

（4）钢绞线

钢绞线是冷拔钢丝在绞线机上绞扭而成。以一根直径稍粗的直钢丝为中心，其余钢丝则围绕其进行螺旋状绞合，再经低温回火处理而成。

3.2.2 钢筋的化学成分

钢筋的化学成分主要是铁，但铁的强度低，需要加入其他化学元素来改善其性能。加入铁中的化学元素有：

（1）碳（C）——在铁中加入适量的碳可以提高其强度。钢依其含碳量的多少，可分为低碳钢（含碳量≤0.25%）、中碳钢（含碳量 0.26% ~0.60%）和高碳钢（含碳量>0.6%）。在一定范围内提高含碳量，虽能提高钢筋的强度，但同时却使其塑性降低，可焊性变差。在建筑工程中，主要使用低碳钢和中碳钢。

（2）锰（Mn）、硅（Si）——在钢中加入少量锰、硅元素，可以提高钢的强度，并能保持一定的塑性。

（3）钛（Ti）、钒（V）——在钢中加入少量的钛、钒元素，可以显著提高钢的强度，并可提高其塑性和韧性，改善焊接性能。

在钢的冶炼过程中，会出现清除不掉的有害元素：磷（P）和硫（S）。它们的含量多了会使钢的塑性变差，容易脆断，并影响焊接质量。所以，合格的钢筋产品应该限制两种元素的含量。国家标准《钢筋混凝土用钢筋 第2部分：热轧带肋钢筋》（GB 1499.2—2007）规定，磷的含量≤0.045%，硫的含量≤0.045%。

含有锰、硅钛和钒的合金元素的钢，叫做合金钢。合金钢元素总含量<5%的合金钢，叫做低合金钢。

各种直径的光圆钢筋和带肋钢筋横截面面积及重量，详见附录B附表B-1。

3.2.3 钢筋的力学性能

钢筋混凝土结构所用的钢筋，分为有屈服点的钢筋（热轧钢筋）和无屈服点的钢筋（钢丝和钢绞线等预应力钢筋）。

有屈服点的钢筋拉伸应力-应变曲线，如图3-10所示。由图中可见，在应力达到 a 点以前，应力与应变成正比，a 点上的应力称为比例极限。应力达到 b 点，钢筋开始屈服，即应力基本保持不变，应变继续增长，直到 f 点。b 点称为屈服上限；c 点称为屈服下限。由于 b 点应力不稳定，所以，一般以屈服下限 c 点作为钢筋屈服强度或屈服点。c 点以后的应力和应变呈现出一个水平段 cf，称为屈服台阶或流幅。在屈服台阶钢筋几乎按理想塑性状态工作。超过屈服台阶终点 f 后，应力与应变的关系又获得相应增长性质，应力-应变曲线又表现为上升曲线，这时钢筋具有弹性和塑性两重性质。这种性质一直维持到 d 点，钢筋产生颈缩现象，应力-应变曲线呈现下降。d 点所对应的应力称为极限强度。应力达到曲线 e 时，钢筋被拉断。

钢筋应力-应变曲线上 e 点对应的应变值，反映了钢筋拉断前的塑性变形能力，因此，一直采用钢筋拉断时的应变值表示钢筋的塑性性质指标，并称为延伸率。以延伸率限值作为对钢筋的延性的要求。由于延伸率包含了断口颈缩区域局部变形的影响，故不能正确地反映钢筋的变形能力。近年来，国际上采用对应于最大应力（极限强度）下的总伸长率 δ_{gt} 来反映钢筋拉断前的塑性变形程度，最大拉力下总伸长率 δ_{gt} 不受断口颈缩区域局部变形的影响，反映了钢筋拉断前达到最大应力时的均匀应变，故总伸长率 δ_{gt} 又称为均匀伸长率。

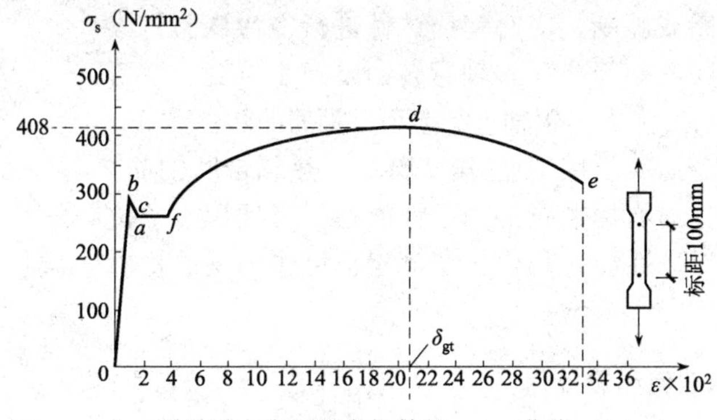

图 3-10　有屈服点钢筋的 $\sigma-\varepsilon$ 曲线

我国新版《混凝土结构设计规范》(GB 50010—2010）也提出以钢筋在最大应力（极限强度）下总伸长率 δ_{gt} 作为延性的控制指标。

《混凝土结构设计规范》(GB 50010—2010）规定，普通钢筋和预应力钢筋在最大拉力下的总伸长率 δ_{gt} 应不小于表 3-11 规定的数值。

在钢筋混凝土结构计算中，对具有屈服点的钢筋，均取屈服点作为钢筋强度限值。这是因为，构件内的钢筋应力达到屈服点后它将产生很大的塑性变形；即使卸载，这部分变形也不能恢复。这就会使结构构件出现很大的变形和裂缝，以致影响结构正常使用。

没有屈服点的钢筋，它的极限强度高，但延伸率小（图 3-11）。虽然这种钢筋没有屈服点，但我们可以根据屈服点的特征，为它在塑性变形明显增长处找到一个假想的屈服点(或称条件屈服点)，并把该点作为这种没有明显屈服点钢筋的可资利用的应力上限。通常取残余塑性应变为 0.2% 对应的应力 $\sigma_{0.2}$ 作为假想屈服点。由试验得知，$\sigma_{0.2}$ 大致相当于钢筋极限强度 σ_b 的 0.85，即：

$$\sigma_{0.2}=0.85\sigma_b \tag{3-17}$$

钢筋屈服台阶的大小，随钢筋品种而异，屈服台阶大的钢筋，延伸率大，塑性好，配有这种钢筋的钢筋混凝土结构构件，破坏前有明显预兆；无屈服台阶或屈服台阶小的钢筋，延伸率小，塑性差，配有这种钢筋的构件破坏前无明显预兆，破坏突然。

图 3-12 所示为不同强度等级的热轧钢筋和钢丝的 σ—ε 曲线。由图可见，钢筋随强度的提高，其塑性性能明显降低。

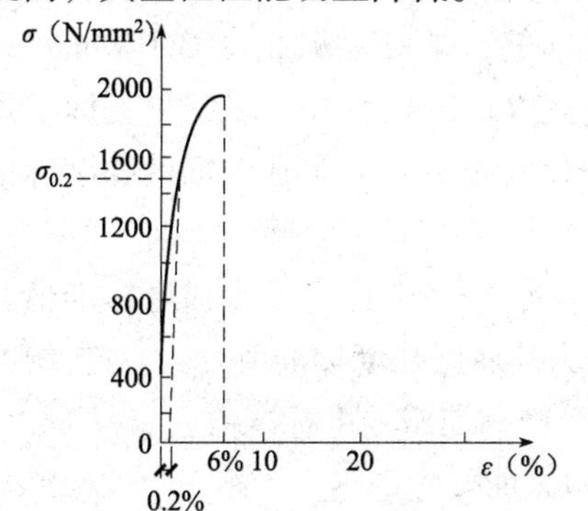

图 3-11　无屈服点钢筋的 σ-ε 曲线

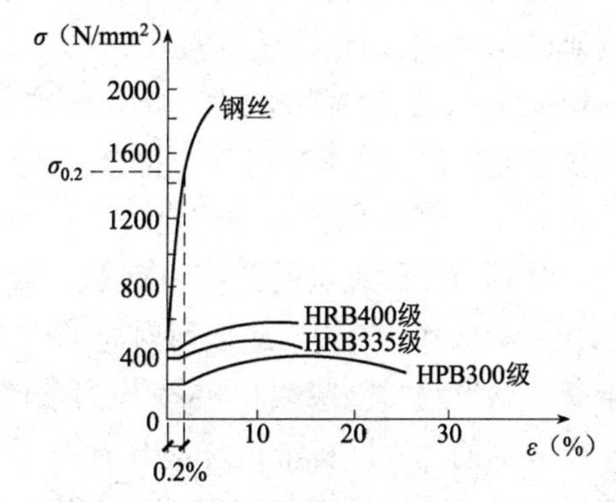

图 3-12　不同强度钢筋和钢丝的 σ-ε 曲线

钢筋受压时的屈服强度与受拉时基本相同。

冷弯是检验钢筋塑性性能的另一项指标。为使钢筋在加工、使用时不开裂、弯断或脆断，应对钢筋试件进行冷弯试验，参见图 3-13。试验时要求钢筋绕一辊轴弯转而不产生裂缝、鳞落或断裂现象。弯转角 α 愈大、辊轴直径愈小，钢筋的塑性愈好。

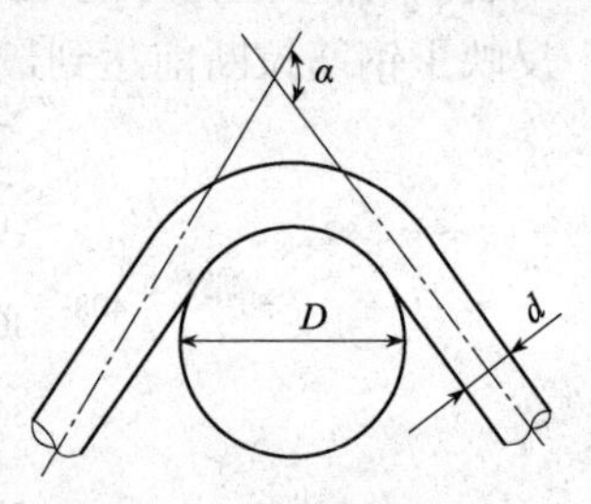

图 3-13　钢筋冷弯试验

国家标准《钢筋混凝土用钢筋　第 2 部分：热轧带肋钢筋》（GB 1499. 2—2007）对有屈服点的力学性能指标（屈服点、抗拉强度、伸长率和冷弯性能）均作出了规定，可作为钢筋检验的标准。

3. 2. 4　钢筋强度标准值和设计值?

钢筋强度是随机变量。按同一标准不同时间生产的钢筋，各批之间的强度不会完全相同。即使同一炉钢轧制的钢筋，其强度也有差异，即材料具有变异性。因此，在结构设计中，须确定钢筋强度标准值。

1. 钢筋强度标准值

为了保证钢材的质量，国家相关标准规定，产品出厂前要进行抽样检查，检查的标准为“废品限值”，即强度标准值。

对于有明显屈服点的普通钢筋，“废品限值”是根据钢材的屈服强度的统计资料，既考虑了使用钢材的可靠性，又考虑了钢厂的经济核算而制定的标准。这一标准相当于钢筋的屈服强度平均值减 2 倍的标准差（图 3-14），即钢筋强度标准值：

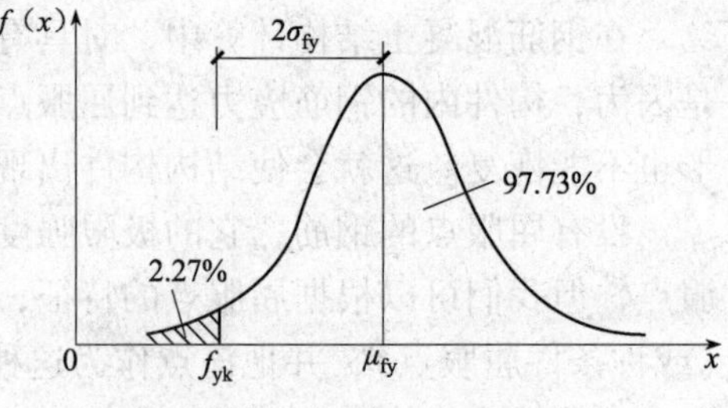

图 3-14　钢筋废品限值取值

$$f_{yk}=\mu_{fy}-2\sigma_{fy} \tag{3-18}$$

式中　f_{yk}——钢筋强度标准值；

μ_{fy}——钢筋屈服强度平均值；

σ_{fy}——钢筋屈服强度标准差。

当发现某批钢筋的实测屈服强度低于废品限值时，即认为是废品，不得按合格品出厂。例如，国家冶金工业标准规定，对 HPB300 级钢筋，其废品限值为 300N/mm^2；对 HRB335 级钢筋，其废品限值为 335N/mm^2 等等。由式（3-18）可知，国家相关标准规定的废品限值的保证率为 97. 73%。符合《混凝土结构设计规范》对普通钢筋的强度标准值 f_{yk}应具有不小于 95% 保证率的规定。

对于没有明显屈服点的预应力钢筋，取其极限抗拉强度 σ_b 作为极限强度标准值，用 f_{ptk}表示，一般取 0. 2% 残余应变所对应的应力 $\sigma_{0.2}$作为其屈服强度标准值f_{pyk}。对传统的预应力钢丝、钢绞线，一般取 0. 85f_{ptk}作为条件屈服点（简称屈服强度标准值）。

预应力钢筋的强度标准值亦应具有不小于 95% 的保证率。

普通钢筋的强度标准值按表 3-7 采用；预应力钢筋的强度标准值按表 3-8 采用。

普通钢筋的强度标准值（N/mm²）　**表3-7**

牌　号	符　号	公称直径 d（mm）	屈服强度标准值 f_{yk}（N/mm²）	极限强度标准值 f_{stk}（N/mm²）
HPB300	Φ	6～22	300	420
HRB335 HRBF335	Φ $Φ^F$	6～15	335	455
HRB400 HRBF400 RRB400	Φ $Φ^F$ $Φ^R$	6～50	400	540
HRB500 HRBF500	Φ $Φ^F$	6～50	500	630

预应力钢筋强度标准值（N/mm²）　**表3-8**

种　类		符　号	公称直径 d（mm）	屈服强度标准值 f_{pyk}	极限强度标准值 f_{ptk}
中强度预应力钢丝	光面螺旋肋	ϕ^{PM} ϕ^{HM}	5、7、9	620	800
				780	970
				980	1270
预应力螺纹钢筋	螺纹	ϕ^{T}	18、25、32、40、50	785	980
				930	1080
				1080	1230
消除应力钢丝	光面螺旋肋	ϕ^{P} ϕ^{H}	5	—	1570
				—	1860
			7	—	1570
			9	—	1470
				—	1570
钢绞线	1×3（三股）	ϕ^{S}	8.6、10.8、12.9	—	1570
				—	1860
				—	1960
	1×7（七股）		9.5、12.7、15.2、17.8	—	1720
				—	1860
				—	1960
			21.6	—	1860

注：极限强度标准值为1960MPa的钢绞线作后张预应力配筋时，应有可靠的工程经验。

2. 钢筋强度设计值

《混凝土结构设计规范》规定，混凝土结构构件按承载能力计算时，应采用基本组合或偶然组合。当采用基本组合时，钢筋强度应采用设计值。

对于延性较好的普通钢筋强度设计值f_y，等于其强度标准值f_{yk}除以材料分项系数γ_s。其中γ_s取1.1；但对《混凝土结构设计规范》新列入的高强度HRB500级的钢筋，为了适当提高其安全储备，γ_s取1.15。

对于延性稍差的预应力钢筋强度设计值f_{py}，等于其屈服强度标准值f_{pyk}除以材料分项系数γ_s。对传统的预应力钢丝、钢绞线，γ_s取1.2，于是

$$f_{py} = f_{pyk}/\gamma_s = f_{ptk} \times 0.85/1.2 = f_{ptk}/1.41$$

例如，对于极限强度标准值为1570N/mm²的钢绞线，其设计值应为

$$f_{py} = f_{ptk}/1.41 = 1570/1.41 = 1113\text{N/mm}^2$$

《混凝土结构设计规范》取$f_{py}=1120\text{N/mm}^2$，保持了原规范的数值。

对新增的中强度预应力钢丝和螺纹钢筋，按上述原则计算并考虑工程经验，作了适当调整。

普通钢筋抗拉强度设计值f_y和抗压值强度设计值f'_y，按表3-9采用；预应力钢筋抗拉强度设计值f_{py}和抗压值强度设计值f'_{py}按表3-10采用。

表3-9中普通钢筋HRB500抗压值强度设计值f'_y及表3-10中预应力钢筋的抗压值强度设计值f'_{py}，较其抗拉强度设计值为小，这是由于构件中钢筋受到混凝土极限受压应变的控制，受压强度受到制约的缘故。

普通钢筋强度设计值（N/mm²） **表3-9**

牌　号	抗拉强度设计值f_y	抗拉强度设计值f'_y
HPB300	270	270
HRB335、HRBF335	300	300
HRB400、HRBF400、RRB400	360	360
HRB500、HRBF500	435	410

预应力钢筋强度设计值（N/mm²） **表3-10**

种　类	极限强度标准值f_{ptk}	抗拉强度设计值f_{py}	抗拉强度设计值f'_{py}
中强度预应力钢丝	800	510	410
	970	650	
	1270	810	
消除应力钢丝	1470	1040	410
	1570	1110	
	1860	1320	
钢绞线	1570	1110	390
	1720	1220	
	1860	1320	
	1960	1390	
预应力螺纹钢筋	980	650	410
	1080	770	
	1230	900	

注：当预应力筋的强度标准值不符合表3-10的规定时，其强度设计值应进行相应的比例换算。

3.2.5 钢筋在最大拉力下的总伸长率

普通钢筋和预应力钢筋在最大拉力下的总伸长率δ_{gt}应不小于表3-11规定的数值。

普通钢筋及预应力筋在最大力下总伸长率限值　　**表3-11**

钢筋品种	普通钢筋			预应力筋
	HPB300	HRB335、HRBF335、HRB400、HRBF400、HRB500	RRB400	
δ_{gt}（%）	10.0	7.5	5.0	3.5

3.2.6　钢筋的弹性模量

钢筋的弹性模量 E_s 取其比例极限内的应力与应变的比值。各类钢筋的弹性模量，按表3-12采用。

钢筋弹性模量（$\times 10^5 N/mm^2$）　　**表3-12**

项　次	钢筋种类	E_s（N/mm^2）
1	HPB300	2.10
2	HRB335、HRB400、RRB400、热处理钢筋	2.00
3	消除应力钢丝（光面钢丝、螺旋肋钢丝、刻痕钢丝）	2.05
4	钢绞线	1.95

注：必要时，钢绞线可采用实测的弹性模量。

§3-3　钢筋与混凝土粘结、锚固长度

3.3.1　钢筋与混凝土粘结

钢筋混凝土构件在外力作用下，在钢筋与混凝土接触面上将产生剪应力。当剪应力超过钢筋与混凝土之间的粘结强度时，钢筋与混凝土之间将发生相对滑动，而使构件早期破坏。

钢筋与混凝土之间的粘结强度，实质上是钢筋与混凝土处于极限平衡状态时两者之间产生的极限剪应力，即抗剪强度。粘结强度的大小和分布规律，可通过钢筋抗拔试验确定，试件如图3-15（a）所示。钢筋在拉力作用下，在钢筋与混凝土接触面上产生应力 τ，当它不超过粘结强度 τ_f 时，钢筋就不会拔出。

现来分析钢筋与混凝土之间的粘结强度及其分布规律。设钢筋在拉力作用下，钢筋与混凝土处于极限平衡状态。从距试件端部 x 处，切取一钢筋微分体来加以分析，由平衡条件可得：

$$\Sigma X=0,\qquad (\sigma_s\text{-}d\sigma_s-\sigma_s)\frac{1}{4}\pi d^2+\tau_f\pi d\cdot dx=0$$

式中　d——钢筋直径；

σ_s——钢筋应力。

经整理后，得 x 点处粘结强度

$$\tau_f=\frac{d}{4}\cdot\frac{d\sigma}{dx} \tag{3-19}$$

在抗拔试验中，只要测得钢筋应力 σ_x 分布规律（图 3-15b），即可按式（3-19）求得各点的粘结强度 τ_f 值，从而绘出 τ_f 的分布图（图 3-15c）。

当钢筋处于极限平衡状态时，作用在钢筋上的外力，应等于钢筋与混凝土之间在长度 l 范围内的粘结强度总和，即：

$$N = \pi d \int_0^l \tau_f \mathrm{d}x = \bar{\tau}_f \cdot \pi d l$$

其中 $\bar{\tau}_f$——为平均粘结强度。

因为 $$N = \sigma_{s,\max} \cdot \frac{1}{4}\pi d^2$$

所以 $$\bar{\tau}_f = \frac{1}{4l} d \cdot \sigma_{s,\max} \tag{3-20}$$

式中 $\sigma_{s,\max}$——拔出时钢筋最大拉应力。

试验表明，钢筋与混凝土之间的粘结强度与混凝土立方体抗压强度和钢筋的表面特征有关，参见图 3-16。对于光圆钢筋，$\bar{\tau}_f = 1.5 \sim 3.5\mathrm{N/mm^2}$；带肋钢筋 $\bar{\tau}_f = 2.5 \sim 6.5\mathrm{N/mm^2}$。

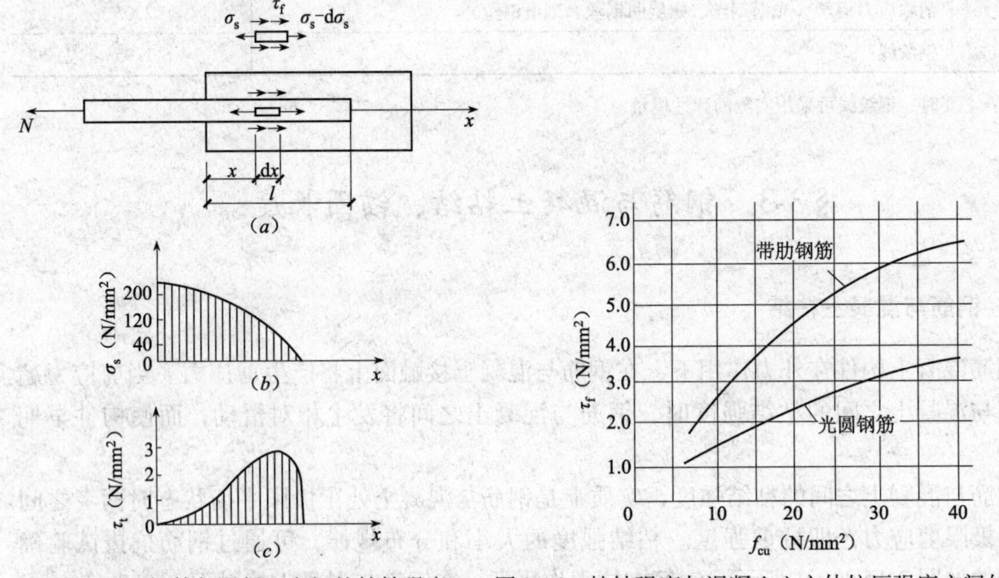

图 3-15 钢筋与混凝土之间的粘结强度　　图 3-16 粘结强度与混凝土立方体抗压强度之间的关系

3.3.2 钢筋锚固长度

1. 基本锚固长度

当钢筋最大应力 σ_{smax} 与屈服强度 f_y 相等时，按式（3-20）可算得钢筋埋入混凝土中的长度，把它称为钢筋基本锚固长度，用 l_a 表示：

$$l_a = \frac{\mathrm{d} \cdot f_y}{4\bar{\tau}_f} \tag{3-21}$$

将不同种类的钢筋屈服强度 f_y 和不同强度等级的粘结强度 $\bar{\tau}_f$，代入式（3-21）中，可求得钢筋锚固长度理论值。《混凝土结构设计规范》将式（3-21）中的 $\bar{\tau}_f$ 换算成混凝土抗拉强度 f_t 和与钢筋外形有关的系数 α，经可靠度分析并考虑我国经验，便可得到《混凝土结构设计规范》的受拉钢筋基本锚固长度公式：

$$l_{ab}=\alpha\frac{d\cdot f_y}{f_t} \tag{3-22}$$

式中　l_{ab}——受拉钢筋基本锚固长度；

d——钢筋直径；

f_y——普通钢筋抗拉强度设计值；

f_t——混凝土轴心抗拉强度，当混凝土强度等级高于C60时，按C60采用；

α——钢筋外形系数，光圆钢筋 $\alpha=0.16$；带肋钢筋 $\alpha=0.14$。光圆钢筋末端应做成180°弯钩。弯后平直段长度不应小于 $3d$，但做受压钢筋时可不弯钩。

2. 钢筋锚固长度

受拉钢筋锚固长度应根据锚固条件按下列公式进行计算，且不应小于200mm：

$$l_a=\zeta_a l_{ab} \tag{3-23}$$

式中　ζ_a——锚固长度修正系数，对普通钢筋应按下列规定采用，当多于一项时，可按连乘计算，但不应小于0.60：

（1）当带肋钢筋的公称直径大于25mm时，取1.10；

（2）环氧树脂涂层带肋钢筋，取1.25；

（3）施工过程中易受扰动的钢筋，取1.10；

（4）当纵向受力钢筋的实际配筋面积大于其设计计算面积时，修正系数取设计计算面积与实际配筋面积的比值，但对有抗震设防要求及直接承受动力荷载的结构构件，不应考虑此项修正；

（5）锚固钢筋的保护层厚度为 $3d$ 时修正系数可取0.80，保护层厚度为 $5d$ 时修正系数可取0.70，中间按内插取值，此处 d 为锚固钢筋的直径。

当纵向受拉普通钢筋末端采用弯钩或机械锚固措施时，包括弯钩或锚固端头在内的锚固长度（投影长度）可取为基本长度 l_{ab} 的60%。弯钩和机械锚固形式（图3-17）和技术要求应符合表3-13的要求。

钢筋弯钩和机械锚固的形式和技术要求　表3-13

锚固形式	技术要求
90°弯钩	末端90°弯钩，弯钩内径 $4d$，弯钩直段长度 $12d$
135°弯钩	末端135°弯钩，弯钩内径 $4d$，弯钩直段长度 $5d$
一侧贴焊锚筋	末端一侧贴焊长 $5d$ 同直径钢筋
两侧贴焊锚筋	末端两侧贴焊长 $3d$ 同直径钢筋
焊端锚板	末端与厚度 d 的锚板穿塞焊
螺栓锚头	末端旋入螺栓锚头

注：1. 焊缝和螺纹长度应满足承载力要求；
2. 螺栓锚头和接端锚板的承压净面积不应小于锚固钢筋截面积的4倍；
3. 螺栓锚头的规格应符合相关标准；
4. 螺栓锚头和焊接锚板的钢筋净间距不宜小于 $4d$，否则应考虑群锚效应的不利影响；
5. 截面角部的弯钩和一侧贴焊锚筋的布筋方向宜向截面内侧偏斜。

混凝土结构中的纵向受压钢筋，当计算中充分利用其抗压强度时，锚固长度不应小于相应受拉锚固长度的70%。

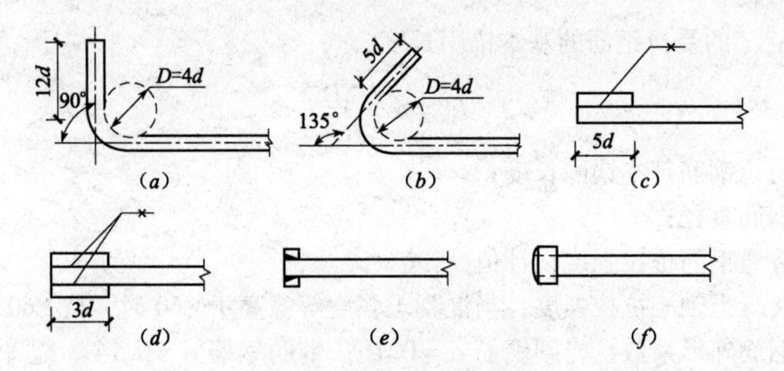

图 3-17　弯钩和机械锚固的形式和技术要求

（a）90°弯钩；（b）135°弯钩；（c）一侧贴焊锚筋；

（d）两侧贴焊锚筋；（e）穿孔塞焊锚板；（f）螺栓锚头

第4章　受弯构件正截面受弯承载力

§4-1　梁的一般构造

4.1.1　梁的截面形式和截面尺寸

梁的截面形式有矩形、T形、工字形、L形和倒T形以及花篮形等（图4-1）。梁的截面尺寸要满足承载力、刚度和抗裂度三方面的要求。梁的截面尺寸从刚度条件考虑，根据经验，简支梁、连续梁、悬臂梁的截面高度可按表4-1采用。

图4-1　梁的截面形式

不需作挠度计算梁的截面尺寸　　**表4-1**

项次	构件种类		简支	连续	悬臂
1	现浇肋形楼盖	次梁	$l_0/15$	$l_0/20$	$l_0/8$
		主梁	$l_0/12$	$l_0/15$	$l_0/6$
2	独立梁		$l_0/12$	$l_0/15$	$l_0/6$

注：表中 l_0 为梁的计算跨度，当梁的跨度大于9m时，表中的数值应乘以1.2。

梁的宽度 b 一般根据梁的高度 h 确定。对于矩形梁，取 $b=(1/2.5\sim1/2)h$；对于T形梁，取 $b=(1/3\sim1/2.5)h$。

为了施工方便，并有利于模板定型化，梁的截面尺寸应按统一规格采用。一般取为：梁高 $h=150$mm、180mm、200mm、250mm，大于250mm时，则按50mm进级；梁宽 $=120$mm、150mm、180mm、200mm、220mm、250mm，大于250mm时，则按50mm进级。

4.1.2　梁的材料强度等级

1. 混凝土强度等级

梁的混凝土强度等级一般采用C20、C25、C30、C35和C40。计算表明，提高混凝土的强度等级，对提高梁的承载力效果并不显著。

2. 钢筋的强度等级

梁的钢筋强度等级一般采用热轧钢筋HRB335、HRB400级和HRB500级钢筋。在工程中，宜优先选择HRB400级和HRB500级钢筋。这种钢筋不仅强度高，而且粘结性能也好。

4.1.3 梁的配筋形式

1. 纵向受力钢筋

纵向受力钢筋主要是用来承受由弯矩在梁内产生的拉力，所以，这种钢筋要放在梁的受拉一侧。钢筋直径一般采用 14 ~ 25mm。当梁高 $h>300$mm 时，不应小于 10mm；当梁高 $h<300$mm 时，不应小于 8mm。为了便于施工和保证混凝土与钢筋之间具有的粘结力，钢筋之间要有足够净距。《混凝土结构设计规范》规定，梁内下部纵向受力钢筋的水平方向的净距不小于 25mm，同时不小于钢筋的直径 d；上部纵向受力钢筋的水平方向净距不小于 30mm 和 $1.5d$（图 4-3）。梁的下部纵向钢筋配置多于两层时，两层以上的钢筋水平方向的中距应比下面两层的中距增大一倍。各层之间的净距不小于 25mm 和直径 d。

2. 箍筋

箍筋主要用来承受由剪力和弯矩共同作用，在梁内产生的主拉应力。同时，箍筋通过绑扎或焊接把它和纵向钢筋连系在一起，形成一个空间的骨架。

箍筋的直径和间距应由计算确定。如按计算不需设置箍筋时，对截面高度大于 300mm 的梁，仍应按构造要求，沿梁全长设置箍筋；对截面高度为 150 ~ 300mm 的梁，可仅在构件的端部各 1/4 跨度范围内设置箍筋。对截面高度为 150mm 以下的梁，可不设置箍筋。

当梁中配有计算需要的纵向受压钢筋时，箍筋应做成封闭式的（图 4-3a）。箍筋的间距在绑扎骨架中，不应大于 $15d$；在焊接骨架中，不应大于 $20d$（d 为纵向受压钢筋的最小直径）。同时，在任何情况下均不应大于 400mm。当一层内的纵向受压钢筋多于 5 根且直径大于 18mm 时，箍筋间距不应大于 $10d$。

箍筋最小直径与梁的截面高度有关。对截面高度大于 800mm 的梁，其箍筋直径不宜小于 8mm；对截面高度为 800mm 及其以下的梁，其箍筋直径不宜小于 6mm；对截面高度为 250mm 及其以下的梁，其箍筋直径不宜小于 4mm。当梁中配有计算需要的纵向受压钢筋时，箍筋直径尚不应小于 $d/4$（d 为纵向受压钢筋的最大直径）。

为了保证纵向受力钢筋可靠地工作，箍筋的肢数一般按下面规定采用：

当梁的宽度 $b \leqslant 150$mm 时，采用单肢。

当梁的宽度 150mm $< b \leqslant 350$mm 时，采用双肢。

当梁的宽度 $b>350$mm 时，或在一层内纵向受拉钢筋多于 5 根，或纵向受压钢筋多于 3 根，采用四肢。

3. 弯起钢筋

这种钢筋是由纵向受拉钢筋弯起成型的。它的作用除在跨中承受弯矩产生的拉力外，在靠近支座的弯起段则用来承受弯矩和剪力共同产生的主拉应力。弯起钢筋的弯起角度，当梁高 $h \leqslant 800$mm 时，采用 45°；当梁高 $h>800$mm 时，采用 60°。

4. 架立钢筋

为了固定钢筋的正确位置和形成钢筋骨架，在梁的受压区两侧，需布置平行于受力纵筋的架立钢筋（如在受压区已配置受压钢筋，则可不再配置架立钢筋）。此外，架立钢筋还可防止由于混凝土收缩而使梁上缘产生裂缝。

架立钢筋的直径与梁的跨度过有关，当梁的跨度小于 4m 时，架立钢筋的直径不宜于 6mm；当梁的跨度等于 4 ~ 6m 时，不宜小于 8mm；跨度大于 6m 时，不宜小于 10mm。

§4-2　板的一般构造

4.2.1　板的厚度

板的厚度要满足承载力、刚度和抗裂度三方面的要求。从刚度条件考虑，板的厚度可按4-2确定，同时也不小于表4-3的要求。

不需作挠度计算板的厚度表　　**表4-2**

项　次	支座的构造特点	板的厚度
1	简　　支	$l_0/30$
2	弹性约束	$l_0/40$
3	悬　　臂	$l_0/12$

注：表中 l_0 为板的计算跨度。

现浇板的最小厚度（mm）　　**表4-3**

屋面板	一般楼板	密肋楼板	车道下楼板	悬臂板
50	60	50	80	70（根部）

4.2.2　板的材料强度等级

1. 混凝土强度等级

板的混凝土强度等级一般采用C20、C25、C30、C35等。

2. 钢筋的强度等级

板的钢筋强度等级，一般采用热轧钢筋HRB335、HRB400级。在工程中，宜优先选择HRB400级钢筋。这种钢筋不仅强度高，而且粘结性也好，当用于板的配筋时，与光圆钢筋HPB300相比，可以有效地减小板的裂缝。

3. 板的配筋形式

这里仅叙述受力类似于梁的梁式板的配筋。这种板的受力特点是，主要沿板的一个方向弯曲，故仅沿该方向配筋（图4-2）。

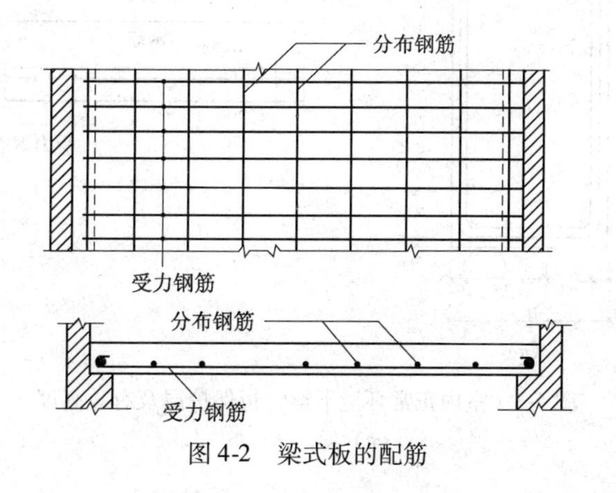

图4-2　梁式板的配筋

梁式板的抗主拉应力能力较强，一般不会发生斜裂缝破坏。故梁式板中仅配纵向受力钢筋和分布钢筋。纵向受力钢筋沿跨度方向受拉区布置；分布钢筋则沿垂直受力钢筋方向布置，板中的受力钢筋直径一般采用8～12mm，对于大跨度板，特别是基础板，直径可采用14～18mm，或更粗的钢筋。钢筋间距，当板厚$h \leq 150$mm时，不宜大于200mm；当板厚$h > 150$mm时，不宜大于$1.5h$，且不宜大于250mm。为了保证施工质量，钢筋间距也不宜小于70mm。

梁式板中分布钢筋的直径不宜小于6mm。梁式板中单位长度上的分布钢筋截面面积，不宜小于单位长度上受力钢筋截面面积15%，且不宜小于该方向板截面面积的0.15%，其间距不宜大于250mm。对集中荷载较大的情况，分布钢筋截面面积应适当增加，其间距不宜大于200mm。

§4-3 梁、板混凝土保护层和截面有效高度

为了防止钢筋锈蚀、提高构件的防火能力，保证钢筋和混凝土的粘结，梁、板都应具有一定厚度的混凝土保护层。《混凝土结构设计规范》规定，不再按传统的以纵向受力钢筋的外缘，而以最外层钢筋（包括箍筋、构造钢筋或分布钢筋等）的外缘计算保护层厚度。设计使用年限为50年的混凝土结构，混凝土保护层的最小厚度应按附录C附表C-4的规定采用。且不小于受力钢筋的直径d。规范同时规定，当有充分依据并采取下列措施时，可适当减小混凝土保护层的厚度：

（1）构件表面有可靠的防护层，如表面抹灰及其他各种有效的保护性涂料层；

（2）采用工厂化生产的预制构件；

（3）在混凝土中掺加阻锈剂或采用阴极保护处理等防锈措施；

（4）当对地下室墙体采取可靠的建筑防水做法或防护措施时，与土层接触一侧钢筋的保护层厚度可适当减少，但不应小于25mm。

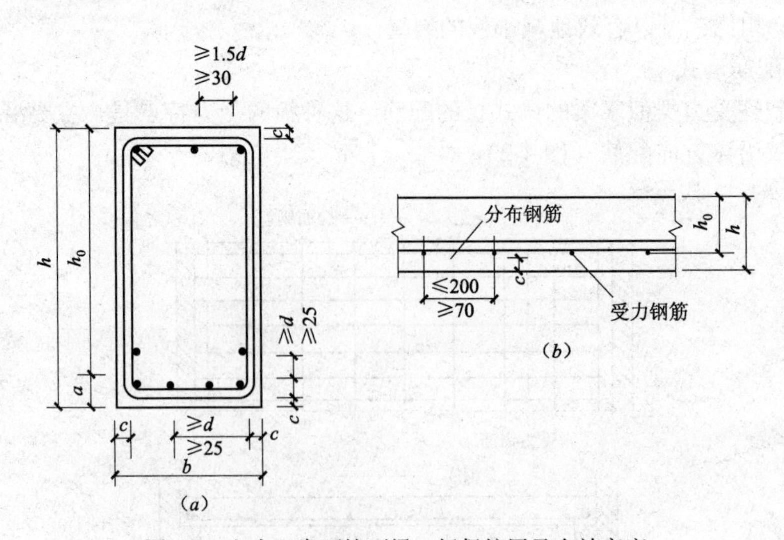

图4-3 室内正常环境下梁、板保护层及有效高度

（a）梁；（b）板

在计算梁、板受弯构件承载力时，因为受拉区混凝土开裂后，拉力完全由钢筋承担。这时梁、板能发挥作用的截面高度，应为受拉钢筋截面形心至梁的受压区边缘的距离，称为截面有效高度。见图4-3（a）、（b）。

根据上述钢筋净距和混凝土保护层最小厚度的规定，并考虑到梁、板常用钢筋直径和室内干燥环境，且构件表面有抹灰时，梁、板截面的有效高度 h_0 和梁、板的高度 h 有下列关系：

对于梁：　$h_0 = h - 35\text{mm}$（一层钢筋）

或　$h_0 = h - 60\text{mm}$（两层钢筋）

对于板：　$h_0 = h - 20\text{mm}$

§4-4　受弯构件正截面受弯承载力试验

为了建立受弯构件的正截面承载力公式，必须通过试验，了解钢筋混凝土构件截面的应力、应变分布规律，以及构件的破坏过程。

图4-4为钢筋混凝土简支梁。为了消除剪力对正截应力分布的影响，采用两点对称加载方式。这样，在两个集中荷载之间，就形成了只有弯矩而没有剪力的“纯弯段”。我们所需要的正截面破坏过程的一些数据，就可以从纯弯段实测得到。试验时，荷载从零逐级施加，每加一级荷载后，用仪表测量混凝土纵向纤维和钢筋的应变及梁的挠度。并观察梁的外形变化，直至梁破坏为止。

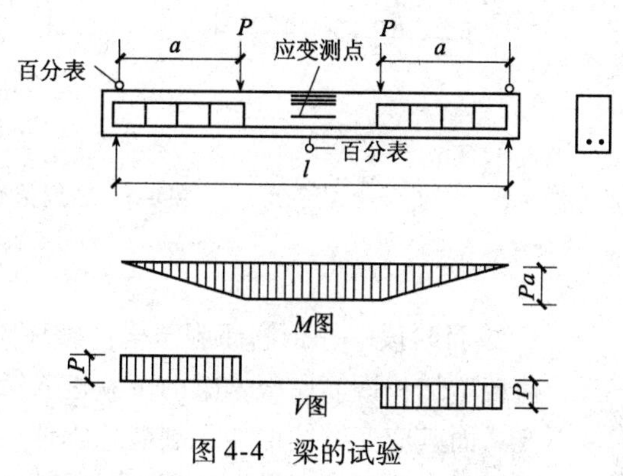

图4-4　梁的试验

根据梁的配筋多少，钢筋混凝土梁分为：适筋梁、超筋梁和少筋梁。试验表明，它们的破坏特征是很不同的，现分述如下：

4.4.1　适筋梁

适筋梁的破坏过程可分为三个阶段（图4-5）：

1. 第Ⅰ阶段——从开始加载至混凝土开裂前的阶段

当刚开始加载时，梁的纯弯段弯矩很小，因而截面的应力也很小。这时，混凝土处于弹性工作阶段，梁的截面应力和应变成正比。受压区与受拉区混凝土的应力图形均为三角形。受拉区的拉力由混凝土和钢筋共同承担。这个阶段称为弹性阶段。

随着荷载的增加，当梁的受拉边缘的混凝土的应力接近其抗拉强度时，应力和应变关系表现出塑性性质，即应变比应力增加为快，受拉区应力图形呈曲线变化。受压区的压应力仍远小于混凝土的抗压强度，应力图形呈三角形化。当荷载继续增加时，受拉区边缘的应变接近混凝土受弯时极限拉应变，梁的受拉边缘处于即将开裂状态。这时，第Ⅰ阶段达到最后阶段，称为I_a阶段。这一阶段可作为受弯构件抗裂验算的依据。

2. 第Ⅱ阶段——混凝土开裂至钢筋屈服前阶段

荷载稍许增加，受拉区边缘的应变达混凝土极限拉应变，梁出现裂缝，随着荷载继续增加，裂缝向上开展，横截面中性轴上移。开裂后的混凝土不再承担拉应力，拉力完全由钢筋承担。受压区混凝土由于应力增加，而表现出塑性性质，这时，压应力呈现曲线变化。继续增加荷载直至钢筋接近屈服强度。这时，第Ⅱ阶段达到最后阶段，称为Ⅱ$_a$阶段。

这一阶段可作为受弯构件裂缝宽度验算的依据。

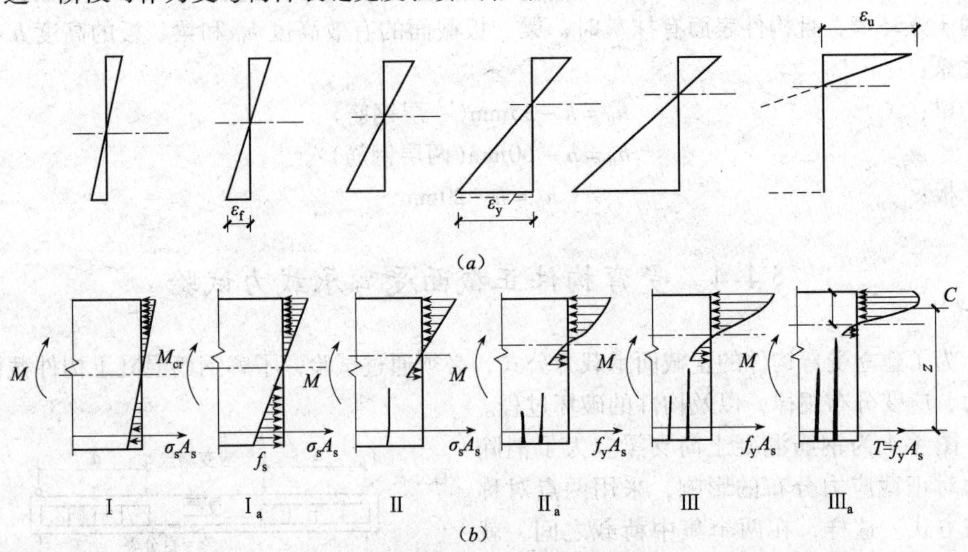

图4-5　适筋梁破坏过程的三个阶段

(*a*) 应变图；(*b*) 应力图

3. 第Ⅲ阶段——钢筋屈服至构件破坏阶段

荷载增加，钢筋屈服，梁的试验进入第Ⅲ阶段，随着荷载进一步增加，钢筋应力将保持不变，而其应变继续增加，裂缝急剧伸展，横截面中性轴继续上移。虽然这时钢筋的总拉力不再增大，但由于受压区高度不断减小。因此，混凝土压应力迅速增大，混凝土塑性性质更加明显，受压区的应力图形更加丰满。当受压区边缘的应变达到混凝土极限压应变时，出现水平裂缝而被压碎，梁随即达到破坏阶段，称为Ⅲ$_a$阶段。

这一阶段可作为受弯构件正截面承载力计算的依据。

4.4.2　超筋梁

受拉钢筋配得过多的梁，称为超筋梁。这种梁在试验中发现，由于钢筋过多，所以，梁在破坏时，钢筋应力还没有达到屈服强度，受压区混凝土则因达到极限压应变而破坏。破坏时梁的受拉区裂缝开展不大，挠度也小。破坏突然发生，没有明显预兆。这种破坏称为脆性破坏（图4-5）。同时，由于钢筋应力未达到屈服强度，即 $\sigma_s < f_y$，钢筋强度未被充分利用，因而也不经济。因此，在工程中不允许采用超筋梁。

4.4.3　少筋梁

梁内受拉钢筋配得过少，以致这样的梁开裂后的承载能力，比开裂前梁的承载力还要小。这样的梁称为少筋梁。梁加载后，在受拉区混凝土开裂前，截面上的拉力主要由混凝土承受，一旦出现裂缝，钢筋应力突然增加，拉力完全由钢筋承担，由于钢筋配置过少，钢筋应力立即达到屈服强度。并迅速进入强化阶段，甚至钢筋被拉断而使梁破坏。因此，在工程中不允许采用少筋梁。

§4-5 单筋矩形截面受弯构件正截面受弯承载力计算的基本理论

仅在受拉区配置纵向受拉钢筋的矩形截面受弯构件，称为单筋矩形截面受弯构件。

4.5.1 基本假设

如前所述，钢筋混凝土受弯构件的承载力计算，是以适筋梁Ⅲ$_a$阶段作为计算依据的。为了建立基本公式，现采用下列一些假定：

（1）构件发生弯曲变形后，正截面应变仍保持平面，即符合平截面假定。

试验表明，当量测混凝土和受拉钢筋的应变的标距 d 选用得足够大（跨过一条或几条裂缝）时，则在试验全过程中，所测得的平均应变沿截面高度分布符合平截面假定（图3-9*a*）。应当指出，严格说来，在破坏截面的局部范围内，受拉钢筋应变和受压混凝土应变，并不保持直线关系。但是，构件的破坏总是发生在构件一定长度区段内的，所以，采用一定大小的标距所量测的平均应变仍是合理的。因此，平截面的假定可行。

（2）拉力完全由钢筋承担，不考虑受拉区混凝土参加工作。

由于混凝土的抗拉强度很低，在Ⅲ$_a$阶段应力作用下，混凝土早已开裂退出工作。所以，假定拉力完全由钢筋承担，不考虑受拉区混凝土参加工作，是符合实际情况的。

（3）采用理想的混凝土受压应力-应变（$\sigma_c-\varepsilon_c$）关系曲线作为计算的依据。

由于受弯构件受压混凝土的 $\sigma_c-\varepsilon_c$ 关系曲线较为复杂。因此，《混凝土设计规范》在分析了国外规范所采用的混凝土 $\sigma_c-\varepsilon_c$ 曲线及试验资料基础上，将 $\sigma_c-\varepsilon_c$ 关系曲线简化成图4-6所示的理想化曲线，它的表达式可写成：

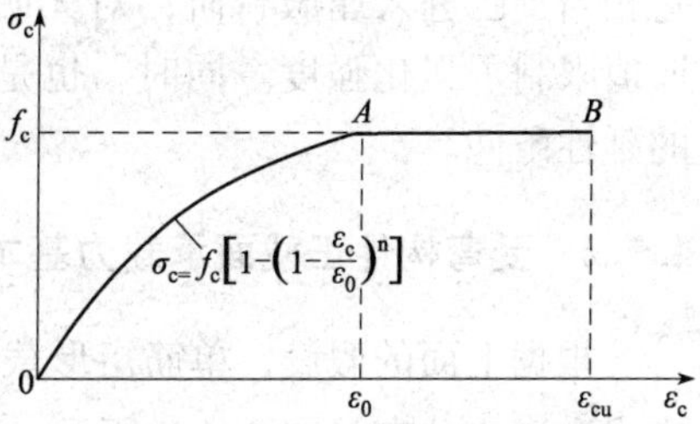

图4-6 混凝土应力-应变曲线

当 $\varepsilon_c \leqslant \varepsilon_0$ 时（上升段）

$$\sigma_c = f_c\left[1-\left(1-\frac{\varepsilon_c}{\varepsilon_0}\right)^n\right] \tag{4-1a}$$

当 $\varepsilon_0 < \varepsilon_c \leqslant \varepsilon_{cu}$时（水平段）

$$\sigma_c = f_c \tag{4-1b}$$

$$n = 2-\frac{1}{60}(f_{cu,k}-50) \tag{4-2}$$

$$\varepsilon_0 = 0.002+0.5(f_{cu,k}-50)\times 10^{-5} \tag{4-3}$$

$$\varepsilon_{cu} = 0.0033-(f_{cu,k}-50)\times 10^{-5} \tag{4-4}$$

式中 σ_c——对应于混凝土压应变 ε_c 时的混凝土压应力；

ε_c——混凝土压应变；

f_c——混凝土轴心抗压强度设计值；

ε_0——对应于混凝土压应力刚达到f_c时混凝土的压应变，当计算的ε_0值小于0.002时，应取0.002；

ε_{cu}——正截面混凝土极限压应变，当处于非均匀受压时，按式（4-4）计算，当ε_{cu}值大于0.0033时，应取0.0033；当处于轴心受压时，取ε_0；

$f_{cu,k}$——混凝土立方体抗压强度标准值；

n——系数，当计算的n值大于2.0时，应取2.0。

（4）纵向的钢筋应力取等到于钢筋应变与其弹性模量的乘积，但其绝对值不应大于其相应的强度设计值，纵向的钢筋的极限拉应变取为0.01。

这一假定表明钢筋应力-应变（$\sigma_s-\varepsilon_s$）关系可采用弹性-全塑性曲线（图4-7）。它的表达式可写成：

当$\varepsilon_s\leqslant\varepsilon_y$时（上升段） $$\sigma_s=E_s\varepsilon_s \tag{4-5a}$$

当$\varepsilon_s\geqslant\varepsilon_y$时（水平段） $$\sigma_s=f_y \tag{4-5b}$$

式中 σ_s——相应于钢筋应变为ε_s时的钢筋应力；

E_s——钢筋弹性模量；

ε_y——钢筋的屈服应变；

f_y——钢筋的屈服强度设计值。

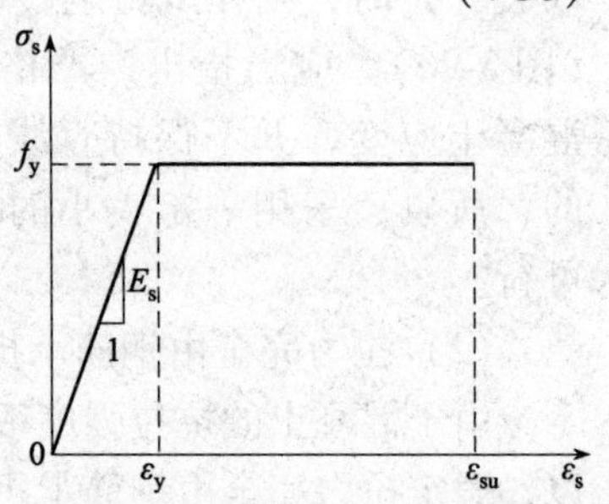

图4-7 钢筋应力-应变曲线

对纵向受拉钢筋的极限拉应变ε_{su}取0.01，这是构件达到承载能力极限状态的标志之一。对有明显屈服点的钢筋，它相当于已进入屈服台阶；对无明显屈服点的钢筋，这一取值限制了强化强度。同时，也是保证结构构件具有必要的延性条件。

4.5.2 受弯构件正截面承载力基本方程

根据上面的假设，单筋矩形截面梁达到承载能力极限状态（即适筋梁Ⅲ$_a$阶段）时的应力和应变分布，如图4-8所示。

由图4-8（b）可见，梁的截面受压边缘混凝土极压应变$\varepsilon_u=0.0033$，钢筋拉应变大于或等于钢筋的屈服应变，即$\varepsilon_s\geqslant\varepsilon_y$。设混凝土受压区高度为$x_c$，则受压区任一高度$t$处的混凝土压应变为：

$$\varepsilon_c=\frac{t}{x_c}\varepsilon_{cu} \tag{4-6}$$

而受拉钢筋的应变：

$$\varepsilon_s=\frac{h_0-x_c}{x_c}\varepsilon_{cu} \tag{4-7}$$

式中 t——受压区任一高度；

h_0——梁的有效高度。

由图4-8（c）可见，截面混凝土压应力呈曲线分布，其应力值按式（4-1a）、（4-2b）计算，其合力C可按下式计算：

$$C=\int_0^{x_c}\sigma_c(\varepsilon_c)\cdot b\mathrm{d}t \tag{4-8}$$

合力 C 的作用点至中性轴的距离为：

$$x_c^* = \frac{\int_0^{x_c} \sigma_c(\varepsilon_c) \cdot bt\mathrm{d}t}{C} \tag{4-9}$$

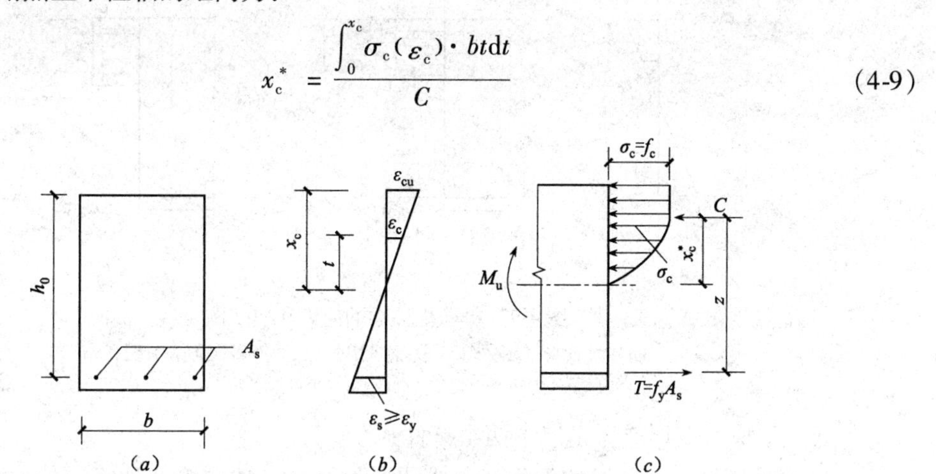

图 4-8　单筋矩形截面梁的分析

（a）梁的横截面；（b）应变分布图；（c）应力分布图

现求钢筋的拉力 T。设受拉钢筋的面积为 A_s，这时钢筋的应力 $\sigma_s = f_y$，于是：

$$T = A_s f_y \tag{4-10}$$

根据截面内力平衡条件，$\sum X = 0$，得：

$$\int_0^{x_c} \sigma_c(\varepsilon_c) b\mathrm{d}t = A_s f_y \tag{4-11}$$

和 $\sum M = 0$，得：

$$M_u = Cz \tag{4-12a}$$

或

$$M_u = Tz \tag{4-12b}$$

其中　M_u——单筋矩形正截面受弯承载力设计值；

z——混凝土压应力的合力 C 与钢筋拉力 T 之间的距离，称为内力臂：

$$z = (h_0 - x_c + x^*) \tag{4-13}$$

或进一步写成

$$M_u = \int_0^{x_c} \sigma_c(\varepsilon_c) \cdot b(h_0 - x_c + t)\mathrm{d}t \tag{4-14}$$

$$M_u = A_s f_y (h_0 - x_c + x^*) \tag{4-15}$$

利用上面一些公式虽然可以计算正截面受弯承载力，但要进行积分运算，计算很不方便。因此，在实际工程设计中，一般都应用等效矩形应力分布图形代替曲线的应力分布图形，这可使计算大为简化。

4.5.3　等效矩形应力图形

如上所述，由于受压区实际应力图形计算十分复杂，所以应寻求简化的方法进行计算。我国和许多国家《混凝土结构设计规范》，大都采用等效矩形应力分布图形代替曲线的应力分布图形（图 4-9）。

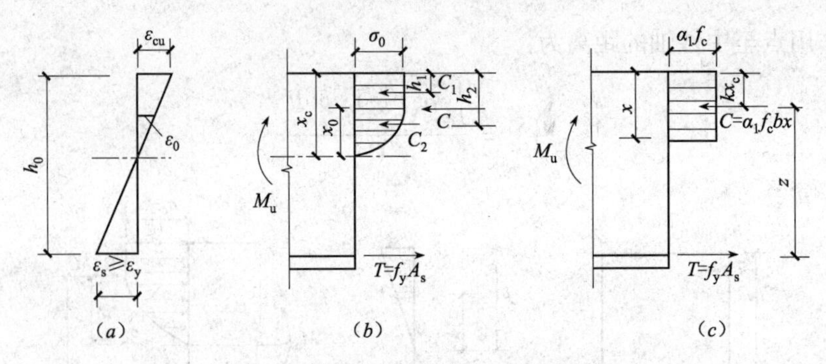

图 4-9　单筋矩形梁的应力和应变图
(a) 截面应变图；(b) 截面应力图；(c) 等效矩形应力图

等效矩形应力图形应满足以下两个条件：

(1) 等效矩形应力图形的面积与曲线图形面积（二次抛物线加矩形的面积）应相等，两者的合力大小应相等；

(2) 等效矩形应力图形的形心与曲线图形的形心位置应一致，即两者的合力作用点位置应相同。

下面来确定等效矩形应力图形代换的一些系数：

设曲线应力图形的受压区高度为 x_c，等效矩形应力图形的受压区高度为 x，令

$$x=\beta_1 x_c \tag{4-16}$$

曲线应力图形的最大应力值为 $\sigma_0=f_c$；矩形应力图形的压应力值为 $\alpha_1 f_c$（图 4-9b、c）。同时。设曲线应力图形和矩形应力图形形心至受压区边缘的距离为 $0.5x$，于是，根据图 4-9 的几何关系，即可求出两个图形系数 α_1、β_1。

为了简化计算，《混凝土结构设计规范》将所求得的两个参数取整，则得：

当混凝土的强度等级不超过 C50 时，$\alpha_1=1.0$，$\beta=0.8$；当混凝土的强度等级为 C80 时，$\alpha_1=0.94$，$\beta=0.74$；当混凝土的强度等级为 C50～C80 时，α_1、β_1 值可按线性内插法取值，也可按表 4-4 采用。

受压区等效矩形应力图形系数　　**表 4-4**

混凝土强度等级	≤C50	C55	C60	C65	C70	C75	C80
α_1	1.00	0.99	0.98	0.97	0.96	0.95	0.94
β_1	0.80	0.79	0.78	0.77	0.76	0.75	0.74

下面说明受压区等效矩形应力图形系数 α_1 和 β_1 的来源。现以混凝土强度等级 C80 为例计算如下：

现考察曲线应力图形（图 4-9b），它是由抛物线和矩形两部分图形组成的。设抛物线的高度为 x_0，则矩形的高度为 x_c-x_0。由图 4-9（b）、（c）的几何关系，得：

$$\frac{\varepsilon_{cu}}{\varepsilon_0}=\frac{x_c}{x_0} \tag{4-17}$$

由式（4-4）得：

$$\varepsilon_{cu}=0.0033-(f_{cu,k}-50)\times10^{-5}=0.0033-(80-50)\times10^{-5}=0.003$$

由式（4-3）得：

$$\varepsilon_0 = 0.002 + 0.5(f_{cu,k} - 50) \times 10^{-5} = 0.002 + 0.5 \times (80 - 50) \times 10^{-5} = 0.00215$$

将上列数值代入式（4-17），经整理后，可求得抛物线图形高度表达式：

$$x_0 = \frac{\varepsilon_0}{\varepsilon_{cu}} x_c = \frac{0.00215}{0.003} x_c = 0.717 x_c \tag{4-18}$$

于是，矩形应力图形高度表达式：

$$x_c - x_0 = x_c - 0.717 x_c = 0.283 x_c \tag{4-19}$$

由图 4-9 的几何关系，可求得矩形应力图形的面积，再乘以梁的截面宽度 b，即得到该压应力图形的合力

$$C_1 = b(x_c - x_0) f_c = 0.283 b x_c f_c$$

同时，可求出相应于抛物线的压应力图形的合力，由于它是曲线图形，故其面积需按积分方法求得。为此，将抛物线方程（4-1a）进行坐标变换，由式（4-17）得

$$\varepsilon_0 = \frac{x_0}{x_c} \varepsilon_{cu} \tag{4-20}$$

将式（4-20）、式（4-6）代入式（4-1a），以化简后得

$$\sigma_c = f_c \left[1 - \left(1 - \frac{t}{x_0} \right)^n \right] \tag{4-21}$$

式（4-21）的图象如图 4-10（a）所示。它是以梁的中性轴和纵向对称面交点为原点，以受压区混凝土压应力 σ_c 为纵坐标，以梁的高度方向的几何尺寸 x 为横坐标的直角坐标系表示的抛物线方程的图像。其中，指数 n 按式（4-2）计算：

$$n = 2 - \frac{1}{60}(f_{cu,k} - 50) = 2 - \frac{1}{60} \times (80 - 50) = 1.5$$

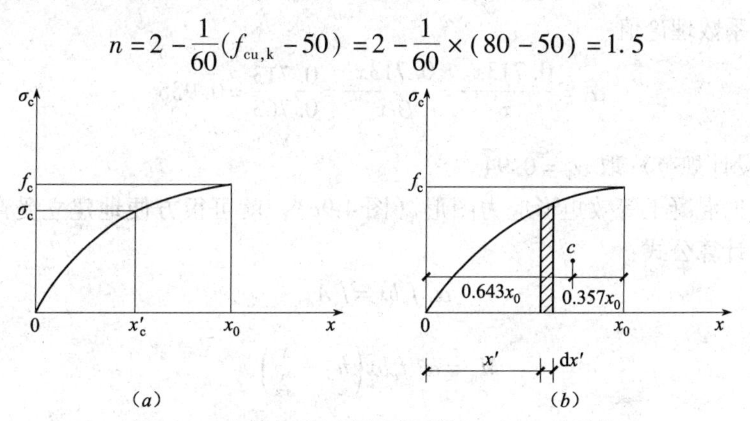

图 4-10　等效矩形压力图形系数 α_1 和 β_1 的计算

抛物线形的面积乘以梁的宽度 b，即相应于该图形压应力的合力

$$C_2 = b \int_0^{x_0} \sigma_c \mathrm{d}t = b \int_0^{x_0} f_c \left[1 - \left(1 - \frac{t}{x_0} \right)^{1.5} \right] \mathrm{d}t \tag{4-22}$$

$$= 0.6 b f_c x_0 = 0.6 b f_c \times 0.717 x_c = 0.430 b x_c f_c$$

其作用点，即抛物线图形面积的形心，它与纵轴 σ_c 之间的距离（图 4-10b）为

$$x^* = \frac{b}{C_2} \int_0^{x_0} t f_c \left[1 - \left(1 - \frac{t}{x_0} \right)^{1.5} \right] \mathrm{d}t = 0.643 x_0 \tag{4-23}$$

而作用点距抛物线面积的右端的距离为：

$$x_0 - x^* = (1-0.643)x_0 = 0.357x_0 \tag{4-24}$$

显然，合力 C_1 和 C_2 作用线距受压区的边缘的距离（图 3-10b）分别为：

$$h_1 = \frac{1}{2}(x_c - x_0) = \frac{1}{2} \times 0.283x_c = 0.142x_c \tag{4-25}$$

$$h_2 = (x_c - x_0) + 0.357x_0 = 0.283x_c + 0.357 \times 0.717x_c = 0.539x_c \tag{4-26}$$

现求压应力总的合力 C 和它的作用点：

压应力总的合力为

$$C = C_1 + C_2 + 0.283bx_c f_c + 0.430bx_c f_c = 0.713bx_c f_c$$

其作用点距梁的上边缘的距离（图 3-16c）为

$$0.5x = \frac{C_1 h_1 + C_2 h_2}{C} = \frac{0.283bx_c f_c \times 0.142x_c + 0.430bx_c f_c \times 0.539x_c}{0.713bx_c f_c}$$

$$= 0.3814x_c$$

由此，得等效矩形应力图形受压区高度

$$x = 2 \times 0.3814x_c = 0.763x_c$$

将它与式（4-16）加以比较，可知图形系数理论值 $\beta_1 = 0.763$。《混凝土结构设计规范》取 $\beta_1 = 0.74$。

等效矩形应力的合力应等于曲线应力的合力，故

$$\alpha_1 f_c bx = 0.713bx_c f_c \tag{4-27}$$

于是，得图形系数理论值

$$\alpha_1 = \frac{0.713x_c}{x} = \frac{0.713x_c}{\beta_1 x_c} = \frac{0.713}{0.763} = 0.935$$

《混凝土结构设计规范》取 $\alpha_1 = 0.94$。

这样，根据混凝土等效矩形应力图形（图 4-9c），就可很方便地建立受弯构件正截面受弯承载力的计算公式：

$$\sum X = 0, \quad \alpha_1 f_c bx = f_y A_s \tag{4-28}$$

$$\sum M = 0, \quad M_u = \alpha_1 f_c bx\left(h_0 - \frac{x}{2}\right) \tag{4-29}$$

或

$$M_u = f_y A_s\left(h_0 - \frac{x}{2}\right) \tag{4-30}$$

4.5.4 相对界限受压区高度和最大配筋率

1. 相对界限受压区高度

为了保证受弯构件适筋破坏，不出现超筋情况，必须把配筋率控制在某一限值范围内。为了求得这个限值，现来考虑适筋梁发生破坏时的截面应变分布情况。

一般情况下，当构件为适筋梁时，发生破坏时的截面应变分布如图 4-11 中的直线 ac 所示。这时，受拉钢筋应变 ε_s 已经超过屈服应变 ε_y，受压边缘混凝土达到极限压应变 $\varepsilon_{cu} = 0.0033$，由应变图三角形比例关系，得：

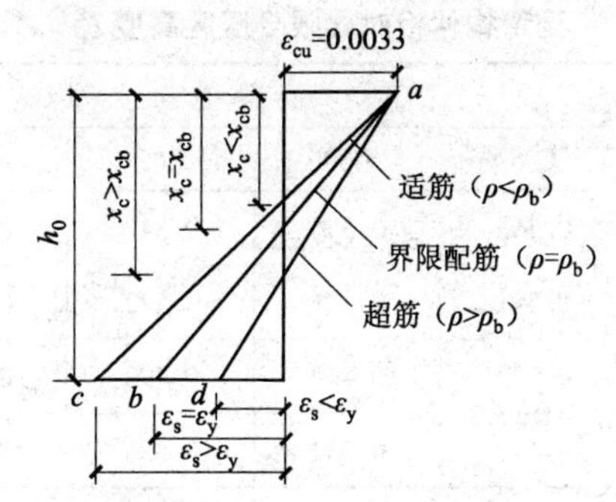

图 4-11　不同配筋率 ρ 时钢筋应变 ε_s 的变化

$$\frac{x_c}{h_0}=\frac{\varepsilon_{cu}}{\varepsilon_{cu}+\varepsilon_s} \tag{4-31}$$

注意到 $x=\beta_1 x_c$，于是上式可写成：

$$\xi=\frac{x}{x_0}=\frac{\beta_1\varepsilon_{cu}}{\varepsilon_{cu}+\varepsilon_s} \tag{4-32}$$

由式（4-28）得

$$\xi=\frac{x}{h_0}=\frac{f_y A_s}{\alpha_1 f_c b h_0}=\rho\frac{f_y}{\alpha_1 f_c} \tag{4-33}$$

式中　ξ——相对受压区高度；

ρ——梁的配筋率，即钢筋的面积与梁的有效截面面积之比。

$$\rho=\frac{A_s}{bh_0} \tag{4-34}$$

由式（4-32）、式（4-33）和图 4-11 可以看出，随着配筋率 ρ 的提高，钢筋应变 ε_s 将逐渐减小。当 ρ 增大到某一限值 ρ_{max}（即图 4-11 中的 ρ_b），ε_s 减小到恰好等于屈服应变 ε_y 时，这时钢筋刚好屈服，同时受压区边缘混凝土也达到极限应变 ε_{cu}，这种破坏状态通常称为“界限破坏”。界限破坏时的应变分布图，如图 3-11 中的 ab 线所示。若配筋率 ρ 再提高，则钢筋应变 ε_s 将进一步减小，以致它小于屈服应变，即 $\varepsilon_s<\varepsilon_y$，使梁变成超筋梁。这种破坏状态下梁的应变分布图，如图 4-11 中 ad 线所示。

综上所述，界限破坏时 $\varepsilon_s=\varepsilon_y$，并注意到，$\varepsilon_y=\frac{f_y}{E_s}$，把它们代入式（4-32），则得界限破坏时相对压区高度

$$\xi_b=\frac{x_b}{h_0}=\frac{\beta_1}{1+\frac{f_y}{E_s\varepsilon_{cu}}} \tag{4-35}$$

式中　ξ_b——相对界限受压区高度；

x_b——界限受压区高度。

对不同强度等级的混凝土和有明显屈服点钢筋的受弯构件，按式（4-35）可算出相对界限受压区高度，见表 4-5。

受弯构件相对界限受压区高度 ξ_b **表 4-5**

钢筋类别	混凝土强度等级						
	≤C50	C55	C60	C65	C70	C75	C80
HPB300	0.576	0.566	0.556	0.547	0.537	0.528	0.518
HRB335	0.550	0.541	0.531	0.522	0.521	0.503	0.493
HRB400、RRB400	0.518	0.508	0.499	0.490	0.481	0.472	0.463
HRB500	0.482	0.473	0.464	0.455	0.447	0.438	0.429

对无明显屈服点的钢筋，混凝土受弯构件的相对界限受压区高度，应按下式计算：

$$\xi_b = \frac{\beta_1}{1 + \frac{0.002}{\varepsilon_{cu}} + \frac{f_y}{E_s \varepsilon_{cu}}} \tag{4-36}$$

无明显屈服点钢筋的所对应的应变为

$$\varepsilon_s = 0.002 + \frac{f_s}{E_s} \tag{4-37}$$

将上式代入式（4-32），并注意到界限破坏时 $\varepsilon_s = \varepsilon_y$，经整理后即可得到式（4-36）。

2. 适筋梁最大配筋率

由式（4-33）可见，当界限破坏时 $\xi = \xi_b$ 和 $\rho = \rho_{max}$，于是得最大配筋率计算公式：

$$\rho_{max} = \xi_b \frac{\alpha_1 f_c}{f_y} \tag{4-38}$$

对不同强度等级的混凝土和有明显屈服点的不同类别钢筋的受弯构件，按式（4-38）可算出相应的最大配筋率，见表 4-6。

受弯构件适筋时最大配筋率 ρ_{max}（%） **表 4-6**

钢筋类别	混凝土强度等级						
	C15	C20	C25	C30	C35	C40	C45
HPB300	1.54	2.05	2.54	3.05	3.56	4.07	4.50
HRB335	1.32	1.76	2.18	2.622	3.07	3.51	3.89
HRB400、RRB400	1.03	1.38	1.71	2.06	2.40	2.74	3.05
HRB500	0.80	1.06	1.32	1.59	1.85	2.12	2.34

钢筋类别	混凝土强度等级						
	C50	C55	C60	C65	C70	C75	C80
HPB300	4.93	5.25	5.55	5.83	6.07	6.28	6.47
HRB335	4.24	4.52	4.77	5.01	5.21	5.38	5.55
HRB400、RRB400	3.32	3.54	3.74	3.92	4.08	4.21	4.34
HRB500	2.56	2.73	2.88	3.02	3.14	3.23	3.33

由图4-18可见，根据相对受压区高度ξ或配筋率ρ的大小，可判断受弯构件正截面破坏的类型。若$\xi \leqslant \xi_b$或$\rho \leqslant \rho_{max}$，则属于适筋破坏；若$\xi > \xi_b$或$\rho > \rho_{max}$，则属于超筋破坏。

4.5.5　受弯构件适筋时最小配筋率？

为了保证受弯构件不发生少筋破坏，必须控制其截面的配筋率不小于某一限值，这个配筋率称为受弯构件适筋时的最小配筋率ρ_{min}。

试验表明，梁的配筋率小于适筋时的最小配筋率。当它出现第一条裂缝时，该截面的钢筋立即超过钢筋的屈服强度，钢筋超过全部流幅进入强化阶段，甚至被拉断。这时，梁的极限弯矩小于开裂弯矩，即$M_u < M_{cr}$。

图4-12（a）是由试验记录到的荷载-挠度（即P-f）图及破坏过程。由图中可见，这根梁的极限荷载P_u小于开裂荷载P_{cr}。

最小配筋率ρ_{min}是少筋梁和适筋梁的界限配筋率。其值可根据适筋梁Ⅲ$_a$阶段的正截面承载力与同样截面、同一强度等级的素混凝土梁承载力（即出现裂缝时的弯矩M_c）相等的条件确定。

下面来建立最小配筋率ρ_{min}的计算公式。

矩形截面素混凝土梁的正截面开裂弯矩M_c，可根据适筋梁Ⅰ$_a$阶段截面应力图形（受拉应力图形即矩形），利用力矩平衡条件求得（图4-12c）：

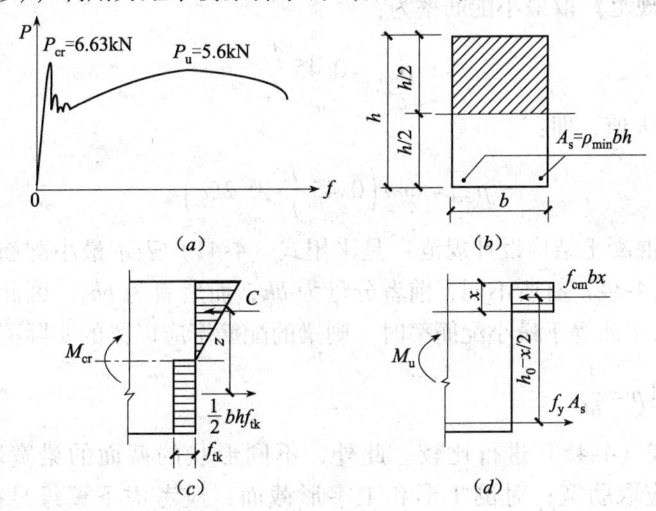

图4-12　最小配筋率的计算

（a）少筋梁$P-f$图；（b）梁的横截面；（c）素混凝土梁；（d）配有ρ_{min}的钢筋混凝土梁

$$\sum M=0,\qquad M_c = Tz = \frac{1}{2}bhf_{tk}\left(\frac{1}{4}h+\frac{2}{3}\times\frac{h}{2}\right)=0.292bh^2f_{tk} \tag{4-39}$$

配有最小配筋率ρ_{min}的钢筋混凝土梁受弯正截面承载力，可按式（4-30）计算：

$$M_u = f_{yk}A_s\left(h_0-\frac{x}{2}\right)$$

因为配筋率很小，由式（4-33）可知，受压区高度x会很小，假设取$\frac{1}{2}x=0.05h_0$。于是，式（4-30）可写成：

$$M_u = 0.95 f_{yk} A_s h_0 = 0.95 \frac{A_s}{bh} f_{yk} b h_0 h \tag{4-40}$$

$$M_u = 0.95 \rho_{min} f_{yk} b h_0 h$$

其中

$$\rho_{min} = \frac{A_s}{bh} \tag{4-41}$$

式（4-39）和式（4-40）采用材料强度标准值，是考虑到计算更接近素混凝土梁实际开裂弯矩和钢筋混凝土梁实际极限弯矩。

根据最小配筋率的确定条件：$M_u = M_c$，即式（3-39）与式（4-40）相等，并取 $h_0 = 0.95h$。则得：

$$\rho_{min} = 0.324 \frac{f_{tk}}{f_{yk}} \tag{4-42}$$

因为《混凝土结构设计规范》是用材料强度设计值表示最小配筋率 ρ_{min} 的。为此，取 $f_{tk} = 1.4 f_{tk}$，$f_{yk} = 1.1 f_y$，于是，$\frac{f_{tk}}{f_{yk}} = \frac{1.4 f_t}{1.1 f_y} = 1.273 \frac{f_t}{f_y}$。将它代入式（4-42），经整理后得

$$\rho_{min} = 0.413 \frac{f_{tk}}{f_{yk}} \tag{4-43}$$

考虑到材料强度的离散性，混凝土收缩、温度应力的不利影响，以及过去的经验，《混凝土结构设计规范》取最小配筋率为：

$$\rho_{min} = 0.45 \frac{f_t}{f_y} \tag{4-44}$$

和0.2%值中的较大值，即：

$$\rho_{min} = \max\left(0.45 \frac{f_t}{f_y}, 0.2\%\right) \tag{4-45}$$

应当指出，《混凝土结构设计规范》是采用式（4-41）表示最小配筋率的。它和梁的配筋率的定义式（4-34）有所不同，前者分母为 bh，而后者为 bh_0。因此，若验算梁的受力纵配筋率是否大于或等于最小配筋率时，则梁的配筋率应以梁的实际配筋面积除以梁的全截面积计算，即 $\rho = \frac{A_s}{bh}$。

然后，再与式（4-45）进行比较。此外，不同形状的截面的梁宽取法也应予以注意，对T形截面应取肋宽；对倒T形和工字形截面，应考虑下翼缘悬挑部分面积参加工作。

§4-6 单筋矩形截面受弯构件正截面受弯承载力计算

4.6.1 基本计算公式及其适用条件

1. 基本计算公式

在§1-4中介绍了受弯构件正截面承载力的基本方程。在进行构件承载力计算时，必须保证构件具有足够的可靠度。因此，要求由荷载设计值在构件内产生的弯矩小于或等于由式（4-29）或式（4-30）所确定的构件承载力设计值。

这样，根据图4-13及§1-4中的式（4-28）~式（4-30），即可写出单筋矩形截面受弯构件正截面承载力基本计算公式：

$$\alpha_1 f_c bx = f_y A_s \tag{4-46}$$

$$M \leqslant M_u = \alpha_1 f_c bx\left(h_0 - \frac{x}{2}\right) \tag{4-47}$$

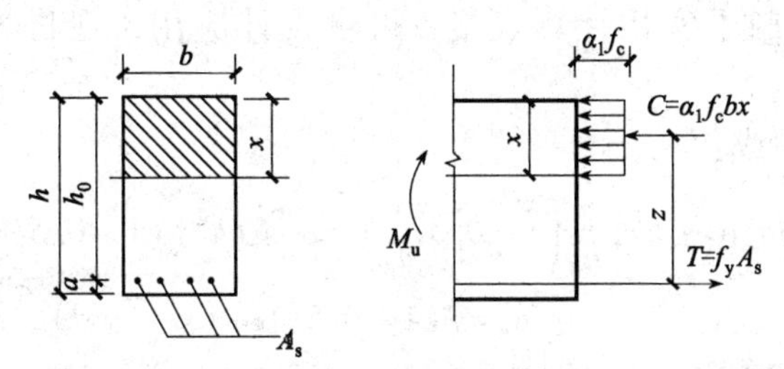

图4-13 单筋矩形截面受弯构件正截面承载力计算

或
$$M \leqslant M_u = f_y A_s\left(h_0 - \frac{x}{2}\right) \tag{4-48}$$

式中 M——弯矩设计值；

M_u——正截面承载力设计值；

α_1——混凝土受压区等效矩形应力图形系数；

f_c——混凝土轴心抗压强度设计值；

b——构件截面宽度；

x——混凝土受压区高度；

f_y——钢筋抗拉强度设计值；

A_s——受拉区纵向钢筋截面面积；

h_0——构件截面有效高度。

2. 适用条件

为了保证受弯构件适筋破坏，上列公式必须满足下列条件：

（1）防止超筋破坏

$$x \leqslant x_b = \xi_b \cdot h_0 \tag{4-49}$$

或
$$\xi \leqslant \xi_b \tag{4-50}$$

其中
$$\xi = \frac{x}{h_0} = \frac{A_s f_y}{\alpha_1 f_c bh_0} \tag{4-51}$$

或
$$\rho = \frac{A_s}{bh_0} \leqslant \rho_{max} = \xi_b \frac{\alpha_1 f_c}{f_y} \tag{4-52}$$

（2）防止少筋破坏

$$\rho = \frac{A_s}{bh} \geqslant \rho_{min} \tag{4-53}$$

将界限受压区高度 $x_b = \xi_b \cdot h_0$ 代换成式（4-29）中的 x，可求得单筋矩形截面所能承受极限弯矩：

$$M_{u\,max} = \alpha_1 f_c bh_0 \xi_b (1 - 0.5\xi_b) \tag{4-54}$$

4.6.2 基本计算公式的应用

1. 计算表格的编制

受弯构件正截面承载力计算公式（4-46）~式（4-48），在设计中，一般都不直接应用。因为式（4-47）为 x 的二次方程，计算很不方便。因此，《混凝土结构设计规范》根据基本计算公式编制了实用计算表格，可供设计应用，现将表格的编制原理叙述如下：

将式（4-47）改写成

$$M = \alpha_1 f_c bh_0^2 \frac{x}{h_0}\left(1 - 0.5\frac{x}{h_0}\right) = \alpha_1 f_c bh_0^2 \xi(1 - 0.5\xi)$$

令
$$\alpha_s = \xi(1 - 0.5\xi) \tag{4-55}$$

则
$$M = \alpha_1 f_c \alpha_s bh_0^2 \tag{4-56}$$

由此
$$\alpha_s = \frac{M}{\alpha_1 f_c bh_0^2} \tag{4-57}$$

由式（4-55）得

$$\xi = 1 - \sqrt{1 - 2\alpha_s} \tag{4-58}$$

由式（4-51），可算出钢筋面积：

$$A_s = \xi bh_0 \frac{\alpha_1 f_c}{f_y} \tag{4-59}$$

将式（4-48）改写成

$$M = f_y A_s h_0\left(1 - 0.5\frac{x}{h_0}\right) = f_y A_s h_0(1 - 0.5\xi)$$

令
$$\gamma_s = 1 - 0.5\xi \tag{4-60}$$

或
$$\gamma_s = \frac{1 + \sqrt{1 - 2\alpha_s}}{2} \tag{4-61}$$

则
$$M = f_y A_s \gamma_s h_0 \tag{4-62}$$

于是，钢筋面积也可按下式计算：

$$A_s = \frac{M}{\gamma_s h_0 f_y} \tag{4-63}$$

现来分析一下式（4-56）和式（4-62）的物理概念。由材料力学可知，对于弹性匀质材料的矩形截面梁，其承载力计算式为 $M = W[\sigma] = \frac{1}{6}bh^2[\sigma]$。把它和式（4-56）加以比较，就可看出，$\alpha_s bh_0^2$ 相当是钢筋混凝土受弯构件截面的抵抗矩，但它不是常数，而是 ξ 的函数。此外，由式（4-63）可以看出，$\gamma_s h_0$ 为截面的内力臂 z，γ_s 称为内力臂系数，它也是 ξ 的函数。

因为 α_s · γ_s 都是 ξ 的函数，故可将它们的关系编成表格，见表 4-7，供设计中应用。在表 4-7 中，常用的钢筋所对应的相对界限受压区高度 ξ_b 值用横线示出。因此，只要计算出来的相对受压区高度 ξ 不超出横线范围，即表明由基本计算公式计算结果已满足不超筋的要求，即已满足式（4-49）~式（4-52）的条件。

钢筋混凝土矩形和T形截面受弯构件正截面承载力计算系数表　　表4-7

ξ	γ_s	α_s	ξ	γ_s	α_s
0.01	0.995	0.010	0.32	0.840	0.269
0.02	0.990	0.020	0.33	0.835	0.276
0.03	0.985	0.030	0.34	0.830	0.282
0.04	0.980	0.039	0.35	0.825	0.289
0.05	0.975	0.049	0.36	0.820	0.295
0.06	0.970	0.058	0.37	0.815	0.302
0.07	0.965	0.068	0.38	0.810	0.308
0.08	0.960	0.077	0.39	0.805	0.314
0.09	0.955	0.086	0.40	0.800	0.320
0.10	0.950	0.095	0.41	0.795	0.326
0.11	0.945	0.104	0.42	0.790	0.332
0.12	0.940	0.113	0.43	0.785	0.338
0.13	0.935	0.122	0.44	0.780	0.343
0.14	0.930	0.130	0.45	0.775	0.349
0.15	0.925	0.139	0.46	0.770	0.354
0.16	0.920	0.147	0.47	0.765	0.360
0.17	0.915	0.156	0.48	0.760	0.365
0.18	0.910	0.164	0.482	0.759	0.366
0.19	0.905	0.172	0.50	0.750	0.375
0.20	0.900	0.180	0.51	0.745	0.380
0.21	0.895	0.188	0.518	0.741	0.384
0.22	0.890	0.196	0.52	0.740	0.385
0.23	0.885	0.204	0.53	0.735	0.390
0.24	0.880	0.211	0.54	0.730	0.394
0.25	0.875	0.219	0.550	0.725	0.399
0.26	0.870	0.226	0.56	0.720	0.403
0.27	0.865	0.234	0.576	0.712	0.410
0.28	0.860	0.241	0.58	0.710	0.412
0.29	0.855	0.248	0.59	0.705	0.416
0.30	0.850	0.255	0.60	0.700	0.420
0.31	0.845	0.262	0.614	0.693	0.426

注：当混凝土强度等级为C50以下时，表中 $\xi_b=0.576$、0.550、0.518 和 0.482 分别为HPB300级、HRB335、HRB400级和HRB500级钢筋的界限相对受压区高度。

2. 实用计算步骤

进行单筋矩形截面受弯构件承载力计算时，一般会遇到两种情况：截面设计和截面复核。

（1）截面设计

已知：截面弯矩设计值 M，材料强度等级及其强度设计值 f_c、f_t 和 f_y，构件截面尺寸 bh。

求：钢筋截面面积并选择钢筋直径及根数。

【解】

第1步　根据已知的弯矩设计值 M、截面尺寸 bh 和混凝土轴心抗压强度 f_c，按式(4-57)算出系数：

$$\alpha_s=\frac{M}{\alpha_1 f_c b h_0^2}$$

第2步　查表4-7，若 α_s 值位于表4-7的横线以下（即 $\xi>\xi_b$），则说明截面尺寸偏小，应重新选择截面尺寸，或提高混凝土强度等级，或采用双筋截面。

第3步　若 α_s 值位于表中横线以上（即 $\xi \leqslant \xi_b$），则可根据 α_s 值查出系数 ξ 或 γ_s，然后，按式（4-59）或式（4-63）算出钢筋截面面积：

$$A_s = \xi \cdot bh_0 \frac{\alpha_1 f_c}{f_y}$$

$$A_s = \frac{M}{\gamma_s h_0 f_y}$$

第4步　选择钢筋直径及根数，并按式（4-53）检查适筋梁条件，即验算 $A_s \geqslant \rho_{min} bh$ 条件。

（2）截面复核

已知：截面尺寸 $b \times h$，混凝土轴心抗压和抗拉强度设计值 f_c、f_t，钢筋强度设计值 f_y，截面面积 A_s，截面承受的弯矩设计值 M。

求：构件截面受弯承载力 M_u，并验算构件是否安全。

【解】

第1步　验算最小配筋率条件 $\rho = \frac{A_s}{bh} \geqslant \rho_{min}$，是否满要求，若不满足，则说明所给受弯构件为少筋构件。这时应重新设计截面。

第2步　根据 A_s、f_y、bh 和 f_c 按式（4-51）算出：

$$\xi = \frac{A_s f_y}{\alpha_1 f_c b h_0}$$

第3步　若 ξ 值位于表4-7横线以上，则查出 γ_s 值，根据（4-62）算出构件截面受弯承载力 M_u：

$$M_u = \gamma_s h_0 A_s f_y$$

若 ξ 值位于表4-7黑线以下（$\xi > \xi_b$），则构件截面最大受弯承载力：

$$M_{u\,max} = \alpha_1 f_c b h_0^2 \xi_b (1 - 0.5\xi_b)$$

第4步　验算构件是否安全，若 $M_u \geqslant M$ 或 $M_{u\,max} \geqslant M$，则构件安全；否则，不安全。

【例题4-1】 钢筋混凝土矩形截面简支梁，计算跨度6m，承受均布荷载，其中永久荷载标准值9.8kN/m（不包括梁重）；可变荷载标准值7.8kN/m。混凝土强度等级为C20，采用HRB335级钢筋。结构安全等级为二级。环境类别属于一类。

试确定梁的截面尺和纵向受拉钢筋。

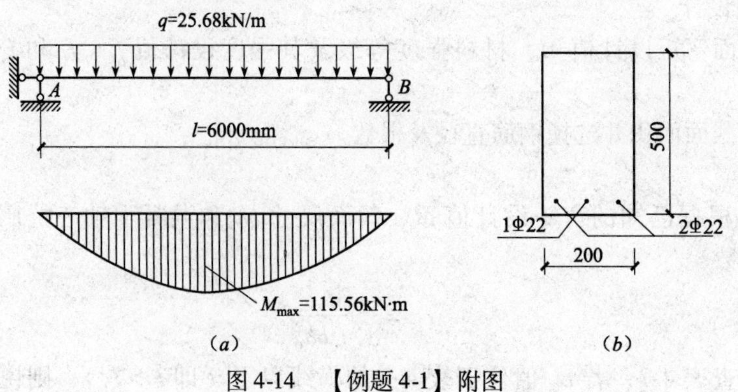

图4-14　【例题4-1】附图

【解】1. 手算

（1）确定材料强度设计值

由附录A表A-3和表A-4分别查得，当混凝土强度等级C20时，$f_c=9.6\text{N/mm}^2$ 和 $f_t=1.1\text{N/mm}^2$。由附录表A-8查得，钢筋为HRB335级时，$f_y=300\text{N/mm}^2$。

（2）确定梁的截面尺寸

由表4-1，选取梁高

$$h=\frac{1}{12}l=\frac{1}{12}\times 6000=500\text{mm}$$

梁宽取

$$b=\frac{1}{2.5}h=\frac{1}{2.5}\times 500=200\text{mm}$$

（3）内力计算

永久荷载分项系数为1.2；可变荷载分项系数为1.4。结构重要性系数 $\gamma_0=1.0$，钢筋混凝土单位重取2.5kN/m³。作用在梁上的总线荷载设计值：

$$q=(9.8+0.2\times 0.5\times 25)\times 1.2+7.8\times 1.4=25.68\text{kN/m}$$

梁内最大弯矩设计值：

$$M=\gamma_0\frac{1}{8}ql^2=1.0\times\frac{1}{8}\times 25.68\times 6^2=115.6\text{kN}\cdot\text{m}=115.6\times 10^6\text{N}\cdot\text{mm}$$

（4）配筋计算

梁的有效高度

$$h_0=h-35=500-35=465\text{mm}$$

按式（4-57）计算

$$\alpha_s=\frac{M}{\alpha_1 f_c bh_0^2}=\frac{115.6\times 10^6}{1\times 9.6\times 200\times 465^2}=0.278$$

根据 $\alpha_s=0.278$，由表4-7查出 $\gamma_s=0.833$，把它代入式（4-63），得

$$A_s=\frac{M}{\gamma_s h_0 f_y}=\frac{115.6\times 10^6}{0.833\times 465\times 300}=994.8\text{mm}^2$$

查附录B表B-1，选3Φ22（$A_s=1140\text{mm}^2$）

（5）检查最小配筋率条件

$$\rho=\frac{A_s}{bh}=\frac{1140}{200\times 500}=1.14\%>\max\left(0.20\%,0.45\frac{f_t}{f_y}=0.45\times\frac{1.1}{300}=0.165\%\right)=0.20\%$$

符合要求。

配筋布置见图4-14。

2. 按程序计算

（1）按AC/ON键打开计算器，按MENU键，进入主菜单界面；

（2）按数字9键，进入程序菜单；

（3）找到计算梁的计算程序名：M1，按EXE键；

（4）按屏幕提示进行操作（见表4-8），最后得出计算结果。

【例题4-1】附表 **表4-8**

序　号	屏幕显示	输入数据	计算结果	单　位	说　明
1	$J=?$	1，EXE		—	根据荷载计算，则输入数字1
2	$g_k=?$	9.8，EXE		kN/m	输入永久荷载标准值
3	$q_k=?$	7.8，EXE		kN/m	输入可变荷载标准值
4	$l_0=?$	6，EXE		m	输入梁的计算跨度
5	$b=?$	200，EXE		mm	输入梁的截面宽度
6	$h=?$	500，EXE		mm	输入梁的截面高度
7	q		25.68，EXE	kN/m	输出梁的线荷载设计值
8	M		115.56，EXE	kN·m	输出梁的最大弯矩设计值
9	$C=?$	20，EXE		—	输入混凝土强度等级
10	$G=?$	2，EXE		—	输入钢筋HRB335级的序号2
11	$a_s=?$	35，EXE		mm	输入钢筋重心至梁底边缘的距离
12	h_0		465，EXE	mm^2	输出梁的有效高度
13	α_s		0.278，EXE	—	输出系数
14	γ_s		0.833，EXE	—	输出系数
15	A_s		994.6，EXE	mm^2	输出纵向受拉钢筋的面积
16	$I=?$		2，EXE	—	计算梁时输入数字2；计算板时输入1
17	d	22，EXE		mm	输入钢筋直径
18	n		2.61	—	输出钢筋根数，取$n=3$

【例题4-2】矩形截面简支梁截面尺寸$b\times h=250\text{mm}\times600\text{mm}$，截面弯矩设计值$M=210\text{kN}\cdot\text{m}$，混凝土强度等级为C40，采用HRB400级钢筋。结构安全等级为二级。环境类别属于一类。

试确定该截面纵向受拉钢筋截面面积。

【解】1. 手算

（1）确定材料强度设计值

由附录A表A-3和表A-4分别查得，当混凝土强度等级C40时，$f_c=19.1\text{N/mm}^2$和$f_t=1.71\text{N/mm}^2$。由附录表A-8查得，钢筋为HRB400级时，$f_y=360\text{N/mm}^2$。

（2）配筋计算

设梁内取一排钢筋，取$a_s=40\text{mm}$，则梁的有效高度

$$h_0=h-35=600-40=560\text{mm}$$

按式（4-57）计算

$$\alpha_s=\frac{M}{\alpha_1 f_c b h_0^2}=\frac{210\times10^6}{1\times19.1\times250\times560^2}=0.140$$

根据$\alpha_s=0.140$，由表4-7查出$\gamma_s=0.925$，把它代入式（4-63），得

$$A_s=\frac{M}{\gamma_s h_0 f_y}=\frac{210\times10^6}{0.925\times560\times360}=1126\text{mm}^2$$

查附录B表B-1，选3Φ22（$A_s=1140\text{mm}^2$）

(3) 检查最小配筋率条件

$$\rho=\frac{A_s}{bh}=\frac{1140}{250\times600}=0.76\%>\max\left(0.20\%,0.45\frac{f_t}{f_y}=0.45\times\frac{1.71}{300}=0.165\%\right)=0.214\%$$

符合要求。

2. 按程序计算

(1) 按 AC/ON 键打开计算器，按 MENU 键，进入主菜单界面；

(2) 按数字9键，进入程序菜单；

(3) 找到计算梁的计算程序名：M1，按 EXE 键；

(4) 按屏幕提示进行操作（见表4-9），最后得出计算结果。

【例题4-2】附表　　**表4-9**

序号	屏幕显示	输入数据	计算结果	单位	说明
1	$J=?$	2，EXE		—	根据 M 计算，则输入数字2
2	$b=?$	250，EXE		mm	输入梁的截面宽度
3	$h=?$	600，EXE		mm	输入梁的截面高度
4	M	210，EXE		kN·m	输出梁的最大弯矩设计值
5	$C=?$	40，EXE		—	输入混凝土强度等级
6	$G=?$	3，EXE		—	输入钢筋 HRB335 级的序号2
7	$a_s=?$	40，EXE		mm	输入钢筋重心至梁底边缘的距离
8	h_0		560，EXE	mm^2	输出梁的有效高度
9	α_s		0.140，EXE	—	输出系数
10	γ_s		0.924，EXE	—	输出系数
11	A_s		1127，EXE	mm^2	输出纵向受拉钢筋的面积
12	$I=?$		2，EXE	—	计算梁时输入数字2；计算板时，输入1
13	d	22，EXE		mm	输入钢筋直径
14	n		2.96	—	输出钢筋根数，取 $n=3$

【例题4-3】 矩形截面简支梁截面尺寸 $b\times h=200\text{mm}\times400\text{mm}$，截面弯矩设计值 $M=130\text{kN}\cdot\text{m}$，混凝土强度等级为C30，采用HRB400级钢筋。结构安全等级为二级。环境类别属于一类。

试确定该截面纵向受拉钢筋截面面积。

【解】 1. 手算

(1) 确定材料强度设计值

由附录A表A-3和表A-4分别查得，当混凝土强度等级C30时，$f_c=14.3\text{N/mm}^2$ 和 $f_t=1.43\text{N/mm}^2$。由附录表A-8查得，钢筋为HRB400级时，$f_y=360\text{N/mm}^2$。

(2) 配筋计算

设梁内取一排钢筋，取 $a_s=35\text{mm}$，则梁的有效高度

$$h_0=h-35=400-35=365\text{mm}$$

按式（4-57）计算

$$\alpha_s=\frac{M}{\alpha_1 f_c bh_0^2}=\frac{148\times10^6}{1\times14.3\times250\times365^2}=0.388$$

按式（4-58）计算

$$\xi = 1 - \sqrt{1 - 2\alpha_s} = 1 - \sqrt{1 - 2 \times 0.388} = 0.526 > \xi_b = 0.518$$

属于超筋，可通过增大截面尺寸加以解决。

2. 按程序计算

（1）按 AC/ON 键打开计算器，按 MENU 键，进入主菜单界面；

（2）按数字 9 键，进入程序菜单；

（3）找到计算梁的计算程序名：M1，按 EXE 键；

（4）按屏幕提示进行操作（见表 4-10），最后得出计算结果。

【例题 4-3】附表 **表 4-10**

序号	屏幕显示	输入数据	计算结果	单位	说明
1	$J=?$	2，EXE		—	根据 M 计算，则输入数字 2
2	$b=?$	200，EXE		mm	输入梁的截面宽度
3	$h=?$	400，EXE		mm	输入梁的截面高度
4	M	148，EXE		kN·m	输出梁的最大弯矩设计值
5	$C=?$	30，EXE		—	输入混凝土强度等级
6	$G=?$	3，EXE		—	输入钢筋 HRB400 级的序号 3
7	$a_s=?$	35，EXE		mm	输入钢筋重心至梁底边缘的距离
8	h_0		365，EXE	mm^2	输出梁的有效高度
9	α_s		0.388，EXE	—	输出系数
10	α_{sb}		0.384，EXE	—	输出界限系数 $\alpha_{sb} < \alpha_s$，超筋
11	$b=?$			mm	增大截面尺寸重新计算，或采用双筋截面（见§4-7）

【例题 4-4】 钢筋混凝土雨篷板，板的悬挑长度 $l_0 = 1200$mm。各层作法如图 4-15（a）所示。作用于板自由端的施工活荷载标准值 $F = 1$kN/m（沿板宽方向），混凝土强度等级为 C25，采用 HRB335 级钢筋。结构安全等级为二级。环境类别属于二 a 类。

试确定板的截面尺寸和纵向受拉钢筋。

【解】 1. 手算

（1）确定材料强度设计值

由附录 A 表 A-3 和 A-4 分别查得，混凝土强度等级 C25 时，$f_c = 11.9$N/mm² 和 $f_t = 1.27$N/mm²。由附录 A 表 A-8 查得，钢筋为 HRB335 级时，$f_y = 300$N/mm²。

（2）确定板的厚度

由表 4-2，选悬臂板的根部厚度

$$h = \frac{1}{12} l_0 = \frac{1}{12} \times 1200 = 100\text{mm}$$

板的自由端厚度取 60mm。

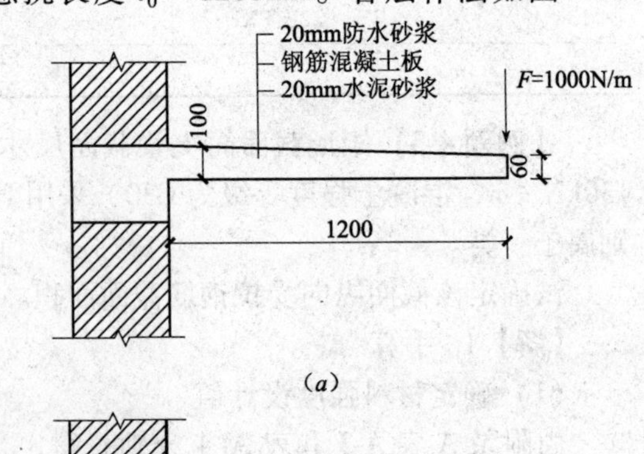

（a）

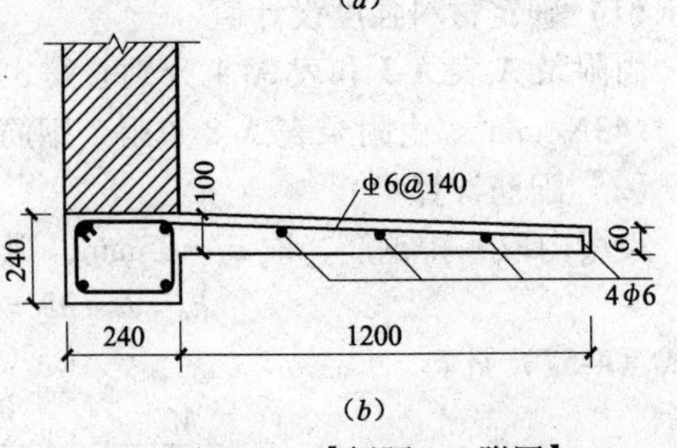

（b）

图 4-15 【例题 4-4 附图】

（3）荷载计算

板上恒载标准值

20mm 厚防水浆　　$0.02 \times 20 = 0.40\text{kN/m}^2$

板重（取平均板厚 80mm）　　$0.08 \times 25 = 2.00\text{kN/m}^2$

20mm 厚底板抹灰　　$\underline{0.02 \times 20 = 0.40\text{kN/m}^2}$

2.80kN/m^2

取 1m 板宽进行计算

$$q = 2.80 \times 1 = 2.80\text{kN/m}$$

板上活荷载标准值

$$F = 1\text{kN/m}$$

（4）内力计算

板的固定端截面最大弯矩设计值

$$M = \gamma_0 \left(\frac{1}{2} q l_0^2 \gamma_G + F l_0 \gamma_Q \right) = 1.0 \times \left(\frac{1}{2} \times 2.80 \times 1.2^2 \times 1.2 + 1 \times 1.2 \times 1.4 \right) = 4.10\text{kN} \cdot \text{m}$$

（5）配筋计算

梁的有效高度

$$h_0 = h - 25 = 100 - 25 = 75\text{mm}$$

按式（4-57）计算

$$\alpha_s = \frac{M}{\alpha_1 f_c b h_0^2} = \frac{4.10 \times 10^6}{1 \times 11.9 \times 1000 \times 75^2} = 0.0613$$

根据 $\alpha_s = 0.0613$，由表 4-7 查出 $\gamma_s = 0.968$，把它代入式（4-63），得

$$A_s = \frac{M}{\gamma_s h_0 f_y} = \frac{4.10 \times 10^6}{0.968 \times 75 \times 300} = 188.2\text{mm}^2$$

查附录 B 表 B-2，选Φ6@150，$A_s = 189\text{mm}^2 > 188.2\text{mm}^2$

（6）检查最小配筋率条件

$$\rho = \frac{A_s}{bh} = \frac{189}{1000 \times 100} = 0.189\% < \max\left(0.2\%,. 0.45 \frac{f_t}{f_y}\right) = 0.20\%$$

不符合要求，最后取 $A_s = 0.20\% \times 1000 \times 100 = 200\text{mm}^2$

选取Φ6@140mm，　　$A_s = 202\text{mm}^2$。

配筋布置见图 4-15（*b*）。

2. 按程序计算

（1）按 AC/ON 键打开计算器，按 MENU 键，进入主菜单界面；

（2）按数字 9 键，进入程序菜单；

（3）找到计算梁的计算程序名：YUPENG，按 EXE 键；

（4）按屏幕提示进行操作（见表 4-11），最后得出计算结果。

【例题 4-4】附表　　**表 4-11**

序　号	屏幕显示	输入数据	计算结果	单　位	说　　明
1	$h_1 = ?$	100，EXE		mm	输入板的根部厚度
2	$h_2 = ?$	60，EXE		mm	输入板的自由端厚度

续表

序号	屏幕显示	输入数据	计算结果	单位	说明
3	$l_0=?$	1.20，EXE		m	输入板的计算跨度
4	g_k		2.80，EXE	kN/m	输出板的线荷载标准值
5	M		4.10，EXE	kN·m	输出板的最大弯矩设计值
	C?	25			输入混凝土强度等级
6	$G=?$	2，EXE		—	输入钢筋 HRB335 级的序号 2
7	$a_s=?$	25，EXE		mm	输入钢筋重心至板底边缘的距离
8	h_0		75，EXE	mm²	输出板的有效高度
9	α_s		0.0612，EXE	—	输出系数
10	γ_s		0.968，EXE	—	输出系数
11	A_s		188.1，EXE	mm²	输出纵向受拉钢筋的面积
12	A_{smin}		200，EXE	—	输出最小配筋截面面积
13	d	6，EXE		mm	输入钢筋直径
14	s		141	mm	输出钢筋间距，取 $s=140$mm

【例题 4-5】 钢筋混凝土矩形截面梁，截面尺寸为 200mm×450mm。混凝土强度等级为 C25，配有 HRB335 级纵向受拉钢筋 4Φ16（$A_s=804^2$）。承受弯矩设计值 $M=80$kN·m。结构安全等级为二级。环境类别属于一类，$c=20$mm。

试验算梁的承载力设计值。

【解】 1. 手算

（1）确定材料强度设计值

由附录 A 表 A-3 和表 A-4 分别查得，混凝土强度等级 C25 时，$f_c=11.9\text{N/mm}^2$ 和 $f_t=1.27\text{N/mm}^2$。由附录 A 表 A-8 查得，钢筋为 HRB335 级时，$f_y=300\text{N/mm}^2$。

（2）验算最小配筋率条件

$$\rho=\frac{A_s}{bh}=\frac{804}{200\times450}=0.89\%>\max\left(0.2\%,0.45\frac{f_t}{f_y}\right)=0.2\%$$

符合适筋条件。

（3）确定梁的有效高度

$$h_0=h-\left(c+\frac{d}{2}\right)=450-\left(20+\frac{16}{2}\right)=422\text{mm}$$

（4）按式（4-51）计算

$$\xi=\frac{A_s f_y}{\alpha_1 f_c bh_0}=\frac{804\times300}{1\times11.9\times200\times422}=0.240$$

由附表 4-7 查得 $\gamma_s=0.88$

（5）按式（4-62）计算

$$M_u=f_yA_s\gamma_sh_0=300\times804\times0.88\times422=89.57\times10^6\text{kN}\cdot\text{m}>80\times10^6\text{kN}\cdot\text{m}$$

梁的受弯承载力设计值大于弯矩设计值，故此梁安全。

2. 按程序计算

（1）按 AC/ON 键打开计算器，按 MENU 键，进入主菜单界面；

（2）按数字 9 键，进入程序菜单；

（3）找到计算梁的计算程序名：M2，按 EXE 键；

（4）按屏幕提示进行操作（见表 4-12），最后得出计算结果。

【例题 4-5】附表　　**表 4-12**

序　号	屏幕显示	输入数据	计算结果	单　位	说　明
1	$b=?$	200，EXE		mm	输入梁的截面宽度
2	$h=?$	450，EXE		mm	输入梁的截面高度
3	A_s	804，EXE		kN·m	输出梁的钢筋截面面积
4	$c=?$	20，EXE		—	输入混凝土保护层厚度
5	d	16			输入钢筋直径
6	h_0		422		输出梁的截面有效高度
7	$G=?$	2，EXE		—	输入钢筋 HRB335 级的序号 2
8	$C=?$	25，EXE		mm	输入混凝土强度等级
9	γ_s		0.880，EXE	—	输出系数
10	M_u		89.56×10^6，EXE	N·mm	输出梁的受弯承载力设计值

§4-7　双筋矩形截面受弯构件正截面受弯承载力计算

4.7.1　概述

当梁需要承受较大弯矩，而增大截面尺寸有困难，或提高混凝土的强度等级不能收效时，可采用双筋截面梁。即在梁的受压区设置受压钢筋，以提高梁的承载能力(图 4-16)。但是，在受压区配置受压钢筋协助混凝土承受压力不经济，故不宜在工程中广泛采用。

由试验可知，只要满足适筋梁条件，双筋截面梁的破坏特征与单筋截面适筋梁的塑性破坏特征基本相似。即受拉钢筋首先屈服，随后受压区边缘的混凝土达到极限应变而被压碎。

试验表明，当梁内配置一定数量的封闭箍筋，能防止受压钢筋过早地压屈时，受压钢筋就能与混凝土一起共同变形。此外，试验还表明，只要受压区高度满足一定条件，受压钢筋就能和混凝土同时达到各自的极限变形。这时，混凝土被压碎，受压钢筋将屈服。

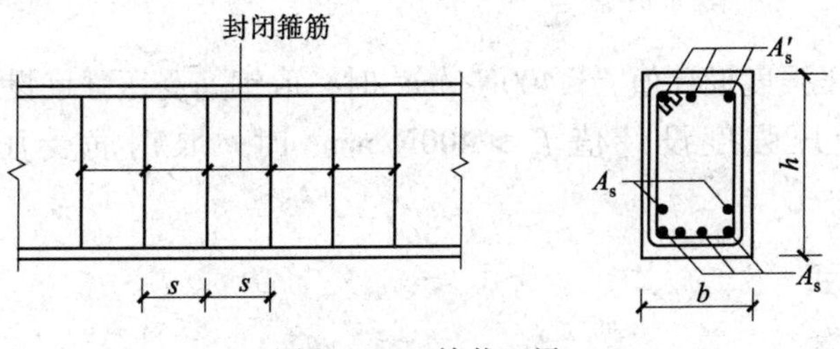

图 4-16　双筋截面梁

下面讨论双筋矩形截面梁受压区高度所应满足的条件。

设受压钢筋的合力至受压区的边缘距离为 a'_s（图 4-17），受压钢筋的应变为 ε'_s，由于受压钢筋与混凝土共同变形的缘故，受压钢筋处混凝土纤维的应变 ε'_c 与受压钢筋的应变 ε'_s 相同。根据图 4-17 所示应变图形中三角形比例关系，得

$$\varepsilon'_s=\varepsilon'_c=\frac{x_c-a'_s}{x_c}\varepsilon_{cu}$$

或

$$\varepsilon'_s=\left(1-\frac{a'_s}{x_c}\right)\varepsilon_{cu} \tag{4-64}$$

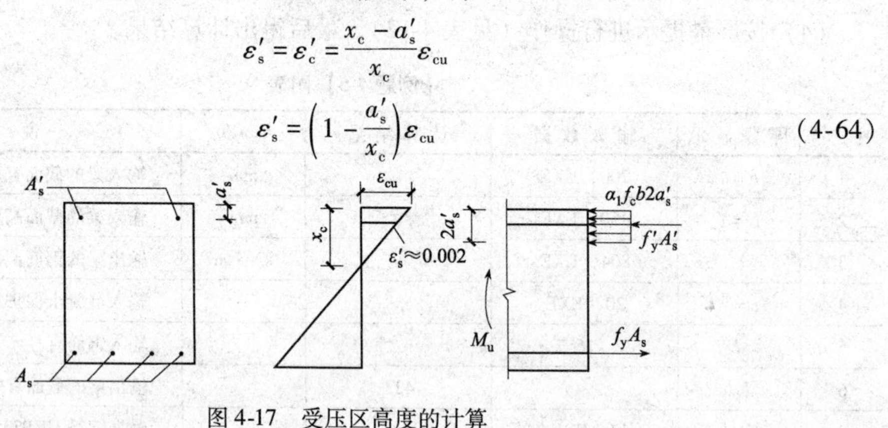

图 4-17 受压区高度的计算

由式（4-15）可知

$$x=\frac{x_c}{\beta_1}$$

将上式代入式（4-64），得

$$\varepsilon'_s=\left(1-\frac{\beta_1 a'_s}{x}\right)\varepsilon_{cu} \tag{4-65}$$

由上式可见，受压区高度 x 越小，受压钢筋的应变 ε'_s 越小，即钢筋的压应力

$$\sigma'_s=E_s\varepsilon'_s \tag{4-66}$$

越小。也就是说，受压钢筋越不容易发挥其作用。

现在来考察，若取 $x=2a'_s$ 作为受压区高度的最不利条件，那么，这时受压钢筋的应力 σ'_s 是多少？是否达到受压屈服强度？为了回答这个问题，将 $x=2a'_s$ 代入式（4-65），并注意到，当混凝土强度等级为 C50 及以下时，$\beta_1=0.8$，$\varepsilon_{cu}=0.0033$，得

$$\varepsilon'_s=\left(1-\frac{0.8a'_s}{2a'_s}\right)\times0.0033=0.6\times0.0033=0.00198$$

于是，

$$\sigma'_s=E_s\varepsilon'_s=2\times10^6\times0.00198\approx400\text{N/mm}^2$$

即当 $x=2a'_s$ 时，且当混凝土强度等级为 C50 及以下时，受压区混凝土被压碎时，受压钢筋的应力值 σ'_s 为 400N/mm²。

因此，当 $x=2a'_s$ 时，且当混凝土强度等级为 C50 及以下时，钢筋受压强度设计值可按下列规定采用：

（1）当钢筋受压强度设计值 $f'_y\leqslant400\text{N/mm}^2$ 时，取钢筋受压强度设计值 f'_y；

（2）当钢筋受压强度设计值 $f'_y>400\text{N/mm}^2$ 时，取钢筋受压强度设计值 $f'_y=400\text{N/mm}^2$。

4.7.2 基本计算公式

根据上面的分析，双筋矩形截面梁破坏时的应力状态，可取图 4-18 所示的图形。

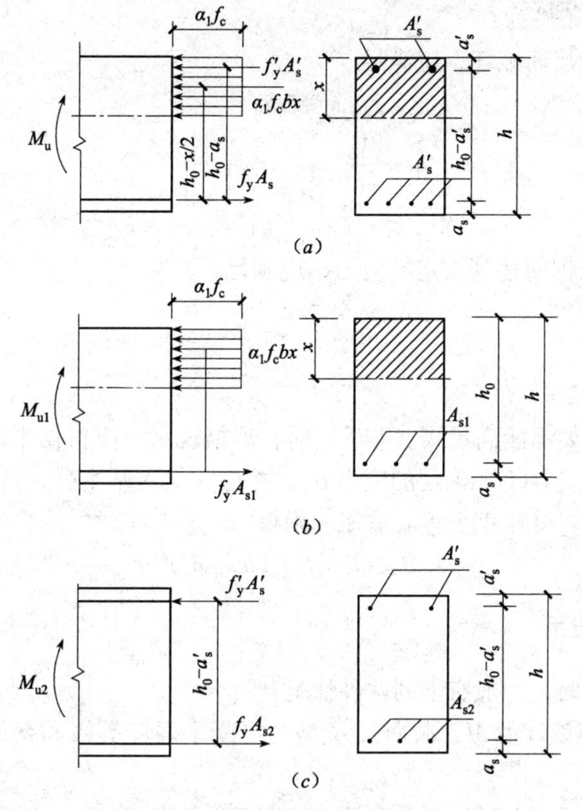

图 4-18　双筋矩形截面受弯构件正截面应力图形
(a) 整个截面；(b) 第 1 部分截面；(c) 第 2 部分截面

为便于分析，将双筋矩形截面应力图形分成两部分：一部分由受压混凝土的压力与相应受拉钢筋 A_{s1} 的拉力组成；另一部分由受压钢筋 A'_{s1} 与相应的一部分受拉钢筋 A_{s2} 的拉力组成。

这样，双筋矩形截面受弯构件正截面承载力设计值可写成

$$M_u = M_{u1} + M_{u2} \tag{4-67}$$

式中　M_{u1}——受压混凝土的压力与相应受拉钢筋 A_{s1} 的拉力组成的受弯承载力设计值；

M_{u2}——受压钢筋 A'_{s1} 的压力与相应受拉钢筋 A_{s2} 的拉力组成的受弯承载力设计值。

受拉钢筋的总面积为

$$A_s = A_{s1} + A_{s2} \tag{4-68}$$

根据平衡条件，对两部分可分别写出以下基本公式：

第 1 部分

$$\alpha_1 f_c bx = f_y A_{s1} \tag{4-69}$$

$$M_{u1} = \alpha_1 f_c bx\left(h_0 - \frac{x}{2}\right) \tag{4-70}$$

第 2 部分

$$f'_y A'_s = f_y A_{s2} \tag{4-71}$$

$$M_{u2} = f'_y A'_s(h_0 - a'_s) = f_y A_{s2}(h_0 - a'_s) \tag{4-72}$$

综合上述两部分，双筋矩形截面正截面受弯承载力基本公式为

$$\alpha_1 f_c bx + f'_y A'_s = f_y A_s \tag{4-73}$$

$$M \leqslant M_u = \alpha_1 f_c bx\left(h_0 - \frac{x}{2}\right) + f'_y A'_s(h_0 - a'_s) \tag{4-74}$$

以上公式的适用条件为：

1. 为了防止出现超筋破坏，应满足

$$x \leqslant \xi_b h_0 \tag{4-75}$$

或

$$\rho_1 = \frac{A_{s1}}{bh_0} \leqslant \rho_{max} = \xi_b \frac{\alpha_1 f_c}{f_y} \tag{4-76}$$

或

$$M_{u1} \leqslant \alpha_1 f_c b h_0^2 \xi_b (1 - 0.5\xi_b) \tag{4-77}$$

2. 为了保证受压钢筋达到规定的应力，应满足

$$x \geqslant 2a'_s \tag{4-78}$$

或

$$z \leqslant h_0 - a'_s \tag{4-79}$$

式中 z——内力臂，$z = \gamma_s h_0$。

在工程设计中，如不能满足式（4-78）时，严格说来，应根据平截面假定确定受压钢筋的应变，进而按式（4-66）确定的应力 σ'_s，并把它代入基本公式计算。为了简化计算，可近似地取 $x = 2a'_s$，对受压钢筋重心取矩，则得

$$M \leqslant M_u = f_y A_s (h_0 - a'_s) \tag{4-80}$$

4.7.3 基本公式的应用

在计算双筋截面时，一般有下列两种情况：

1. 已知截面弯矩设计值 M，截面尺寸 bh，混凝土强度等级和钢筋级别。求钢筋面积 A_s 和 A'_s。

由式（4-73）和式（4-74）可见，两式中有三个未知数：x、A_s 和 A'_s，不能求得唯一解。在这种情况下，可采用充分利用混凝土的抗压能力，使总钢筋用量尽量减少作为补充条件。为此，取 $\xi = \xi_b$，即使 M_{u1} 达到最大值。

$$M_{u1} = \alpha_1 f_c b h_0^2 \xi_b (1 - 0.5\xi_b) \tag{4-81}$$

由式（4-74）解出：

$$A'_s = \frac{M - \alpha_1 f_c b h_0^2 \xi_b (1 - 0.5\xi_b)}{f'_y (h_0 - a'_s)} \tag{4-82}$$

将 $x = \xi_b h_0$ 代入式（4-69），可求得 A_{s1}，并注意到式（4-71），于是总受拉钢筋面积为

$$A_s = A_{s1} + A_{s2} = \xi_b \frac{\alpha_1 f_c}{f_y} b h_0 + A'_s \frac{f'_y}{f_y} \tag{4-83}$$

2. 已知截面弯矩设计值 M，截面尺寸 bh，受压钢筋 A'_s，混凝土强度等级和钢筋级别。求受拉钢筋面积 A_s。

由于已知 A'_s，故

$$M_{u2} = f'_y A'_s (h_0 - a'_s) \tag{4-84}$$

则

$$M_{u1} = M - M_{u2} \tag{4-85}$$

这时，应验算 $M_{u1} \leqslant \alpha_1 f_c b h_0^2 \xi_b (1 - 0.5\xi_b)$ 条件，若满足，则按单筋矩形截面受弯构件求出 M_{u1} 所需要的钢筋截面面积 A_{s1}。最后，求出总的受拉钢筋面积：

$$A_s = A_{s1} + A'_s \tag{4-86}$$

若不满足，表示受压钢筋偏小，应按第 1 种情况处理。

【例题 4-6】 钢筋混凝土矩形截面梁，截面尺寸为 200mm × 500mm。混凝土强度等级

为C20，采用HRB335级钢筋。梁承受弯矩设计值 $M=190\text{kN}\cdot\text{m}$。结构安全等级为二级。环境类别属于一类。

试计算梁的纵向受力钢筋。

【解】1. 计算

（1）确定材料强度设计值

由附录A附表A-3和A-4分别查得，混凝土强度等级C20时，$f_c=9.6\text{N/mm}^2$ 和 $f_t=1.1\text{N/mm}^2$。由附表A-8查得，钢筋为HRB335级时，$f_y=300\text{N/mm}^2$。

（2）计算单筋截面最大承载力

考虑到弯矩较大，设采用双排钢筋，$a_s=60\text{mm}$，则

$$h_0=h-60=500-60=440\text{mm}$$

由表4-5查得 $\xi_b=0.55$，于是

$$M_{\text{umax}}=\alpha_1 f_c bh_0^2\xi_b(1-0.5\xi_b)=1\times9.6\times200\times440^2\times0.55\times(1-0.5\times0.55)$$
$$=148.22\times10^6\text{N}\cdot\text{mm}=148.22\text{kN}\cdot\text{m}<M=190\text{kN}\cdot\text{m}$$

不满足要求，故采用双筋截面。

（3）计算受压钢筋面积

设 $a'_s=35\text{mm}$，按式（4-82）计算

$$A'_s=\frac{M-\alpha_1 f_c bh_0{}^2\xi_b(1-0.5\xi_b)}{f'_y(h_0-a'_s)}=\frac{190\times10^6-148.22\times10^6}{300\times440-35}=343.86\text{mm}^2$$

（4）计算总受拉钢筋面积

由式（4-83）得：

$$A_s=\xi_b\frac{\alpha_1 f_c}{f_y}bh_0+A'_s\frac{f'_y}{f_y}=0.55\times\frac{1\times9.6}{300}\times200\times440+343.86=1892.66\text{mm}^2$$

（5）选配钢筋

受压钢筋 A'_s 选用2Φ16，（$A_s=402\text{mm}^2$）；受拉钢筋 A_s 选用6Φ20（$A_s=1884\text{mm}^2$）。配筋如图4-19所示。

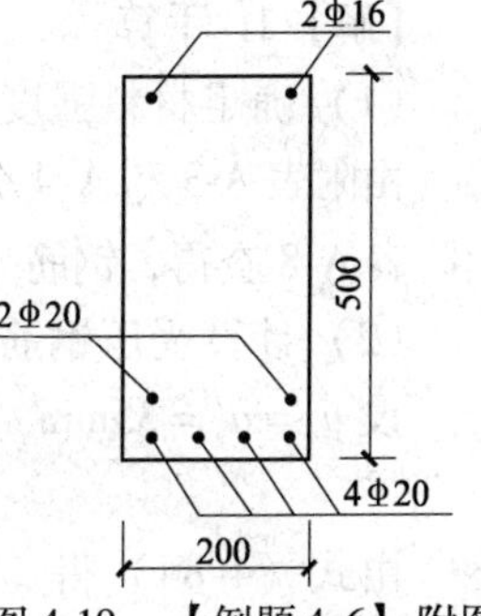

图4-19　【例题4-6】附图

2. 按程序计算

（1）按AC/ON键打开计算器，按MENU键，进入主菜单界面；

（2）按数字9键，进入程序菜单；

（3）找到计算梁的计算程序名：M3，按EXE键；

（4）按屏幕提示进行操作（见表4-13），最后得出计算结果。

【例题4-6】附表　　**表4-13**

序　号	屏幕显示	输入数据	计算结果	单　位	说　　明
1	$M=?$	190×10^6，EXE		N·mm	输入梁承受弯矩设计值
2	$b=?$	200，EXE		mm	输入梁的宽度
3	$h=?$	500，EXE		mm	输入梁的高度
4	a'_s	35，EXE		mm	输入受压钢筋重心至梁顶边缘的距离

续表

序　号	屏幕显示	输入数据	计算结果	单　位	说　　明
5	a_s	60，EXE		mm	输入受拉钢筋重心至梁底边缘的距离
6	h_0		440	mm	输出板的有效高度
7	$G=?$	2，EXE		—	输入钢筋HRB335级的序号2
8	$C=?$	20，EXE			输入混凝土强度等级序号20
9	$A_s'=?$	0，EXE		mm	输入受压钢筋截面面积，当A_s'未知时输入0
10	M_u		148.22×10^6，EXE	N·mm	输出单筋时梁的最大承载力
11	A_s'		343.9，EXE	mm^2	输出纵向受压钢筋的面积
12	d	16，EXE		mm	输入受压钢筋直径
13	n		1.71，EXE	mm	输出受压钢筋根数，取$n=2$
14	A_s		1892.7，EXE	mm^2	输出纵向受拉钢筋的面积
15	d	20，EXE		mm	输入受拉钢筋直径
16	n		6.02	—	输出受拉钢筋根数，取$n\approx6$

【例题4-7】 钢筋混凝土矩形截面梁，截面尺寸为250mm×500mm。混凝土强度等级为C20，采用HRB335级钢筋。受压区已配有2Φ18（$A_s'=509mm^2$）受压钢筋。梁承受弯矩设计值$M=130kN\cdot m$。结构安全等级为二级。环境类别属于一类。

试计算梁的纵向受拉钢筋。

【解】 1. 手算

（1）确定材料强度设计值

由附表A-3和A-4分别查得，混凝土强度等级C20时，$f_c=9.6N/mm^2$和$f_t=1.1N/mm^2$。由附表A-8查得，钢筋为HRB335级时，$f_y=300N/mm^2$。

（2）计算受压钢筋和与其相应的受拉钢筋承受的弯矩值M_{u2}

设$a_s=a_s'=35mm$

$$h_0=h-35=500-35=465mm$$

由式（4-84）得

$$M_{u2}=f_y'A_s'(h_0-a_s')=300\times509\times(465-35)=65.66\times10^6N\cdot mm$$

（3）计算受压混凝土压力和与其相应的受拉钢筋承受的弯矩值M_{u1}

由式（4-85）得

$$M_{u1}=M-M_{u2}=130\times10^6-65.66\times10^6=64.34\times10^6N\cdot mm$$

（4）验算$\xi\leqslant\xi_b$和$x\geqslant2a_s'$条件，并计算系数

$$\alpha_s=\frac{M_{u1}}{\alpha_1 f_c bh_0^2}=\frac{64.34\times10^6}{1\times9.6\times250\times465^2}=0.124$$

按式（4-58）计算

$$\xi=1-\sqrt{1-2\alpha_s}=1-\sqrt{1-2\times0.124}=0.133<\xi_b=0.55$$

$$x=\xi\cdot h_0=0.133\times465=61.85\text{mm}<2\times35=70\text{mm}$$

故按式（4-80）计算

$$A_s=\frac{M}{f_y(h_0-a_s')}=\frac{130\times10^6}{300\times(465-35)}=1008\text{mm}^2$$

选配4Φ18（$A_s=1017\text{mm}^2$），配筋如图4-20所示。

2. 按程序计算

（1）按AC/ON键打开计算器，按MENU键，进入主菜单界面；

（2）按数字9键，进入程序菜单；

（3）找到计算梁的计算程序名：M3，按EXE键；

（4）按屏幕提示进行操作（见表4-14），最后得出计算结果。

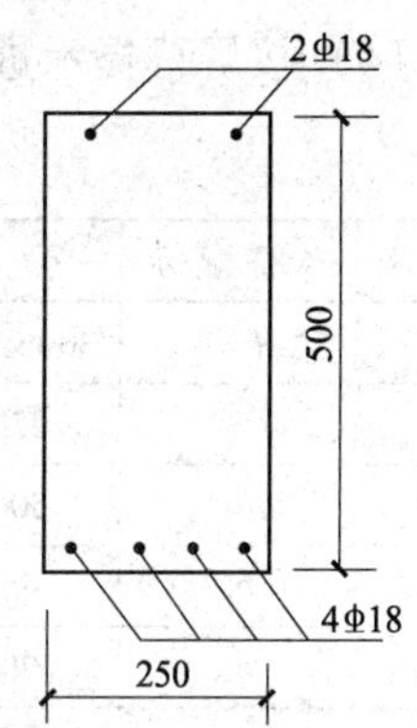

图4-20　【例题4-7】附图

【例题4-7】附表　表4-14

序号	屏幕显示	输入数据	计算结果	单位	说明
1	$M=?$	130×10^6，EXE		N·mm	输入梁承受弯矩设计值
2	$b=?$	250，EXE		mm	输入梁的宽度
3	$h=?$	500，EXE		mm	输入梁的高度
4	a_s'	35，EXE		mm	输入受压钢筋重心至梁顶边缘的距离
5	a_s	35，EXE		mm	输入受拉钢筋重心至梁底边缘的距离
6	h_0		465，EXE	mm	输出梁的有效高度
7	$G=?$	2，EXE		—	输入钢筋HRB335级的序号2
8	$C=?$	20，EXE		—	输入混凝土强度等级序号20
9	$A_s'=?$	509，EXE		mm²	输入受压钢筋截面面积
10	M_{u2}		65.66×10^6，EXE	N·mm	输出A_s'与A_{s2}形成的承载力
11	M_{u1}		64.34×10^6，EXE	N·mm	输出混凝土压力与A_{s1}形成的承载力
12	α_{s1}		0.124，EXE	—	输出截面抵抗矩系数
13	ξ_1		0.133，EXE	—	输出相对受压区高度
14	γ_{s1}		0.934，EXE	—	输出内力臂系数
15	A_s		1008，EXE	mm²	输出纵向受拉钢筋的面积
16	d	18，EXE		mm	输入受拉钢筋直径
17	n		3.96	mm	输出受压钢筋根数，取$n=4$

【例题4-8】钢筋混凝土矩形截面梁，截面尺寸为250mm×500mm，$a_s'=45\text{mm}$，$a_s=70\text{mm}$。混凝土强度等级为C30，采用HRB400级钢筋。梁承受弯矩设计值$M=300\text{kN}\cdot\text{m}$。结构安全等级为二级。环境类别属于二a类（见参考文献［11］【例4-3】）。

试按程序计算梁的配筋。

【解】

（1）按AC/ON键打开计算器，按MENU键，进入主菜单界面；

（2）按数字9键，进入程序菜单；

(3) 找到计算梁的计算程序名：M3，按 EXE 键；

(4) 按屏幕提示进行操作（见表4-15），最后得出计算结果。

【例题4-8】附表 **表4-15**

序　号	屏幕显示	输入数据	计算结果	单　位	说　　明
1	$M=?$	300×10^6，EXE		N·mm	输入梁承受弯矩设计值
2	$b=?$	250，EXE		mm	输入梁的宽度
3	$h=?$	500，EXE		mm	输入梁的高度
4	a_s'	45，EXE		mm	输入受压钢筋重心至梁顶边缘的距离
5	a_s	70，EXE		mm	输入受拉钢筋重心至梁底边缘的距离
6	h_0		430	mm	输出板的有效高度
7	$G=?$	3，EXE		—	输入钢筋 HRB400 级的序号 3
8	$C=?$	30，EXE			输入混凝土强度等级序号 30
9	$A_s'=?$	0，EXE		mm	输入受压钢筋截面面积，当 A_s'未知时输入 0
10	M_u		253.7×10^6，EXE	N·mm	输出单筋时梁的最大承载力
11	A_s'		333.9，EXE	mm^2	输出纵向受压钢筋的面积
12	d	16，EXE		mm	输入受压钢筋直径
13	n		1.67，EXE	mm	输出受压钢筋根数，取 $n=2$
14	A_s		2545.8，EXE	mm^2	输出纵向受拉钢筋的面积
15	d	22，EXE		mm	输入受拉钢筋直径
16	n		6.69	—	输出受拉钢筋根数，取 $n\approx7$

【例题4-9】钢筋混凝土矩形截面梁，截面尺寸为 200mm×400mm，$a_s'=35$mm，$a_s=65$mm。混凝土强度等级为 C30，采用 HRB400 级钢筋。梁承受弯矩设计值 $M=200$kN·m。结构安全等级为二级。环境类别属于一类（参考文献［7］【例4-5】）。

试按程序计算梁的配筋。

【解】

(1) 按 AC/ON 键打开计算器，按 MENU 键，进入主菜单界面；

(2) 按数字 9 键，进入程序菜单；

(3) 找到计算梁的计算程序名：M3，按 EXE 键；

(4) 按屏幕提示进行操作（见表4-16），最后得出计算结果。

【例题4-9】附表 **表4-16**

序　号	屏幕显示	输入数据	计算结果	单　位	说　　明
1	$M=?$	200×10^6，EXE		N·mm	输入梁承受弯矩设计值
2	$b=?$	200，EXE		mm	输入梁的宽度
3	$h=?$	450，EXE		mm	输入梁的高度
4	a_s'	35，EXE		mm	输入受压钢筋重心至梁顶边缘的距离
5	a_s	65，EXE		mm	输入受拉钢筋重心至梁底边缘的距离

续表

序　号	屏幕显示	输入数据	计算结果	单　位	说　　明
6	h_0		385	mm	输出梁的有效高度
7	$G=?$	3，EXE		—	输入钢筋 HRB400 级的序号 3
8	$C=?$	30，EXE			输入混凝土强度等级序号 30
9	$A_s'=?$	0，EXE		mm	输入受压钢筋截面面积，当 A_s'未知时输入 0
10	M_u		162.7×10^6，EXE	N·mm	输出单筋时梁的最大承载力
11	A_s'		295.9，EXE	mm^2	输出纵向受压钢筋的面积
12	d	14，EXE		mm	输入受压钢筋直径
13	n		1.92，EXE	mm	输出受压钢筋根数，取 $n=2$
14	A_s		1880.8，EXE	mm^2	输出纵向受拉钢筋的面积
15	d	22，EXE		mm	输入受拉钢筋直径
16	n		4.94	—	输出受拉钢筋根数，取 $n\approx5$

【例题 4-10】 钢筋混凝土矩形截面梁，截面尺寸为 200mm × 450mm，$a_s'=35$mm，$a_s=65$mm。混凝土强度等级为 C30，采用 HRB400 级钢筋，受压区已配有 2 Φ 20（$A_s'=628mm^2$）受压钢筋。梁承受弯矩设计值 $M=200$kN·m。结构安全等级为二级。环境类别属于一类（见参考文献［7］【例 4-6】）。

试按程序计算梁的配筋。

【解】

（1）按 AC/ON 键打开计算器，按 MENU 键，进入主菜单界面；

（2）按数字 9 键，进入程序菜单；

（3）找到计算梁的计算程序名：M3，按 EXE 键；

（4）按屏幕提示进行操作（见表 4-17），最后得出计算结果。

【例题 4-10】附表　　**表 4-17**

序　号	屏幕显示	输入数据	计算结果	单　位	说　　明
1	$M=?$	200×10^6，EXE		N·mm	输入梁承受弯矩设计值
2	$b=?$	200，EXE		mm	输入梁的宽度
3	$h=?$	450，EXE		mm	输入梁的高度
4	a_s'	35，EXE		mm	输入受压钢筋重心至梁顶边缘的距离
5	a_s	65，EXE		mm	输入受拉钢筋重心至梁底边缘的距离
6	h_0		385，EXE	mm	输出梁的有效高度
7	$G=?$	3，EXE		—	输入钢筋 HRB400 级的序号 3
8	$C=?$	30，EXE		—	输入混凝土强度等级序号 20
9	$A_s'=?$	628，EXE		mm^2	输入受压钢筋截面面积
10	M_{u2}		79.13×10^6，EXE	N·mm	输出 A_s'与 A_{s2}形成的承载力
11	M_{u1}		120.87×10^6，EXE	N·mm	输出混凝土压力与 A_{s1}形成的承载力

续表

序　号	屏幕显示	输入数据	计算结果	单　位	说　　明
12	α_{s1}		0.285，EXE	—	输出截面抵抗矩系数
13	ξ_1		0.344，EXE	—	输出相对受压区高度
14	γ_{s1}		0.828，EXE	—	输出内力臂系数
15	A_s		1682，EXE	mm^2	输出纵向受拉钢筋的面积
16	d	22，EXE		mm	输入受拉钢筋直径
17	n		4.42	mm	输出受压钢筋根数，取 $n=5$

§4-8　T形截面受弯构件正截面受弯承载力计算

4.8.1　概述

如前所述，矩形截面受弯构件正截面承载力计算是按照Ⅲ$_a$阶段进行的。按这一阶段计算时不考虑受拉区混凝土参加工作。因此，如果将受拉区的混凝土减少一部分做成T形截面，这既可以节约材料，又可以减轻构件自重。除独立T形梁外，槽形板、圆孔板、I形梁以及现浇楼盖中的主、次梁的跨中截面等也都按T形截面计算（图4-21）。因此，T形截面受弯构件在工程中的应用十分广泛。

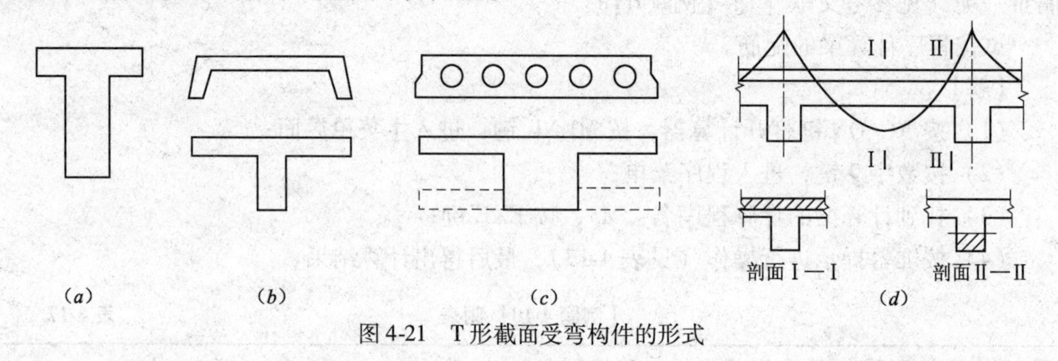

图4-21　T形截面受弯构件的形式

4.8.2　T形截面的分类及翼缘计算宽度的确

1. T形截面的分类及其判别

T形截面伸出的部分称为翼缘，中间部分称为肋，翼缘宽度用 b_f' 表示；肋宽用 b 表示，T形截面的总高用 h 表示；翼缘厚度度用 h_f' 表示（图4-22）。

T形截面根据受力大小，中性轴可能通过翼缘（$x \leqslant h_f'$），也可能通过肋部（$x \geqslant h_f'$）。通常将前者称为第一类T形截面（图4-22a）；而将后者称为第二类T形截面（图4-22b）。

为了建立T形截面类型的判别式，首先分析中性轴恰好通过翼缘下边界（$x = h_f'$）时的基本计算公式（图4-23）。

由平衡条件

$\sum X=0$，
$$\alpha_1 f_c b_f' x = f_y A_s \tag{4-87}$$

$$\sum M = 0, \qquad M'_u = \alpha_1 f_c b'_f h'_f \left(h'_0 - \frac{h'_f}{2} \right) \tag{4-88}$$

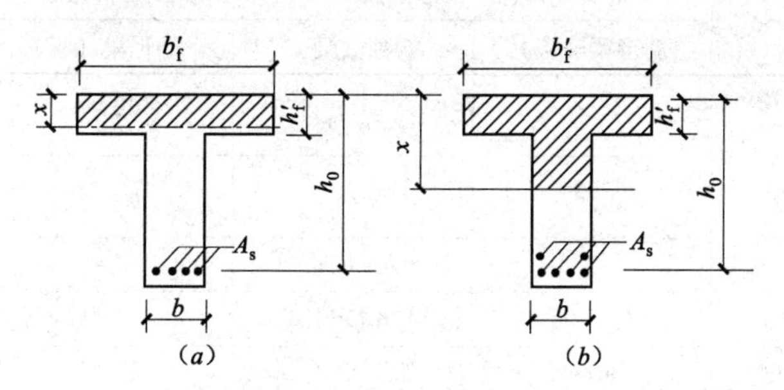

图 4-22　T 形截面的类型

（a）第一类 T 形截面；（b）第二类 T 形截面

图 4-23　T 形截面的类型的判别

在判断 T 形截面类型时，可能遇到以下两种情况：

（1）截面设计

这时已知弯矩设计值 M，可用式（4-88）来判别类型。

如果

$$M \leqslant M'_u = \alpha_1 f_c b'_f h'_f \left(h'_0 - \frac{h'_f}{2} \right) \tag{4-89a}$$

即 $x \leqslant h'_f$，则属于第一类 T 形截面

如果

$$M > M_u = \alpha_1 f_c b'_f h'_f \left(h'_0 - \frac{h'_f}{2} \right) \tag{4-89b}$$

即 $M > h'_f$，则属于第二类 T 形截面。

（2）截面复核

因为这时 $A_s f_y$ 为已知，故可按下式来判别类型。

如果

$$A_s f_y \leqslant \alpha_1 f_c b'_f h_f \tag{4-90}$$

则属于第一类 T 形截面

如果

$$A_s f_y > \alpha_1 f_c b'_f h_f \tag{4-91}$$

则属于第二类 T 形截面。

2. 翼缘计算宽度的确定

理论分析和试验结果表明，T 形截面受弯构件承受荷载后，受压区翼缘的压应力分布并不均匀，越接近肋部压应力越大，越远离肋部压应力越小。因此，为计算方便，假定只在翼缘一定宽度范围内作用压应力，并呈均匀分布，而认为在这个宽度范围以外的翼缘不参加工作。将参加工作的翼缘宽度称为翼缘计算宽度。翼缘计算宽度与受弯构件的跨度 l、翼缘厚度 h'_f和受弯构件的布置有关。《混凝土结构设计规范》规定，翼缘计算宽度可按表 4-18 中最小值采用。

T 形、倒 L 形截面受弯构件翼缘计算宽度 **表 4-18**

项次	考虑情况		T 形截面、I 形截面		倒 L 形截面
			肋形梁（板）	独立梁	肋形梁（板）
1	按计算跨度 l_0 考虑		$\frac{1}{3}l_0$	$\frac{1}{3}l_0$	$\frac{1}{6}l_0$
2	按梁（纵肋）净距 s_n 考虑		$b+s_n$	—	$b+\frac{s_n}{2}$
3	按翼缘高度 h_f'考虑	$h_f'/h_0 \geqslant 0.1$	—	$b+12h_f'$	—
		$0.1>h_f'/h_0 \geqslant 0.05$	$b+12h_f'$	$b+6h_f'$	$b+5h_f'$
		$h_f'/h_0<0.05$	$b+12h_f'$	b	$b+5h_f'$

注：1. 表中 b 为梁的腹板（肋）宽度（图 4-24a）；
2. 如肋形梁在梁跨内设有间距小于纵肋间距的横肋时（图 4-24b），则可不遵守表中项次 3 的规定；
3. 对有加腋的 T 形和倒 L 形截面（图 4-24c），当受压区加腋的高度 $h_h \geqslant h_f'$，且加腋的宽度 $b_h \leqslant 3h_h$ 时，则其翼缘计算宽度可按表中项次 3 的规定分别增加 $2b_h$（T 形截面）和 b_h（倒 L 形截面）；
4. 独立梁受压区的翼缘板，在荷载作用下如产生沿纵肋方向的裂缝（图 4-24d），则计算宽度取用肋宽 b。

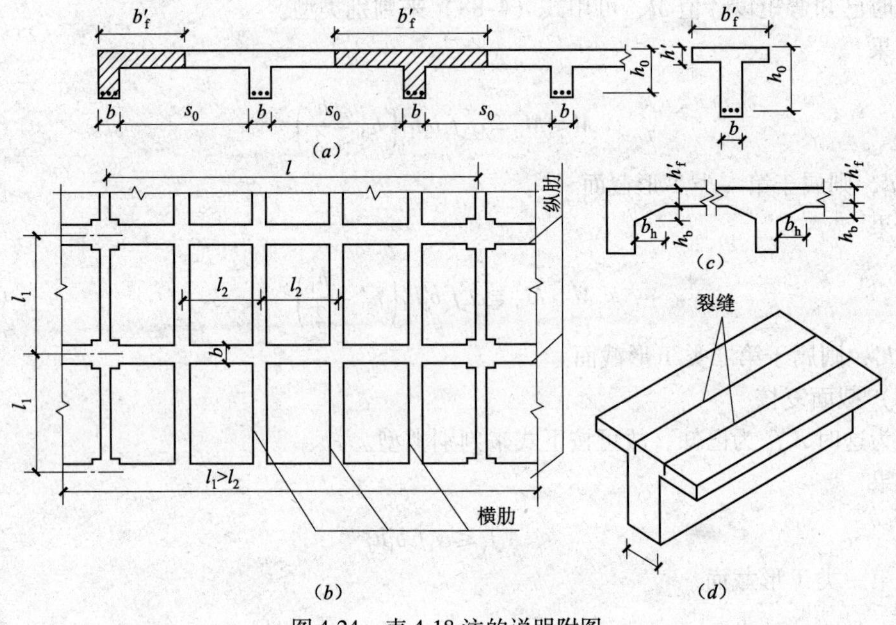

图 4-24　表 4-18 注的说明附图

4.8.3　基本公式及适用条件

1. 第一类 T 形截面

如前所述，这类 T 形截面受压区高度 $x \leqslant h_f'$，中性轴通过翼缘，受压区形状为矩形（图 4-25），故可按宽度为 b_f'的矩形截面计算其承载力。它的计算公式与单筋矩形截面的相同，仅需将计算公式中的 b 改为翼缘计算 b_f'，即：

$$\alpha_1 f_c b_f' x = f_y A_s \tag{4-92}$$

$$M \leqslant M_u = \alpha_1 f_c b_f' x\left(h_0' - \frac{x}{2}\right) \tag{4-93}$$

基本公式（4-92）、式（4-93）的适用条件为：

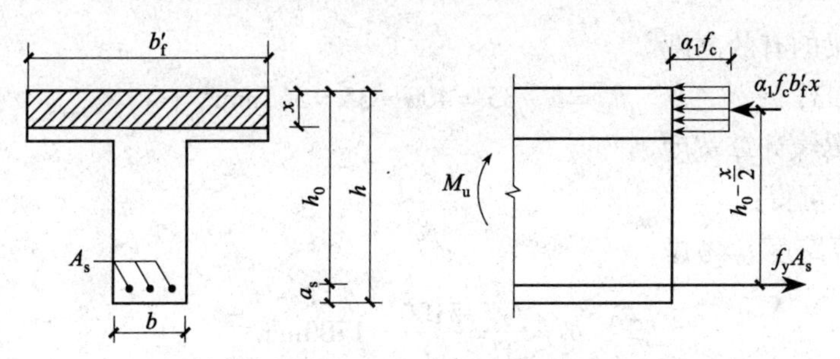

图 4-25　第一类 T 形截面计算简图

（1）$x \leqslant \xi_b h_0$。

一般情况下，翼缘厚度 h'_f都较小。当中性轴通过翼缘时，x 值均很小，故上面条件都可以满足。故对第一类 T 形截面，这一条件可不进行验算。

（2）$\rho \geqslant \rho_{max}$。

如前所述，《混凝土结构设计规范》规定，T 形截面的配筋率按下式计算：

$$\rho = \frac{A_s}{bh}$$

式中，b 为肋宽。这是因为最小配筋率是根据钢筋混凝土受弯构件Ⅲ$_a$ 阶段的承载力与同样条件下的素混凝土受弯构件开裂时的承载力相等得出的。由于 T 形截面翼缘悬挑部分对素混凝土受弯构件开裂承载力影响甚小，故计算时用肋宽。

【例题 4-11】 某现浇钢筋混凝土肋形楼盖次梁，承受弯矩设计值 $M = 84\text{kN}\cdot\text{m}$，计算跨度 $l_0 = 5.10\text{m}$，板厚为 80mm，梁的截面尺寸为 $b \times h = 200\text{mm} \times 400\text{mm}$，间距 3m（图 4-26）。混凝土强度等级为 C20，采用 HRB335 级钢筋。结构安全等级为二级。环境类别属于一类。

试计算次梁的纵向受拉钢筋。

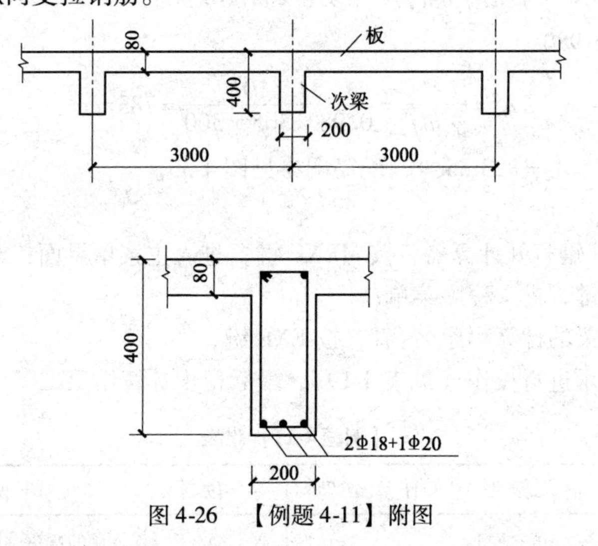

图 4-26　【例题 4-11】附图

【解】 1. 手算

（1）确定材料强度设计值

由附表 A-3 和 A-4 查得，混凝土强度等级 C20 时，$f_c = 9.6\text{N/mm}^2$，$f_t = 1.1\text{N/mm}^2$。由附表 A-8 查得，钢筋为 HRB335 级时，$f_y = 300\text{N/mm}^2$。

（2）确定梁的有效高度

设 $a_s = 35\text{mm}$，　　$h_0 = h - 35 = 400 - 35 = 365\text{mm}$

（3）确定翼缘计算宽度

根据表 4-8 可得：

按梁的计算跨度 l_0 考虑

$$b'_f = \frac{l_0}{3} = \frac{5100}{3} = 1700\text{mm}$$

按梁的净距 s_0 考虑

$$b'_f = b + s_0 = 200 + 2800 = 3000\text{mm}$$

按梁的翼缘厚度 b'_f 考虑

$$\frac{h'_f}{h_0} = \frac{80}{365} = 0.219 > 0.10$$

故翼缘计算宽度不受此项限制。

最后，取前两项较小者为翼缘计算宽度，即 $b'_f = 1700\text{mm}$。

（4）判别 T 形截面类型

$$M_u = \alpha_1 f_c b'_f h'_f \left(h'_0 - \frac{h'_f}{2}\right) = 1 \times 9.6 \times 1700 \times 80 \times \left(365 - \frac{80}{2}\right)$$

$$= 424 \times 10^6 \text{N} \cdot \text{mm} > M = 84 \times 10^6 \text{N} \cdot \text{mm}$$

属于第一类 T 形截面

（5）求纵向受拉钢筋截面面积

$$\alpha_s = \frac{M}{\alpha_1 f_c b_f h_0^2} = \frac{84 \times 10^6}{1 \times 9.6 \times 1700 \times 365^2} = 0.0386$$

由表 4-7 查得 $\gamma_s = 0.980$

$$A_s = \frac{M}{\gamma_s h_0 f_y} = \frac{84 \times 10^6}{0.98 \times 365 \times 300} = 783\text{mm}^2$$

选配 2Φ18 + 1Φ20（$A_s = 823\text{mm}^2$），配筋图参见图 4-33。

2. 按程序计算

（1）按 AC/ON 键打开计算器，按 MENU 键，进入主菜单界面；

（2）按数字 9 键，进入程序菜单；

（3）找到计算梁的计算程序名：T，按 EXE 键；

（4）按屏幕提示进行操作（见表 4-19），最后得出计算结果。

【例题 4-11】附表　　　　**表 4-19**

序　号	屏幕显示	输入数据	计算结果	单　位	说　明
1	$M = ?$	84×10^6，EXE		N·mm	输入梁的弯矩设计值
2	$b = ?$	200，EXE		mm	输入梁的宽度
3	$h = ?$	400，EXE		mm	输入梁的高度
4	$b_f = ?$	1700，EXE		mm	输入梁的翼缘宽度

续表

序　号	屏幕显示	输入数据	计算结果	单　位	说　　明
5	$h_f=?$	80，EXE		mm	输入翼缘高度
6	$C=?$	20，EXE		–	输入混凝土强度等级序号20
7	$G=?$	2，EXE		–	输入钢筋HRB400级的序号2
8	a_s	35		–	输入受拉钢筋重心至梁底边缘的距离
9	h_0		365	mm	输出梁的有效高度
10	M'_u		424.3×10^6	N·mm	输出中性轴通过翼缘下边缘时梁的承载力
11	α_s		0.0386	-	输出系数
12	γ_s		0.980		输出系数
13	A_s		782.5，EXE	mm^2	输出受拉钢筋截面面积
14	n_1	2，EXE		–	输入第1种钢筋根数
15	d_1	18，EXE		mm	输入第1种钢筋直径
16	d_2	20，EXE		mm	输入第2种钢筋直径
17	n_2		0.87，EXE	–	输出第2种钢筋根数，取$n=1$

【例题4-12】T形截面梁，截面尺寸为$b\times h=250mm\times550mm$，$b'_f=2000mm$，$h'_f=80mm$，$a_s=35mm$。承受弯矩设计值$M=210kN\cdot m$。混凝土强度等级为C25，采用HRB335级钢筋。结构安全等级为二级。环境类别属于一类。

试按程序计算梁的纵向受拉钢筋。

【解】

（1）按AC/ON键打开计算器，按MENU键，进入主菜单界面；

（2）按数字9键，进入程序菜单；

（3）找到计算梁的计算程序名：T，按EXE键；

（4）按屏幕提示进行操作（见表4-20），最后得出计算结果。

【例题4-12】附表　　**表4-20**

序　号	屏幕显示	输入数据	计算结果	单　位	说　　明
1	$M=?$	210×10^6，EXE		N·mm	输入梁的承受弯矩设计值
2	$b=?$	250，EXE		mm	输入梁的宽度
3	$h=?$	550，EXE		mm	输入梁的高度
4	$b_f=?$	2000，EXE		mm	输入梁的翼缘宽度
5	$h_f=?$	80，EXE		mm	输入翼缘高度
7	$C=?$	25，EXE		–	输入混凝土强度等级序号25
8	$G=?$	2，EXE		–	输入钢筋HRB335级的序号2
9	a_s	35		–	输入受拉钢筋重心至梁底边缘的距离
10	h_0		515	mm	输出梁的有效高度
11	M'_u		904.4×10^6	N·mm	输出中性轴通过翼缘下边缘时梁的承载力
12	α_s		0.0333	–	输出系数

续表

序　号	屏幕显示	输入数据	计算结果	单　位	说　　明
13	γ_s		0.983		输出系数
14	A_s		1382.6，EXE	mm^2	输出受拉钢筋截面面积
15	n_1	2，EXE		–	输入第1种钢筋根数
16	d_1	20，EXE		mm	输入第1种钢筋直径
17	d_2	22，EXE		mm	输入第2种钢筋直径
18	n_2		1.98，EXE	–	输出第2种钢筋根数，取 $n=2$

2. 第二类T形截面

这类T形截面 $x>h_f$，中性轴通过肋部。其应力图形如图4-27（a）所示。为了便于分析起见，将第二类T形截面应力图形看作是由两部分组成：一部分由受压翼缘挑出部分的混凝土的压力和相应的受拉钢筋 A_{s1} 组成（图4-27b）；另一部分是肋部受压混凝土压力和相应的受拉钢筋 A_{s2} 所组成（图4-27c）。

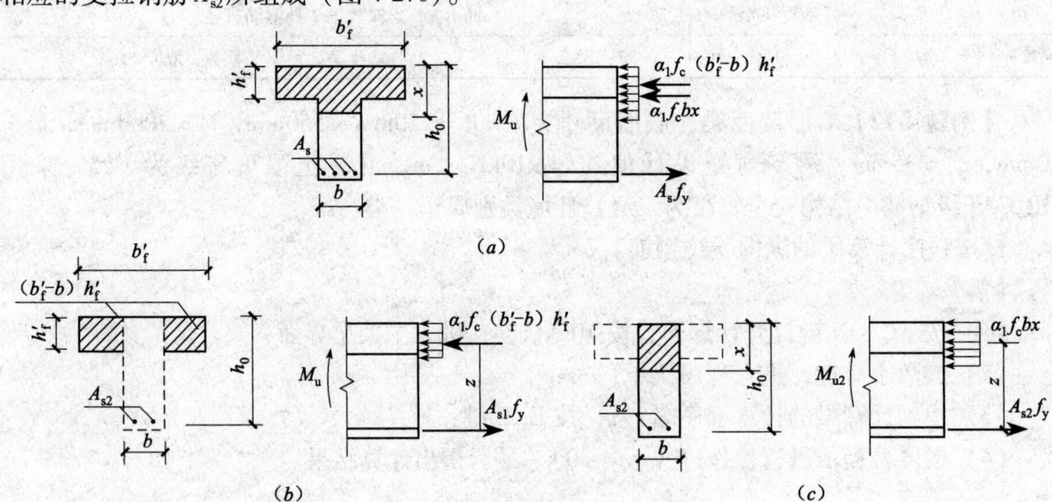

图4-27　第二类T形截面应力图形

（a）全部截面；（b）第1部分应力；（c）第2部分应力

这样，第二类T形截面承载力可写成

$$M_u = M_{u1} + M_{u2}$$

式中　M_{u1}——翼缘挑出部分的混凝土压力与相应的受拉钢筋 A_{s2} 形成的弯矩；

M_{u2}——肋部受压区混的压力与相应的受拉钢筋 A_{s1} 形成的弯矩。

根据平衡条件，对两部分可分别写出以下基本计算公式

第一部分

$$\alpha_1 f_c(b'_f - b)h'_f = f_y A_{s1} \tag{4-94}$$

$$M_{u1} = \alpha_1 f_c(b'_f - b)h'_f\left(h_0 - \frac{h'_f}{2}\right) \tag{4-95}$$

第二部分

$$\alpha_1 f_c bx = f_y A_{s2} \tag{4-96}$$

$$M_{u2} = \alpha_1 f_c bx\left(h_0 - \frac{x}{2}\right)$$

这样，整个 T 形截面的承载力基本计算公式为

$$\alpha_1 f_c(b'_f - b)h'_f + a_1 f_c bx = f_y A_s \tag{4-97}$$

$$M \leqslant M_u = \alpha_1 f_c(b'_f - b)h'_f\left(h_0 - \frac{h'_f}{2}\right) + \alpha_1 f_c bx\left(h_0 - \frac{x}{2}\right) \tag{4-98}$$

上述基本公式应满足下列条件：

（1）不出现超筋破坏

$$x \leqslant \xi_b h_0 \tag{4-99}$$

或

$$\rho_2 = \frac{A_{s2}}{bh_0} \leqslant \xi_b \frac{\alpha_1 f_c}{f_y} \tag{4-100}$$

或

$$M_{u2} \leqslant \alpha_1 f_c bh_0^2 \xi_b(1 - 0.5\xi_b) \tag{4-101}$$

（2）不出现少筋破坏

$$\rho = \frac{A_{s2}}{bh} \geqslant \rho_{min} \tag{4-102}$$

因为 T 形截面配筋较多，一般都能满足最小配筋率的要求，故不必验算这一条件。

【例题 4-13】 钢筋混凝土独立 T 形梁，梁的截面尺寸为：$b = 300$mm，$h = 800$mm，$b'_f = 600$mm，$h'_f = 100$mm。承受弯矩设计值 $M = 656.06$kN · m（图 4-28）。混凝土强度等级为 C20，采用 HRB335 级钢筋。结构安全等级为二级。环境类别属于一类。

试计算 T 形梁的纵向受拉钢筋面积。

【解】 1. 手算

（1）确定材料强度设计值

由附表 A-3 和 A-4 查得，$f_c = 9.6\text{N/mm}^2$，$f_t = 1.1\text{N/mm}^2$。由附表 A-8 查得，$f_y = 300\text{N/mm}^2$。

（2）确定梁的有效高度

设采用双排钢筋，取 $a_s = 60$mm，$h_0 = h - a_s = 800 - 60 = 740$mm

（3）判别 T 形截面类型

由式（4-88）算

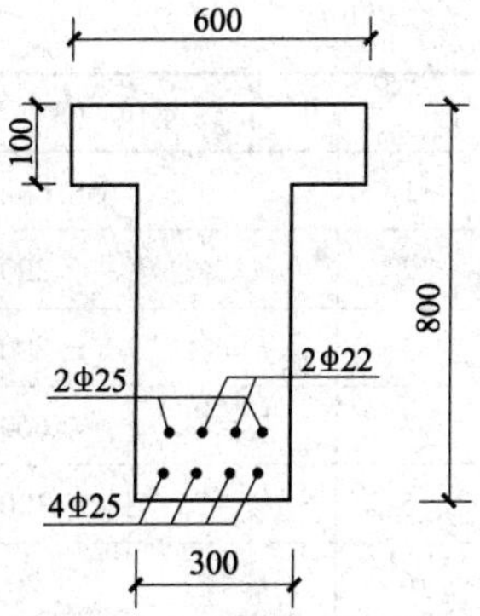

$$M'_u = \alpha_1 f_c b'_f h'_f\left(h_0 - \frac{h'_f}{2}\right) = 1 \times 9.6 \times 600 \times 100 \times \left(740 - \frac{100}{2}\right)$$

$$= 397.4 \times 10^6 \text{N} \cdot \text{mm} > M = 656.06 \times 10^6 \text{N} \cdot \text{mm}$$

图 4-28　【例题 4-13】附图

属于第二类 T 形截面

按式（4-94）得

$$A_{s1} = \frac{\alpha_1 f_c(b'_f - b)h'_f}{f_y} = \frac{1 \times 9.6 \times (600 - 300) \times 100}{300} = 960\text{mm}$$

（4）求 M_{u1}

按式（4-95）计算

$$M_{u1} = \alpha_1 f_c(b'_f - b)h'_f\left(h_0 - \frac{h'_f}{2}\right)$$

$$= 1 \times 9.6 \times (600 - 300) \times 100 \times \left(740 - \frac{100}{2}\right) = 198.7 \times 10^6 \text{N} \cdot \text{mm}$$

（5）求 M_{u2} 和 A_{s2}

$$M_{u2} = M - M_{u1} = 656.06 - 198.7 = 457.36\text{kN} \cdot \text{m}$$

$$\alpha_s = \frac{M_{u2}}{\alpha_1 f_c b h_0^2} = \frac{457.36 \times 10^6}{1 \times 9.6 \times 300 \times 740^2} = 0.290$$

$$\xi = 1 - \sqrt{1 - 2\alpha_s} = 1 - \sqrt{1 - 2 \times 0.290} = 0.352 < \xi_b = 0.55$$

$$x = \xi \cdot h_0 = 0.352 \times 740 = 260.5\text{mm} > 2 \times 35 = 70\text{mm}$$

$$\gamma_s = 1 - 0.5\xi = 1 - 0.5 \times 0.352 = 0.824$$

故按式（4-80）计算

$$A_{s2} = \frac{M_{u2}}{\gamma_s h_0 f_y} = \frac{457.36 \times 10^6}{0.824 \times 740 \times 300} = 2500\text{mm}^2$$

所需总的受拉钢筋面积

$$A_{s1} + A_{s2} = 960 + 2500 = 3460\text{mm}^2$$

选2Φ22 +6Φ25（$A_s = 3706\text{mm}^2$），见图4-28。

2. 按程序计算

（1）按AC/ON键打开计算器，按MENU键，进入主菜单界面；

（2）按数字9键，进入程序菜单；

（3）找到计算梁的计算程序名：T，按EXE键；

（4）按屏幕提示进行操作（见表4-21），最后得出计算结果。

【例题4-13】附表 **表4-21**

序号	屏幕显示	输入数据	计算结果	单位	说明
1	$M=?$	656.06×10^6，EXE		N·mm	输入梁承受弯矩设计值
2	$b=?$	300，EXE		mm	输入梁的宽度
3	$h=?$	800，EXE		mm	输入梁的高度
4	$b_f=?$	600，EXE		mm	输入梁的翼缘缘宽度
5	$h_f=?$	100，EXE		mm	输入梁的翼缘缘高度
6	$C=?$	20，EXE		–	输入混凝土强度等级序号20
7	$G=?$	2，EXE		–	输入钢筋HRB335级的序号2
8	a_s	60，EXE		–	输入受压钢筋重心至梁底边缘的距离
9	h_0		740，EXE	mm	输出梁的有效高度
10	M'_u		397.44×10^6，EXE	N·mm	输出中性轴通过翼缘下边缘时梁的承载力
11	A_{s1}		960，EXE	mm^2	输出与挑出翼缘混凝土压力相应的受拉钢筋面积
12	M_{u1}		198.72×10^6，EXE	N·mm	输出与挑出翼缘混凝土压力相应的受拉钢筋构成的承载力
13	M_{u2}		457.34，EXE	N·mm	输出与肋混凝土压力相应的受拉钢筋构成的承载力
14	α_s		0.290，EXE	–	输出系数
15	ξ		0.352，EXE	–	输出相对受压区高度

续表

序　号	屏幕显示	输入数据	计算结果	单　位	说　　明
16	γ_s		0.824，EXE	–	输出系数
17	A_{s2}		2500，EXE	mm^2	输出与肋混凝土压力相应的受拉钢筋面积
18	A_s		3460	mm^2	输出T形梁全部受拉钢筋面积
19	n_1	2，EXE		–	输入第1种钢筋根数
20	d_1	22，EXE		mm	输入第1种钢筋直径
21	d_2	25，EXE		mm^2	输入第2种钢筋直径
22	n_2		5.50，EXE	–	输出第2种钢筋根数，取 $n=6$

【例题4-14】 钢筋混凝土独立T形梁，梁的截面尺寸为：$b=250$mm，$h=800$mm，$b'_f=600$mm，$h'_f=100$mm，$a_s=70$mm。承受弯矩设计值 $M=500$kN·m（图4-35）。混凝土强度等级为C30，采用HRB335级钢筋。结构安全等级为二级。环境类别属于二a类。

试按程序计算纵向受拉钢筋面积（已知条件选自参考文献［11］【例题4-4】）。

【解】

（1）按AC/ON键打开计算器，按MENU键，进入主菜单界面；

（2）按数字9键，进入程序菜单；

（3）找到计算梁的计算程序名：T，按EXE键；

（4）按屏幕提示进行操作（见表4-22），最后得出计算结果。

【例题4-14】附表　　**表4-22**

序　号	屏幕显示	输入数据	计算结果	单　位	说　　明
1	$M=?$	500×10^6，EXE		N·mm	输入梁承受弯矩设计值
2	$b=?$	250，EXE		mm	输入梁的宽度
3	$h=?$	700，EXE		mm	输入梁的高度
4	$b_f=?$	600，EXE		mm	输入梁的翼绿缘宽度
5	$h_f=?$	100，EXE		mm	输入梁的翼绿缘高度
6	$C=?$	30，EXE		–	输入混凝土强度等级序号30
7	$G=?$	2，EXE		–	输入钢筋HRB335级的序号2
8	a_s	70，EXE		–	输入受压钢筋重心至梁底边缘的距离
9	h_0		630，EXE	mm	输出梁的有效高度
10	M'_u		497.6×10^6，EXE	N·mm	输出中性轴通过翼缘下边缘时梁的承载力
11	A_{s1}		1668.3，EXE	mm^2	输出与挑出翼缘混凝土压力相应的受拉钢筋面积
12	M_{u1}		290.3×10^6，EXE	N·mm	输出与挑出翼缘混凝土压力相应的受拉钢筋构成的承载力
13	M_{u2}		209.7，EXE	N·mm	输出与肋混凝土压力相应的受拉钢筋构成的承载力
14	α_s		0.148，EXE	–	输出系数

续表

序　号	屏幕显示	输入数据	计算结果	单　位	说　明
15	ξ		0.161，EXE	-	输出相对受压区高度
16	γ_s		0.920，EXE	-	输出系数
17	A_{s2}		1206.5，EXE	mm^2	输出与肋混凝土压力相应的受拉钢筋面积
18	A_s		2874.9，EXE	mm^2	输出T形梁全部受拉钢筋面积
19	d_1	25，EXE		mm	输入钢筋直径
20	n		5.86	-	输出钢筋根数，取 $n=6$

第 5 章　受弯构件斜截面承载力

§5-1　概　　述

在一般情况下，受弯构件截面除作用有弯矩外，还作用有剪力。受弯构件同时作用有弯矩和剪力的区段称为剪弯段（图 5-1*a*）。弯矩和剪力在构件横截面上分别产生正应力 σ 和剪应力 τ。在受弯构件开裂前，正应力 σ 和剪应力 τ 组合起来将产生主拉应力 σ_{pt} 和主压应力 σ_{pc}。

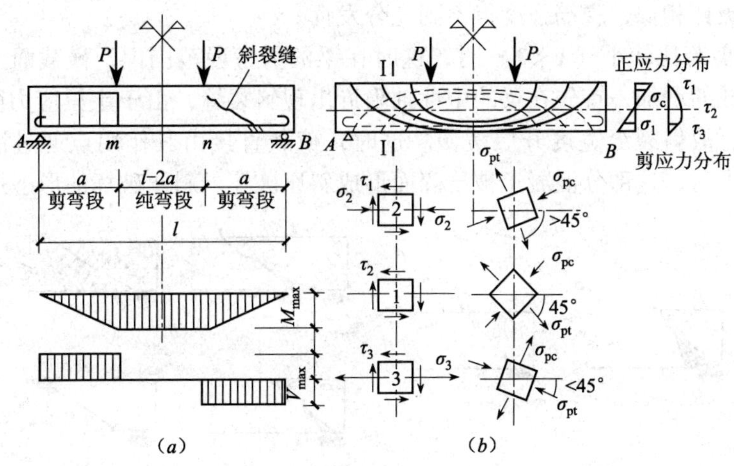

图 5-1　受弯构件斜截面受力分析

（*a*）梁的斜截面形成；（*b*）主应力迹线示意图

$$\sigma_{pc}=\frac{\sigma}{2}+\sqrt{\frac{\sigma^{2}}{4}+\tau^{2}} \tag{5-1}$$

$$\sigma_{pc}=\frac{\sigma}{2}-\sqrt{\frac{\sigma^{2}}{4}+\tau^{2}} \tag{5-2}$$

主应力的作用方向与梁纵向轴线的夹角 σ 由下式确定：

$$\tan\alpha=-\frac{2\tau}{\sigma} \tag{5-3}$$

图 5-1（*b*）中实线表示主拉应力迹线；与它垂直的虚线表示主压应力迹线。当荷载较小时，受拉区混凝土出现裂缝前，钢筋应力很小，主拉应力主要由混凝土承担。

随着荷载的增加，构件内的主拉应力 σ_{pt} 也将增加。当主拉应力超过混凝土的抗拉强度，即 $\sigma_{pt}>f_t$ 时，混凝土便沿垂直主拉应力方向出现斜裂缝，进而发生斜截面破坏。为了防止发生这种破坏，需进行斜截面承载力计算。

§5-2 受弯构件斜截面受剪承载力的试验研究

为了解决钢筋混凝土受弯构件斜截面受剪承载力计算问题，国内外进行了大量的试验研究。试验证明，影响斜截面受剪承载力的因素很多，诸如：混凝土的强度、腹筋（箍筋和弯起钢筋）和纵筋配筋率、截面尺寸和形状、荷载种类和作用方式，以及剪跨比①等。

试验结果表明，斜截面受剪破坏主要有下列三种破坏形态：

5.2.1 斜压破坏

斜压破坏是指梁的剪弯段中的混凝土被压碎，而腹筋尚未达到屈服强度时的破坏(5-2a)。这种破坏多发生在下列情况：

1. 梁的剪跨比适当（$1 \leqslant \lambda < 3$），但箍配置得过多，当荷载较大，使梁发生斜裂缝时，箍筋应力达不到屈服强度，致使剪弯段的混凝土被压碎而造成梁的斜压破坏。这种破坏与正截面超筋梁破坏相似，腹筋强度得不到充分发挥。

2. 当梁的剪跨比较小（$\lambda < 1$）时，这时在梁的剪弯段范围内，横截面上的剪力相对较大。随着荷载的增加，首先在梁的中性轴附近出现斜裂缝，由于主拉应力随着离开中性轴而很快减小，故斜裂缝宽度开展缓慢。这时，荷载直接由其作用点通过混凝土传给支座。当荷载很大时，这部分混凝土被压碎而形成斜压破坏。斜压破坏的形态见图5-2（a）。

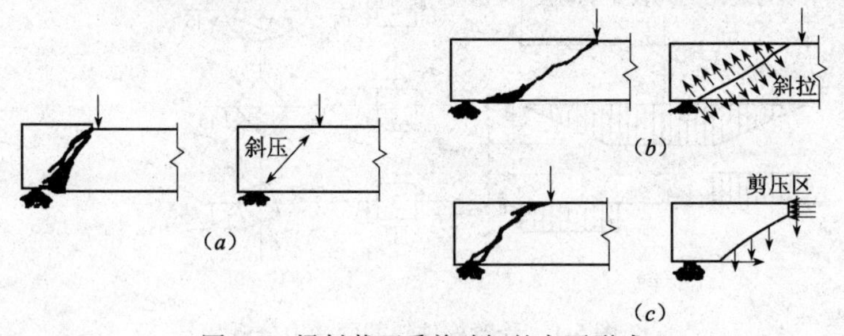

图5-2 梁斜截面受剪破坏的主要形式

（a）斜压破坏；（b）斜拉破坏；（c）剪压破坏

5.2.2 斜拉破坏

当剪跨比较大（$\lambda > 3$）且箍筋配置得过少时，在荷载作用下，梁一旦出现斜裂缝，箍筋应力立即达到屈服强度；这条斜裂缝迅速伸展到梁的受压区边缘，使构件很快裂为两部分而破坏（图5-2b）。它的破坏情况与正截面少筋梁的破坏相似，这种破坏称为斜拉破坏。

5.2.3 剪压破坏

如剪跨比适当（$1 \leqslant \lambda < 3$），或虽剪跨比较大（$\lambda > 3$），但箍筋配置得适量时，随着荷载的增加，首先在剪弯段受拉区出现垂直裂缝，随后斜向延伸，形成斜裂缝。当荷载增加到一定值时，就会出现一条主要斜裂缝，称为临界斜裂缝。荷载进一步增加，与临界斜裂

① 集中荷载作用点至支座的距离称为剪跨 a，剪跨 a 与梁的截面有效高度 h_0 之比称为剪跨比，即 $\lambda = \frac{a}{h_0}$。

缝相交的箍筋应力达到屈服强度，由于钢筋塑性变形发展，斜裂缝逐渐扩大，斜截面末端受压区不断缩小，直至受压区混凝土在正应力和剪应力共同作用下混凝土应变达到极限状态而破坏（图5-2c）。这种破坏称为剪压破坏。

综上所述，可以把梁的剪弯段斜截面受剪三种破坏形态的条件用图5-3表示出来。图中，横坐标轴表示剪跨比 $\lambda = a/h_0$；纵坐标轴表示配箍量。由上可知，斜压破坏将发生在配箍量较多或剪跨比较小的情况；斜拉破坏将发生在剪跨比较大而配箍量过少的情况；其余为剪压破坏。

由于斜压破坏箍筋强度不能充分发挥作用，而斜拉破坏又十分突然，故这两种破坏形态在设计时均应避免。因此，在设计中应把构件控制在剪压破坏类型。为此，《混凝土结构设计规范》给出了梁的配箍量不得超过最大配箍量的条件，以避免形成斜压破坏；同时，也规定了最小配箍量，以防止发生斜拉破坏。至于避免由于剪跨比过小而发生的斜压破坏，《混凝土结构设计规范》则采用控制截面尺寸或提高混凝土强度等级来加以保证。试验表明，这种处理是偏于安全的，因为这时斜压破坏的受剪承载力远远高于剪压破坏时的受剪承载力。

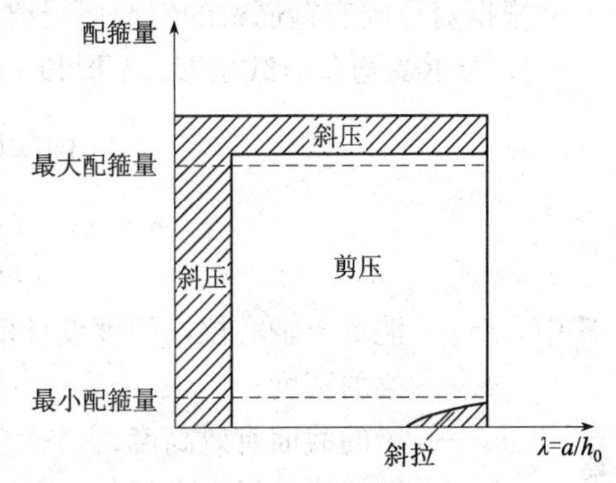

图5-3　梁斜截面三种破坏形态与其发生条件示意图

§5-3　斜截面受剪承载力计算公式

5.3.1　基本公式的建立

如前所述，斜截面受剪承载力计算应以剪压破坏形态为依据。当发生这种破坏时，与斜截面相交的腹筋（箍筋和弯起钢筋）应力达到屈服强度，斜截面剪压区混凝土达到极限应变。这时，受弯构件沿斜截面分成左、右两部分。现取斜截面左侧为隔离体（图5-4），研究它的平衡条件。

在荷载作用下，设在 BA 斜截面上产生的剪力设计值为 V。当构件发生剪压破坏时，在斜截面 BA 上抵抗剪力设计值的有：剪压区混凝土剪力承载力设计值 V_c、与裂缝相交的箍筋受剪承载力 V_{sv} 及与裂缝相交的弯起钢筋受剪承载力设计值 V_{sb}。根据平衡条件，可写出构件受剪承载力计算基本公式：

$$\sum Y = 0 \qquad V \leqslant V_u = V_c + V_{sv} + V_{sb} \tag{5-4a}$$

或

$$V \leqslant V_u = V_{cs} + V_{sb} \tag{5-4b}$$

式中　V_u——构件斜截面受剪承载力设计值；

V_{cs}——构件斜截面上混凝土和箍筋受剪承载力设计值。

$$V_{cs} = V_c + V_{sv} \tag{5-4c}$$

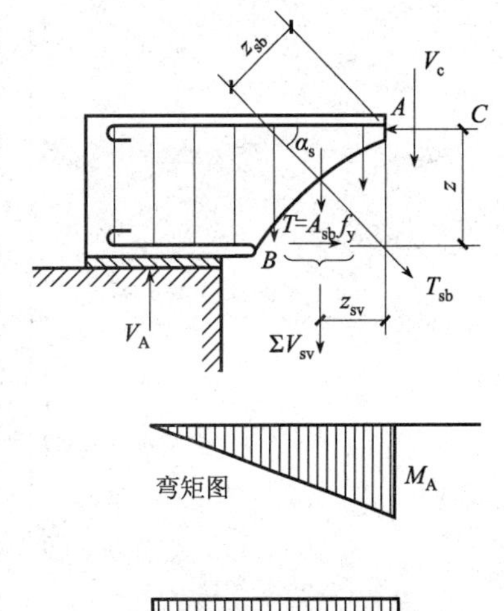

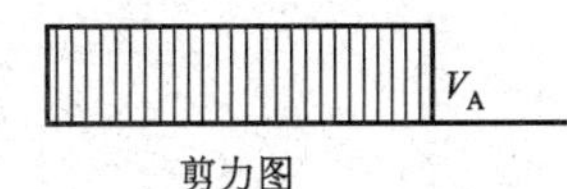

图5-4　斜截面的受力分析

5.3.2 仅配置箍筋的受弯构件斜截面受剪承载力 V_{cs} 的计算

仅配有箍筋的受弯构件斜截面受剪承载力 V_{cs}，等于斜截面剪压区混凝土受剪承载力 V_c 和与斜截面相交的箍筋的受剪承载力 V_{sv} 之和。试验表明，影响 V_{cs} 的因素很多，而且 V_c 和 V_{sv} 之间又相互影响，很难单独确定它们的数值。目前，对 V_{cs} 是采用理论与试验相结合的方法确定的。

根据对仅配有箍筋梁的斜截面受剪破坏试验的分析，V_{cs} 值可按下列公式计算：

1. 对承受均布荷载矩形、T形和I形截面的受弯构件

$$V_{cs} = 0.7 f_t b h_0 + f_{yv} \frac{A_{sv}}{s} h_0 \tag{5-5a}$$

或

$$\frac{V_{cs}}{f_t b h_0} = 0.7 + \frac{f_{yv}}{f_t} \rho_{sv} \tag{5-5b}$$

式中 f_t——混凝土轴心抗拉强度设计值；

b——梁的宽度；

h_0——梁的截面有效高度；

f_{yv}——箍筋抗拉强度设计值；

A_{sv}——配置在同一截面内箍筋各肢的全部截面面积，$A_{sv} = nA_{sv1}$；

n——在同一截面内箍筋的肢数：

A_{sv1}——单肢箍筋的截面面积；

ρ_{sv}——箍筋配筋率，$\rho_{sv} = \frac{nA_{vs1}}{sb}$；

s——箍筋的间距。

承受均布荷载的简支梁受剪承载力实测相对值 $\frac{V_{cs}}{bh_0 f_t}$ 与按式（5-5b）算得的受剪承载力关系曲线如图5-5所示。由图中可以看出，按式（5-5b）计算相当安全。

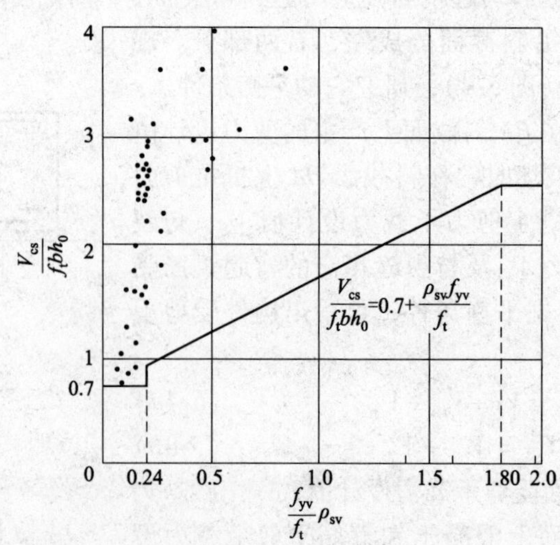

图5-5 承受均布荷载简支梁试验值与按式（5-5b）计算值的比较

2. 对于承受以集中荷载为主的独立梁

试验表明，对于集中荷载作用下的矩形截面独立梁，当剪跨比 λ 比较大时，按式（5-5a）计算偏于不安全。因此，《混凝土结构设计规范》规定：对于集中荷载作用下的矩形截面独立梁（包括作用有多种荷载，其中集中荷载对支座截面所产生的剪力值占该截面总剪力值的75%以上的情况），V_{cs}值应按下式计算：

$$V_{cs}=\frac{1.75}{\lambda+1}f_t bh_0+f_{yv}\frac{A_{sv}}{s}h_0 \tag{5-6a}$$

或

$$\frac{V_{vs}}{bh_0f_t}=\frac{1.75}{\lambda+1}+\frac{f_{yv}}{f_{th}}\rho_{sv} \tag{5-6b}$$

式中　λ——计算截面的剪跨比，$\lambda=\frac{a}{h_0}$。当 $\lambda<1.5$ 时，取 $\lambda=1.5$；当 $\lambda>3$ 时，取 $\lambda=3$；

a——集中荷载作用点距支座边缘的距离。

应当指出，当 $\lambda<1.5$ 时，取 $\lambda=1.5$，这一方面是为了避免 λ 太小使构件过早地出现斜裂缝和形成斜压破坏；另一方面，当 $\lambda=1.5$ 时，式（5-6a）等号右边第一项与式（5-5a）相应项一致。当 $\lambda>3$ 时，计算结果较试验数值偏低，故 $\lambda>3$ 时，取 $\lambda=3$。

承受集中荷载矩形截面简支梁的$\frac{V_{cs}}{f_t bh_0}$试验值，与按式（5-6b）当 $\lambda=1.5$ 和 $\lambda=3$ 时求得的值的关系曲线，见图5-6。由图可见，按式（5-6b）确定受剪承载力十分安全。

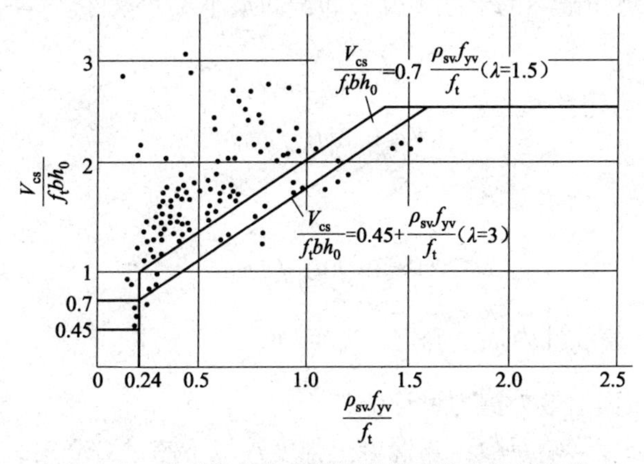

图5-6　承受集中荷载的矩形截面简支梁试验值与按式（5-6b）计算值的比较

5.3.3　同时配置箍筋和弯起钢筋的斜截面受剪承载力的计算

1. 对承受均布荷载的矩形、T形和I形截面的受弯构件

$$V_{cs}=0.7f_t bh_0+f_{yv}\frac{A_{sv}}{s}h_0+0.8f_yA_{sb}\sin\alpha_s \tag{5-7}$$

式中　A_{sb}——同一弯起平面内的弯起钢筋的截面面积（图5-4）；

α_s——弯起钢筋与梁的纵轴之间的夹角，当梁高 $h<800$mm 时，α_s 取45°；当 $h>800$mm 时，α_s 取60°。

其余符号意义同前。

式（5-7）等号右侧第三项中的0.8，是考虑弯起钢筋与临界斜裂缝的交点有可能过分靠近混凝土剪压区时，弯起钢筋达不到屈服强度而采用的强度降低系数。

2. 对于承受以集中荷载为主的独立梁

$$V_{cs}=\frac{1.75}{\lambda+1}f_t bh_0+f_{yv}\frac{A_{sv}}{s}h_0+0.8f_yA_{sb}\sin\alpha_s \tag{5-8}$$

式中，符号意义和 λ 取值范围与前相同。

5.3.4 计算公式的适用条件

式（5-5a）~式（5-8）是根据斜截面剪压破坏试验得到的。因此，这些公式的适用条件也就是剪压破坏时所应具有的条件。

1. 上限值——最小截面尺寸

由式（5-5a）~式（5-8）可以看出，若无限制地增加箍筋（A_{sv}/s）和弯起钢筋（A_{sb}），就可随意增大梁的受剪承载力。但实际上这不正确。试验表明，当梁的截面尺寸过小，配置的腹筋过多或剪跨比过小时，在腹筋尚未达到屈服强度以前，梁腹部混凝土已发生斜压破坏。试验还表明，斜压破坏受腹筋影响很小，主要取决于截面尺寸和混凝土轴心抗压强度。

为了防止斜压破坏，《混凝土结构设计规范》根据试验结果，对矩形、T形和I形截面受弯构件，给出了剪压破坏的上限条件，即截面最小尺寸条件。

当$\frac{h_w}{b}\leqslant 4$时

$$V\leqslant 0.25\beta_c f_c bh_0 \tag{5-9a}$$

当$\frac{h_w}{b}\geqslant 6$时

$$V\leqslant 0.20\beta_c f_c bh_0 \tag{5-9b}$$

当$4<\frac{h_w}{b}<6$时，按线性内插法确定。

式中 V——构件斜截面上最大剪力设计值；

β_c——混凝土强度影响系数：当混凝土强度等级不超过C50时，取$\beta_c=1$；当混凝土强度等级等于C80时，取$\beta_c=0.8$；其间按线性内插法确定；

b——矩形截面宽度，T形截面或I形截面的腹板宽度；

h_w——截面的腹板高度。矩形截面取有效高度h_0；T形截面取有效高度减去翼缘高度；I形截面取腹板净高。

受弯构件斜截面受剪承载力上限条件（5-9a）和（5-9b），实际上也就是最大配箍率的条件。例如，对于C30的混凝土，将式（5-9a）代入式（5-5b），并注意到$f_t=0.1f_c$，即可求得$\frac{h_w}{b}\leqslant 4$时且仅配置箍筋时的最大配箍率：$\rho_{sv,max}=0.18f_c/f_{yv}$。

在图5-5和图5-6中的上面的水平线$V_{cs}/f_t bh_0=2.5$表示公式（5-9a）规定的上限条件。

2. 下限值——最小配箍率

式（5-5a）和式（5-5b），只有箍筋的含量达到一定数值时才正确。如前所述，当只配置箍筋且数量很少时，一旦出现裂缝就会发生斜拉破坏。因此，对构件的箍筋要规定一个下限值，即最小配箍率。

由图5-5和图5-6可以看出，最小配箍率等于：

$$\rho_{sv} = 0.24\frac{f_t}{f_{yv}} \tag{5-10}$$

此外，为了充分发挥箍筋的作用，除满足式（5-10）最小配箍率条件外，尚须对箍筋直径和最大间距加以限制。

箍筋最大间距 s 的限制，见表5-1。

梁内箍筋和弯起钢筋最大间距 s 的限制　　表5-1

梁高（mm）	$V > 0.7f_c bh_0$	$V \leqslant 0.7f_c bh_0$
$150 < h \leqslant 300$	150	200
$300 < h \leqslant 500$	200	300
$500 < h \leqslant 800$	250	350
$h > 800$	300	400

§5-4　斜截面受剪承载力计算步骤

5.4.1　梁的截面尺寸的复核

梁的截面尺寸一般先由正截面受弯承载力和刚度条件确定，然后进行斜截面受剪承载力的计算，这时首先应按式(5-9a)或式(5-9b)进行截面尺寸复核。若不满足要求时，则应加大截面尺寸或提高混凝土的强度等级。

5.4.2　确定是否需要进行斜截面受剪承载力计算

若受弯构件所承受的剪力设计值较小，截面尺寸较大，或混凝土强度等级较高，当满足下列条件时：

矩形、T形及I形截面梁

$$V \leqslant 0.7f_t bh_0 \tag{5-11}$$

承受集中荷载为主的独立梁

$$V \leqslant \frac{1.75}{\lambda + 1}f_t bh_0 \tag{5-12}$$

则不需进行斜截面受剪承载力计算，仅要求按构造配置腹筋；反之，需按计算配置腹筋。

式(5-11)和式(5-12)中符号意义及 λ 取值方法，与式(5-5a)和式(5-6a)相同。

5.4.3　确定斜截面受剪承载力剪力设计值的计算位置

在计算斜截面受剪承载力时，其剪力设计值的计算位置应按下列规定采用：

（1）支座边缘处的截面（图5-7a、b 斜截面1-1）；

（2）受拉区弯起钢筋弯起点处的截面（图5-7a 截面2-2和3-3）；

（3）箍筋截面面积或间距改变处的截面（图 5-7*b* 截面 4-4）；

（4）腹板宽度改变处的截面。

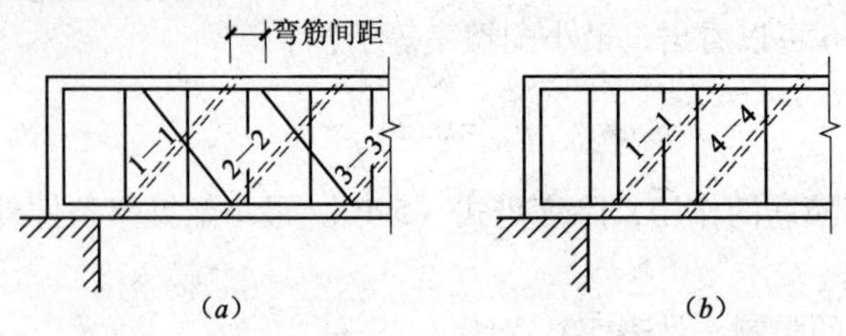

图 5-7 斜截面受剪承载力剪力设计值的计算截面

（*a*）弯起钢筋；（*b*）箍筋

5.4.4 计算箍筋的数量

当设计剪力全部由混凝土和箍筋承担时，箍筋数量可按下式计算：

对于矩形、T 形及 I 形截面的一般构件

$$\frac{A_{sv}}{s} \geqslant \frac{V - 0.7 f_t b h_0}{f_{yv} h_0} \tag{5-13}$$

承受集中荷载为主的独立梁

$$\frac{A_{sv}}{s} \geqslant \frac{V - \dfrac{1.75}{\lambda + 1} f_t b h_0}{f_{yv} h_0} \tag{5-14}$$

求出$\frac{A_{sv}}{s}$后，再选定箍筋肢数 n 和单肢数横截面面积 A_{sv1}，并算出 $A_{sv} = nA_{sv1}$，最后确定箍筋的间距 s。

箍筋除满足计算外，尚应符合构造要求。

5.4.5 计算弯起钢筋数量

若剪力设计值较大，需同时由混凝土、箍筋及弯起钢筋共同承担时，可按经验先选定箍筋数量，按式（5-5*a*）或（5-6*a*）算出 V_{cs}，然后按下式确定弯起钢筋横截面面积。

$$A_{sb} = \frac{V - V_{cs}}{0.8 f_y \sin\alpha_s} \tag{5-15}$$

在计算弯起钢筋时，剪力设计值按下列规定采用：

（1）当计算第一排（对支座而言）弯起钢筋时，取用支座边缘处的剪力设计值。

（2）当计算以后每一排弯起钢筋时，取用前一排（对支座而言）弯起钢筋弯起点的剪力设计值。

弯起钢筋除满足计算要求外，其间距尚应符合表 5-1 的要求。

【例题 5-1】 矩形截面简支梁，截面尺寸为 200mm × 550mm（图 5-8），轴线间距离 l = 5.76m，承受均布荷载设计值为 q = 46kN/m（包括自重），混凝土强度等级为 C20，一类环境，a_s = 35mm。经正截面受弯承载力计算，已配置纵向受力钢筋 4 Φ 20，箍筋采用 HPB300 级钢筋。求箍筋数量。

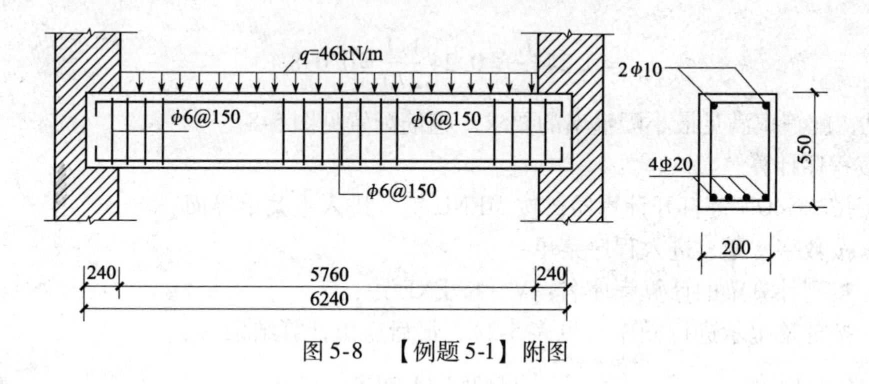

图5-8 【例题5-1】附图

【解】 1. 手算

（1）计算剪力设计值

最大剪力设计值发生在支座处，而危险截面位于支座边缘处。该处剪力略小于支座处剪力值，可近似地按净跨 l_n 计算。

$$V=\frac{1}{2}ql_n=\frac{1}{2}\times 46\times 5.76=132.48\text{kN}$$

（2）材料强度设计值

由附表A-3和A-4分别查得 $f_c=9.6\text{N/mm}^2$，$f_t=1.1\text{N/mm}^2$，由附表A-8查得 $f_y=270\text{N/mm}^2$。

（3）复核梁的截面尺寸

$$h_0=550-35=515\text{mm}$$

因为，$h_0/b=515/200=2.58<4$，由（5-9a）得：

$$0.25\beta_c f_c bh_0=0.25\times 1\times 9.6\times 200\times 515=247.2\text{kN}>132.48\text{kN}$$

故截面尺寸符合要求。

（4）验算是否需要按计算配置腹筋

按式（5-11）计算

$$\begin{aligned}0.7f_t bh_0 &=0.7\times 1.1\times 200\times 515=7931\text{N}\\&=79.31\text{kN}<132.48\text{kN}\end{aligned}$$

故应按计算配置腹筋。

（5）计算箍筋数量

根据式（5-13）得

$$\frac{A_{sv}}{s}\geqslant\frac{V-0.7f_t bh_0}{f_{yv}h_0}=\frac{132.48\times 10^3-0.7\times 1.1\times 200\times 515}{270\times 515}=0.382\text{mm}^2/\text{mm}$$

选择双肢箍 $\phi 6$（$A_{sv1}=28.3\text{mm}^2$），于是箍筋间距为

$$s\leqslant\frac{A_{sv}}{0.382}=\frac{nA_{sv1}}{0.393}=\frac{2\times 28.3}{0.382}=148\text{mm}$$

采用 $s=140\text{mm}$，并沿梁全长布置。

由于 $V<0.25\beta_c f_c bh_0$，故不会超过最大配箍率。实际配箍率为：

$$\rho_{sv}=\frac{nA_{sv1}}{bs}=\frac{2\times 28.3}{200\times 140}=0.200\%>\rho_{min}$$

$$=0.24\frac{f_t}{f_{yv}}=0.24\frac{1.1}{270}=0.098\%$$

由此可见，配箍率满足最小配箍率的要求。箍筋配置见图5-8。

2. 按程序计算

（1）按AC/ON键打开计算器，按MENU键，进入主菜单界面；

（2）按数字9键，进入程序菜单；

（3）找到计算梁的计算程序名：V，按EXE键；

（4）按屏幕提示进行操作（见表5-2），最后得出计算结果。

【例题5-1】附表　　表5-2

序号	屏幕显示	输入数据	计算结果	单位	说明
1	$I=?$	1，EXE		—	根据荷载计算，则输入数字1
2	$q=?$	46，EXE		kN/m	输入均布荷载设计值
3	$l_0=?$	5.76，EXE		m	输入梁的计算跨度
4	P	0，EXE		kN	输入集中荷载设计值
5	V		132.48，EXE	kN	输出梁的剪力设计值
6	$b=?$	200，EXE		mm	输入梁的截面宽度
7	$h=?$	550，EXE		mm	输入梁的截面高度
8	$a_s=?$	35，EXE		mm	输入梁的纵筋重心至梁底面的距离
9	$C=?$	20，EXE		—	输入混凝土强度等级20
10	$G=?$	1，EXE		—	输入箍筋HPB300级的序号1
11	h_0		515，EXE	mm	输出梁的有效高度
12	A_{sv}/s		0.382，EXE	mm^2/mm	输出梁的箍筋数量
13	$d=?$	6，EXE		mm	输入梁的箍筋直径
14	$n=?$	2，EXE		—	输入箍筋肢数
15	A_{sv1}		28.3，EXE	mm^2	输出单肢箍筋面积
16	s		147.9，EXE	mm	输出箍筋间距
17	$s=?$	140，EXE		mm	输入选择的箍筋间距
18	ρ_{sv}		0.202，EXE	%	输出梁的配箍率
19	ρ_{smin}		0.098，EXE	%	输出梁的最小配箍率
20	OK			—	符合配箍率要求

【例题5-2】矩形截面简支梁，截面尺寸为250mm×600mm，在均布荷载作用下剪力设计算值$V_{max}=230.4$kN。二a类环境，$a_s=65$mm。混凝土强度等级为C30，经正截面受弯承载力计算，已配置HRB335级纵向受力钢筋4Φ25。箍筋采用HPB300级钢筋。试按程序计算箍筋数量（已知条件选自参考文献11，【例题4-6】）。

【解】

（1）按AC/ON键打开计算器，按MENU键，进入主菜单界面；

（2）按数字9键，进入程序菜单；

（3）找到计算梁的计算程序名：V，按EXE键；

（4）按屏幕提示进行操作（见表5-3），最后得出计算结果。

【例题5-2】附表　　表5-3

序　号	屏幕显示	输入数据	计算结果	单　位	说　明
1	$I=?$	2，EXE		—	根据剪力计算，则输入数字2
2	$V=?$	230.4，EXE		kN	输入梁的剪力设计值
3	$b=?$	250，EXE		mm	输入梁的截面宽度
4	$h=?$	600，EXE		mm	输入梁的截面高度
5	$a_s=?$	65，EXE		mm	输入梁的纵筋重心至梁底面的距离
6	$C=?$	30，EXE		—	输入混凝土强度等级30
7	$G=?$	1，EXE		—	输入钢筋HPB300级的序号1
8	h_0		535，EXE	mm	输出梁的有效高度
9	A_{sv}/s		0.668，EXE	mm^2/mm	输出梁的箍筋数量
10	$d=?$	6，EXE		mm	输入梁的箍筋直径
11	$n=?$	2，EXE		—	输入箍筋肢数
12	A_{sv1}		28.3，EXE	mm^2	输出单肢箍筋面积
13	s		84.63，EXE	mm	输出箍筋间距
14	$s=?$	85，EXE		mm	输入选择的箍筋间距
15	ρ_{sv}		0.266，EXE	%	输出梁的配箍率
16	ρ_{smin}		0.127，EXE	%	输出梁的最小配箍率
17	OK			—	符合配箍率要求

【例题5-3】矩形截面简支梁，截面尺寸为250mm×650mm（图5-9），净跨$l_n=6.60m$，承受均布荷载设计值为$q=60kN/m$（包括自重），混凝土强度等级为C20，经正截面受弯承载力计算，已配置HRB335级纵向受力钢筋4Φ20+4Φ22（$A_s=2020mm^2$），箍筋采用HPB300级钢筋。求箍筋数量。

【解】1. 按手算

（1）绘制梁的剪力图

支座边缘剪力设计值

$$V=\frac{1}{2}ql_0=60\times6.60=198kN$$

（2）确定材料强度设计值

C20混凝土：$f_c=9.6N/mm^2$，$f_t=1.1N/mm^2$，HRB335级钢筋：$f_y=300N/mm^2$，HPB300级钢筋：$f_y=270N/mm^2$。

（3）复核梁的截面尺寸

$$h_0=650-60=590mm,\frac{h_0}{b}=\frac{590}{250}=2.36<4$$

由式（5-9a）得

$$0.25\beta_c f_c bh_0=0.25\times1.0\times9.6\times250\times590=354000N=354kN>198kN$$

故截面尺寸符合要求。

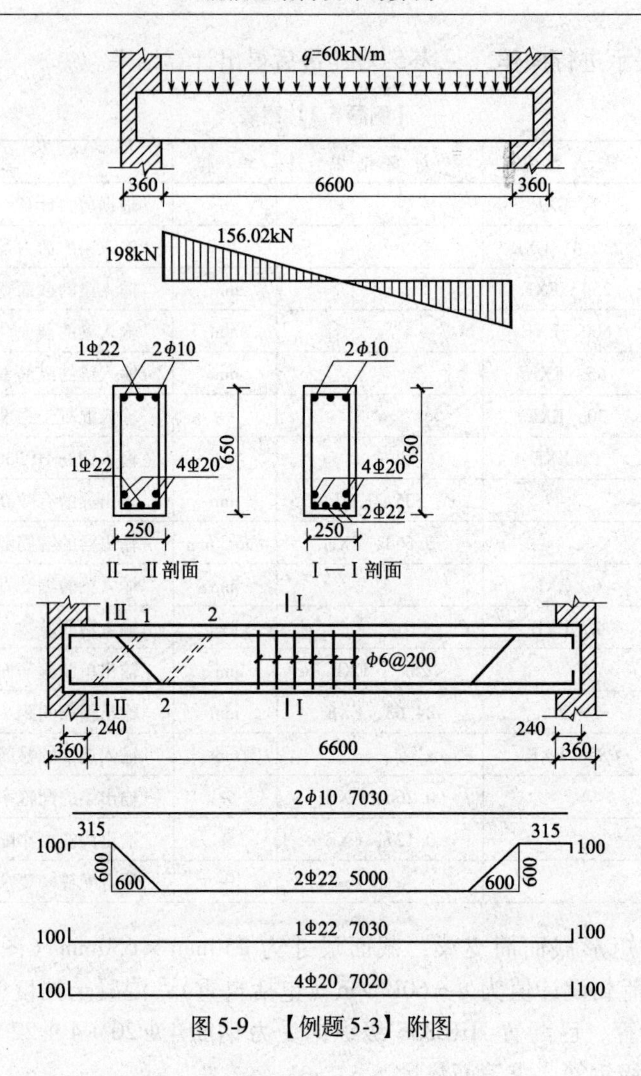

图 5-9 【例题 5-3】附图

（4）验算是否需要按计算配置腹筋

按式（5-11）计算

$$0.7f_tbh_0 = 0.7 \times 1.1 \times 250 \times 590 = 113.58 \times 10^3\text{N} = 113.58\text{kN} < 198\text{kN}$$

故应按计算配置腹筋。

（5）计算腹筋用量

1）计算箍筋用量

设选用箍筋 $\phi 6$，双肢箍，则 $A_{sv1} = 28.3\text{mm}^2$，$n = 2$。

根据式（5-13）

$$\frac{A_{sv}}{s} \geqslant \frac{V - 0.7f_tbh_0}{f_{yv}h_0} = \frac{198 \times 10^3 - 0.7 \times 1.1 \times 250 \times 590}{270 \times 590} = 0.530\text{mm}^2/\text{mm}$$

选用双肢箍 $\phi 6$（$A_{sv1} = 28.3\text{mm}^2$），于是箍筋间距为

$$s \leqslant \frac{A_{sv}}{0.530} = \frac{nA_{sv1}}{0.545} = \frac{2 \times 28.3}{0.530} = 106.8\text{mm}$$

采用 $s = 100\text{mm}$，并沿梁全长布置。

《混凝土结构设计规范》指出，“混凝土梁宜采用箍筋作为承受剪力的钢筋”。因此，本题的计算可以到此为止。

$$\rho_{sv}=\frac{nA_{sv1}}{bs}=\frac{2\times28.3}{250\times100}=0.226\%>\rho_{min}$$

$$=0.24\frac{f_t}{f_{yv}}=0.24\times\frac{1.1}{270}=0.0985\%$$

2）计算弯起筋用量

现采用 $s=150$mm，并沿梁全长布置。

按式（5-5a）计算：

$$V_{cs}=0.7f_tbh_0+f_{yv}\frac{A_{sv}}{s}h_0$$

$$=0.7\times1.1\times250\times590+270\times\frac{2\times28.3}{150}\times590$$

$$=173.68\times10^3\text{N}$$

计算第一排弯起钢筋，截面1-1的剪力 $V=198000$N，按式（5-15）计算：

$$A_{sb}=\frac{V-V_{cs}}{0.8f_y\sin\alpha_s}=\frac{198000-173680}{0.8\times300\times\sin45^\circ}=143.33\text{mm}^2$$

将纵向钢筋弯起1Φ22，$A_{sb}=380.1\text{mm}^2>153.11\text{mm}^2$，故满足要求。

弯起1Φ22以后，还需验算弯起钢筋弯起点处截面2-2的受剪承载力。设第一根钢筋的弯起终点至支座边缘距离为100mm＜250mm（见表5-4），则弯起钢筋起点至支座边缘距离为600+100=700mm。于是，可由三角形比例关系求得截面2-2的剪力。

$$V_2=\frac{3.3-0.7}{3.3}V_1=0.788\times198=156.02\text{kN}<173.68\text{kN}$$

由上面计算可知，2-2截面的受剪承载力满足要求，故不需再进行计算。

梁的腹筋配置情况见图5-9。

2. 按程序计算

（1）按AC/ON键打开计算器，按MENU键，进入主菜单界面；

（2）按数字9键，进入程序菜单；

（3）找到计算梁的计算程序名：V，按EXE键；

（4）按屏幕提示进行操作（见表5-4），最后得出计算结果。

【例题5-3】附表　**表5-4**

序号	屏幕显示	输入数据	计算结果	单位	说明
1	$I=?$	1，EXE		–	根据荷载计算，则输入数字1
2	$q=?$	60，EXE		kN/m	输入均布荷载设计值
3	$l_n=?$	6.60，EXE		m	输入梁的计算跨度
4	P	0，EXE		kN	输入集中荷载设计值
5	V		198，EXE	kN	输出梁的剪力设计值
6	$b=?$	250，EXE		mm	输入梁的截面宽度
7	$h=?$	650，EXE		mm	输入梁的截面高度

续表

序　号	屏幕显示	输入数据	计算结果	单　位	说　　明
8	$a_s=?$	60，EXE		mm	输出梁的纵筋重心至梁底面的距离
9	$C=?$	20，EXE		–	输入混凝土强度等级 20
10	$G=?$	1，EXE		–	输入箍筋 HPB300 级的序号 1
11	h_0		590，EXE	mm	输出梁的有效高度
12	A_{sv}/s		0.53，EXE	mm^2/mm	输出梁的箍筋数量
13	$d=?$	6，EXE		mm	输入梁的箍筋直径
14	$n=?$	2，EXE		–	输入箍筋肢数
15	A_{sv1}		28.3，EXE	mm^2	输出单肢箍筋面积
16	s		106.7，EXE	mm	输出箍筋间距
17	$s=?$	150，EXE		mm	输入选择的箍筋间距
18	ρ_{sv}		0.151，EXE	%	输出梁的配箍率
19	ρ_{smin}		0.098，EXE	%	输出梁的最小配箍率
20	$J=?$	1，EXE		–	均布荷载输入 1
21	V_{cs}		173629.7，EXE	N	输出混凝土和箍筋承载力
22	$f_y=?$	300，EXE		N/mm^2	输入弯起钢筋强度设计值
23	$\alpha_s=?$	45°，EXE		度	输入弯起钢筋与水平线夹角
24	A_{sb}		143.6	mm^2	输出弯起钢筋截面面积

提示：计算时应检查计算器角度单位是否设定为“度”。

【例题 5-4】 矩形截面简支梁，承受图 5-10 所示均布线荷载设计值 $q=8kN/m$ 和集中荷载设计值 $P=100kN$，梁的横截面尺寸 $b\times h=250mm\times600mm$，净跨 $l_n=6.00m$。混凝土强度等级为 C25（$f_c=11.9N/mm^2$，$f_t=1.27N/mm^2$），箍筋采用 HPB300 级钢筋：$f_y=270N/mm^2$。

试求箍筋数量。

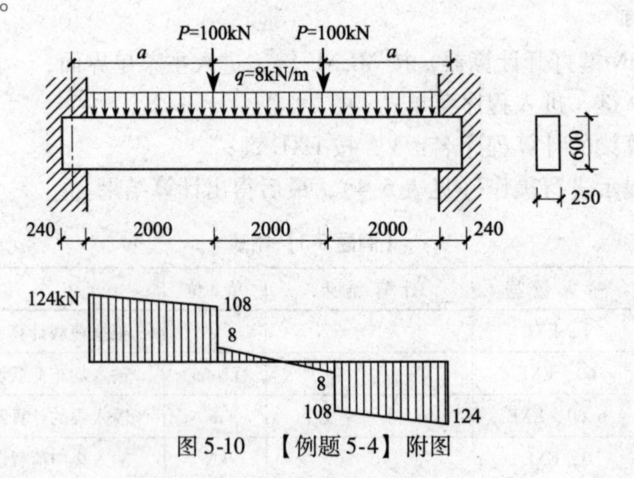

图 5-10 【例题 5-4】附图

【解】 1. 手算

（1）计算剪力设计值

由均布线荷载在支座边缘处产生的剪力设计值为：

$$V_q = \frac{1}{2}ql_n = \frac{1}{2} \times 8 \times 6 = 24\text{kN}$$

由集中荷载在支座边缘处产生的剪力设计值为：

$$V_p = 100\text{kN}$$

在支座截面处总剪力为

$$V = V_q + V_p = 24 + 100 = 124\text{kN}$$

集中荷载对支座截面产生的剪力值占该截面总剪力值的百分比：100/124 = 80.7% > 75% 故应按集中荷载作用下相应公式计算斜截面受剪承载力。

（2）复核截面尺寸

纵向受力钢筋按两层考虑，故

$$h_0 = h - 60 = 600 - 60 = 540\text{mm} \qquad \frac{h_0}{b} = \frac{540}{250} = 2.16 < 4$$

根据式（5-9a）得

$$0.25\beta_c f_c bh_0 = 0.25 \times 1 \times 11.9 \times 250 \times 540 = 401.6 \times 10^3\text{N} > V = 124 \times 10^3\text{N}$$

截面尺寸满足要求。

（3）验算是否需按计算配置箍筋

剪跨比 $\lambda = a/h_0 = 2/0.54 = 3.70 > 3$，取 $\lambda = 3$。

按式（5-12）得

$$\frac{1.75}{\lambda + 1}f_t bh_0 = \frac{1.75}{3 + 1} \times 1.27 \times 250 \times 540 = 75 \times 10^3\text{N} > V = 124 \times 10^3\text{N}$$

故应按计算配置箍筋。

（4）计算箍筋数量

按式（5-14）计算箍筋数量

$$\frac{A_{sv}}{s} \geqslant \frac{V - \dfrac{1.75}{\lambda + 1}f_t bh_0}{f_{yv}h_0} = \frac{124000 - \dfrac{1.75}{3 + 1} \times 1.27 \times 250 \times 540}{270 \times 540} = 0.336\text{mm}^2/\text{mm}$$

选用双肢箍 $\phi 8$，即 $n = 2$，$A_{sv1} = 50.3\text{mm}^2$，于是箍筋间距为

$$s = \frac{nA_{sv1}}{0.336} = \frac{2 \times 50.3}{0.4336} = 299\text{mm}$$

采用 $s = 250\text{mm}$，沿梁全长布置。

（5）验算最小配箍率条件

$$\rho_{sv} = \frac{nA_{sv1}}{bs} = \frac{2 \times 50.3}{250 \times 250} = 0.16\% > \rho_{min}$$

$$= 0.24\frac{f_t}{f_{yv}} = 0.24 \times \frac{1.27}{270} = 0.112\%$$

由此可见，配箍率满足最小配箍率的要求。箍筋配置见图5-10。

2. 按计算程序计算

（1）按 AC/ON 键打开计算器，按 MENU 键，进入主菜单界面；

（2）按数字9键，进入程序菜单；

（3）找到计算梁的计算程序名：V，按 EXE 键；

（4）按屏幕提示进行操作（见表5-5），最后得出计算结果。

【例题5-4】附表 表5-5

序　号	屏幕显示	输入数据	计算结果	单　位	说　　明
1	$I=?$	1，EXE		–	根据荷载计算，则输入数字1
2	$q=?$	8，EXE		kN/m	输入均布荷载设计值
3	$l_n=?$	6，EXE		m	输入梁的计算跨度
4	P	100，EXE		kN	输入集中荷载设计值
5	V		124，EXE	kN	输出梁的剪力设计值
6	$b=?$	250，EXE		mm	输入梁的截面宽度
7	$h=?$	600，EXE		mm	输入梁的截面高度
8	$a_s=?$	60，EXE		mm	输出梁的纵筋重心至梁底面的距离
9	$C=?$	25，EXE		–	输入混凝土强度等级25
10	$G=?$	1，EXE		–	输入箍筋HPB300级的序号1
11	h_0		540，EXE	mm	输出梁的有效高度
12	a	2000，EXE		mm	输入集中荷载作用点至支座边缘的距离
13	λ		3.70		输出剪跨比
14	A_{sv}/s		0.336，EXE	mm^2/mm	输出梁的箍筋数量
15	$d=?$	8，EXE		mm	输入梁的箍筋直径
16	$n=?$	2，EXE		–	输入箍筋肢数
17	A_{sv1}		50.3，EXE	mm^2	输出单肢箍筋面积
18	s		299.1，EXE	mm	输出箍筋间距
19	$s=?$	250，EXE		mm	输入选择的箍筋间距
20	ρ_{sv}		0.161，EXE	%	输出梁的配箍率
21	ρ_{smin}		0.113，EXE	%	输出梁的最小配箍率
22	OK				

§5-5　纵向受力钢筋的切断与弯起

梁内纵向受力钢筋是根据控制截面的最大弯矩设计值计算的。若把跨中控制截面承受正弯矩的全部钢筋伸入支座，或把支座控制截面承受负弯矩的全部钢筋通过跨中。显然，这样的配筋方案不经济。因此根据需要，常将跨中多余的纵筋弯起，以抵抗剪力，而把支座承受负弯矩的钢筋在适当位置处切断。下面来讨论纵筋在什么部位可以弯起和切断，以及钢筋弯起和切断的数量问题。

5.5.1　抵抗弯矩图

所谓抵抗弯矩图，是指梁按实际配置的钢筋绘出的各正截面所能承受的弯矩图形。抵抗弯矩图也叫做材料图。

图5-11(a)表示承受均布荷载的简支梁，图5-11(b)中的曲线为设计弯矩图（简称M

图)。根据跨中控制截面最大弯矩设计值配置了 2 Φ 20 + 2 Φ 18 的纵筋，钢筋面积A_s = 1137mm²，其抵抗弯矩为：

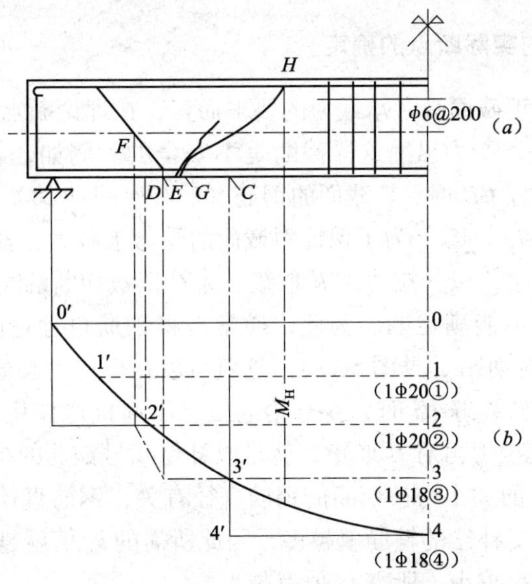

图 5-11　承受均布荷载的简支梁设计弯矩图与抵抗弯矩图

$$M_u = A_s f_y \left(h_0 - \frac{f_y A_s}{2\alpha_1 f_c b} \right) \tag{5-16}$$

第 i 根钢筋的抵抗弯矩为

$$M_{ui} = \frac{A_{si}}{A_s} M_u \tag{5-17}$$

式中　A_{si}——第 i 根钢筋的面积。

其余符号意义同前。

现以绘制设计弯矩图相同的比例，将每根钢筋在各正截面上的抵抗弯矩绘在设计弯矩图上，便得到如图 5-11(b)所示的抵抗弯矩图。

显然，在截面 C 处，即 3-3′水平线与 M 图交点所对应的截面，可以减少 1 Φ 18（④号钢筋），而其余钢筋便能满足该截面的受弯承载力要求；同样，在截面 D 处，即 2-2′水平线与 M 图交点所对应的截面，可以再减少 1 Φ 18（③号钢筋）。因此，我们将截面 C 称为④号钢筋的不需要点。因为③号钢筋到了截面 C 才得到充分利用，故截面 C 也称为③号钢筋的充分利用点。同样，截面 D 称为③号钢筋的不需要点，同时也是②号钢筋的充分利用点。

一根钢筋的不需要点也叫理论断点。对正截面受弯承载力的要求而言，这根钢筋既然是多余的，理论上就可以把它切断。切断后抵抗弯矩图在该截面将发生突变。例如，在图 5-11(b)中，④号钢筋在截面 C 切断后，抵抗弯矩图在该处将发生了突变。

当钢筋弯起时，抵抗弯矩图亦将发生变化。如果在图 5-11(a)中，将③号钢筋在截面 E 处弯起，则抵抗弯矩将发生改变，但由于弯起的过程中，弯起钢筋还能抵抗一定的弯矩，所以，不像切断钢筋那样突然，而是逐渐减小的，直到 F 点处，弯起钢筋伸进梁的中性轴，进入受压区后，弯起钢筋的抗弯能力才认为消失。因此，在钢筋弯起点 E 处抵抗弯矩图的纵标为03，在弯起钢筋与梁的轴线的交点 F 处抵抗弯矩图纵标为02，在截面 E、F 之间抵抗弯矩图按斜直线变化（见图5-11b）。

5.5.2　纵向受力钢筋的实际断点的确定

如前所述，就满足正截面受弯承载力的要求而言，在理论断点处即可把不需要的钢筋切断（图5-11b）。但是，受力纵筋这样截断是不安全的。例如，若将④号钢筋在 C 截面处切断，则当发生斜裂缝 GH 时，C 截面的钢筋（2Φ20+1Φ18）就不足以抵抗斜裂缝处的弯矩 M_H，这是因为 $M_H > M_C$。为了保证斜截面的受弯承载力，就要求在斜裂缝 GH 长度范围内有足够的箍筋穿越，以其拉力对 H 取矩，来补偿被切断的④号纵筋的抗弯作用。这一条件在设计中一般是不能满足的。为此，通常是将钢筋自理论断点处延伸一段长度 l_w（称为延伸长度）再进行切断（见图5-12）。这就可以在出现斜裂缝 GH 时，④号钢筋仍能起抗弯作用，而在出现斜裂缝 IH 时，④号钢筋虽已不起抗弯作用，但这时却已有足够的箍筋穿过斜裂缝 IH，其拉力再对 H 取矩，就足以补偿④号钢筋的抗弯作用。

显然，延伸长度 l_w 的大小与被切断的钢筋直径有关，钢筋直径越粗，它原来所起的抗弯作用就越大，则所需要补偿的箍筋就越多，因此所需的 l_w 值就越大。此外，l_w 还与箍筋的配置多少有关，配箍率越小，所需 l_w 值就越大。

为安全计，在实际工程设计中，跨中下部受拉钢筋，除必需弯起外，一般不切断，都伸入支座。连续梁支座处承受负弯矩的纵向受拉钢筋，在受拉区也不宜切断；当必须切断时，应符合下列规定（图5-13）：

1. 当 $V \leqslant 0.7f_t bh_0$ 时，应延伸至按正截面受弯承载力计算不需要该钢筋的截面外不小于 $20d$ 处截断，且从该钢筋强度充分利用截面伸出的长度不应小于 $1.2l_a$（l_a 为钢筋锚固长度）；

2. 当 $V \geqslant 0.7f_t bh_0$ 时，应延伸至按正截面受弯承载力计算不需要该钢筋的截面外不小于 h_0 且不小于 $20d$ 处截断，且从该钢筋强度充分利用截面伸出的长度不应小于是 $1.2l_a + h_0$；

3. 若按上述规定确定的截断点仍位于负弯矩受拉区内，则应延伸至按正截面受弯承载力计算不需要该钢筋的截面以外不小于 $1.3h_0$ 且不小于 $20d$ 处截断，且从该钢筋强度充分利用截面伸出的长度不应小于 $1.2l_a + 1.7h_0$。

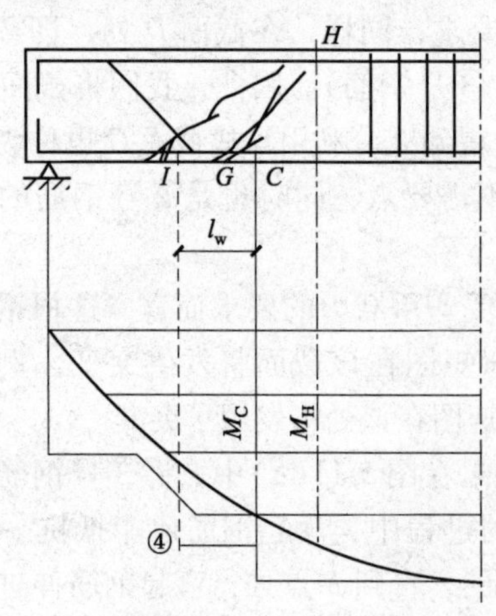

图5-12　纵向钢筋实际切断点的确定

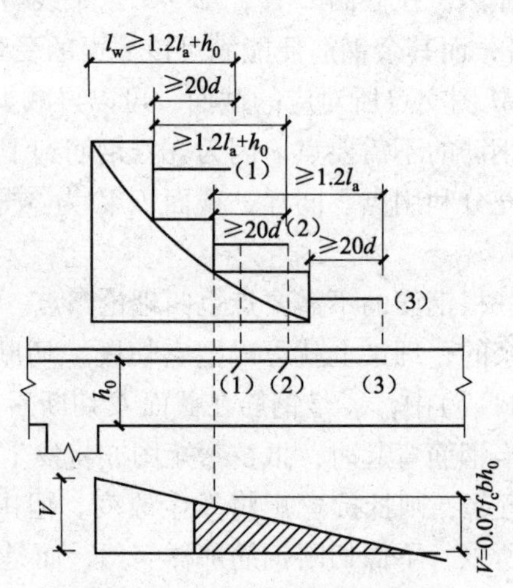

图5-13　梁内钢筋的延伸长度

5.5.3　弯起钢筋实际起弯点的确定

弯起钢筋不能在充分利用点起弯，否则亦将不能保证斜截面的受弯承载力。弯起钢筋应伸过充分利用点一段距离 s 后再起弯，且弯起钢筋与梁轴线的交点应在该钢筋理论断点之外。

现以图5-14（a）中③号钢筋弯起为例，说明 s 值的确定方法。

截面 C 是③号钢筋的充分利用点，在伸过一段距离 s 后，③号钢筋（1Φ18）被弯起。显然，在正截面 C 的抵抗弯矩为：

$$(M_{抵})_{正}=T_{(2\Phi20+1\Phi18)}z$$

设有一条斜裂缝 IE 发生在如图4-49（a）所示的位置。作用在斜截面上的弯矩仍为 $M\mathrm{c}$，这时斜截面的抵抗矩为

$$(M_{抵})_{斜}=T_{(2\Phi20)}z+T_{(1\Phi18)}z_{\mathrm{b}}$$

为了保证斜截面的受弯承载力（$M_{抵}$）$_{正}$，必须满足下述条件：

$$(M_{抵})_{斜}\geqslant(M_{抵})_{正}$$

即

$$T_{(2\Phi20)}z+T_{(1\Phi18)}z_{\mathrm{b}}\geqslant T_{(2\Phi20+1\Phi18)}z$$

$$T_{(1\Phi18)}z_{\mathrm{b}}>T_{(1\Phi18)}z$$

或

$$z_{\mathrm{b}}\geqslant z \tag{a}$$

由图5-14（b）的几何关系

$$z_{\mathrm{b}}=s\sin\alpha_{\mathrm{s}}+z\cos\alpha_{\mathrm{s}} \tag{b}$$

将式（b）代入式（a），得：

$$s\geqslant\frac{z(1-\cos\alpha_{\mathrm{s}})}{\sin\alpha_{\mathrm{s}}} \tag{c}$$

α_{s} 一般取45°或60°，并近似取 $z=0.9h_0$。分别代入式（c），则得：

当 $\alpha_{\mathrm{s}}=45°$时，　　　　$s=0.37h_0$

当 $\alpha_{\mathrm{s}}=60°$时，　　　　$s=0.52h_0$

为简化计算，《混凝土结构设计规范》规定，统一取弯起钢筋实际起弯点至充分利用点的距离 $s\geqslant0.50h_0$。

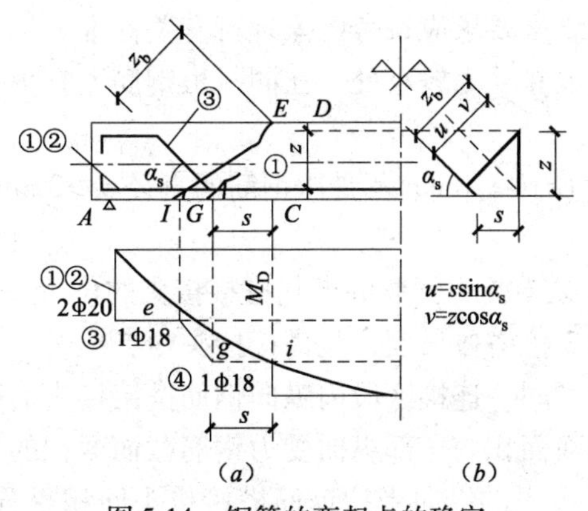

图5-14　钢筋的弯起点的确定

§5-6 受弯构件钢筋构造要求的补充

5.6.1 纵向受力钢筋在支座内的锚固

梁的简支端正截面的弯矩 $M=0$，按正截面要求，纵筋适当伸入支座即可。但在主拉应力作用下，沿支座开始发生斜裂缝时，则与裂缝相交的纵筋所承受的弯矩由原来的 M_C 增加到 M_D（图5-15）。因此，纵筋的拉力将明显增加。若无足够的锚固长度，纵筋就会从支座内拔出，使梁斜截面受弯承载力不足而发生破坏。

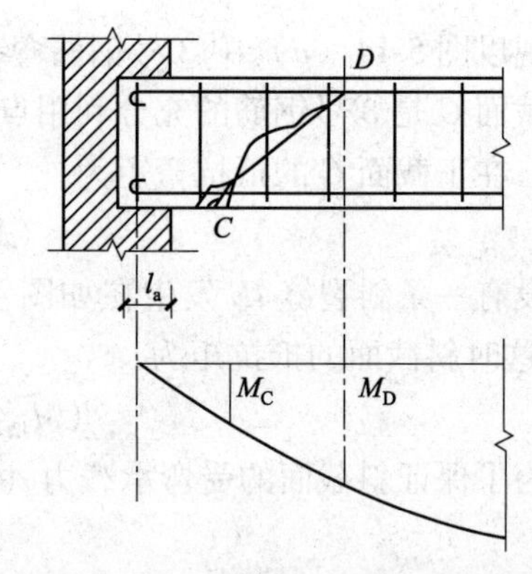

图5-15 纵向受力钢筋伸入梁的支座内的锚固

《混凝土结构设计规范》根据试验和设计经验规定，钢筋混凝土简支梁和连续梁简支端的下部纵向受力钢筋，其伸入梁支座范围内的锚固长度 l_{as}（图4-50）应符合下列规定：

1. 当 $V \leqslant 0.7 f_t b h_0$ 时

$$l_{as} \geqslant 5d$$

2. 当 $V \geqslant 0.7 f_t b h_0$ 时

带肋钢筋 $l_{as} \geqslant 12d$

光圆钢筋 $l_{as} \geqslant 15d$

其中，d 为纵向受力钢筋直径。

如纵向受力钢筋伸入梁支座范围内的锚固长度不符合上述要求时，应采取在钢筋上加焊锚固钢板，或将钢筋端部焊接在梁端预埋件上等有效锚固措施。

简支板下部纵向受力钢筋伸入支座长度 $l_{as} \geqslant 5d$。

5.6.2 钢筋的连接

钢筋的连接分为机械连接、焊接和绑扎搭接。施工中，宜优先采用机械连接或焊接。机械连接和焊接的类型和质量要求应符合国家现行有关标准。

受力钢筋的接头宜设置在受力较小处。在同一根钢筋上宜少设接头。

1. 绑扎搭接接

（1）当受拉钢筋的直径 $d \geqslant 28$mm 及受压钢筋的直径 $d \geqslant 32$mm 时，不宜采用绑扎搭接连接。

（2）同一构件中相邻纵向受力钢筋的绑扎搭接接头的位置应相互错开。钢筋绑扎搭接接头连接区段的长度为1.3倍搭接长度，凡搭接接头中点位于该连接区段长度内的搭接接头，均属于同一连接区段。同一连接区段内纵向钢筋搭接接头面积百分率为该区段内有搭接接头的纵向受力钢筋截面面积与全部纵向受力钢筋截面面积的比值（图5-16）。

（3）位于同一连接区段内的纵向受拉钢筋搭接接头面积百分率：对梁类、板类构件，不宜大于25%。当工程中确有必要增大受拉钢筋搭接接头面积百分率时，对梁类构件应大于50%；对板类构件，可根据实际情况放宽。

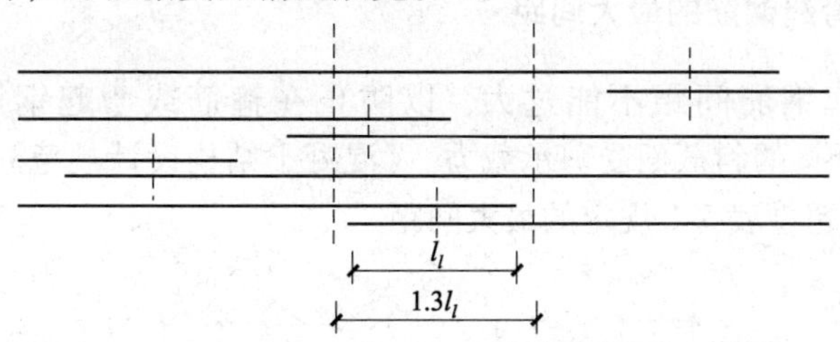

图5-16　同一连接区段内的纵向受拉钢筋绑扎搭接接头

纵向受拉钢筋绑扎搭接接头的搭接长度，应根据位于同一连接区段内的纵向钢筋搭接接头面积百分率按下列公式计算：

$$l_l = \zeta \cdot l_a \tag{5-18}$$

式中　l_l——纵向受拉钢筋的搭接长度；

l_a——纵向受拉钢筋的锚固长度；

ζ——纵向受拉钢筋的搭接长度修正系数，按表5-6采用。

纵向受拉的搭接长度修正系数　**表5-6**

纵向受拉钢筋搭接接头面积百分率	≤25	50	100
ζ	1.2	1.4	1.6

（4）在任何情况下，纵向受拉钢筋绑扎搭接接头的搭接长度均不应小于300mm。

（5）构件中的纵向受压钢筋，当采用绑扎搭接接头时，其搭接长度不应小于按式（5-18）计算结果的0.7倍。且在任何情况下，不应小于200mm。

（6）在纵向受力钢筋搭搭接长度范围内应配置箍筋，其直径不应小于搭接钢筋较大直径的0.25倍。当钢筋受拉时，箍筋间距不应大于搭接钢筋较小直径的5倍，且不应大于100mm；当钢筋受压时，箍筋间距不应大于搭接钢筋较小直径的10倍，且不应大于200mm。当受压钢筋直径d≥25mm时，尚应在搭接接头两个端面外100mm范围内各设两个箍筋。

2. 机械连接接头

（1）纵向受力钢筋机械连接接头宜相互错开。钢筋机械连接接头连接区段的长度为35d（d为纵向受力钢筋的较大直径），凡接头中点位于该连接区段长度内的机械连接接头，均属于同一连接区段。

在受力较大处设置机械连接接头时，位于同一连接区段内的纵向受拉钢筋接头面积百分率不应大于50%；纵向受压钢筋接头面积百分率不受限制。

（2）机械连接接头连接件的混凝土保护层厚度宜满足纵向受力钢筋最小保护层厚度的要求。连接件之间的横向净距不宜小于25mm。

3. 焊接连接接头

纵向受力钢筋焊接接头应相互错开。钢筋焊接接头连接区段的长度为35d（d为纵向受力钢筋的较大直径），且不小于500mm。凡接头中点位于该连接区段长度内的焊接接头，均属于同一连接区段。

位于同一连接区段内的纵向受力钢筋的焊接接头面积百分率，对纵向受拉钢筋接头，不应大于50%；对纵向受压钢筋的接头面积百分率可不受限制。

5.6.3 梁内箍筋和弯起钢筋的最大间距

梁内箍筋和弯起钢筋间距不能过大，以防止在箍筋或弯起钢筋之间发生斜裂缝（图 5-17），从而降低梁的斜截面受剪承载力。《混凝土结构设计规范》规定，梁内箍筋和弯起钢筋间距 s 不得超过表 5-1 规定的最大间距 s。

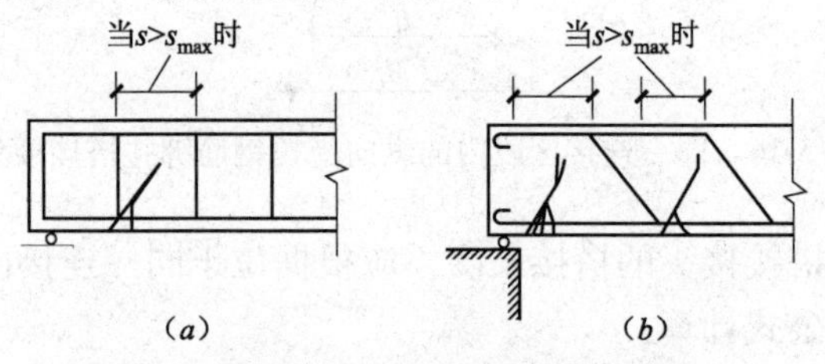

图 5-17 箍筋和弯起钢筋间距不符合要求

（a）斜裂缝未与箍筋相交；（b）斜裂缝未与弯起钢筋相交

5.6.4 弯起钢筋的构造

弯起钢筋在终弯点处应再沿水平方向向前延伸一段锚固长度（见图 5-18）。这一锚固长度在受拉区和受压区分别不小于 $20d$ 和 $10d$。当不能将纵筋弯起而需单独设置弯筋时，应将弯筋两端锚固在受压区内，不得采用“浮筋”（见图 5-19），否则会由于斜裂缝出现而使“浮筋”锚固失效。

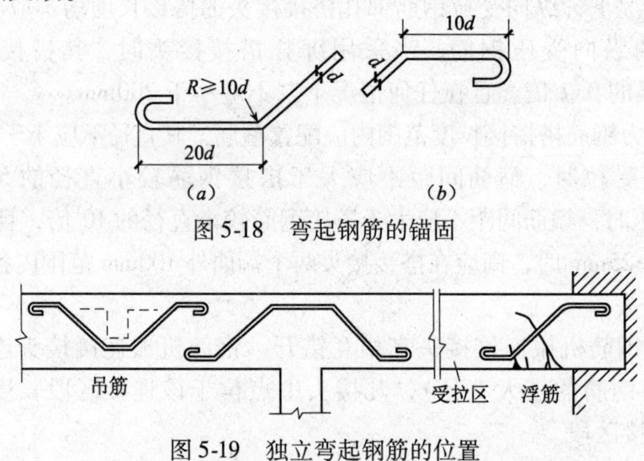

图 5-18 弯起钢筋的锚固

图 5-19 独立弯起钢筋的位置

5.6.5 腰筋与拉筋

当梁的腹板高度 h_w 不小于 450mm 时，在梁的两个侧面应沿高度配置纵向构造钢筋（腰筋）①（图 5-20）。每侧腰筋（不包括梁上、下部受力钢筋及架力钢筋）的间距不宜大于 200mm，截面面积不应小于腹板截面面积（$b\times h_w$）的 0.1%，但当梁宽较大时，可适当放松。腰筋用拉筋②连系，拉筋间距一般取箍筋间距的 2 倍。设置腰筋的作用，是防止梁太高时由于混凝土收缩和温度变化而产生的竖向裂缝，同时也是为了加强钢筋骨架的刚度，避免浇筑混凝土时钢筋位移。

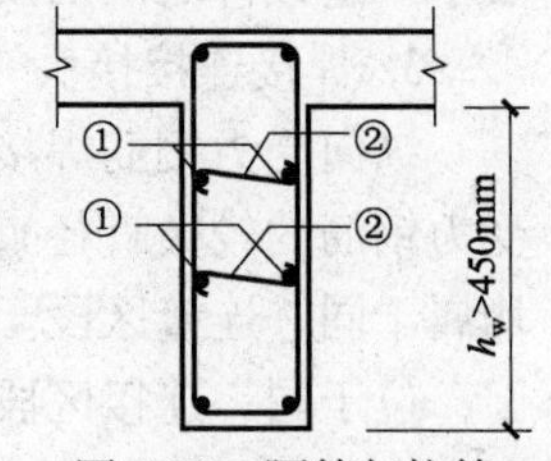

图 5-20 腰筋与拉筋

第 6 章　受压构件承载力计算

§6-1　概　　述

工业与民用建筑中，钢筋混凝土受压构件应用十分广泛。例如，多层框架结构柱（图 6-1a）、单层工业厂房柱（图 6-1b）和屋架受压腹杆（图 6-1c）等，都属于受压构件的例子。

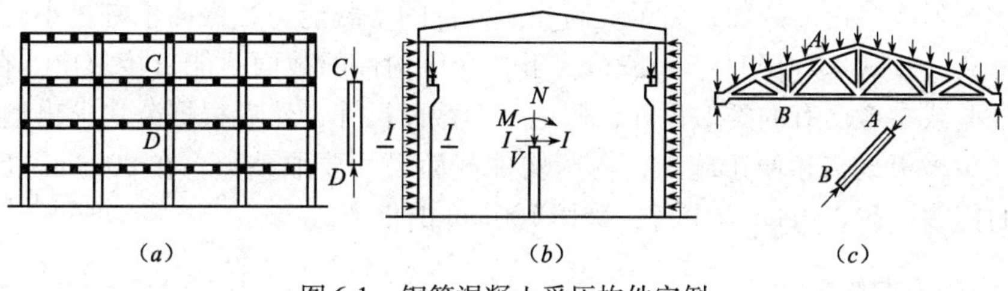

图 6-1　钢筋混凝土受压构件实例

钢筋混凝土受压构件，按其轴向压力作用点与截面形心的相互位置不同，可分为轴心受压构件和偏心受压构件。

当轴向压力作用点与构件正截面形心重合时，这种构件称为轴心受压构件（图 6-2a），在实际工程中，由于施工误差造成截面尺寸和钢筋位置的不准确，混凝土本身的不均匀性，以及荷载实际作用位置的偏差等原因，很难使轴向压力与构件正截面形心完全重合。所以在工程中，理想的轴心受压构件是不存在的。但是，为了简化计算，只要由于上述原因所引起的初始偏心距不大，就可将这种受压构件按轴心受压构件考虑。

当轴向压力的作用点不与构件正截面形心重合时，这种构件称为偏心受压构件。如果轴向压力作用点只对构件正截面的一个主轴存在偏心距，则这种构件称为单向偏心受压构件（图 6-2b）；如果轴向压力作用点对构件正截面的两个主轴存在偏心距，则称为双向偏心受压构件（图 6-2c）。

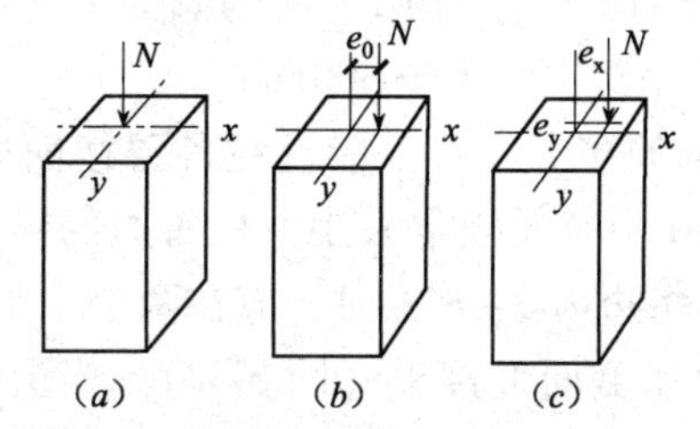

图 6-2　轴心受压与偏心受压构件

（a）轴心受压；（b）单向偏心受压；（c）双向偏心受压

§6-2 受压构件的构造要求

6.2.1 材料强度等级

为了减小受压构件截面尺寸、节省钢材，在设计中宜采用C25、C30、C40或强度等级更高的混凝土，钢筋一般采用HRB335、HRB400和RRB400级，而不宜采用强度更高的钢筋来提高受压构件的承载能力。因为在受压构件中，高强度钢筋不能充分发挥其作用。

6.2.2 截面形状和尺寸

为了便于施工，钢筋混凝土受压构件通常采用正方形或矩形截面。只是有特殊要求时，才采用圆形或多边形截面，为了提高受压杆件的承载能力，截面不宜过小，一般截面的短边尺寸为（1/10~1/15）l_0。一般情况下，受压构件的截面不能直接求出。在设计时，通常根据经验或参考已有的类似设计，假定一个截面尺寸，然后根据公式求出钢筋截面面积。为了减少模板规格和便于施工，受压构件截面尺寸要取整数，在800mm以下者，取用50mm的倍数；在800mm以上者，采用100mm的倍数。

6.2.3 纵向受力钢筋

柱中纵向钢筋的配置应符合下列规定：

1. 纵向受力钢筋的截面面积应由计算确定。《混凝土结构设计规范》规定，纵向钢筋直径不宜小于12mm，纵向钢筋的配筋率不应小于最小配筋率（参见附录C附表C-5）。柱中纵向钢筋的配筋率通常在0.5%~2%之间，全部纵向钢筋配筋率不宜超过5%。

2. 柱内纵筋的净距不应小于50mm，且不宜大300mm。对水平浇筑的混凝土装配式柱，纵筋间距可按梁的规定采用。纵筋混凝土保护层厚度应按附录C附表C-4采用。

3. 偏心受压柱的截面高度不小于600mm时，在柱的侧面上应设置直径不小于10mm的纵向构造钢筋，并相应设置复合箍筋或拉筋。

4. 为了增加钢筋骨架的刚度，减少箍筋用量，纵筋的直径不宜过细，通常采用12~32mm，一般以选用根数少，直径较粗的纵筋为好，对于矩形柱，纵筋根数不应少于4根；圆形柱不宜少于8根，不应少于6根，且宜沿周边均匀布置。

5. 在偏心受压构件中，垂直于弯矩作用平面的侧面上的纵向受力钢筋以及轴心受压柱中各边的纵向受力钢筋，其中距不宜大于300mm。

6. 在多层房屋中，柱内纵筋接头位置一般设在各层楼面处．其搭接长度l_l应按《混凝土结构设计规范》GB 50010中有关规定采用。柱每边的纵筋不多于4根时，可在同一水平截面处接头（图6-3*a*）；每边为5~8根时，应在两个水平截面上接头（图6-3*b*）；每边为9~12根时，应在三个水平截面上接头（图6-3*c*）。当上柱截面尺寸小于下柱截面尺寸，且上下柱相互错开尺寸与梁高之比（即柱的纵筋弯折角的正切）小于或等于1/6时，下柱钢筋可弯折伸入上柱（图6-3*d*）；当上下柱相互错开尺寸与梁高之比大于1/6时，应设置短筋，短筋直径和根数与上柱相同（图6-3*e*）。

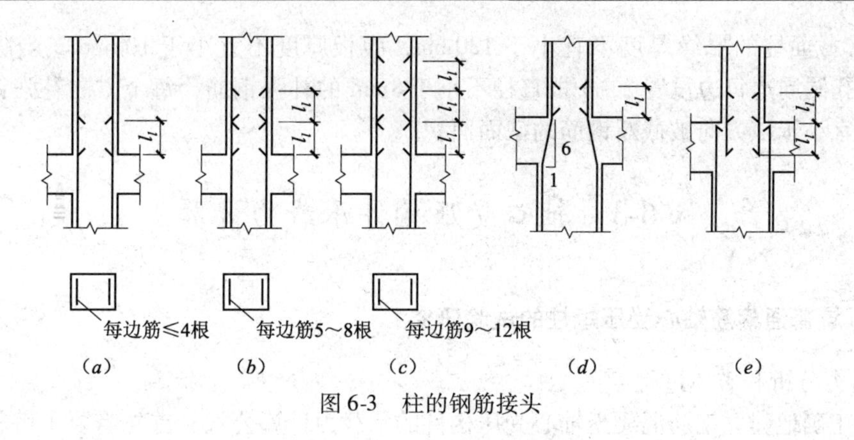

图6-3　柱的钢筋接头

6.2.4　箍筋

箍筋的作用，既可保证纵向钢筋的位置正确，又可防止纵向钢筋压曲，从而提高柱的承载能力。

柱中的箍筋应符合下列规定：

1. 箍筋形状和配置方法应视柱截面形状和纵向钢筋根数而定，箍筋直径不应小于 $d/4$，且不小于6mm，d 为纵向钢筋最大直径。

2. 箍筋间距，不应大于400mm及构件横截面的短边尺寸，且不应大于 $15d$，d 为纵向钢筋最小直径。

3. 柱及其他受压构件中的周边箍筋应做成封闭式。对圆柱中的箍筋，搭接长度不应小于锚固长度，且末端应做成135°弯钩，弯钩末端平直段长度不应小于 $5d$，d 为箍筋直径。

4. 当柱截面短边尺寸大于400mm且各边纵向钢筋多于3根时，或当柱截面短边尺寸不大于400mm但各边纵钢筋多于4根时，以及柱截面长大于500mm时，应设置复合箍筋，如图6-4所示。

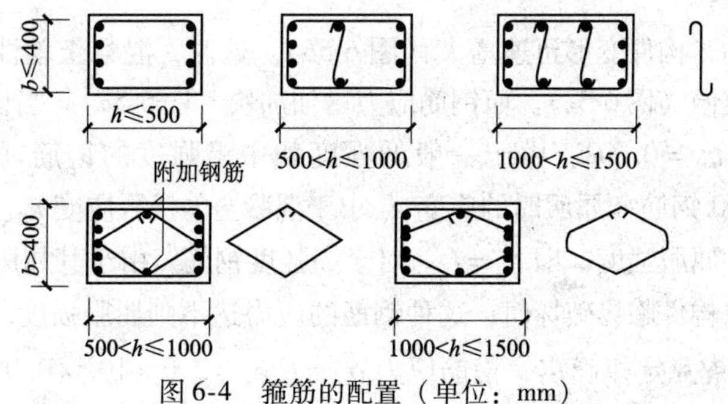

图6-4　箍筋的配置（单位：mm）

5. 柱中全部纵向受力钢筋的配筋率大于3%时，箍筋直径不应小于8mm，间距不应大于 $10d$（d 为纵向钢筋最小直径），且不应大于200mm。箍筋末端应做成135°弯钩，且弯钩末端的平直段长度不应小于 $10d$。

6. 在配有连续螺旋式或焊接环式箍筋柱中，如在正截面受压承载力计算中考虑间接钢筋的作用时，箍筋间距不应大于80mm及 $d_{cor}/5$，且不宜小于40mm，d_{cor} 为按箍筋内表面确定的核心截面直径。

7. I形截面柱的翼缘厚度不宜小于120mm，腹板厚度不宜小于100mm。当腹板开孔时，宜在孔洞周边每边设置2~3根直径不小于8mm的补强钢筋，每个方向补强钢筋的截面面积不宜小于该方向被截断钢筋的截面面积。

§6-3 轴心受压构件承载力计算

6.3.1 配置普通箍筋轴心受压短柱的试验研究

1. 受力分析和破坏过程

为了正确地建立钢筋混凝土轴心受压构件的承载力计算公式，首先需要了解轴心受压短柱在轴向压力作用下的破坏过程，以及混凝土和钢筋的应力状态。图6-5（a）表示矩形截面配有对称纵向受力钢筋和箍筋的钢筋混凝土短柱，柱的端部沿轴线方向受轴向压力N的作用。由试验知道，当轴向压力较小时，构件的压缩变形主要为弹性变形，轴向压力在截面内产生的压应力由混凝土和钢筋共同承担。

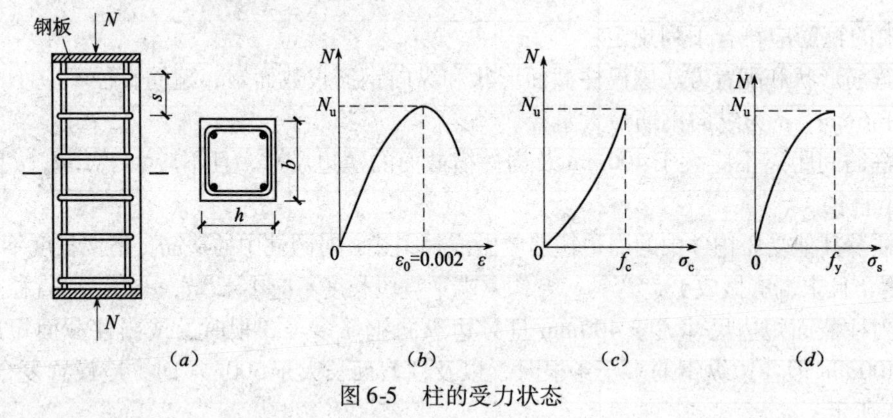

图6-5 柱的受力状态

随着荷载的增加，构件变形迅速增大（图6-5b）。这时，混凝土塑性变形增加，弹性模量降低，应力增加减慢（图6-5c）。而钢筋应力增加加快（图6-5d）。当构件临界破坏时，混凝土达到极限应变$\varepsilon_0=0.002$，由于一般低强度和中等强度的钢筋（例如，HPB300级、HRB335级和HRB400钢筋）屈服时的应变ε_y小于混凝土的极限应变ε_0。所以，构件临界破坏时，钢筋应力可达屈服强度，即$\sigma_s=f_y$。对于高强度钢筋，由于其屈服时的应变大于混凝土的极限应变，所以构件临界破坏时，这种钢筋的应力达不到屈服强度，即$\sigma_s<f_y$。这时钢筋的应力σ_s应根据虎克定律确定，钢筋应力$\sigma_s=E_s\varepsilon_s=2.0\times10^5\times0.002=400\text{N/mm}^2$。显然，配置高强度钢筋的钢筋混凝土受压构件，不能充分发挥钢筋的作用。这一情况在钢筋混凝土受压构件设计中，应当加以注意。

2. 截面承载力计算

根据上述短柱的试验分析，在轴心受压构件截面承载力计算时，混凝土和钢筋应力值可分别取用混凝土轴心抗压强度设计值f_c和纵向钢筋抗压强度设计值f'_y。

考虑到实际工程中多为细长受压构件，需要考虑纵向弯曲对构件截面受压承载力降低的影响。根据力的平衡条件，可写出轴心受压构件承载力计算公式（图6-6）：

$$N \leqslant 0.9\varphi(f_c A + f_y' A_s') \tag{6-1}$$

式中 N——轴向压力设计值；

0.9——可靠度调整系数；

φ——钢筋混凝土轴心受压构件稳定系数，按表6-1采用；

f_c——混凝土轴心抗压强度设计值，按表3-4采用；

A——构件截面面积，当纵向钢筋的配筋率大于3%时，A应改用$(A - A_s')$；

f_y'——纵向钢筋的抗压强度设计值；

A_s'——全部纵向钢筋截面面积。

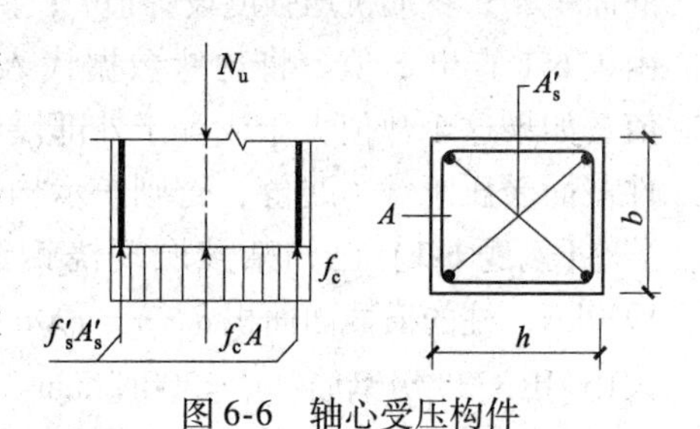

图6-6 轴心受压构件

钢筋混凝土轴心受压构件的稳定系数 **表6-1**

l_0/b	≤8	10	12	14	16	18	20	22	24	26	28
l_0/d	≤7	8.5	10.5	12	14	15.5	17	19	21	22.5	24
l_0/i	≤28	35	42	48	55	62	69	76	83	90	97
φ	1.00	0.98	0.95	0.92	0.87	0.81	0.75	0.70	0.65	0.60	0.56
l_0/b	30	32	34	36	38	40	42	44	46	48	50
l_0/d	26	28	29.5	31	33	34.5	36.5	38	40	41.5	43
l_0/i	104	111	118	125	132	139	146	153	160	167	174
φ	0.52	0.48	0.44	0.40	0.36	0.32	0.29	0.26	0.23	0.21	0.19

注：l_0——构件计算长度；
b——矩形截面的短边尺寸；
d——圆形截面的直径；
i——截面最小回转半径。

表6-1中的计算长度l_0，可按下列规定采用：

一般多层房屋中梁柱为刚接的框架结构，各层柱的计算长度l_0可按表6-2取用。

框架结构各层柱的计算长度 **表6-2**

楼 盖 类 型	柱 的 类 型	l_0
现浇楼盖	底层柱	$1.00H$
	其余各层柱	$1.25H$
装配式楼盖	底层柱	$1.25H$
	其余各层柱	$1.50H$

注：表中，H对底层柱为从基础顶面到一层楼盖顶面的高度；对其余各层柱为上、下两层楼盖顶面之间的高度。

3. 计算步骤

轴心受压构件截面受压承载力计算有两类问题：截面设计和截面复核。

(1) 截面设计

已知轴向力设计值和构件计算长度，要求设计构件截面。这时，一般是先选择材料强度等级和截面尺寸$b \times h$，然后按式(6-1)求出钢筋截面面积A_s。最后，按构造配置箍筋。

（2）截面复核

轴心受压柱的截面受压承载力复核步骤比较简单。已知柱的截面面积 $b\times h$；纵向受压钢筋面积 A_s'；钢筋抗压强度设计值 f_y'；混凝土轴心抗压强度设计值 f_c，并根据 l_0/b（或 l_0/i），由表6-1查出 φ 值。将这些数据代入式（6-1），即可求得构件所能承担的轴向压力设计值，如果这个数值大于或等于外部设计荷载在构件内产生的轴向压力设计值，则表示该构件截面受压承载力足够，否则表示构件不安全。

【例题6-1】已知某多层现浇钢筋混凝土框架结构，首层柱的轴向压力设计值 $N=1950\text{kN}$，柱的横截面面积 $b\times h=400\text{mm}\times 400\text{mm}$，混凝土强度等级为C20（$f_c=9.6\text{N/mm}^2$），采用HRB335级钢筋（$f_y'=300\text{N/mm}^2$），其他条件见图6-7（*a*）。

试确定纵向钢筋截面面积。

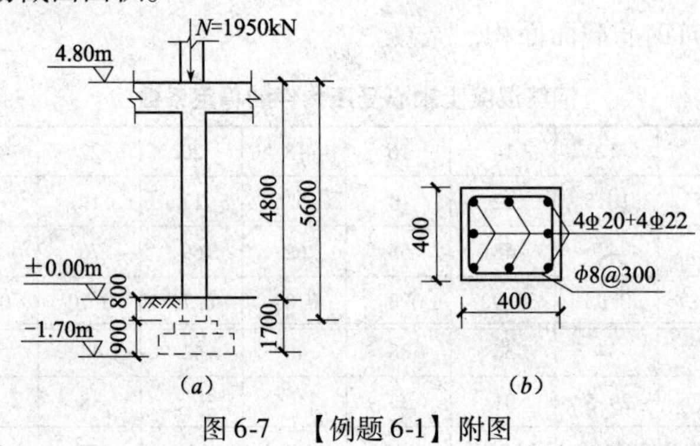

图6-7 【例题6-1】附图

【解】1. 手算

柱的计算长度

本例为现浇框架首层柱，故柱的计算长度

$$l_0=1.0H=1.0\times(4.8+0.8)=5.6\text{m}$$

长细比

$$m=\frac{l_0}{b}=\frac{5600}{400}=14$$

由表5-1查得稳定系数 $\varphi=0.92$

由式（6-1）算可求得钢筋截面面积：

$$A_s'=\frac{\dfrac{N}{0.9\varphi}-f_cA}{f_y'}=\frac{\dfrac{1950\times 10^3}{0.9\times 0.92}-9.6\times 400\times 400}{300}=2730\text{mm}^2$$

$$<3\%\times bh=0.03\times 400\times 400=4800\text{mm}^2$$

选用4Φ20+4Φ22（$A_s'=2777\text{mm}^2$），箍筋选 $\phi 8@300$，截面配筋见图6-7（*b*）。

2. 按程序计算

（1）按AC/ON键打开计算器，按MENU键，进入主菜单界面；

（2）按数字9键，进入程序菜单；

（3）找到计算梁的计算程序名：N，按EXE键；

（4）按屏幕提示进行操作（见表6-3），最后得出计算结果。

【例题6-1】附表　表6-3

序　号	屏幕显示	输入数据	计算结果	单　位	说　　明
1	$l_0=?$	5600，EXE		mm	输入柱的计算长度
2	$b=?$	400，EXE		mm	输入柱的截面宽度
3	$h=?$	400，EXE		mm	输入柱的截面高度
4	m		14，EXE	–	输出 $m=l_0/b$ 值
5	φ		0.92，EXE	–	输出柱的稳定系数值
6	$N=?$	1950×10^3		N	输入轴向力设计值
7	$C=?$	20，EXE		–	输入混凝土强度等级
8	$G=?$	2，EXE		–	输入钢筋HRB335级的序号2
9	A_s		2730，EXE	mm^2	输出受压钢筋的面积
10	$A_{s,min}$		960，EXE	mm^2	输出相应于受压钢筋为最小配筋率的钢筋面积
11	$A_{s,3\%}$		4800，EXE	mm^2	输出受压钢筋为3%配筋率的钢筋面积
12	A_s		2730，EXE	mm^2	输出受压钢筋的面积
13	$n_1=?$	4，EXE		–	输入第1种钢筋根数
14	d_1	20，EXE		mm	输入第1种钢筋直径
15	d_2	22，EXE		mm	输入第2种钢筋直径
16	n_2		3.88	–	输出第2种钢筋根数，取 $n_2=4$

【例题6-2】已知柱的轴向力设计值 $N=2500\text{kN}$，其他条件与【例题6-1】相同。试确定纵向钢筋截面面积。

【解】1. 手算

由式（6-1）可求得钢筋截面面积：

$$A_s'=\frac{\dfrac{N}{0.9\varphi}-f_cA}{f_y'}=\frac{\dfrac{2500\times10^3}{0.9\times0.92}-9.6\times400\times400}{300}=4944.4\text{mm}^2$$

$$>3\%\times bh=0.03\times400\times400=4800\text{mm}^2$$

故上式中柱的截面面积 A 应以（$A-A_s$）代换，即应按下式计算钢筋截面面积：

$$A_s'=\frac{\dfrac{N}{0.9\varphi}-f_cA}{f_y'-f_c}=\frac{\dfrac{2500\times10^3}{0.9\times0.92}-9.6\times400\times400}{300-9.6}=5107.9\text{mm}^2$$

选用4Φ30+4Φ28（$A_s'=5290\text{mm}^2$），箍筋选 $\phi8@300$。

2. 按程序计算

（1）按AC/ON键打开计算器，按MENU键，进入主菜单界面；

（2）按数字9键，进入程序菜单；

（3）找到计算梁的计算程序名：N，按EXE键；

（4）按屏幕提示进行操作（见表6-4），最后得出计算结果。

【例题 6-2】附表 **表 6-4**

序 号	屏幕显示	输入数据	计算结果	单 位	说 明
1	$l_0=?$	5600，EXE		mm	输入柱的计算长度
2	$b=?$	400，EXE		mm	输入柱的截面宽度
3	$h=?$	400，EXE		mm	输入柱的截面高度
4	m		14，EXE	–	输出 $m=l_0/b$ 值
5	φ		0.92，EXE	–	输出柱的稳定系数值
6	$N=?$	2500×10^3		N	输入轴向力设计值
7	$C=?$	20，EXE		–	输入混凝土强度等级
8	$G=?$	2，EXE		–	输入钢筋 HRB335 级的序号 2
9	A_s		4944.4，EXE	mm^2	输出不考虑受压钢筋配筋率超过 3% 的钢筋面积
10	$A_{s,min}$		960，EXE	mm^2	输出相应于受压钢筋为最小配筋率的钢筋面积
11	$A_{s,3\%}$		4800，EXE	mm^2	输出受压钢筋配筋率为 3% 的钢筋面积
12	A_s		5108，EXE	mm^2	输出考虑受压钢筋配筋率超过 3% 的钢筋面积
13	$n_1=?$	4，EXE		–	输入第 1 种钢筋根数
14	d_1	30，EXE		mm	输入第 1 种钢筋直径
15	d_2	28，EXE		mm	输入第 2 种钢筋直径
16	n_2		3.70	–	输出第 2 种钢筋根数，取 $n_2=4$

【例题 6-3】 轴心受压柱，横截面尺寸 $b\times h=300\text{mm}\times300\text{mm}$，配有 4 Φ 32（$A_s'=1256\text{mm}^2$），箍筋 ϕ8@300。计算长度 $l_0=4000\text{mm}$，混凝土强度等级为 C20。

求该柱所能承受的最大轴向压力设计值。

【解】

$$\frac{l_0}{b}=\frac{4000}{300}=13.3$$

由表 6-1 查得 $\varphi=0.931$。

由式（6-1）算得最大轴向压力设计值

$$\begin{aligned}N&=0.9\varphi(f_cA+f_s'A_s')=0.9\times0.931\times(9.6\times300\times300+300\times1256)\\&=1039.7\times10^3\text{N}=1039.7\text{kN}\end{aligned}$$

6.3.2 配置螺旋箍筋轴心受压柱截面承载力计算

1. 受力分析和破坏过程

当柱的轴向力较大，而其截面尺寸在建筑上又受到限制时，设计中常采用配置连续螺旋箍筋或焊接环式箍筋的轴心受压柱。其截面形状一般采用圆形或多边形（图 6-8）。

试验研究结果表明，配置连续螺旋箍筋或焊接环式箍筋的轴心受压柱，随着荷载的增加，这种箍筋有效地约束了箍筋内（即截面核心）混凝土的横向变形，使截面核心混凝处于三向受压状态，从而显著地提高了截面核心混凝土的抗压强度。同时，螺旋箍筋或焊接环式箍筋受到较大的拉应力。随着荷载进一步增加，当箍筋应力达到屈服强度时，箍筋将失去约束混凝土的作用，受压纵筋应力也将达到屈服强度，这时构件即宣告破坏。

因为在柱内配置连续螺旋箍筋或焊接环式箍筋可间接提高柱的轴心受压承载力，因此，工程上将这种箍筋又称为“间接钢筋”。

根据混凝土圆柱试件三向压应力试验可知，处于三向受压状态的混凝土轴心抗压强度远高于单轴的轴心抗压强度。其值可近似按下式计算：

$$f_c' = f_c + 4\sigma_r \tag{6-2}$$

式中　f_c'——处于三向受压状态下混凝土轴心抗压强度设计值；

f_c——混凝土轴心抗压强度设计值；

σ_r——当间接钢筋屈服时柱的核心混凝土受到的径向压应力值。

2. 截面承载力计算

根据间接钢筋（箍筋）间距 s 范围内的径向压力 σ_r 的合力与箍筋拉力平衡条件（图6-9），得：

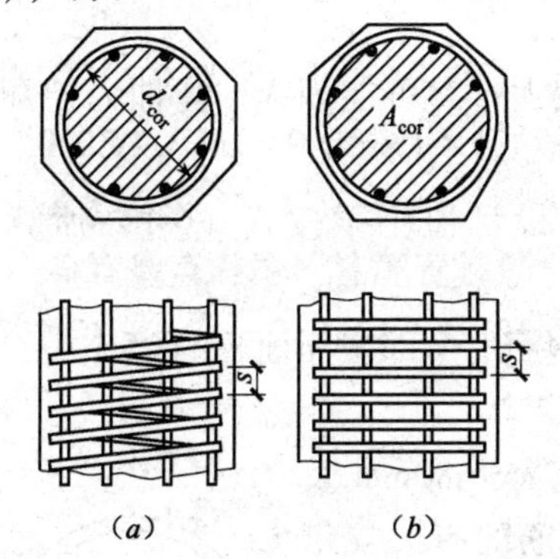

(a)　(b)

图6-8　配置间接钢筋的轴心受压柱

(a) 螺旋箍筋；(b) 焊接环式箍筋

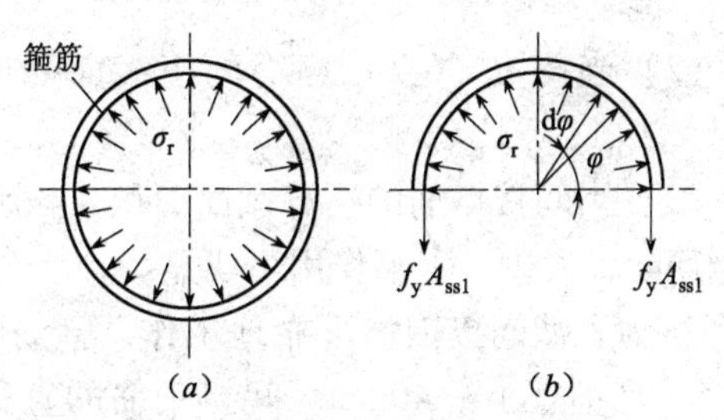

(a)　(b)

图6-9　混凝土受到的径向压应力

$$s\int_0^{\pi}\sigma_r \frac{d_{cor}}{2}\mathrm{d}\varphi\sin\varphi = 2f_{yv}A_{ss1} \tag{6-3}$$

由此

$$\sigma_r = \frac{2f_yA_{ss1}}{sd_{cor}} = \frac{2f_yA_{ss1}\pi d_{cor}}{4\dfrac{\pi d_{cor}^2}{4}s} = \frac{f_{yv}A_{ss0}}{2A_{cor}} \tag{6-4}$$

式中　A_{ss1}——单根间接钢筋的截面面积；

f_{yv}——间接钢筋抗拉强度设计值；

s——间接钢筋的间距；

d_{cor}——构件件核心直径，按间接钢筋内表面确定；

A_{cor}——构件核心截面面积；

A_{ss0}——间接钢筋的换算截面面积，按下式计算。

$$A_{ss0} = \frac{\pi d_{cor}A_{ss1}}{s} \tag{6-5}$$

因为间接钢筋达到屈服强度时，混凝土保护层将开裂，故在计算时不考虑它的受力，同时，考虑到对于高强混凝土，径向应力 σ_r 对核心混凝土强度的约束作用有所降低，式（6-2）等号右端第二项应适当折减，《混凝土结构设计规范》规定，应乘以系数 α。于是，柱的正截面受压承载力计算公式可写成：

$$N_u = (f_c + 4\alpha\sigma_r)A_{cor} + f_y'A_s' \tag{6-6}$$

式中　α——间接钢筋对混凝土约束折减系数：当混凝土强度等级不超过C50时，取1.0；当混凝土强度等级为C80时，取0.85，其间按线性内插法取用。

将式（6-4）代入式（6-6），并将上式等号右端乘以可靠度调整系数0.9，就得到连续螺旋箍筋或焊接环式箍筋柱的正截面受压承载力计算公式：

$$N_u = 0.9(f_c A_{cor} + 2\alpha f_y A_{ss0} + f_y'A_s') \tag{6-7}$$

应当指出，采用式（6-7）计算柱的正截面受压承载力设计值时，应符合下列要求：

1. 为了防止配置间接钢筋应力过大，使构件的混凝土保护层剥落，按式（6-7）所算得的构件正截面受压承载力设计值不应大于式（6-1）计算结果的1.5倍。

2. 当遇到下列任意一种情况时，不应考虑间接钢筋作用，而应按式（6-1）计算构件正截面受压承载力设计值：

（1）当$l_0/d > 12$时，这时因受压构件长细比较大，有可能因纵向弯曲而使配置间接钢筋不能发挥作用；

（2）当按式（6-7）算得的正截面受压承载力设计值小于按式（6-1）所算得的数值时；

（3）当间接钢筋的换算截面面积A_{ss0}小于纵向钢筋的全部截面面积的25%时，认为间接钢筋配置太少，套箍作用不明显。

3. 为了使间接钢筋可靠地工作，箍筋间距不应大于80mm及$d_{cor}/5$，且不宜小于40mm。间接钢筋的直径按柱箍筋的有关规定采用。

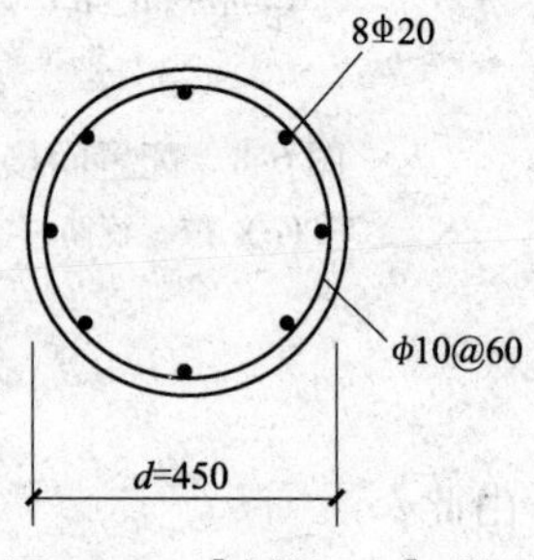

图6-10　【例题6-4】附图

【例题6-4】某办公楼门厅为现浇钢筋混凝土圆形柱，直径$d = 450$mm，采用连续螺旋箍筋。柱的计算长度$l_0 = 4600$mm，承受轴向压力设计值$N = 3000$kN。混凝土强度等级为C30（$f_c = 14.3\text{N/mm}^2$），纵筋采用HRB335级钢筋（$f_y' = 300\text{N/mm}^2$），箍筋采用HPB300级钢筋（$f_{yv} = 270\text{N/mm}^2$），一类环境。试计算柱的配筋。

【解】1. 手算

（1）选用纵向钢筋

设选取纵向钢筋配筋率为1.5%，则纵向受力筋面积为

$$A_s' = \rho'\frac{\pi d^2}{4} = 0.015 \times \frac{\pi \times 450^2}{4} = 0.015 \times 159043 = 2385\text{mm}^2$$

选取8Φ20，$A_s' = 2512\text{mm}^2$

（2）验算采用螺旋箍筋柱的适用条件

$$l_0/d = 4600/450 = 10.2 < 12$$

符合要求，故可采用连续螺旋箍筋。

由表6-1查得$\varphi = 0.96$，配置普通箍筋柱的受压承载力设计值为

$$N_u = 0.9\varphi(f_c A + f_y'A_s') = 0.90 \times 0.96 \times (14.3 \times 159043 + 300 \times 2512)$$
$$= 2616.1 \times 10^3\text{N} = 2616\text{kN} < N = 3000\text{kN}$$

因为$N = 3000\text{kN} < 1.5N_u = 1.5 \times 2616 = 3924\text{kN}$，故可采用螺旋箍筋。

（3）计算截面核心面积

混凝土保护层厚度取30mm，截面核心直径 $d_{cor}=d-2\times30=450-2\times30=390$mm 则

$$A_{cor}=\frac{\pi d_{cor}^2}{4}=\frac{\pi\times390^2}{4}=119459\text{mm}^2$$

（4）计算间接钢筋换算截面面积

取 $\alpha=1$，纵向钢筋仍采用8Φ20，$A_s'=2512\text{mm}^2$，按式（6-7）计算

$$A_{ss0}=\frac{\frac{N}{0.9}-f_cA_{cor}-f_y'A_s'}{2\alpha f_{yv}}=\frac{\frac{3000\times10^3}{0.9}-14.3\times119459-300\times2512}{2\times1\times270}=1613\text{mm}^2$$

$$>0.25A_s'=0.25\times2512=760\text{mm}^2$$

满足构造要求。

（5）计算间接钢筋间距

取间接钢筋直径 $d_{ss1}=10$mm，则 $A_{ss1}=78.5\text{mm}^2$

$$s=\frac{\pi d_{cor}A_{ss1}}{A_{ss0}}=\frac{\pi\times390\times78.5}{1613}=59.6\text{mm}$$

取 $s=60$mm，且 $40\text{mm}<s<d_{cor}/5=390/5=78$mm。满足构造要求。

应当指出，由上例题可见，由于算得的螺旋箍筋间距 s 值取整而使换算截面面 A_{ss0} 值增大，导致按式（6-7）算得的实际柱的受压承载力提高，这样，在有些情况下，可能出现按式（6-7）算得受压承载力设计值大于按式（6-1）算得受压承载力设计值的1.5倍的情形。不过，可以这样来理解这一问题：在构件正常使用过程中，轴向力不会超过给定的设计值 $N=3000$kN。也就是说，柱的受压承载力设计值可认为 $N_u=3000$kN。而承载力设计值的多余部分不加以利用就是了。因此，本题未以柱的实际受压承力设计值进行验算。

2. 按程序计算

（1）按MENU键，再按9键，进入程序菜单。

（2）找到计算轴心受压柱计算程序名S-ZHU，按EXE。

（3）按屏幕提示输入数据，并操作，计算器输出结果（见表6-5）。

【例题6-4】附表　　**表6-5**

序　号	屏幕显示	输入数据	计算结果	单　位	说　明
1	$N=?$	3000×10^3，EXE		N	输入轴向力设计值
2	$\rho=?$	1.5，EXE		%	输入柱的纵筋配筋率
3	$d_c=?$	450，EXE		mm	输入柱的截面直径
4	$l_0=?$	4600，EXE		mm	输入柱的计算高度
5	$C=?$	30，EXE		N/mm²	输入混凝土强度等级
6	$G=?$	2，EXE		–	输入钢筋HRB335级的序号2
7	m		10.22，EXE	–	输出柱的计算长度与截面直径之比
8	φ		0.955，EXE	–	输出柱的稳定系数
9	A_s		2385.6，EXE	mm²	输出按柱的配筋率求得的纵筋截面面积
10	$d=?$	20，EXE		mm	输入钢筋直径

续表

序 号	屏幕显示	输入数据	计算结果	单 位	说 明
11	n		7.59，EXE	–	输出钢筋根数
12	$n=?$	8，EXE		–	输入选定的钢筋根数
13	A_s'		2513.3，EXE	mm^2	输出纵筋截面面积
14	A		159043，EXE	mm^2	输出柱的截面面积
15	N_u		2602175，EXE	N	输出普通箍筋柱的受压承载力设计值
16	d_{cor}		390，EXE	mm	输出柱核心截面直径
17	A_{cor}		119459，EXE	mm^2	输出柱核心截面面积
18	$f_{yv}=?$	270，EXE		N/mm^2	输入螺旋箍筋抗拉强度设计值
19	A_{ss0}		1613.1，EXE	mm^2	输出间接钢筋的换算截面面积
20	d_{ss1}	10，EXE		mm	输入螺旋箍筋直径
21	s		59.65	mm	输出螺旋箍筋间距

【例题 6-5】某旅馆底层门厅内现浇钢筋混凝土圆形柱。直径为 $d=470$mm。柱的计算长度 $l_0=5200$mm，采用连续螺旋箍筋。承受轴向力设计值 $N=6000$kN。混凝土强度等级为 C40（$f_c=19.1N/mm^2$），纵筋采用 HRB400 级钢筋（$f_y'=360N/mm^2$），箍筋采用 HPB300 级钢筋（$f_{yv}=270N/mm^2$）一类环境。

试计算柱的配筋（已知数据选自参考文献 7【例题 6-3】）。

【解】

1. 手算

（1）选用纵向钢筋

设选取纵向钢筋配筋率为 4.5%，则纵向受力筋面积为

$$A_s'=\rho'\frac{\pi d^2}{4}=0.045\times\frac{\pi\times470^2}{4}=0.045\times173494=7807.3\text{mm}^2$$

选取 16 Φ25，$A_s'=7854\text{mm}^2$

（2）验算采用螺旋箍筋柱的适用条件

$$l_0/d=5200/470=11.06<12$$

符合要求，故可采用连续螺旋箍筋。

由表 6-1 查得 $\varphi=0.94$，配置普通箍筋柱的受压承载力设计值为

$$\begin{aligned}N_u&=0.9\varphi(f_cA+f_y'A_s')=0.90\times0.94\times[19.1\times(173494-7854)+360\times7854]\\&=5066.3\times10^3\text{kN}\end{aligned}$$

因为 $N=6000\text{kN}<1.5N_u=1.5\times5066.3=7599.4\text{kN}$，故可采用螺旋箍筋。

（3）计算截面核心面积

混凝土保护层厚度取 30mm，截面核心直径 $d_{cor}=d-2\times30=470-2\times30=410\text{mm}$，则

$$A_{cor}=\frac{\pi d_{cor}^2}{4}=\frac{\pi\times410^2}{4}=132025.4\text{mm}^2$$

（4）计算间接钢筋换算截面面积

取 $\alpha=1$，纵向钢筋仍采用 16 Φ25，$A_s'=7854\text{mm}^2$，按式（6-7）计算

$$A_{ss0}=\frac{\frac{N}{0.9}-f_cA_{cor}-f_y'A_s'}{2\alpha f_{yv}}=\frac{\frac{6000\times10^3}{0.9}-19.1\times132025.4-360\times7854}{2\times1\times270}=2440\text{mm}^2$$

$$>0.25A_s'=0.25\times7854=1964\text{mm}^2$$

满足构造要求。

（5）计算间接钢筋间距

取间接钢筋直径 $d_{ss1}=10\text{mm}$，则 $A_{ss1}=78.5\text{mm}^2$

$$s=\frac{\pi d_{cor}A_{ss1}}{A_{ss0}}=\frac{\pi\times410\times78.5}{2440}=41.4\text{mm}$$

取 $s=40\text{mm}$，且 $s<d_{cor}/5=470/5=94\text{mm}$。满足构造要求。

2. 按程序计算

（1）按 MENU 键，再按 9 键，进入程序菜单。

（2）找到计算轴心受压柱计算程序名 S-ZHU，按 EXE。

（3）按屏幕提示输入数据，并操作，计算器输出结果（见表6-6）。

【例题6-5】附表　　　　表6-6

序　号	屏幕显示	输入数据	计算结果	单　位	说　明
1	$N=?$	6000×10^3，EXE		N	输入轴向力设计值
2	$\rho=?$	4.5，EXE		%	输入柱的纵筋配筋率
3	$d_c=?$	470，EXE		mm	输入柱的截面直径
4	$l_0=?$	5200，EXE		mm	输入柱的计算高度
5	$C=?$	40，EXE		N/mm^2	输入混凝土强度等级
6	$G=?$	3，EXE		-	输入钢筋 HRB400 级的序号 3
7	m		11.06，EXE	-	输出柱的计算长度与截面直径之比
8	φ		0.940，EXE	-	输出柱的稳定系数
9	A_s		7807，EXE	mm^2	输出按柱的配筋率求得的纵筋截面面积
10	$d=?$	25，EXE		mm	输入钢筋直径
11	n		15.90，EXE	-	输出钢筋根数
12	$n=?$	16，EXE		-	输入选定的钢筋根数
13	A_s'		7854，EXE	mm^2	输出纵筋截面面积
14	A		173494，EXE	mm^2	输出柱的截面面积
15	N_u		5066297，EXE	N	输出普通箍筋柱的受压承载力设计值
16	d_{cor}		410，EXE	mm	输出柱核心截面直径
17	A_{cor}		132025.4，EXE	mm^2	输出柱核心截面面积
18	$f_{yv}=?$	270，EXE		N/mm^2	输入螺旋箍筋抗拉强度设计值
19	A_{ss0}		2439.9，EXE	mm^2	输出间接钢筋换算截面面积
20	d_{ss1}	10，EXE		mm	输入螺旋箍筋直径
21	s		41.46	mm	输出螺旋箍筋间距

【例题6-6】某旅馆底层门厅内现浇钢筋混凝土圆形柱，直径为 $d=450\text{mm}$。一类环

境，采用连续螺旋箍筋，柱的计算长度 $l_0 = 5400\text{mm}$，承受轴向力设计值 $N = 3000\text{kN}$。混凝土强度等级为 C20（$f_c = 9.6\text{N/mm}^2$），纵筋采用 HRB335 级钢筋（$f_y' = 300\text{N/mm}^2$），箍筋采用 HPB300 级钢筋（$f_{yv} = 270\text{N/mm}^2$），一类环境。

试计算柱的配筋

【**解**】1. 手算

（1）选用纵向钢筋

设选取纵向钢筋配筋率为 1.5%，则纵向受力筋面积为

$$A_s' = \rho' \frac{\pi d^2}{4} = 0.015 \times \frac{\pi \times 450^2}{4} = 0.015 \times 159043 = 2385\text{mm}^2$$

选取 8 Φ20，$A_s' = 2513\text{mm}^2$

（2）验算采用螺旋箍筋柱的适用条件

$$l_0/d = 5400/450 = 12$$

符合要求，故可采用连续螺旋箍筋。

由表 6-1 查得 $\varphi = 0.92$。$A = 159043\text{mm}^2$，配置普通箍筋柱的受压承载力设计值为

$$\begin{aligned} N_u &= 0.9\varphi(f_c A + f_y' A_s') = 0.90 \times 0.92 \times (9.6 \times 159043 + 300 \times 2513) \\ &= 1888.5 \times 10^3\text{N} = 2616\text{kN} < N = 3000\text{kN} \end{aligned}$$

因为

$$N = 3000\text{kN} > 1.5N_u = 1.5 \times 1888.5 = 2832.8\text{kN}$$

不符合采用螺旋箍筋条件。现提高纵向钢筋级别，采用 HRB400（$f_y' = 360\text{N/mm}^2$）于是

$$\begin{aligned} N_u &= 0.9\varphi(f_c A + f_y' A_s') = 0.90 \times 0.92 \times (9.6 \times 159043 + 360 \times 2513) \\ &= 2013.4 \times 10^3\text{N} = 2013.4\text{kN} \end{aligned}$$

这时 $$N = 3000\text{kN} < 1.5N_u = 1.5 \times 2013.4 = 3020.1\text{kN}$$

符合要求。

（3）计算截面核心面积

混凝土保护层厚度取 30mm，截面核心直径 $d_{cor} = d - 2 \times 30 = 450 - 2 \times 30 = 390\text{mm}$，则

$$A_{cor} = \frac{\pi d_{cor}^2}{4} = \frac{\pi \times 390^2}{4} = 119459\text{mm}^2$$

（4）计算间接钢筋换算截面面积

取 $\alpha = 1$，纵向钢筋仍采用 8 Φ20，$A_s' = 2513\text{mm}^2$，按式（6-7）计算

$$A_{ss0} = \frac{\frac{N}{0.9} - f_c A_{cor} - f_y' A_s'}{2\alpha f_{yv}} = \frac{\frac{3000 \times 10^3}{0.9} - 9.6 \times 119459 - 360 \times 2513}{2 \times 1 \times 270} = 2373.8\text{mm}^2$$

$$> 0.25A_s' = 0.25 \times 2513 = 760\text{mm}^2$$

满足构造要求。

（5）计算间接钢筋间距

取间接钢筋直径 $d_{ss1} = 10\text{mm}$，则 $A_{ss1} = 78.5\text{mm}^2$

$$s = \frac{\pi d_{cor} A_{ss1}}{A_{ss0}} = \frac{\pi \times 390 \times 78.5}{2373.8} = 40.52\text{mm}$$

取 $s = 40\text{mm}$，且 $40\text{mm} = s = 40 < d_{cor}/5 = 390/5 = 78\text{mm}$，满足构造要求。

2. 按程序计算

（1）按 MENU 键，再按9键，进入程序菜单。

（2）找到计算轴心受压柱计算程序名 S-ZHU，按 EXE。

（3）按屏幕提示输入数据，并操作，计算器输出结果（见表6-7）。

【例题6-6】附表　　**表6-7**

序号	屏幕显示	输入数据	计算结果	单位	说明
1	$N=?$	3000×10^3，EXE		N	输入轴向力设计值
2	$\rho=?$	1.5，EXE		%	输入柱的纵筋配筋率
3	$d_c=?$	450，EXE		mm	输入柱的截面直径
4	$l_0=?$	5400，EXE		mm	输入柱的计算高度
5	$C=?$	20，EXE		N/mm^2	输入混凝土强度等级
6	$G=?$	2，EXE		–	输入钢筋 HRB335 级的序号2
7	m		12，EXE	–	输出柱的计算长度与截面直径之比
8	φ		0.920，EXE	–	输出柱的稳定系数
9	A_s		2386，EXE	mm^2	输出按柱的配筋率求得的纵筋截面面积
10	$d=?$	20，EXE		mm	输入钢筋直径
11	n		7.594，EXE	–	输出钢筋根数
12	$n=?$	8，EXE		–	输入选定的钢筋根数
13	A'_s		2513.3，EXE	mm^2	输出纵筋截面面积
14	A		159043，EXE	mm^2	输出柱的截面面积
15	N_u		1888504，EXE	N	输出普通箍筋柱的受压承载力设计值
16	$G=?$	3，EXE			提高钢筋级别，改为输入钢筋 HRB400 级的序号3
17	N_u		2013364，EXE	N	输出普通箍筋柱的受压承载力设计值
18	d_{cor}		390，EXE		输出柱核心截面直径
19	A_{cor}		119459，EXE	mm^2	输出柱核心截面面积
20	$f_{yv}=?$	270，EXE		N/mm^2	输入螺旋箍筋抗拉强度设计值
21	A_{ss0}		2373.6，EXE	mm^2	输出间接钢筋的换算截面面积
22	d_{ss1}	10，EXE		mm	输入螺旋箍筋直径
23	s		40.54	mm	输出螺旋箍筋间距

【例题6-7】某旅馆底层门厅内现浇钢筋混凝土圆形柱，直径为 $d=400$mm。柱的计算长度 $l_0=4000$mm，承受轴向力设计值 $N=1800$kN，采用连续螺旋箍筋。混凝土强度等级为 C20（$f_c=9.6N/mm^2$），纵筋采用 HRB335 级钢筋（$f'_y=300N/mm^2$），箍筋采用 HPB300 级钢筋（$f_{yv}=270N/mm^2$）一类环境。

试计算柱的配筋

【解】1. 手算

（1）选用纵向钢筋

设选取纵向钢筋配筋率为1.5%，则纵向受力筋面积为

$$A'_s = \rho' \frac{\pi d^2}{4} = 0.015 \frac{\pi \times 400^2}{4} = 0.015 \times 125664 = 1885\text{mm}^2$$

选取 8 Φ18，$A'_s = 2036\text{mm}^2$

（2）验算采用螺旋箍筋柱的适用条件

$$l_0/d = 4000/400 = 10 < 12$$

符合要求，故可采用连续螺旋箍筋。

由表 6-1 查得 $\varphi = 0.958$，配置普通箍筋柱的受压承载力设计值为

$$\begin{aligned} N_u &= 0.9\varphi(f_c A + f_y' A_s') = 0.90 \times 0.958 \times (9.6 \times 125664 + 300 \times 2036) \\ &= 1566.8 \times 10^3\text{N} > N = 1500\text{kN} \end{aligned}$$

不需采用连续螺旋箍筋柱。

2. 按程序计算

（1）按 MENU 键，再按 9 键，进入程序菜单。

（2）找到计算轴心受压柱计算程序名 S-ZHU，按 EXE。

（3）按屏幕提示输入数据，并操作，计算器输出结果（见表 6-8）。

【例题 6-7】附表 **表 6-8**

序号	屏幕显示	输入数据	计算结果	单位	说明
1	$N=?$	1500×10^3，EXE		N	输入轴向力设计值
2	$\rho=?$	1.5，EXE		%	输入柱的纵筋配筋率
3	$d_c=?$	400，EXE		mm	输入柱的截面直径
4	$l_0=?$	4000，EXE		mm	输入柱的计算高度
5	$C=?$	20，EXE		N/mm^2	输入混凝土强度等级
6	$G=?$	2，EXE		–	输入钢筋 HRB335 级的序号 2
7	m		10，EXE	–	输出柱的计算长度与截面直径之比
8	φ		0.958，EXE	–	输出柱的稳定系数
9	A_s		1885，EXE	mm^2	输出按柱的配筋率求得的纵筋截面面积
10	$d=?$	18，EXE		mm	输入钢筋直径
11	n		7.407，EXE	–	输出钢筋根数
12	$n=?$	8，EXE		–	输入选定的钢筋根数
13	A_s'		2036，EXE	mm^2	输出纵筋截面面积
14	A		125664，EXE	mm^2	输出柱的截面面积
15	N_u		1567368，EXE	N	输出普通箍筋柱的受压承载力设计值
16	NO			–	表示不需采用螺旋箍筋柱

【例题 6-8】 已知轴心受压圆形柱，直径 $d=400\text{mm}$，采用连续螺旋箍筋，柱的计算长度 $l_0=4400\text{mm}$，承受轴向力设计值 $N=3000\text{kN}$。混凝土强度等级为 C40（$f_c=19.1\text{N/mm}^2$），纵筋采用 HRB335 级钢筋（$f_y'=300\text{N/mm}^2$），螺旋箍筋采用 HPB300 级钢筋（$f_{yv}=270\text{N/mm}^2$），一类环境。

试计算柱的配筋

【**解**】1. 手算

（1）选用纵向钢筋

设选取纵向钢筋配筋率为2%，则纵向受力筋面积为

$$A'_s=\rho'\frac{\pi d^2}{4}=0.02\times\frac{\pi\times400^2}{4}=0.02\times125664=2513\text{mm}^2$$

选7Φ22，$A'_s=2661\text{mm}^2$

（2）验算采用螺旋箍筋柱的适用条件

$$\frac{l_0}{d}=\frac{4400}{400}=11<12$$

符合要求，故可采用连续螺旋箍筋。

由表6-1查得 $\varphi=0.941$。$A=125664\text{mm}^2$，配置普通箍筋柱的受压承载力设计值为

$$\begin{aligned}N_u&=0.9\varphi(f_cA+f_y'A'_s)=0.90\times0.941\times(19.1\times125664+300\times2661)\\&=2708794\times10^3\text{N}=2708.8\text{kN}<N=3000\text{kN}\end{aligned}$$

因为

$$N=3000\text{kN}<1.5N_u=1.5\times2708.8=4063.2\text{kN}$$

符合采用螺旋箍筋条件。

（3）计算截面核心面积

混凝土保护层厚度取30mm，截面核心直径 $d_{cor}=d-2\times30=400-2\times30=340\text{mm}$，则

$$A_{cor}=\frac{\pi d^2{}_{cor}}{4}=\frac{\pi\times340^2}{4}=90792\text{mm}^2$$

（4）计算间接钢筋换算截面面积

取 $\alpha=1$，按式（6-7）计算

$$\begin{aligned}A_{ss0}&=\frac{\frac{N}{0.9}-f_cA_{cor}-f_y'A'_s}{2\alpha f_{yv}}=\frac{\frac{3000\times10^3}{0.9}-19.1\times90792-300\times2661}{2\times1\times270}=1483\text{mm}^2\\&>0.25A'_s=0.25\times2661=665\text{mm}^2\end{aligned}$$

满足构造要求。

（5）计算间接钢筋间距

取间接钢筋直径 $d_{ss1}=8\text{mm}$，则 $A_{ss1}=50.3\text{mm}^2$

$$s=\frac{\pi d_{cor}A_{ss1}}{A_{ss0}}=\frac{\pi\times340\times50.3}{1483}=36.23\text{mm}<40\text{mm}$$

不满足构造要求。现选用 $d_{ss1}=10\text{mm}$，则 $A_{ss1}=78.5\text{mm}^2$

$$s=\frac{\pi d_{cor}A_{ss1}}{A_{ss0}}=\frac{3.1416\times340\times78.5}{1483}=56.54\text{mm}>40\text{mm}$$

近似取 $s=55\text{mm}$，小于80mm，且小于 $\frac{d_{cor}}{5}=\frac{340}{5}=68\text{mm}$，满足构造要求。

2. 按程序计算

（1）按MENU键，再按9键，进入程序菜单。

（2）找到计算偏心受压柱计算程序名S-ZHU，按EXE。

（3）按屏幕提示输入数据，并操作，计算器输出结果（见表6-9）。

【例题 6-8】附表 表 6-9

序号	屏幕显示	输入数据	计算结果	单位	说明
1	$N=?$	3000×10^3，EXE		N	输入轴向力设计值
2	$\rho=?$	2.0，EXE		%	输入柱的纵筋配筋率
3	$d_c=?$	400，EXE		mm	输入柱的截面直径
4	$l_0=?$	4400，EXE		mm	输入柱的计算高度
5	$C=?$	40，EXE		N/mm^2	输入混凝土强度等级
6	$G=?$	2，EXE		–	输入钢筋 HRB335 级的序号 2
7	m		11.0，EXE	–	输出柱的计算长度与截面直径之比
8	φ		0.941，EXE	–	输出柱的稳定系数
9	A_s		2513，EXE	mm^2	输出按柱的配筋率求得的纵筋截面面积
10	$d_c=?$	22，EXE		mm	输入钢筋直径
11	n		6.61，EXE	–	输出钢筋根数
12	$n=?$	7，EXE		–	输入选定的钢筋根数
13	A'_s		2661，EXE	mm^2	输出纵筋截面面积
14	A		125664，EXE	mm^2	输出柱的截面面积
15	N_u		2708245，EXE	N	输出普通箍筋柱的受压承载力设计值
16	d_{cor}		340，EXE	mm	输出柱核心截面直径
17	A_{cor}		90792.4，EXE	mm^2	输出柱核心截面面积
18	$f_{yv}=?$	270，EXE		N/mm^2	输入螺旋箍筋抗拉强度设计值
19	A_{ss0}		1483，EXE	mm^2	输出间接钢筋换算截面面积
20	d_{ss1}	8，EXE		mm	输入螺旋箍筋直径
21	s		36.20，EXE	mm	输出螺旋箍筋间距，36.20mm < 40mm
22	d_{ss1}	10，EXE		mm	重新输入螺旋箍筋直径，选 10mm
23	s		56.56	mm	输出新的螺旋箍筋间距，取 $s=55$

§6-4 偏心受压构件正截面受力分析

6.4.1 破坏特征

由试验研究知道，偏心受压短柱的破坏特征与轴向压力偏心距和配筋情况有关，归纳起来，可分以下两种情况：

1. 第 1 种情况：当轴向压力相对偏心距较大，且截面距轴向压力较远一侧的配筋不太多时，截面一部分受压，另一部分受拉。当荷载逐渐增加时，受拉区混凝土开始产生横向裂缝。随着荷载的进一步增加，受拉区混凝土裂缝继续开展，受拉区钢筋达到屈服强度 f_y。混凝土受压区高度迅速减小，应变急剧增加，最后受压区混凝土达到极限应变 ε_{cu} 而被压碎，同时受压钢筋应力也达到屈服强度 f'_y（图 6-11a）。破坏过程的性质与适筋双筋梁相似。这种构件称为大偏心受压构件。

2. 第2种情况：当轴向压力相对偏心距虽较大，但截面距轴向力较远一侧配筋较多（图6-11*b*），这时，距轴向压力较近一侧截面受压，较远一侧截面受拉；或当轴向压力相对偏距较小，构件截面大部或全部受压（图6-11*c*）。

这两种情况，都是由于构件混凝土受压达到极限应变 ε_{cu} 被压碎而破坏，距轴向压力较近一侧的钢筋达到受压屈服强度 f_y'，而另一侧钢筋可能受拉也可能受压，受拉时一般达不到屈服强度，受压时可能达到屈服强度，也可能达不到屈服强度。这种构件称为小偏心受压构件。

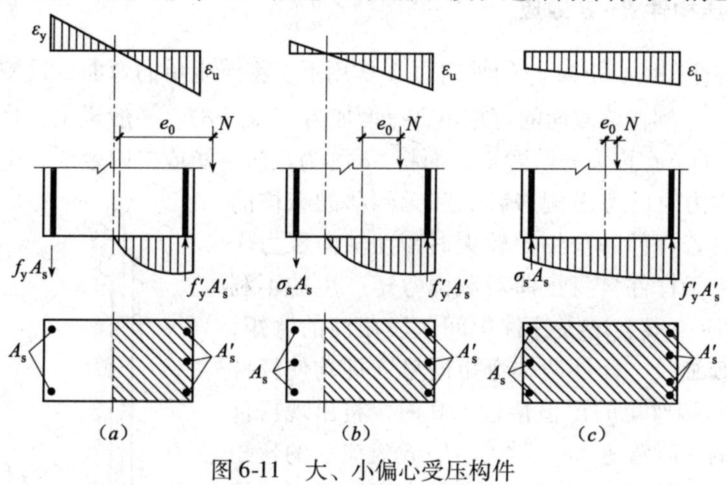

图6-11　大、小偏心受压构件

6.4.2　大、小偏心的界限

由于大、小偏心受压构件的破坏特征不同，因此，这两种构件的截面承载力计算方法也就不同。现来研究大小偏心的界限。

显然，在大小偏心破坏之间必定存在一种界限破坏。当构件处于界限破坏时，受拉区混凝土开裂，受拉钢筋达到屈服强度 f_y，受压区混凝土达到极限应变 ε_{cu} 而被压碎，同时受压钢筋也达到屈服强度 f_y'。

根据界限破坏特征和平截面假设，界限破坏时截面相对受压区高度仍可按式（4-35）计算：

$$\xi_b = \frac{x_b}{h_0} = \frac{\beta_1}{1 + \dfrac{f_y}{E_s \varepsilon_{cu}}}$$

当 $\xi \leqslant \xi_b$ 时，为大偏心受压构件；当 $\xi > \xi_b$ 时，为小偏心受压构件。

6.4.3　附加偏心距和初始偏心距

偏心受压构件的破坏特征，与轴向压力的相对偏心距大小有着直接关系。为此，必须掌握几个不同的偏心距概念。

作用在偏心受压构件截面的弯矩 M 除以轴向压力 N，就可求出轴向力对截面形心的偏心距，即 $e_0 = M/N$。

由于实际工程中构件轴向压力作用位置的不准确性、混凝土的不均匀性以及施工的偏差等因素影响，有可能产生附加偏心距。因此，《混凝土结构设计规范》规定，在偏心受压构件正截面承载力计算中，应计入轴向压力在偏心方向的附加偏心距 e_a，并规定其值应取20mm和偏心方向截面最大尺寸的1/30两者中的较大值。因此，在偏心受压构件计算中，初始偏心距应按下式计算：

$$e_i = e_0 + e_a \tag{6-8}$$

式中 e_i——初始偏心距①。

6.4.4 偏心受压构件 $P \cdot \delta$ 效应

偏心受压构件在偏心距为 e_0 的轴向力 N 作用下，将产生单向弯曲，设控制截面最大侧移为 δ（图6-12）。则在该截面的弯矩由 Ne_0 增加为 $N(e_0+\delta)$。一般说来，将使构件受压承载力降低。通常将 Ne_0 称为一阶弯矩；而将 $N\delta$ 称为二阶弯矩或二阶效应，也称 $P \cdot \delta$ 效应。

对于计算内力时已考虑侧移影响和无侧移的结构的偏心受压构件，若杆件的长细比较大时，在轴向压力作用下，应考虑由于杆件自身挠曲对截面弯矩产生的不利影响。$P \cdot \delta$ 效应一般会增大杆件中间区段截面的弯矩，特别是当杆件较细长、杆件两端弯矩同号（即均使杆件同侧受拉）且两端弯矩的比值接近1.0时，将出现杆件中间区段截面的一阶弯矩 Ne_i。考虑 $P \cdot \delta$ 效应后的弯矩值超过杆端弯矩的情况。从而，使杆件中间区段截面成为设计的控制截面。

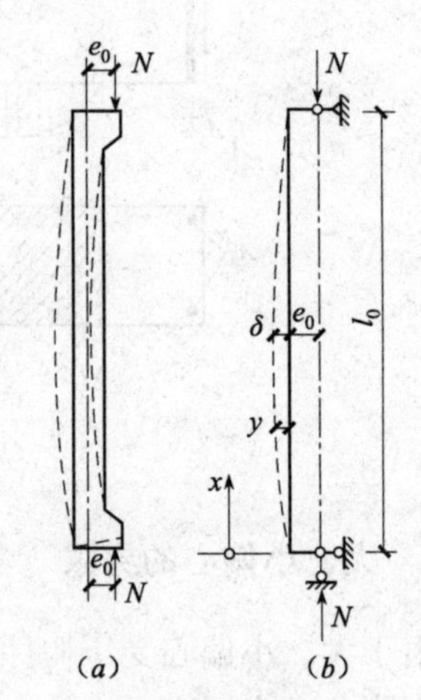

图6-12 单向弯曲的偏心受压构件

相反，在结构中常见的反弯点位于柱高中部的偏心受压构件，二阶效应虽能增大构件除两端区域外各截面的曲率和弯矩，但增大后的弯矩通常不会超过柱两端控制截面的弯矩。因此，在这种情况下，$P \cdot \delta$ 效应不会对杆件截面的偏心受压承载力产生不利影响。

《混凝土结构设计规范》（GB 50010—2010）根据分析结果和参考国外规范，给出了可不考虑 $P \cdot \delta$ 效应的条件。规范规定，弯矩作用平面内截面对称的偏心受压构件，当同一主轴方向的杆端弯矩比 $\frac{M_1}{M_2}$ 不大于0.9，且轴压比不大于0.9，若杆件长细比满足式（6-9）条件，则可不考虑轴向压力在该方向挠曲杆件中产生的附加弯矩的影响。否则，应按两个主轴方向分别考虑轴向压力在挠曲杆件中产生的附加弯矩影响。

$$\frac{l_0}{i} \leqslant 34 - 12\left(\frac{M_1}{M_2}\right) \tag{6-9}$$

式中 M_1、M_2——分别为已考虑侧移影响的偏心受压构件两端截面按结构弹性分析确定的对同一主轴的组合弯矩设计值，绝对值较大端为 M_2，绝对值较小端

① 在偏心受压构件中有三种偏心距，即 e_0、e_a 和 e_i。《规范》对 e_a 和 e_i 分别命名为“附加偏心距”和“初始偏心距”。考虑到《规范》对 e_0 没有给出简明的名称，同时将 e_i 称为“初始偏心距”也并非完全名副其实。因此，建议将 e_0、e_a 和 e_i 分别称为初始偏心距、附加偏心距和计算偏心距，是否更好些？——编者注。

为 M_1，当构件按单曲率弯曲时，$\frac{M_1}{M_2}$取正值，否则取负值；

i——偏心方向的截面回转半径。

6.4.5　两端铰支等偏心距单向偏心受压构件内力和挠度的计算

图6-13为两端铰支等偏心距单向偏心受压构件，为了分析它在偏心距 e_0 的纵向力 N 作用下的挠度和内力。现建立直角坐标系，取铰支座 B 为原点，向右为 y 轴，向下为 x 轴。任意 x 横截面上的弯矩表达式：

$$M(x)=N(e_0+y) \tag{a}$$

式中　y——该截面处压杆的挠度。

将式（a）中的 $M(x)$代入杆的挠曲线微分方程，得：

$$EI\frac{\mathrm{d}^2y}{\mathrm{d}x^2}=-M(x)=-Ne_0-Ny \tag{b}$$

将式（b）两端除以杆件抗弯刚度 EI，并令$\frac{N}{EI}=k^2$，经整理后，得：

$$\frac{\mathrm{d}^2y}{\mathrm{d}x^2}+k^2y=-k^2e_0 \tag{6-10}$$

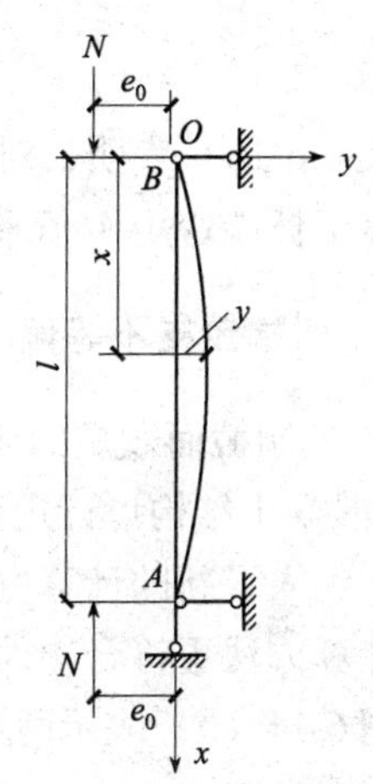

图6-13　两端铰支等偏心距单向偏心受压构件挠度和内力

式（4-10）就是要建立的两端铰支等偏心距单向偏心受压构件考虑二阶效应后的挠曲线微分方程。它是二阶常系数非齐次线性微分方程，它的通解为：

$$y=C_1\cos kx+C_2\sin kx-e_0 \tag{6-11}$$

积分常数 C_1 和 C_2 由边界条件确定：当 $x=0$ 时，$y=0$；当 $x=l$ 时，$y=0$。由式（6-11）得：

$$C_1=e_0$$

和
$$C_2=\frac{e_0(1-\cos kl)}{\sin kl}=e_0\tan\frac{kl}{2} \tag{c}$$

故挠曲线方程（6-11）可写成：

$$y=e_0\left(\cos kx+\tan\frac{kl}{2}\sin kx-1\right) \tag{6-12}$$

由图6-13可见，最大挠度 δ 发生在杆的中点，即 $x=\frac{l}{2}$处，将 $x=\frac{l}{2}$代入式（6-12）则得最大挠度 δ 的表达式：

$$\delta=e_0\left(\cos\frac{kl}{2}+\tan\frac{kl}{2}\sin\frac{kl}{2}-1\right)$$

或简化成：

$$\delta=e_0\left(\sec\frac{kl}{2}-1\right) \tag{6-13}$$

由式（6-13）可见，两端铰支等偏心距的单向偏心受压构件，在纵向力 N 作用下，最大挠度 δ 与其偏心距 e_0 成正比。

最大弯矩为

$$M_{x=\frac{l}{2}} = Ne_0 \sec \frac{kl}{2} \tag{6-14}$$

令

$$\eta = \sec \frac{kl}{2} \tag{6-15}$$

则

$$M_{x=\frac{l}{2}} = \eta Ne_0 = \eta M \tag{6-16}$$

式（6-16）表明，对于两端铰支等偏心距偏压构件，在其 1/2 高度横截面上的最大弯矩值等于杆端弯矩 M 值乘以系数 η。故 η 称为弯矩增大系数。

6.4.6 两端铰支不等偏心距单向偏心受压构件内力和挠度的计算

1. 控制截面弯矩的计算

《混凝土结构设计规范》在偏心受压构件考虑轴向压力在挠曲杆件中产生二阶效应计算中，编入了新的计算方法，即 $C_m - \eta_{ns}$ 法。该方法考虑了杆端弯矩不等的情形。显然，这一计算方法更符合构件的实际受力情况。

图 6-14（a）表示两端铰支不等偏心距的单向压弯构件。设 A 端的弯矩为 $M_1 = Ne_{01}$；B 端的弯矩为 $M_2 = Ne_{02}$，并设 $|M_2| \geqslant |M_1|$。在二阶弯矩的影响下，其总弯矩图如图 6-14（b）所示，其控制截面弯矩为 $M_{\mathrm{I}\max}$。

在确定 $M_{\mathrm{I}\max}$ 值时，可采用等代柱法。所谓等代柱法，是指把求两端铰支不等偏心距（e_{01}、e_{02}）的压弯构件控制截面弯矩，变换成求与其等效的两端铰支等偏心距 $C_m e_{02}$ 的压弯构件控制截面的弯矩。并把前者称为原柱（A 柱），后者称为等代柱（B 柱）。其中，C_m 为待定系数，称为构件端部截面偏心距调节系数，参见图 6-14（c）。

等代柱两端的一阶弯矩为 $NC_m e_{02}$，在二阶弯矩的影响下其总弯矩图如图 6-14（d）所示，控制截面位于构件 1/2 高度处，其弯矩为 $M_{\mathrm{II}\max}$。为了使两柱等效，显然应令两者的承载力相等，即 $M_{\mathrm{I}\max} = M_{\mathrm{II}\min} = M$。

下面，首先讨论原柱控制截面弯矩设计值的计算，其次确定等代柱端部截面偏心距调节系数 C_m，然后确定偏心增大系数 η_{ns}。最后，给出柱的控制截面弯矩设计值表达式。

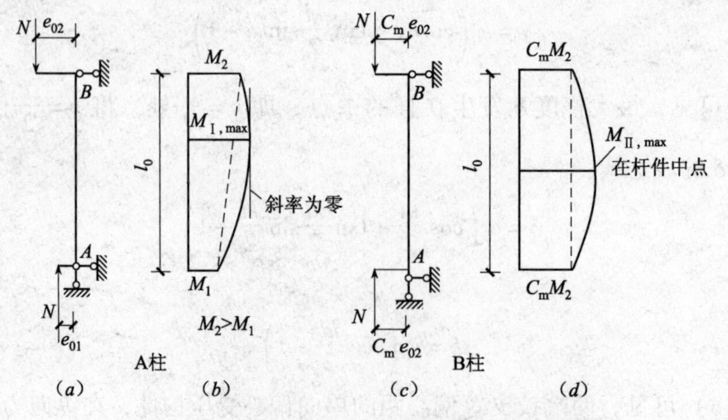

图 6-14 两端铰支不等偏心距受压构件的计算
（a）原柱；（b）原柱弯矩图；（c）等代柱；（d）等代柱弯矩图

2. 原柱控制截面弯矩设计值的计算

(1) 挠曲线微分方程的建立

图6-15为两端铰支不等偏心距的单向压弯构件，取铰支座 B 为原点，建立直角坐标系。任意横截面 x 上的弯矩表达式：

$$M(x)=M_2+Ny-Vx \quad (a)$$

式中 V——构件支座水平反力。

$$V=\frac{M_2-M_1}{l} \quad (b)$$

将式（a）中的 $M(x)$ 代入杆的挠曲线微分方程，得：

$$EI\frac{d^2y}{dx^2}=-M(x)=-M_2-Ny+Vx$$

将式（b）代入上式，并经整理后，得：

$$\frac{d^2y}{dx^2}+\frac{N}{EI}y=\frac{M_2-M_1}{lEI}x-\frac{M_2}{EI} \quad (c)$$

令
$$\frac{N}{EI}=k^2 \quad (6\text{-}17)$$

图6-15 挠曲线表达式的建立

式（c）可写出成：

$$\frac{d^2y}{dx^2}+k^2y=\frac{M_2-M_1}{lEI}x-\frac{M_2}{EI} \quad (6\text{-}18)$$

式（6-18）就是要建立的两端铰支不等偏心距的单向压弯构件考虑二阶效应后挠曲线微分方程。它是二阶常系数非齐次线性微分方程。它的解由两部分组成：一个是对应式（6-18）的齐次微分方程的通解；另一个是式（6-18）的特解。

(2) 微分方程的解

1) 齐次微分方程的通解

对应的齐次微分方程为：

$$\frac{d^2y}{dx^2}+k^2y=0 \quad (6\text{-}19)$$

因为其特征方程 $r^2+k^2=0$，$r=ik$，$r=-ik$，故齐次微分方程的通解为：

$$y_1=C_1\cos kx+C_2\sin kx$$

2) 非齐次微分方程的特解

根据非齐次微分方程理论可知，式（6-18）的特解为：

$$y^*=ax+b \quad (6\text{-}20)$$

将 y^* 及其二阶导数代入式（6-18）得：

$$k^2(ax+b)=\frac{M_2-M_1}{lEI}x-\frac{M_2}{EI}$$

将上式展开，等号两边的同类项系数应相等，得：

$$a=\frac{M_2-M_1}{lk^2EI} \qquad b=-\frac{M_2}{k^2EI}$$

于是，非齐次微分方程的特解为：

$$y^* = \frac{M_2 - M_1}{lk^2 EI}x - \frac{M_2}{k^2 EI}$$

因此，微分方程的通解：

$$y = y_1 + y^* = C_1 \cos kx + C_2 \sin kx + \frac{M_2 - M_1}{lk^2 EI}x - \frac{M_2}{k^2 EI} \tag{6-21}$$

积分常数由边界条件确定：

当 $x=0$ 时，$y(0)=0$；当 $x=l$ 时，$y(l)=0$。于是，得：

$$C_1 = \frac{M_2}{k^2 EI}$$

$$C_2 = \frac{1}{k^2 EI}(M_1 - M_2 \cos kl)\frac{1}{\sin kl}$$

将积分常数 C_1 和 C_2 代入式（6-21），并设 $\alpha = \frac{M_1}{M_2}$，经整理后，可得偏心受压柱挠曲线方程：

$$y = \frac{M_2}{N}\left[\frac{\alpha - \cos kl}{\sin kl}\sin kx + \cos kx + (1-\alpha)\frac{x}{l} - 1\right] \tag{6-22}$$

（3）控制截面弯矩设计值的计算：

将式（6-22）微分两次，并代入下式，经化简后，得：

$$M = -EI\frac{\mathrm{d}^2 y}{\mathrm{d}x^2} = M_2\left(\frac{\alpha - \cos kl}{\sin kl}\sin kx + \cos kx\right) \tag{6-23}$$

对式（6-23）求一阶导数，并令其等于零。即 $\frac{\mathrm{d}M}{\mathrm{d}x}=0$，可得控制截面位置表达式：

$$\tan kx_0 = \frac{\alpha - \cos kl}{\sin kl} \tag{6-24}$$

其中 x_0 为控制截面位置的坐标，于是，控制截面最大弯矩设计值为：

$$M_{\mathrm{I\,max}} = M_2\left(\frac{\alpha - \cos kl}{\sin kl}\sin kx_0 + \cos kx_0\right) \tag{6-25}$$

由式（6-24）可得：

$$\sin kx_0 = \frac{\alpha - \cos kl}{\sqrt{\sin^2 kl + (\alpha - \cos kl)^2}} \quad \cos kx_0 = \frac{\sin kl}{\sqrt{\sin^2 kl + (\alpha - \cos kl)^2}}$$

将上列关系式代入式（6-25），并经化简，就可得到两端铰支不等偏心距偏压构件考虑 $P \cdot \delta$ 效应后控制截面的弯矩设计值：

$$M_{\mathrm{I\,max}} = M_2 \frac{\sqrt{\alpha^2 - 2\alpha\cos kl + 1}}{\sin kl}$$

或

$$M_{\mathrm{I\,max}} = M_2 \sec\frac{kl}{2}\frac{\sqrt{\alpha^2 - 2\alpha\cos kl + 1}}{2\sin\frac{kl}{2}} \tag{6-26}$$

由式（6-26）不难证明，当原柱两端为等偏心距的偏压构件，并设 $M_1 = M_2$，即 $\alpha = M_1/M_2 = 1$ 时，可得考虑 $P \cdot \delta$ 效应后控制截面（1/2 柱高处）的弯矩设计值为：

$$M_{\max} = M_2 \sec\frac{kl}{2} = \eta M_2 \tag{6-27}$$

其中，$\eta=\sec\dfrac{kl}{2}$为弯矩增大系数，见式（6-15）。

显然，式（6-27）与式（6-14）相等。证明式（6-26）推导无误。

3. 等代柱控制截面弯矩设计值的计算

（1）杆件端部截面偏心距调节系数

等代柱为两端铰支等偏心距的偏压构件（图 6-14c），于是，控制截面在构件高度的 1/2 处。其弯矩设计值可写成：

$$M_{\mathrm{II\,max}}=N(C_{\mathrm{m}}e_{02}+\delta_{\mathrm{m}})=N\left(1+\frac{\delta_{\mathrm{m}}}{C_{\mathrm{m}}e_{02}}\right)C_{\mathrm{m}}e_{02} \tag{6-28}$$

令

$$\eta_{\mathrm{ns}}=1+\frac{\delta_{\mathrm{m}}}{C_{\mathrm{m}}e_{02}} \tag{6-29}$$

其中，δ_{m} 为等代柱 1/2 高度处的挠度。参照式（6-13），不难写出它的计算表达式：

$$\delta_{\mathrm{m}}=C_{\mathrm{m}}e_{02}\left(\sec\frac{kl}{2}-1\right) \tag{6-30}$$

将式（6-29）代入（6-28），得：

$$M_{\mathrm{II\,max}}=\eta_{\mathrm{ns}}C_{\mathrm{m}}M_2 \tag{6-31}$$

将式（6-30）代入式（6-29）得：

$$\eta_{\mathrm{ns}}=\sec\frac{kl}{2} \tag{6-32}$$

由式（6-32）可见，等代柱与原柱当 $\alpha=M_1/M_2=1$ 时的弯矩增大系数相同。

根据原柱与等代柱控制截面弯矩设计值相等为条件，可求出构件端部截面偏心距调节系数。令式（6-26）与式（6-31）相等：

$$M=M_{\mathrm{I\,max}}=M_2\sec\frac{kl}{2}\frac{\sqrt{\alpha^2-2\alpha\cos kl+1}}{2\sin\dfrac{kl}{2}}=M_{\mathrm{II\,max}}=\eta_{\mathrm{ns}}C_{\mathrm{m}}M_2=\sec\frac{kl}{2}C_{\mathrm{m}}M_2 \tag{6-33}$$

比较上式等号两端各项可知，构件端部截面偏心距调节系数为：

$$C_{\mathrm{m}}=\frac{\sqrt{\alpha^2-2\alpha\cos kl+1}}{2\sin\dfrac{kl}{2}} \tag{6-34a}$$

或写成：

$$C_{\mathrm{m}}=\frac{\sqrt{(M_1/M_2)^2-2(M1/M_2)\cos(\pi\sqrt{N/N_{\mathrm{cr}}})+1}}{2\sin\left(\dfrac{\pi}{2}\sqrt{N/N_{\mathrm{cr}}}\right)} \tag{6-34b}$$

式中　N_{cr}——构件的临界轴向力，$N_{\mathrm{cr}}=\dfrac{\pi^2EI}{l^2}$。

由式（6-34b）可见，偏心距调节系数 C_{m} 值不仅与 M_1/M_2 的比值有关，还与 N_1/N_{cr} 的比值有关。为了简化计算，我国新版规范和其他许多国家规范都忽略了 N_1/N_{cr} 项的影响。《混凝土结构设计规范》根据国内所做的试验结果，并参照国外规范的相关内容，将式（6-34b）偏于安全地取成直线式：

$$C_{\mathrm{m}}=0.7+0.3\frac{M_1}{M_2}\geqslant 0.7 \tag{6-35}$$

（2）弯矩增大系数

为了保持规范的连续性，《混凝土结构设计规范》在确定弯矩增大系数时仍采用我国习惯的极限曲率表达式。

根据式（6-29）可知，弯矩增大系数

$$\eta_{ns}=1+\frac{\delta_m}{C_m e_{02}}$$

由式（6-30）可知，这里的 δ_m 是等代柱在柱两端等偏心距 $C_m e_{02}$ 的轴向压力 N 作用下在 1/2 高度处产生的挠度值。由式（6-30）不难看出，δ_m 值与原柱当两端弯矩相等，且均为 M_2 时，在等偏心距 e_{02} 的轴向压力 N 作用下在同一截面产生的挠度值：

$$\delta=e_{02}\left(\sin\frac{kl}{2}-1\right)$$

有下列关系：

$$\delta_m=C_m\delta \tag{a}$$

下面确定钢筋混凝土柱两端在等弯矩 $M=M_2$ 和轴向压力 N 作用下，柱达到或接近极限承载力时柱高中点产生的挠度值 δ。

由材料力学可知，这时，两端铰接压杆的曲率公式可写作：

$$\frac{1}{r_c}=\frac{M}{EI}\approx-\frac{d^2y}{dx^2} \tag{b}$$

其中，y 为杆件的挠曲变形，试验分析表明，两端铰接等偏心距偏压杆件实测挠曲线接近正弦曲线。因此，可以把它写成：

$$y=\delta\sin\frac{\pi x}{l_0} \tag{c}$$

将式（c）对 x 微分两次并代入式（b），得

$$\frac{1}{r_c}=-\frac{d^2y}{dx^2}=\delta\frac{\pi^2}{l_0^2}\sin\frac{\pi}{l_0}x \tag{d}$$

构件在 $x=\frac{l_0}{2}$ 处截面的曲率为

$$\frac{1}{r_0}=\delta\frac{\pi^2}{{l_0}^2} \tag{e}$$

于是，柱高中点的侧向挠度可以写成：

$$\delta=\frac{1}{r_c}\frac{{l_0}^2}{\pi^2}\approx\frac{1}{r_c}\cdot\frac{l_0^2}{10} \tag{6-36}$$

由上式可知，求挠度 δ 值，最后归结为求截面曲率 $\frac{1}{r_c}$ 值。为此，设在构件 1/2 高度处截取高为 ds 的微分体（图 6-16），在极限偏心轴力作用下，距轴向压力较近一侧截面边缘混凝土缩短 Δ_u，而距轴向压力较远一侧的钢筋伸长 Δs。由图中的几何关系可得：

$$\frac{ds}{r_c}=\tan(d\theta)\approx d\theta=\frac{\Delta_u+\Delta_s}{h_0} \tag{6-37}$$

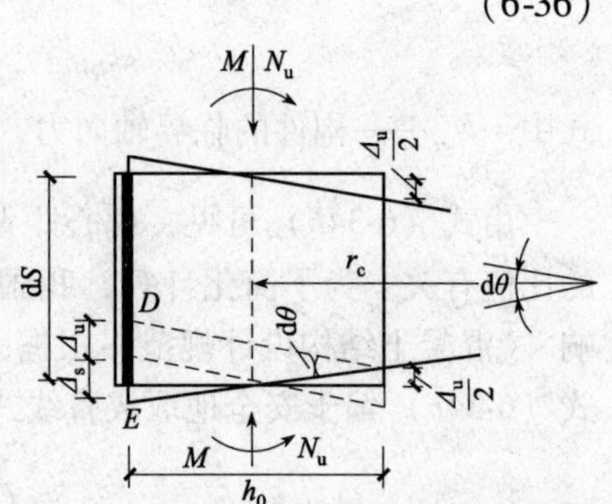

图 6-16　偏心受压柱 1/2 高处的微分体

由此
$$\frac{1}{r_c}=\frac{1}{h_0}\left(\frac{\Delta_u}{ds}+\frac{\Delta_s}{ds}\right)=\frac{\varepsilon_c+\varepsilon_s}{h_0} \tag{6-38}$$

对于界限破坏情况，混凝土受压区边缘应变值

$$\varepsilon_c=\varepsilon_u=0.0033\times1.25=000413$$

其中，1.25 为考虑荷载长期作用下，混凝土徐变引起的应变增大系数。在计算钢筋应变时，《混凝土结构设计规范》考虑到新版规范所用钢材强度总体有所提高，故计算 ε_y 值时，f_y 值取 HRB400 和 HRB500 级钢筋抗拉强度标准值的平均值，这时

$$\varepsilon_s=\varepsilon_y=\frac{f_y}{E_s}=\frac{450}{2\times10^5}\approx0.00225 \tag{a}$$

于是式（6-38）可写成：

$$\frac{1}{r}=\frac{0.00413+0.00225}{h_0}=\frac{0.00638}{h_0} \tag{b}$$

将式（b）代入式（6-36），并取 $h_0=\frac{1}{1.1}h$，可求得界限破时柱的中点的最大挠度值：

$$\delta=\frac{1}{1300\frac{1}{h_0}}\left(\frac{l_c}{h}\right)^2\zeta_c \tag{6-39}$$

式中　ζ_c——偏心受压构件截面曲率修正系数。

试验表明，对大偏心受压构件，构件破坏时实测曲率与界限破坏时相近；而对小偏心受压构件，其纵向受拉钢筋的应力达不到屈服强度，为此，引进了截面曲率修正系数 ζ_c，根据试验分析结果和参考国外规范，ζ_c 值可按下式计算：

$$\zeta_c=\frac{N_b}{N}=\frac{0.5f_cA}{N} \tag{6-40}$$

式中，N_b 为构件受压区高度 $x=x_b$ 时构件界限受压承载力设计值，《混凝土结构设计规范》近似取 $N_b=0.5f_cA$。当 $N\leqslant N_b$ 时，为大偏心受压破坏，即 $\zeta_c\geqslant1$，这时应取 $\zeta_c=1$；当 $N\geqslant N_b$ 时，为小偏心受压破坏，应取计算值 $\zeta_c\leqslant1$。

将式（6-39）代入式（6-29），并注意到 $\delta_m=C_m\delta$，于是，就得到弯矩增大系数的最后表达式：

$$\eta_{ns}=1+\frac{1}{1300\frac{e_{02}}{h_0}}\left(\frac{l_0}{h}\right)^2\zeta_c \tag{6-41a}$$

或
$$\eta_{ns}=1+\frac{1}{1300\frac{(M_2/N)}{h_0}}\left(\frac{l_0}{h}\right)^2\zeta_c \tag{6-41b}$$

式中　η_{ns}——弯矩增大系数；

l_0——构件计算长度；

h——截面高度；

C_m——构件端部截面偏心距调节系数，当计算值小于 0.7 时，取 0.7；

l_0——构件计算长度，可近似取偏心受压构件相应主轴方向上下支撑点之间的距离；

M_2——构件端部截面较大弯矩设计值；

N——与弯矩设计值 M_2 相应的轴向压力设计值；

ζ_c——截面曲率修正系数，当计算值大于1.0时取1.0；

h_0——与偏心距平行的截面有效高度。对环形截面，取 $h_0=r_2+r_s$；对圆形截面，取 $h_0=r+r_s$；此处，r_2、r 分别为环形截面外半径和圆形截面半径；r_s 为环形截面纵向普通钢筋重心所在圆周的半径。

应当指出，新版规范中的 η_{ns} 表达式并未采用式（6-41b），而是借用了2002版混凝土规范偏心距增大系数 η 的形式①，并作了调整。其表达式为：

$$\eta_{ns}=1+\frac{1}{1300\dfrac{(M_2/N)+e_a}{h_0}}\left(\frac{l_0}{h}\right)^2\zeta_c \tag{6-42}$$

式中　e_a——附加偏心距。

（3）控制截面弯矩设计值。

将式（6-33）中右端的 $\eta_{ns}=\sec\dfrac{kl}{2}$，若以式（6-42）的 η_{ns} 代换，则得新版规范的控制截面弯矩设计值表达式：

$$M=\eta_{ns}C_mM_2 \tag{6-43}$$

式中　M——控制截面弯矩设计值；

C_m——构件端部截面偏心距调节率数，当 $C_m<0.7$ 时取0.7；

M_2——构件端部截面弯矩较大值。

η_{ns}——弯矩增大系数，按式（6-42）计算。

当 $\eta_{ns}C_m$ 计算值小于1.0时，取1.0；对剪力墙及核心筒墙，可取 $\eta_{ns}C_m=1.0$。

为了理解式（6-35）中 C_m 值和式（6-43）中 $\eta_{ns}C_m$ 值取值限制条件，现将其含义说明如下：

1）关于 C_m 当计算值小于0.7时，取0.7的问题

由式（6-35）不难看出，对于反弯点在中间区段（即端弯矩异号）的构件，C_m 值将恒小于0.7。规范规定，当 C_m 计算值小于0.7时取0.7。这就等于规定，对于反弯点在中间区段的构件，取杆端弯矩绝对值较小者 M_1 为零，这时构件将产生单曲率弯曲。显然，这一处理方案对构件的承载力而言，是偏于安全的。

2）关于式（6-43）中 $\eta_{ns}C_m$ 小于1.0时取1.0的问题

在有些情况下，例如在结构中常见的反弯点位于柱高中部的偏压构件中，这时二阶效应虽能增大构件中部各截面的曲率和弯矩，但增大后的弯矩不可能超过柱端截面的弯矩。这时，就会出现 $\eta_{ns}C_m$ 小于1.0的情况，由式（4-43）可见，说明这时 M 小于 M_2。实际上，这时端弯矩 M_2 为控制截面的弯矩。因此，《混凝土结构设计规范》规定，当 $\eta_{ns}C_m$ 小于1.0时取1.0。

3）对剪力墙及核心筒墙，取 $\eta_{ns}C_m=1.0$ 的问题

对于剪力墙及核心筒墙，因为它们的二阶弯矩影响很小，可忽略不计，故 $\eta_{ns}C_m$ 取1.0。

---

①《混凝土结构设计规范》（GB 50010—2010）式（6.2.17-4）中 $e_0=M/N$，其中 $M=C_m\eta_{ns}M_2$ 为控制截面弯矩设计值。因此，η_{ns} 中似不应包含附加偏心距 e_a，且由于多了 e_a 项而使计算结果偏于不安全。——编者注。

§6-5 矩形截面偏心受压构件正截面承载力计算

6.5.1 大偏心受压情况（$\xi \leqslant \xi_b$）

1. 基本计算公式

根据试验分析结果，当截面为大偏心受压破坏时，在承载力极限状态下，截面的试验应力图形和计算应力图形分别如图见图6-17（a）、（b）所示。由计算应力图可见：

（1）受拉区混凝土不参加工作，受拉钢筋应力达到抗拉强度设计值f_y；

（2）受压区混凝土应力图形简化成矩形，其合力$\alpha_1 f_c bx$；

（3）受压钢筋应力达到抗压强度设计值f'_y。

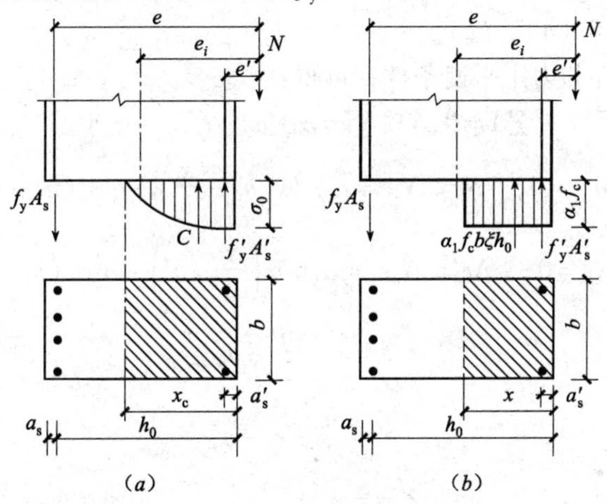

图6-17 大偏心受压破坏计算简图

根据图6-17（b）截面应力图形，不难写出正截面承载力计算公式

$$\sum Y = 0, \quad N \leqslant N_u = \alpha_1 f_c bx + f_y' A_s' - f_y A_s \tag{6-44}$$

$$\sum M_{As} = 0, \quad Ne \leqslant N_u e = \alpha_1 f_c bx(h_0 - 0.5x) + f_y' A_s'(h_0 - a_s') \tag{6-45}$$

式中 N——轴向压力设计值；

N_u——构件偏心受压承载力设计值；

e——轴向压力作用点至受拉钢筋截面重心的距离。

$$e = e_i + \frac{h}{2} - a_s \tag{6-46}$$

e_i——初始偏心距。

2. 适用条件

（1）为了保证截面破坏时受拉钢筋应力达到其抗拉强度设计值，必须满足下列条件：

$$x \leqslant \xi_b \cdot h_0 \tag{6-47a}$$

或

$$\xi \leqslant \xi_b \tag{6-47b}$$

（2）为了保证截面破坏时受压钢筋应力达到屈服强度必须满足下列条件：

$$x \geqslant 2a_s' \tag{6-48a}$$

或

$$\xi \cdot h_0 \geqslant 2a_s' \tag{6-48b}$$

若不满足式（6-48a）的条件，则与双筋受弯构件一样，取受压区高度 $x=2a'_s$，并对受压钢筋重心取矩，得：

$$Ne'=N_u e'=f_y A_s(h_0-a'_s) \tag{6-49}$$

式中　e'——轴向压力 N 作用点至受压钢筋 A'_s重心的距离。

$$e'=e_i-\frac{h}{2}+a'_s \tag{6-50}$$

6.5.2　小偏心受压情况（$\xi>\xi_b$）

由试验研究可知，小偏心受压破坏时，距轴向压力较近一侧混凝土达到极限压应变，受压钢筋的应力 σ'_s值达到其抗压强度设计值f'_y，而另一侧钢筋的应力值当受拉时则达不到其强度设计值，即 $\sigma_s<f_y$；当受压时，可能达到，也可能达不到其强度设计值，即 $\sigma_s\leqslant f'_y$。截面应力图形见图 6-18（a）、(b)。

根据力的平衡条件和力矩平衡条件，可得：

$$\sum Y=0, N\leqslant N_u=\alpha_1 f_c bx+f_y{}'A'_s-\sigma_s A_s \tag{6-51}$$

$$\sum M_{As}=0,\quad Ne\leqslant N_u e=\alpha_1 f_c bx\left(h_0-\frac{x}{2}\right)+f_y{}'A'_s(h_0-a'_s) \tag{6-52}$$

或

$$\sum M_{A's}=0,\quad Ne'\leqslant N_u e'=\alpha_1 f_c bx\left(\frac{x}{2}-a'_s\right)-\sigma_s A_s(h_0-a'_s) \tag{6-53}$$

$$e=e_i+\frac{h}{2}-a_s \tag{6-54a}$$

$$e'=\frac{h}{2}-e_i-a'_s \tag{6-54b}$$

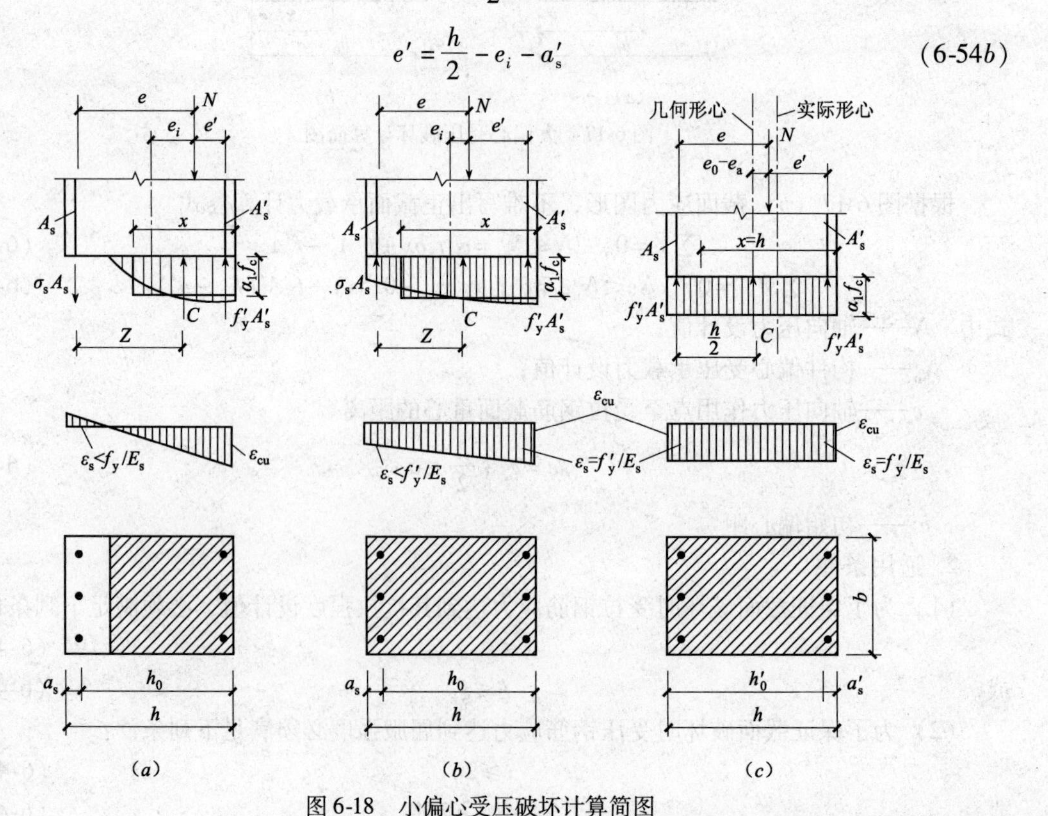

图 6-18　小偏心受压破坏计算简图

在应用式（6-51）计算正截面承载力时，必须确定距轴向力较远一侧的钢筋应力 σ_s 值。《混凝土结构设计规范》根据试验结果（图6-19），给出了简化计算公式：

$$\sigma_s=\frac{\xi-\beta_1}{\xi_b-\beta_1}f_y \tag{6-55}$$

按上式计算，当 σ_s 为正时，表示 σ_s 为拉应力；当 σ_s 为负时，表示 σ_s 为压应力。σ_s 应满足下列条件：

$$-f_y'\leqslant\sigma_s\leqslant f_y \tag{6-56}$$

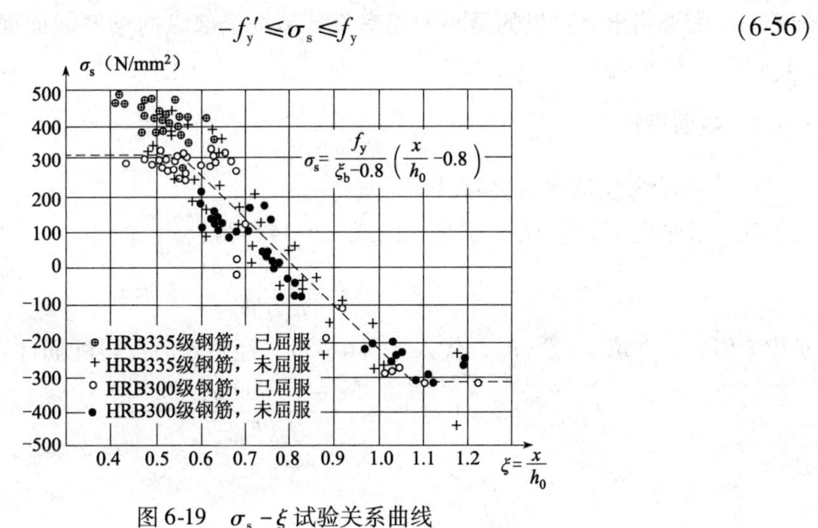

图6-19　$\sigma_s-\xi$ 试验关系曲线

应当指出，对于轴向压力作用点靠近截面形心的小偏心受压构件，当 A_s' 比 A_s 大得多，且轴力很大时，截面实际形心轴偏向 A_s' 一边，以致轴向力的偏心改变了方向，有可能使离轴向力较远的一侧的 A_s 受压屈服，这种情况称为非对称配筋小偏压反向破坏（图6-18c）。

为了防止发生这种反向破坏，《混凝土结构设计规范》规定，矩形截面非对称配筋的小偏心受压构件，当 $N>f_cbh$①时除按式（6-51）~式（6-53）计算外，尚应按下列公式进行式验算：

$$Ne'\leqslant N_ue'=f_cbh\left(h_0'-\frac{h}{2}\right)+f_y'A_s(h_0'-a_s) \tag{6-57}$$

$$e'=\frac{h}{2}-a_s'-(e_0-e_a) \tag{6-58}$$

式中　e'——轴向压力作用点至受压区纵向钢筋的合力点的距离；

h_0'——钢筋 A_s' 合力点至截面远边的距离。

式（6-57）是根据下面的假定建立的（图6-18c）：

（1）构件混凝土处于全截面均匀受压状态，即 $x=h$。且混凝土压应力达到轴心抗压强度 f_c；

（2）基于构件混凝土处于全截面均匀受压状态，故钢筋 A_s 和 A_s' 的应力均达到屈服强度 f_y'；

（3）考虑到附加偏心距 e_a 对反向破坏的不利影响，故取初始偏心距 $e_i=e_0-e_a$。

应当指出，除按上述计算构件在弯矩作用平面内偏心受压承载力外，尚应按轴心受压

① 计算表明，当 $N\leqslant f_cbh$ 时钢筋 A_s 的配筋将由最小配筋率控制，故不会发生反向破坏。

构件验算垂直于弯矩作用平面方向的受压承载力。

§6-6 矩形截面对称配筋偏心受压构件正截面承载力

偏心受压构件在各种不同荷载组合下，例如在风荷载或地震作用与垂直荷载组合时，要承受不同符号的弯矩。这时，通常设计成对称配筋，即 $A_s=A'_s$。其配筋率应不小于最小配筋率。需要指出，这里的最小配筋率验算是按全部纵向钢筋截面面积计算的，即 $\rho_{min}=(A_s+A'_s)/bh\leqslant\rho_{min}$。

6.6.1 截面设计

1. 大偏心受压情况（$\xi\leqslant\xi_b$）

在一般情况下，$f_y=f'_y$，于是，由式（6-44）得：

$$\xi=\frac{N}{\alpha_1 f_c bh_0} \tag{6-59}$$

求出 ξ 值后，并取 $x=\xi\cdot h_0$，代入式（6-45），经整理后可得配筋计算公式

$$A_s=A'_s=\frac{Ne-\alpha_1 f_c bx(h_0-0.5x)}{f_y(h_0-a'_s)} \tag{6-60}$$

其中

$$e=e_i+\frac{h}{2}-a_s$$

若 $\xi\cdot h_0<2a'_s$，由式(6-65)得：

$$A_s=A'_s=\frac{Ne'}{f_y(h_0-a'_s)} \tag{6-61}$$

其中 $$e'=e_i-\frac{h}{2}+a'_s$$

上式符号意义见图 6-20。

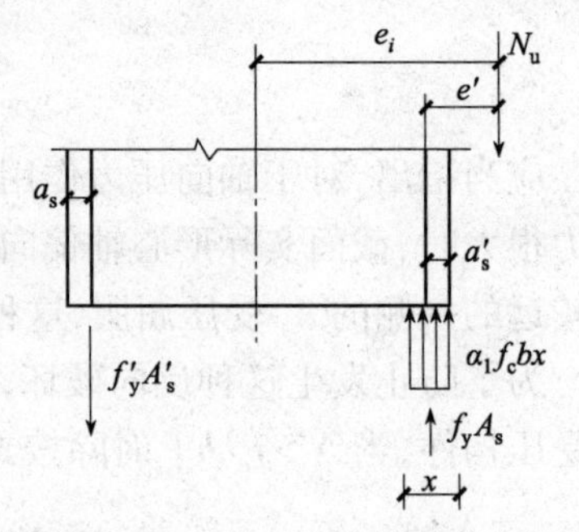

图 6-20 $\xi\cdot h_0<2'a_s$ 柱的承载力计算

2. 小偏心受压情况（$\xi<\xi_b$）

取 $f_y=f'_y$，并将式（6-55）代入式（6-51）、再将式（6-52）中的 x 换成 $\xi\cdot h_0$，则基本方程变为：

$$N\leqslant N_u=\alpha_1 f_c b\xi\cdot h_0+f_y'A'_s\frac{\xi_b-\xi}{\xi_b-\beta_1} \tag{6-62}$$

$$Ne\leqslant N_u e=\alpha_1 f_c bh_0{}^2\xi(1-0.5\xi)+f_y'A'_s(h_0-a'_s) \tag{6-63}$$

由式（6-62）得

$$f_y'A'_s=\frac{N-\alpha_1 f_c bh_0\xi}{\dfrac{\xi_b-\xi}{\xi_b-\beta_1}}$$

将上式代入式（6-63）得

$$Ne\leqslant N_u e=\alpha_1 f_c bh_0^2\xi(1-0.5\xi)+\frac{N-\alpha_1 f_c bh_0\xi}{\dfrac{\xi_b-\xi}{\xi_b-\beta_1}}(h_0-a'_s) \tag{6-64}$$

经整理后得

$$Ne\left(\frac{\xi_b-\xi}{\xi_b-\beta_1}\right)=\alpha_1 f_c bh_0^2\xi(1-0.5\xi)\left(\frac{\xi_b-\xi}{\xi_b-\beta_1}\right)+(N-\alpha_1 b\xi\cdot h_0)(h_0-a_s')$$

将上式等号两边同除以 $\alpha_1 f_c bh_0{}^2$，并令

$$\alpha=\frac{Ne}{\alpha_1 f_c bh_0^2},\qquad \beta=\frac{N}{\alpha_1 f_c bh_0}\quad 和\quad \gamma=\frac{h_0-a_s'}{h_0}$$

于是

$$\alpha\left(\frac{\xi_b-\xi}{\xi_b-\beta_1}\right)=\xi(1-0.5\xi)\left(\frac{\xi_b-\xi}{\xi_b-\beta_1}\right)+(\beta-\xi)\gamma \tag{6-65}$$

这是一个关于 ξ 的三次方程。解出未知数 ξ，再代入式（6-62）、式（6-63），即可求得 A_s 和 A_s'。但是，手算解三次方程十分不便，现介绍一种简化方法。

如果以 $0.43(\xi_b-\xi)/(\xi_b-\beta_1)$ 代替式（6-65）等号右边第一项，即代替 $\xi(1-0.5\xi)\left(\frac{\xi_b-\xi}{\xi_b-\beta_1}\right)$，通过计算表明，$\xi=\xi_b\sim1.0$ 范围内所带来的误差不会超过3%。这样，式（6-65）可写成：

$$\alpha\left(\frac{\xi_b-\xi}{\xi_b-\beta_1}\right)=0.43\left(\frac{\xi_b-\xi}{\xi_b-\beta_1}\right)+(\beta-\xi)\gamma \tag{6-66}$$

将 α、β 和 γ 的表达式代回式（6-66），得：

$$\left(\frac{Ne}{\alpha_1 f_c bh_0{}^2}-0.43\right)\left(\frac{\xi_b-\xi}{\xi_b-\beta_1}\right)=\left(\frac{N}{\alpha_1 f_c bh_0}-\xi\right)\frac{h_0-a_s'}{h_0}$$

将上式加以整理，即可解出

$$\xi=\frac{N-\xi_b\alpha_1 f_c bh_0}{\dfrac{Ne-0.43\alpha_1 f_c bh_0{}^2}{(\beta_1-\xi_b)(h_0-a_s')}+\alpha_1 f_c bh_0}+\xi_b \tag{6-67}$$

由式（6-63）得：

$$A_s=A_s'=\frac{Ne-\xi(1-0.5\xi)\alpha_1 f_c bh_0{}^2}{f_y'(h-a_s')} \tag{6-68}$$

这样，由式（6-67）求得的 ξ 值，再代入上式，即可求得小偏心受压构件对称配筋的纵筋截面筋面积。

【例题6-9】 钢筋混凝土框架柱，截面尺寸 $b\times h=400\text{mm}\times450\text{mm}$。柱的计算长度 $l_0=5000\text{mm}$，承受轴向压力设计值 $N=480\text{kN}$，柱端弯矩设计值 $M_1=M_2=350\text{kN}\cdot\text{m}$。$a_s=a_s'=40\text{mm}$，混凝土强度等级为C30（$f_c=14.3\text{N/mm}^2$），纵筋采用HRB400级钢筋($f_y=f_y'=360\text{N/mm}^2$)，采用对称配筋，试确定纵向钢筋截面面积 $A_s=A_s'$。

【解】 1. 手算

（1）判断是否需考虑二阶效应

因为
$$\frac{M_1}{M_2}=\frac{350}{350}=1>0.9$$

故需考虑二阶效应的影响。

（2）计算弯矩增大系数

$$e_a=\frac{h}{30}=\frac{450}{30}=15\text{mm}<20\text{mm},\quad 取\ e_a=20\text{mm}$$

$$h_0 = h - a_s = 450 - 40 = 410\text{mm}$$

按式（6-40）计算

$$\zeta_c = \frac{0.5f_cA}{N} = \frac{0.5 \times 14.3 \times 180000}{480 \times 10^3} = 2.681 \geqslant 1\text{，取 } \zeta_c = 1.0$$

按式（6-42）计算

$$\eta_{ns} = 1 + \frac{1}{1300\,\dfrac{(M_2/N) + e_a}{h_0}}\left(\frac{l_0}{h}\right)^2\zeta_c = 1 + \frac{1}{1300 \times \dfrac{(350 \times 10^6/480 \times 10^3) + 20}{410}}\left(\frac{5000}{450}\right)^2 \times 1.0 = 1.052$$

（3）计算控制截面的弯矩设计值

按式（6-35）计算

$$C_m = 0.7 + 0.3\frac{M_1}{M_2} = 0.7 + 0.3 \times 1 = 1.0$$

按式（6-43）计算控制截面的弯矩设计值：

$$M = \eta_{ns}C_mM_2 = 1.052 \times 1.0 \times 350 = 368.2\text{kN} \cdot \text{m}$$

（4）判别大小偏心

按式（6-59）算出

$$\xi = \frac{N}{\alpha_1 f_c b h_0} = \frac{480 \times 10^3}{1 \times 14.3 \times 400 \times 410} = 0.205 < \xi_b = 0.518$$

属于大偏心受压，且

$$x = \xi \cdot h_0 = 0.205 \times 410 = 84.05\text{mm} > 2a_s = 2 \times 40 = 80\text{mm}$$

（5）计算配筋

$$e_0 = \frac{M}{N} = \frac{368.2 \times 10^6}{480 \times 10^3} = 767.1\text{mm}$$

$$e_i = e_0 + e_a = 767.1 + 20 = 787.1\text{mm}$$

$$e = e_i + \frac{h}{2} - a_s = 787.1 + \frac{450}{2} - 40 = 972.1\text{mm}$$

按式（6-60）计算

$$\begin{aligned} A_s = A'_s &= \frac{Ne - \alpha_1 f_c bx(h_0 - 0.5x)}{f_y(h_0 - a'_s)} \\ &= \frac{480 \times 10^3 \times 972.1 - 1 \times 14.3 \times 400 \times 84.05 \times (410 - 0.5 \times 84.05)}{360 \times (410 - 40)} \\ &= 2175\text{mm}^2 \end{aligned}$$

截面每侧各配置 2Φ22 + 3Φ25（$A_s = 2233\text{mm}^2$）。

最小配筋率验算

$$\rho = \frac{A_s + A'_s}{bh} = \frac{2 \times 2233}{400 \times 450} = 2.48\% > \rho_{min} = 0.55\%$$

符合要求。

（6）垂直于弯矩作用平面外承载力验算

$\dfrac{l_0}{b} = \dfrac{5000}{400} = 12.5$，由表 5-1 查得 $\varphi = 0.943$

按式（6-1）得

$$N = 0.9\varphi(f_c A + f_y' A_s') = 0.9 \times 0.943 \times (14.3 \times 400 \times 450 + 360 \times 2 \times 2233)$$
$$= 1855.5 \times 10^3 \text{N} > 480 \times 10^3 \text{N}$$

安全。

配筋如图6-21所示。

2. 按程序计算

（1）按MENU键，再按9键，进入程序菜单。

（2）找到计算偏心受压柱计算程序名：N1-M1，按EXE。

（3）按屏幕提示输入数据，并操作，计算器输出结果（见表6-10）。

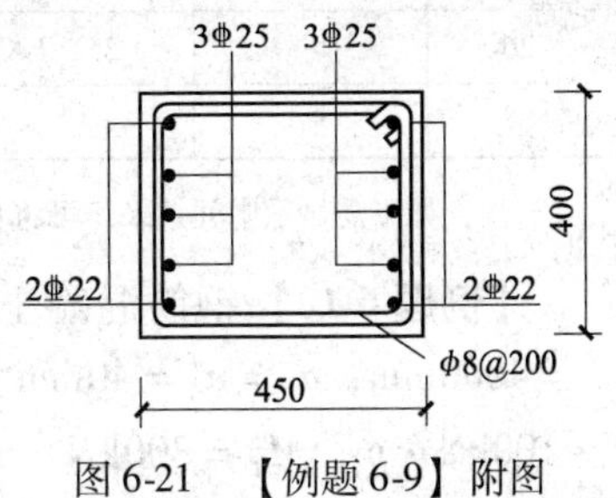

图6-21　【例题6-9】附图

【例题6-9】附表　　表6-10

序　号	屏幕显示	输入数据	计算结果	单　位	说　　明
1	$N=?$	480×10^3，EXE		N	输入轴向力设计值
2	$M_1=?$	350×10^6，EXE		N·mm	输入杆端较小弯矩设计值
3	$M_2=?$	350×10^6，EXE		N·mm	输入杆端较大弯矩设计值
4	$b=?$	400，EXE		mm	输入截面宽度
5	$h=?$	450，EXE		mm	输入截面长度
6	$a_s=a_s'=?$	40，EXE		mm	输入钢筋合力点至柱最近边缘的距离
7	$l_0=?$	5000，EXE		mm	输入柱的计算高度
8	h_0		410，EXE	mm	输出柱截面有效高度
9	$C=?$	30，EXE		–	输入混凝土强度等级
10	$G=?$	3，EXE		–	输入钢筋HRB400级的序号3
11	A		180×10^3，EXE	mm²	输出柱的截面面积
12	I		3037×10^6，EXE	mm⁴	输出柱的截面惯性矩
13	i		129.9，EXE	mm	输出柱的截面回转半径
14	$[l_0/i]$		22.55，EXE	–	输出允许长细比值
15	ζ_c		2.681，EXE	–	输出截面曲率修正系数
16	η_{ns}		1.052，EXE	–	输出弯矩增大系数
17	C_m		1.0，EXE	–	输出构件端截面偏心距调节系数
18	M		368.2×10^6，EXE	N·mm	输出控制截面弯矩设计值
19	e_0		767.1，EXE	mm	输出弯矩设计值的偏心距
20	e_i		787.1，EXE	mm	输出初始偏心距
21	ξ		0.205，EXE	–	输出相对受压区高度
22	e		972.1，EXE	mm	输出轴向压力作用点至受拉钢筋面积形心的距离
23	$A_s=A_s'$		2177，EXE	mm²	输出受压钢筋截面面积
24	n_1	2，EXE		–	输入第1种钢筋根数

续表

序 号	屏幕显示	输入数据	计算结果	单 位	说 明
25	d_1	22，EXE		mm	输入第 1 种钢筋直径
26	d_2	25，EXE		mm	输入第 2 种钢筋直径
27	n_2		2.89	–	输出第 2 种钢筋根数，取 $n_2=3$

注：如不需显示中间结果，可将程序中的中间结果后面的显示符“◢”删除即可。

【例题 6-10】 钢筋混凝土框架柱，截面尺寸 $b\times h=400\text{mm}\times450\text{mm}$。柱的计算长度 $l_c=4000\text{mm}$，$a_s=a_s'=40\text{mm}$。承受轴向压力设计值 $N=320\text{kN}$，柱端弯矩设计值 $M_1=-100\text{kN}\cdot\text{m}$，$M_2=300\text{kN}\cdot\text{m}$。混凝土强度等级为 C30（$f_c=14.3\text{N/mm}^2$），纵筋采用 HRB400 级钢筋（$f_y=f_y'=360\text{N/mm}^2$），采用对称配筋，试确定纵向钢筋截面面积 $A_s=A_s'$。

【解】 1. 手算

（1）判断是否需考虑二阶效应

因为

$$\frac{M_1}{M_2}=\frac{-100}{300}<0.9$$

$$\frac{N}{f_cbh}=\frac{320000}{14.3\times400\times450}=0.111<0.9$$

且

$$A=bh=400\times450=180000\text{mm}^2$$

$$I=\frac{1}{12}bh^3=\frac{1}{12}\times400\times450^3=3037.5\times10^6\text{mm}^4$$

$$h_0=h-a_s=450-40=410\text{mm}$$

$$i=\sqrt{\frac{I}{A}}=\sqrt{\frac{3037.5\times10^6}{180000}}=129.90\text{mm}$$

$$\frac{l_0}{i}=\frac{4000}{129.90}=30.79<34-12\left(\frac{M_1}{M_2}\right)=34-12\times\left(\frac{-100}{300}\right)=38$$

故可不考虑二阶效应的影响。

（2）判别大小偏心

按式（6-59）算出

$$\xi=\frac{N}{\alpha_1f_cbh_0}=\frac{320\times10^3}{1\times14.3\times400\times410}=0.136<\xi_b=0.518$$

属于大偏心受压，且

$$x=\xi\cdot h_0=0.136\times410=55.76\text{mm}<2a_s'=2\times40=80\text{mm}$$

（3）计算配筋

$$e_0=\frac{M_2}{N}=\frac{300\times10^6}{320\times10^3}=937.5\text{mm}$$

$$\frac{h}{30}=\frac{450}{30}=15\text{mm}<20\text{mm},取\ e_a=20\text{mm}$$

$$e_i=e_0+e_a=937.5+20=957.5\text{mm}$$

$$e'=e_i-\frac{h}{2}+a_s'=957.5-\frac{450}{2}+40=772.5\text{mm}$$

按式（6-61）计算

$$A_s = A_s' = \frac{Ne'}{f_y(h_0 - a_s')} = \frac{320 \times 10^3 \times 772.5}{360 \times (410 - 40)} = 1856\text{mm}^2$$

截面每侧各配置4Φ25（$A_s = 1964\text{mm}^2$），配筋如图5-20所示。

最小配筋率验算

$$\rho = \frac{A_s + A_s'}{bh} = \frac{2 \times 1964}{400 \times 450} = 2.18\% > \rho_{min} = 0.55\%$$

符合要求。

（4）垂直于弯矩作用平面外承载力验算（从略）

配筋如图6-22所示。

2. 按程序计算

（1）按MENU键，再按9键，进入程序菜单。

（2）找到计算偏心受压柱计算程序名：N1-M1，按EXE。

（3）按屏幕提示输入数据并操作，计算器输出结果（见表6-11）。

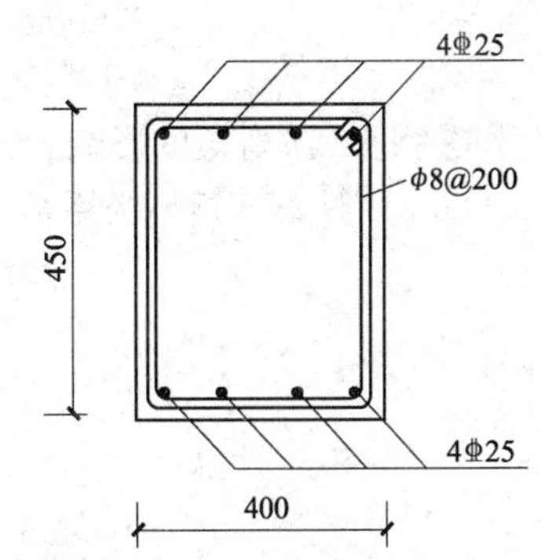

图6-22　【例题6-10】附图

【例题6-10】附表　　表6-11

序号	屏幕显示	输入数据	计算结果	单位	说明
1	$N=?$	320×10^3，EXE		N	输入轴向力设计值
2	$M_1=?$	-100×10^6，EXE		N·mm	输入杆端较小弯矩设计值
3	$M_2=?$	300×10^6，EXE		N·mm	输入杆端较大弯矩设计值
4	$b=?$	400，EXE		mm	输入截面宽度
5	$h=?$	450，EXE		mm	输入截面高度
6	$a_s=a_s'=?$	40，EXE		mm	输入钢筋合力点至柱最近边缘的距离
7	$l_0=?$	4000，EXE		mm	输入柱的计算高度
8	h_0		410，EXE	mm	输出柱截面有效高度
9	$C=?$	30，EXE		–	输入混凝土强度等级
10	$G=?$	3		–	输入钢筋HRB400级的序号3
11	A		180×10^3，EXE	mm^2	输出柱的截面面积
12	I		3038×10^6，EXE	mm^4	输出柱的截面惯性矩
13	i		129.9，EXE	mm	输出柱的截面回转半径
14	$\left[\frac{l_0}{i}\right]$		38，EXE	–	输出允许长细比值
15	ξ		0.136，EXE	–	输出截面曲率修正系数
16	e'		772.5，EXE	mm	输出轴向压力作用点至受拉钢筋面积形心的距离
17	$A_s=A_s'$		1855.9，EXE	mm^2	输出受压钢筋截面面积
18	d	25，EXE		mm	输入钢筋直径
19	n		3.78	–	输出钢筋根数，取$n=4$

【例题6-11】钢筋混凝土框架柱，计算长度$l_0=6000\text{mm}$，其他条件与【例题6-10】

相同。采用对称配筋，试确定纵向钢筋截面面积 $A_s = A'_s$。

【解】 1. 手算

（1）判断是否需考虑二阶效应

由［例题6-10］可知，柱截面的回转半径 $i = 129.9\text{mm}$，于是

$$\frac{l_0}{i} = \frac{6000}{129.9} = 46.19 \geqslant 34 - 12\left(\frac{M_1}{M_2}\right) 34 - 12 \times \left(\frac{-100}{300}\right) = 38$$

故应考虑二阶弯矩的影响。

（2）计算弯矩增大系数

$$e_a = \frac{h}{30} = \frac{600}{30} = 20\text{mm}, \quad 取\ e_a = 20\text{mm}$$

$$h_0 = h - a_s = 600 - 40 = 560\text{mm}$$

按式（6-40）计算

$$\zeta_c = \frac{0.5 f_c A}{N} = \frac{0.5 \times 9.6 \times 180000}{320 \times 10^3} = 4.02 > 1.0, 取\ \zeta_c = 1.0$$

按式（6-42）计算

$$\eta_{ns} = 1 + \frac{1}{1300 \dfrac{(M_2/N) + e_a}{h_0}} \left(\frac{l_0}{h}\right)^2 \zeta_c$$

$$= 1 + \frac{1}{1300 \times \dfrac{300 \times 10^6 / (320 \times 10^3) + 20}{410}} \times \left(\frac{6000}{450}\right)^2 \times 1.0 = 1.059$$

（3）计算控制截面弯矩设计值

按式（6-35）计算

$$C_m = 0.7 + 0.3 \frac{M_1}{M_2} = 0.7 + 0.3 \times \left(\frac{-100}{300}\right) = 0.60 < 0.7$$

取 $C_m = 0.7$（即相当取 $M_1 = 0$）

$$C_m \eta_{ns} = 0.7 \times 1.059 = 0.74 < 1.0, 取\ C_m \eta_{ns} = 1.0$$

按式（4-43）计算：

$$M = C_m \eta_{ns} M_2 = 1.0 \times 300 = 300\text{kN} \cdot \text{m}$$

（4）判别大小偏心

按式（6-59）算出

$$\xi = \frac{N}{\alpha_1 f_c b h} = \frac{320 \times 10^3}{1 \times 14.3 \times 400 \times 410} = 0.136 < \xi_b = 0.518$$

属于大偏心受压，且

$$x = \xi \cdot h_0 = 0.136 \times 410 = 55.76\text{mm} < 2a'_s = 2 \times 40 = 80\text{mm}$$

$$e_0 = \frac{M_2}{N} = \frac{300 \times 10^6}{320 \times 10^3} = 937.5\text{mm}$$

$$\frac{h}{30} = \frac{450}{30} = 15\text{mm} < 20\text{mm}, 取\ e_a = 20\text{mm}$$

$$e_i = e_0 + e_a = 937.5 + 20 = 957.5\text{mm}$$

$$e' = e_i - \frac{h}{2} + a'_s = 957.5 - \frac{450}{2} + 40 = 772.5\text{mm}$$

（5）计算配筋

按式（6-61）计算

$$A_s = A'_s = \frac{Ne'}{f_y(h_0 - a'_s)} = \frac{320 \times 10^3 \times 772.5}{360 \times (410 - 40)} = 1856\text{mm}^2$$

截面每侧各配置4Φ25（$A_s = 1964\text{mm}^2$）

最小配筋验算

$$\rho = \frac{A_s + A'_s}{bh} = \frac{2 \times 1964}{400 \times 450} = 2.18\% > \rho_{\min} = 0.55\%$$

符合要求。

（6）垂直于弯矩作用平面外承载力验算（从略）

配筋如图6-23所示。

本题计算结果与【例题6-10】相同。这是因为，虽然本题需考虑柱中间区段截面的二阶弯矩影响，但其值为：

$$M = C_m \eta_{ns} M_2 \times 0.7 \times 1.059 \times 300 = 222.3\text{kN·m}$$

小于杆端较大弯矩 $M_2 = 300\text{kN·m}$，即杆端为控制截面。

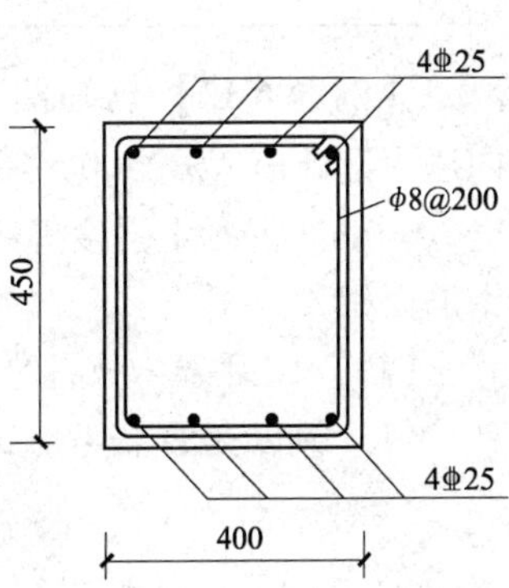

图6-23　【例题6-11】附图

2. 按程序计算

（1）按MENU键，再按9键，进入程序菜单。

（2）找到计算偏心受压柱计算程序名：N1-M1，按EXE。

（3）按屏幕提示输入数据，并操作，计算器输出结果（见表6-12）。

【例题6-11】附表　　表6-12

序　号	屏幕显示	输入数据	计算结果	单　位	说　明
1	$N=?$	320×10^3，EXE		N	输入轴向力设计值
2	$M_1=?$	-100×10^6，EXE		N·mm	输入杆端较小弯矩设计值
3	$M_2=?$	300×10^6，EXE		N·mm	输入杆端较大弯矩设计值
4	$b=?$	400，EXE		mm	输入截面宽度
5	$h=?$	450，EXE		mm	输入截面高度
6	$a_s=a'_s=?$	40，EXE		mm	输入钢筋合力点至柱最近边缘的距离
7	$l_0=?$	6000，EXE		mm	输入柱的计算高度
8	h_0		410	mm	输出柱截面有效高度
9	$C=?$	30，EXE		-	输入混凝土强度等级
10	$G=?$	3，EXE		-	输入钢筋HRB400级的序号3
11	A		180×10^3，EXE	mm^2	输出柱的截面面积
12	I		3038×10^6，EXE	mm^4	输出柱的截面惯性矩
13	i		129.9，EXE	mm	输出柱的截面回转半径
14	$\left[\frac{l_0}{i}\right]$		38.0，EXE	-	输出允许长细比值
15	ζ_c		1.00，EXE	-	输出截面曲率修正系数
16	η_{ns}		1.059，EXE		输出弯矩增大系数
17	C_m		0.70，EXE		输出构件端截面偏心距调节系数

续表

序　号	屏幕显示	输入数据	计算结果	单　位	说　明
18	M		300.0×10^6，EXE	N·mm	输出控制截面弯矩设计值
19	e_i		957.5，EXE	mm	输出初始偏心距
20	ξ		0.136，EXE	–	输出相对受压区高
21	e'		772.5，EXE	mm	输出轴向压力作用点至受拉钢筋面积形心的距离
22	$A_s=A'_s$		1855.9	mm^2	输出受压钢筋截面面积
23	d	25，EXE		mm	输入钢筋直径
24	n		3.78	–	输出钢筋根数，取 $n=4$

【例题 6-12】 已知偏心受压柱截面尺寸 $b\times h=400\text{mm}\times600\text{mm}$，$a_s=a'_s=40\text{mm}$，轴向压力设计值 $N=2500\times10^3\text{kN}$，弯矩设计值 $M_1=50\text{kN}\cdot\text{m}$，$M_2=80\text{kN}\cdot\text{m}$。柱的计算长度 $l_0=6\text{m}$。混凝土强度等级为 C20，纵筋采用 HRB335 级钢筋，截面采用对称配筋。试求钢筋面积 $A_s=A'_s$。

【解】 1. 手算

（1）判断是否需考虑二阶效应

$$A=bh=400\times600=240000\text{mm}^2$$

$$I=\frac{1}{12}bh^3=\frac{1}{12}\times400\times600^3=7200\times10^6\text{mm}^4$$

$$i=\sqrt{\frac{I}{A}}=\sqrt{\frac{7200\times10^6}{240000}}=173.2\text{mm}$$

因为
$$\frac{l_0}{i}=\frac{6000}{173.2}=43.7>34-12\frac{M_1}{M_2}=34-12\times\frac{50}{80}=26.5$$

故需考虑二阶效应的影响。

(2)计算弯矩增大系数

$$e_a=\frac{h}{30}=\frac{600}{30}=20\text{mm},\quad 取\ e_a=20\text{mm}$$

$$h_0=h-a_s=600-40=560\text{mm}$$

按式(6-40)计算

$$\zeta_c=\frac{0.5f_cA}{N}=\frac{0.5\times9.6\times240000}{2500\times10^3}=0.460,$$

按式(6-42)计算

$$\eta_{ns}=1+\frac{1}{1300\dfrac{M_2/N+e_a}{h_0}}\left(\frac{l_0}{h}\right)^2\zeta_c=1+\frac{1}{1300\times\dfrac{80\times10^6/(2500\times10^3)+20}{560}}\times\left(\frac{6000}{600}\right)^2\times0.460=1.381$$

（3）计算控制截面的弯矩设计值

按式（6-35）计算

$$C_m=0.7+0.3\frac{M_1}{M_2}=0.7+0.3\times\frac{50}{80}=0.888$$

$$\eta_{ns}C_m=1.381\times0.888=1.226>1.0$$

按式（6-43）计算

$$M=\eta_{ns}C_mM_2=1.381\times0.888\times80=98.11\text{kN}\cdot\text{m}$$

（4）判别大小偏心

按式（6-59）算出

$$\xi=\frac{N}{\alpha_1f_cbh}=\frac{2500\times10^3}{1\times9.6\times400\times560}=1.162>\xi_b=0.55$$

属于小偏心受压

（5）计算截面相对受压区高度

$$e_0=\frac{M}{N}=\frac{98.11\times10^6}{2500\times10^3}=39.24\text{mm}$$

$$\frac{h}{30}=\frac{600}{30}=20\text{mm},取\ e_a=20\text{mm}$$

$$e_i=e_0+e_a=39.24+20=59.24\text{mm}$$

$$e=\eta e_i+\frac{h}{2}-a_s'=59.24+\frac{600}{2}-40=319.24\text{mm}$$

按式（6-67）计算相对受压区高度

$$\xi=\frac{N-\xi_b\alpha_1f_cbh_0}{\dfrac{Ne-0.43\alpha_1f_cbh_0{}^2}{(\beta_1-\xi_b)(h_0-a_s')}+\alpha_1f_cbh_0}+\xi_b$$

$$=\frac{2500\times10^3-0.55\times1\times9.6\times400\times560}{\dfrac{2500\times10^3\times319.24-0.43\times1\times9.6\times400\times560^2}{(0.8-0.55)\times(560-40)}+1\times9.6\times400\times560}+0.55=0.857$$

（6）计算配筋

按式（6-68）计算

$$A_s=A_s'=\frac{Ne-\xi(1-0.5\xi)\alpha_1f_cbh_0{}^2}{f_y'(h-a_s')}$$

$$=\frac{2500\times10^3\times319.24-0.857\times(1-0.5\times0.857)\times1\times9.6\times400\times560^2}{300\times(560-40)}=1337\text{mm}^2$$

截面每侧各配置4Φ22（$A_s=1520\text{mm}^2$），最小配筋率验算

$$\rho=\frac{A_s+A_s'}{bh}=\frac{2\times1389}{400\times600}=1.15\%>\rho_{min}=0.55\%$$

符合要求。

（7）垂直于弯矩作用平面外受压承载力验算（从略）

配筋如图6-24所示。

2. 按程序计算

（1）按MENU键，再按9键，进入程序菜单。

（2）找到计算偏心受压柱计算程序名：N1-M1，按EXE。

（3）按屏幕提示输入数据，并操作，计算器输出结果（见表6-13）。

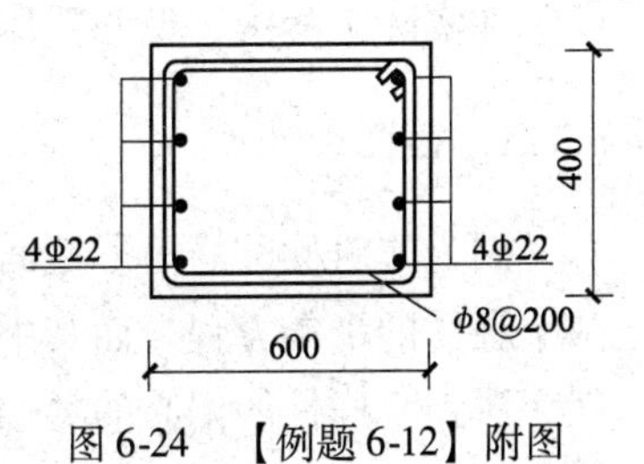

图6-24　【例题6-12】附图

【例题 6-12】附表　　　　**表 6-13**

序　号	屏幕显示	输入数据	计算结果	单　位	说　　明
1	$N=?$	2500×10^3，EXE		N	输入轴向力设计值
2	$M_1=?$	50×10^6，EXE		N·mm	输入杆端较小弯矩设计值
3	$M_2=?$	80×10^6，EXE		N·mm	输入杆端较大弯矩设计值
4	$b=?$	400，EXE		mm	输入截面宽度
5	$h=?$	600，EXE		mm	输入截面高度
6	$a_s=a'_s=?$	40，EXE		mm	输入钢筋合力点至柱最近边缘的距离
7	$l_0=?$	6000，EXE		mm	输入柱的计算高度
8	h_0		560，EXE	mm	输出柱截面有效高度
9	$C=?$	20，EXE		–	输入混凝土强度等级
10	$G=?$	2，EXE		–	输入钢筋 HRB400 级的序号 3
11	A		240×10^3，EXE	mm^2	输出柱的截面面积
12	I		7200×10^6，EXE	mm^4	输出柱的截面惯性矩
13	i		173.2，EXE	mm	输出柱的截面回转半径
14	$\left[\frac{l_0}{i}\right]$		26.5，EXE	–	输出允许长细比值
15	ζ_c		0.461，EXE	–	输出截面曲率修正系数
16	η_{ns}		1.382	–	输出弯矩增大系数
17	C_m		0.888，EXE	–	输出构件端截面偏心距调节系数
18	M		98.10×10^6，EXE	N·mm	输出控制截面弯矩设计值
19	e_i		59.24，EXE	mm	输出初始偏心距
20	ξ		0.856，EXE	–	输出相对受压区高
21	e		319.24，EXE	mm	输出轴向压力作用点至受拉钢筋面积形心的距离
22	$A_s=A'_s$		1336.5，EXE	mm^2	输出受压钢筋截面面积
23	d	22，EXE		mm	输入钢板直径
24	n		3.52	–	输出钢筋根数，取 $n=4$

§6-7　矩形截面非对称配筋偏心受压构件正截面承载力

在实际工程中，偏心受压构件大多采用对称配筋，但有时也采用非对称配筋。

6.7.1　截面设计

因为非对称配筋矩形截面偏心受压构件，无论是大偏压构件还是小偏压构件，都仅有两个独立的平衡方程，而其中有三个未知数：x、A_s 和 A'_s，所以不能求得唯一解，因而也就无法判断构件的偏心的类型。因此，判别构件大小偏心的界限条件不得不另寻其他途径解决。

理论分析表明，一般情况下可按下面条件初步确定大小偏心的界限：

当 $e_i > 0.3h_0$ 时，可判为大偏心受压；

当 $e_i \leqslant 0.3h_0$ 时，可判为小偏心受压。

上面判别大小偏心界限的条件只是初步的。因此，不论按大偏心受压或按小偏心受压计算，严格地讲，都必须根据所求得的钢筋截面面积算出构件的实际受压区高度，以判别其受压性质。如果不符合原先假定，则应按实际偏心情况重新计算。同时 A_s 和 A_s' 均应满足最小配筋率要求。最后，尚应按轴心受压构件验算垂直弯矩作用方向正截面受压承载力。

1. 大偏心受压构件

（1）A_s 和 A_s' 均为未知，求 A_s 和 A_s'

由式（6-44）和式（6-45）可知，大偏心受压构件正截面受压承载力计算公式为：

$$N \leqslant N_u = \alpha_1 f_c b\xi \cdot h_0 + A_s' f_y' - A_s f_y$$

$$Ne \leqslant N_u e = \alpha_1 f_c b\xi \cdot h_0^2 (1 - 0.5\xi) + A_s' f_y' (h_0 - a_s)$$

在上式中，有三个未知数：ξ、A_s 和 A_s'，为了求解并取得较好的经济效果，采取与双筋同样的方法，即通过充分发挥混凝土受压作用作为补充条件，令 $\xi = \xi_b$，于是，式（6-45）可写成：

$$A_s' = \frac{Ne - \alpha_1 f_c b h_0^2 \xi_b (1 - 0.5\xi_b)}{f_y' (h_0 - a_s')} \geqslant \rho_{\min} bh \tag{6-69}$$

将 $\xi = \xi_b$ 和 A_s' 代入式（6-44），经整理后，得：

$$A_s = \frac{\alpha_1 f_c b h_0 \xi + A_s' f_y' - N}{f_y} \geqslant \rho_{\min} b h_0 \tag{6-70}$$

若按式（6-69）算出的 A_s' 小于最小配筋截面面积，或负值，则 A_s' 应按最小配筋率或构造要求配置。按下述 A_s' 为已知的第二种情况求 A_s。

（2）已知 A_s'，求 A_s

将已知条件代入式（6-45）计算：

$$\alpha_s = \frac{Ne - f_y' A_y' (h_0 - a_s')}{\alpha_1 f_c b h_0^2} \tag{6-71}$$

查表 4-7 或按 $\xi = 1 - \sqrt{1 - 2\alpha_s}$ 确定 ξ，若 $\frac{2a_s'}{h_0} \leqslant \xi \leqslant \xi_b$，则由式（6-44）得

$$A_s = \frac{\alpha_1 f_c b h_0 \xi + A_s' f_y' - N}{f_y} \geqslant \rho_{\min} bh$$

若 $\xi > \xi_b$，则说明受压钢筋不足，应增加受压钢筋面积 A_s'，按第一种情况计算（A_s 和 A_s' 均为未知）或增大截面尺寸重新计算。

若 $\xi < \frac{2a_s'}{h_0}$，则说明受压钢筋 A_s' 应力达不到屈服 f_y'，这时应按式（6-61）计算 A_s。

2. 小偏心受压构件

小偏心受压构件共有三个未知数：x、A_s 和 A_s'，而只有式（6-51）、式（6-52）或式（6-53）两个独立方程。因此，须补充一个条件才能求解。

分析表明，小偏心受压情况下，截面距轴向压力较远一侧的钢筋，可令 $A_s = \rho_{\min} bh$。根据相对偏心距大小，其应力 σ 可有下列三种情形（图 6-25）：

（1）若$\beta_1 \geqslant \xi > \xi_b$，则$f_y > \sigma_s \geqslant 0$，表示受拉且不屈服；

（2）若$\xi_{cy} > \xi > \beta_1$，则$0 > \sigma_s > -f'_y$，表示受压且不屈服；

（3）若$\xi > \xi_{cy}$，则$\sigma_s = -f'_y$，表示受压且屈服。

其中，β_1为混凝土受压区高度x与中性轴高度x_c之比，ξ_{cy}为A_s受压屈服时的相对受压区高度，故$\sigma_s = -f'_y$。对于HRB335和HRB400级钢筋，$f_y = f_y'$，由式（6-55）得：

$$\xi_{cy} = 2\beta_1 - \xi_b \tag{6-72}$$

对于HRB500级钢筋，$f_y = 435\text{N/mm}^2$，$f_y' = 410\text{N/mm}^2$，由式（6-55）得：

$$\xi_{cy} = 1.943\beta_1 - 0.943\xi_b \tag{6-73}$$

根据上面的分析，小偏心受压构件截面可按下列步骤进行计算：

（1）假设$\beta_1 \geqslant \xi > \xi_b$，即假设$A_s$受拉且不屈服，取$A_s = \rho_{min} bh$作为补充条件，然后应用式（6-53）和式（6-55）求出ξ、σ_s，再按（6-52）求出A'_s。若$\sigma_s \geqslant 0$，则表明假设正确，计算有效。

（2）若$\sigma_s < 0$，且$\xi < \xi_{cy}$则表明A_s受压且不屈服，若$\xi h_0 \leqslant h$，则可直接按式（6-51）或式（6-52）计算A'_s；若$\xi h_0 > h$，则应取$\xi h_0 = h$，按式（6-52）算出A'_s。然后，将$\xi = \dfrac{h}{h_0}$代入式（6-55）求出σ_s，再将其代入式（6-51）求得A_s。

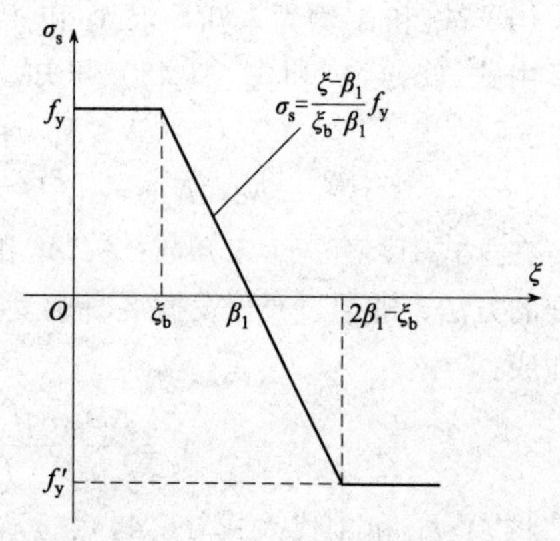

图6-25 钢筋A_s的应力σ_s随ξ的变化关系

（3）若$\sigma_s < 0$，且$\xi \geqslant \xi_{cy}$，则表明A_s受压且屈服，即$\sigma_s = -f_y'$和$x \geqslant \xi_{cy} h_0$，由于σ_s要满足$-f_y' \leqslant \sigma_s \leqslant f_y$的限制条件，故受压区高度$x$不能大于$\xi_{cy} h_0$，也不能大于截面高度$h$，故$x$应取$h$和$\xi_{cy} h_0$较小者。然后，按式（6-52）求出$A'_s$，再按式（6-51）求出$A_s$。

（4）当$N > f_c bh$时，尚应验算柱的反向破坏，令$\sigma_s = -f_y'$，由式（6-57）求出A_s。

应当指出，在（2）和（3）计算步骤中，当$x > \xi_{cy} h_0$或$> h$时，取其中较小值后，A_s不再等于$\rho_{min} bh$。这时x值变为已知，故应按式（6-52）和式（6-51）分别求A'_s和A_s。

在上面计算步骤中，都要将式（6-55）代入式（6-53），并须解一元二次方程：

$$Ax^2 + Bx + C = 0 \tag{6-74}$$

求出受压区高度x，同时求得相对受压区高度ξ和σ_s，以初步判别大小偏心和钢筋A_s受力状态。在式（6-74）中，方程系数可按下式计算：

$$A = 0.5 f_c b \tag{6-75a}$$

$$B = -a_s f_c b + \frac{V}{h_0} \tag{6-75b}$$

$$C = -(\beta_1 V + Ne') \tag{6-75c}$$

其中

$$V = \frac{0.002 bh f_y (h_0 - a_s)}{|\xi_b - \beta_1|} \tag{6-75d}$$

式中，符号与前相同。

6.7.2 截面受压承载力复核

在进行截面受压承载力复核时，一般已知截面尺寸b、h，钢筋面积A_s和A'_s，材料强度设计值f_c、f_y和f_y'，构件计算长度l_0，以及柱端的轴向压力设计值N，求控制截面的弯矩设计值。或已知初始偏心距e_i，柱端的轴向压力设计值N。

1. 弯矩作用平面内承载力复核

（1）已知柱端的轴向压力设计值N，求控制截面的弯矩设计值M

按大偏压基本公式（6-44）求出受压区高度x，若$x \leqslant \xi_b h_0$，则截面为大偏心受压；当$x \geqslant 2a_s'$时，将$\xi = \dfrac{x}{h_0}$值代入式（6-45）求出e值，再由式（6-46）求出e_i；而当$x < 2a_s'$时，则按式（6-49）求出e'值，再由式（6-50）求出e_i值。若$x \geqslant \xi_b h_0$，则截面为小偏心受压，按式（6-51）和式（6-55）联立解出小偏心受压区高度x值，将x代入式（6-52）求出e，由式（6-54a）求出e_i值；再按式（6-8）求出e_0，最后求出控制截面的弯矩设计值$M = Ne_0$和杆端弯M_2。

（2）已知偏心距e_0，求轴向压力设计值N

根据图6-17（b）截面应力图形，各力对轴向压力N作用点取矩，可求得受压区高度x。若$x \leqslant x_b$，则为大偏心受压；当$x \geqslant 2a_s'$时，将x及有关数据代入式（6-44），即可求得轴向压力设计值；当$x < 2a_s'$时，则按式（6-49）求出求得轴向压力设计值；若$x \geqslant x_b$，则为小偏心受压；将已知数据代入式（6-51）和式（6-55）联立解出小偏心受压区高度x。最后，代入式（6-52）求出求轴向压力设计值N。

2. 弯矩作用平面外受压承载力复核

当弯矩作用平面外方向的截面尺寸b小于另一方向截面尺寸h，或弯矩作用平面外方向的计算长度大于平面内方向的计算长度时，须复核弯矩作用平面外的截面承载力，验算时按轴心受压构件考虑。

【例题6-13】 已知偏心受压柱截面尺寸$b \times h = 400\text{mm} \times 450\text{mm}$，$a_s = a_s' = 40\text{mm}$，轴向力设计值$N = 330\text{kN}$，弯矩设计值$M_1 = -50\text{kN} \cdot \text{m}$，$M_2 = 386\text{kN} \cdot \text{m}$。柱的计算长度$l_0 = 5.1\text{m}$。混凝土强度等级为C30，纵筋采用HRB400级钢筋，截面采用非对称配筋。

试求钢筋面积A_s和A_s'。

【解】 1. 手算

（1）判断是否需考虑二阶效应

$$A = bh = 400 \times 450 = 180000\text{mm}^2$$

$$I = \frac{1}{12}bh^3 = \frac{1}{12} \times 400 \times 450^3 = 3037.5 \times 10^6\text{mm}^4$$

$$h_0 = h - a_s = 450 - 40 = 410\text{mm}$$

$$i = \sqrt{\frac{I}{A}} = \sqrt{\frac{3037.5 \times 10^6}{180000}} = 129.90\text{mm}$$

因为
$$\frac{l_0}{i} = \frac{5100}{129.90} = 39.26 > 34 - 12\frac{M_1}{M_2} = 34 - 12 \times \frac{-50}{386} = 35.55$$

故应考虑二阶弯矩的影响。

（2）计算弯矩增大系数

$$e_a = \frac{h}{30} = \frac{450}{30} = 15\text{mm}，\quad 取\ e_a = 20\text{mm}$$

$$h_0 = h - a_s = 450 - 40 = 410\text{mm}$$

按式（6-40）计算

$$\zeta_c = \frac{0.5 f_c A}{N} = \frac{0.5 \times 14.3 \times 180000}{330 \times 10^3} = 3.90 > 1.0$$

取 $\zeta_c = 1.0$

按式（6-42）计算

$$\eta_{ns} = 1 + \frac{1}{1300 \frac{(M_2/N) + e_a}{h_0}} \left(\frac{l_0}{h}\right)^2 \zeta_c$$

$$= 1 + \frac{1}{1300 \times \frac{(386 \times 10^6 / 330 \times 10^3) + 20}{410}} \times \left(\frac{5100}{450}\right)^2 \times 1 = 1.034$$

（3）计算控制截面弯矩设计值

按式（6-35）计算

$$C_m = 0.7 + 0.3 \frac{M_1}{M_2} = 0.7 + 0.3 \times \frac{-50}{386} = 0.66 < 0.7$$

取 $C_m = 0.7$（即相当取 $M_1 = 0$）

$$C_m \eta_{ns} = 0.7 \times 1.034 = 0.724 < 1.0$$

取 $C_m \eta_{ns} = 1.0$

按式（6-43）计算

$$M = C_m \eta_{ns} M_2 = 1.0 \times 386 = 386\text{kN} \cdot \text{m}$$

（4）初判大小偏心受压

$$e_0 = \frac{M}{N} = \frac{386 \times 10^6}{330 \times 10^3} = 1169.7\text{mm}$$

$$e_i = e_0 + e_a = 1169.7 + 20 = 1189.7\text{mm}$$

因为 $e_i = 1189.7\text{mm} > 0.3 h_0 = 0.3 \times 410 = 123\text{mm}$

故先按大偏心受压计算。

（5）计算配筋

$$e = e_i + \frac{h}{2} - a_s = 1189.7 + \frac{450}{2} - 40 = 1374.7\text{mm}$$

按式（6-69）计算

$$A'_s = \frac{Ne - \alpha_1 f_c b \xi_b h_0^2 (1 - 0.5\xi_b)}{f_y'(h_0 - a'_s)}$$

$$= \frac{330 \times 10^3 \times 1374.7 - 1 \times 14.3 \times 400 \times 0.518 \times 410^2 \times (1 - 0.5 \times 0.518)}{360(410 - 40)} = 635\text{mm}^2$$

$$> \rho_{min} bh = 0.002 \times 400 \times 450 = 360\text{mm}^2$$

按式（6-70）计算：

$$A_s = \frac{\alpha_1 f_c b h_0 \xi_b + A'_s f'_y - N}{f_y}$$

$$= \frac{1 \times 14.3 \times 400 \times 410 \times 0.518 + 635 \times 360 - 330 \times 10^3}{360} = 3092\text{mm}^2 > \rho_{min} bh = 360\text{mm}^2$$

受压钢筋配置3Φ22（$A_s'=760\text{mm}^2$），受拉钢筋配置4Φ25（$A_s=3104\text{mm}^2$），因为全部纵向钢筋的配筋率

$$\rho=\frac{A_s'+A_s}{bh}=\frac{760+3104}{400\times450}=0.0217>\rho_{\min}=0.0055$$

符合要求。

（6）复核大小偏心受压

由式（6-44）求出受压区高度x

$$x=\frac{N-f_y'A_s'+f_yA_s}{\alpha_1 f_c b}=\frac{330\times10^3-360\times760+360\times3104}{1\times14.3\times400}=205.2\text{mm}$$

$\xi=\dfrac{x}{h_0}=\dfrac{205.2}{410}=0.501<\xi_b=0.518$，说明前面假定构件为大偏心受压是正确的。

（7）验算垂直弯矩作用平面的承载力（从略）

配筋如图6-26所示。

2. 按程序计算

（1）按MENU键，再按9键，进入程序菜单。

（2）找到计算偏心受压柱计算程序名：N2-M2，按EXE。

（3）按屏幕提示输入数据，并操作，计算器输出结果（见表6-14）。

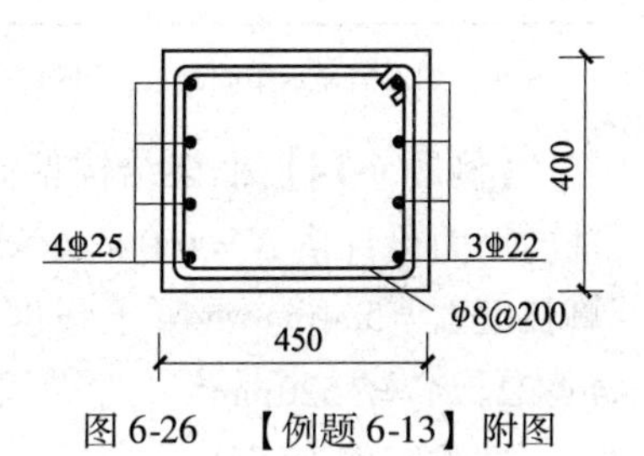

图6-26　【例题6-13】附图

【例题6-13】附表　表6-14

序号	屏幕显示	输入数据	计算结果	单位	说明
1	$N=?$	330×10^3，EXE		N	输入轴向力设计值
2	$M_1=?$	-50×10^6，EXE		N·mm	输入杆端较小弯矩设计值
3	$M_2=?$	386×10^6，EXE		N·mm	输入杆端较大弯矩设计值
4	$b=?$	400，EXE		mm	输入截面宽度
5	$h=?$	450，EXE		mm	输入截面长度
6	$a_s=a_s'=?$	40，EXE		mm	输入钢筋合力点至柱最近边缘的距离
7	$l_0=?$	5100，EXE		mm	输入柱的计算高度
8	h_0		410，EXE	mm	输出柱截面有效高度
9	$C=?$	30，EXE		–	输入混凝土强度等级
10	$G=?$	3，EXE		–	输入钢筋HRB400级的序号3
11	e_a		20，EXE	mm	输出附加偏心距
12	A		180×10^3，EXE	mm^2	输出柱的截面面积
13	I		3037.5×10^6，EXE	mm^4	输出柱的截面惯性矩
14	i		129.9，EXE	mm	输出柱的截面回转半径
15	$[l_0/i]$		35.55，EXE	–	输出允许长细比值
16	ζ_c		1.0，EXE	–	输出截面曲率修正系数
17	η_{ns}		1.034，EXE		输出弯矩增大系数
18	e_i		1189.7，EXE	–	输出初始偏心距
19	C_m		0.70，EXE	–	输出构件端截面偏心距调节系数

续表

序　号	屏幕显示	输入数据	计算结果	单　位	说　　明
20	M		386×10^6，EXE	N·mm	输出控制截面弯矩设计值
21	e_0		1169，7EXE	mm	输出弯矩设计值的偏心距
22	e_i		1189.7，EXE	mm	输出初始偏心距
23	$A'_s=?$	0		–	输入已知A'_s值，若A'_s为待求值，则输入0
24	e		1374.7，EXE	mm	输出轴向压力作用点至受拉钢筋面积重心的距离
25	A'_s		635，EXE	mm^2	输出受压钢筋截面面积
26	A_s	2	3092，EXE	mm^2	输出受拉钢筋截面面积
27	OK				

注：如不需显示中间结果，可将程序中的中间结果后面的显示符“◢”删除即可。

【例题 6-14】 框架结构偏心受压柱截面尺寸 $b\times h=400\text{mm}\times500\text{mm}$，$a_s=a'_s=40\text{mm}$，轴向压力设计值 $N=160\times10^3\text{kN}$，弯矩设计值 $M_1=-60\text{kN}\cdot\text{m}$，$M_2=250\text{kN}\cdot\text{m}$。柱的计算长度 $l_0=5.4\text{m}$。混凝土强度等级为 C30，纵筋采用 HRB400 级钢筋。已知受压区配置 4⌀22，$A'_s=1520\text{mm}^2$。

试求钢筋面积 A_s。

【解】 1. 手算

（1）判断是否需考虑二阶效应

$$A=400\times500=200000\text{mm}^2$$

$$I=\frac{1}{12}bh^3=\frac{1}{12}\times400\times500^3=4167\times10^6\text{mm}^4$$

$$i=\sqrt{\frac{I}{A}}=\sqrt{\frac{4167\times10}{200000}}=144.34\text{mm}$$

$$\frac{l_0}{i}=\frac{5400}{144.34}=37.41\geqslant34-12\frac{M_1}{M_2}=34-12\frac{-46}{250}=36.89$$

故应考虑二阶弯矩的影响。

（2）计算弯矩增大系数

$$e_a=\frac{h}{30}=\frac{450}{30}=15\text{mm},\quad 取\ e_a=20\text{mm}$$

$$h_0=h-a_s=500-40=460\text{mm}$$

按式（6-40）计算

$$\zeta_c=\frac{0.5f_cA}{N}=\frac{0.5\times14.3\times200000}{160\times10^3}=8.93>1.0$$

取 $\zeta_c=1.0$

按式（6-42）计算

$$\eta_{ns}=1+\frac{1}{1300\dfrac{(M_2/N)+e_a}{h_0}}\left(\frac{l_0}{h}\right)^2\zeta_c=1+\frac{1}{1300\times\dfrac{(250\times10^6/160\times10^3)+20}{460}}\left(\frac{5400}{500}\right)^2\times1=1.026$$

（3）计算控制截面弯矩设计值

按式（6-35）计算

$$C_m = 0.7 + 0.3\frac{M_1}{M_2} = 0.7 + 0.3 \times \left(\frac{-60}{250}\right) = 0.63 < 0.7$$

取 $C_m = 0.7$（即相当取 $M_1 = 0$）

$$C_m\eta_{ns} = 0.7 \times 1.026 = 0.72 < 1.0 \qquad 取\ C_m\eta_{ns} = 1.0$$

按式（6-43）计算

$$M = C_m\eta_{ns}M_2 = 1.0 \times 250 = 250\text{kN}\cdot\text{m}$$

（4）初判大小偏心受压

$$e_0 = \frac{M}{N} = \frac{250 \times 10^6}{160 \times 10^3} = 1563\text{mm}$$

$$e_i = e_0 + e_a = 1563 + 20 = 1583\text{mm}$$

因为 $e_i = 1583\text{mm} > 0.3h_0 = 0.3 \times 460 = 138\text{mm}$，故可先按大偏心受压情况计算。

（5）计算配筋

$$e = e_i + \frac{h}{2} - a_s = 1583 + \frac{500}{2} - 40 = 1793\text{mm}$$

$$M_{u2} = Ne - f_y'A_s'(h_0 - a_s') = 160 \times 10^3 \times 1793 - 360 \times 1520 \times (460 - 40)$$
$$= 56.97\text{kN}\cdot\text{m}$$

$$\alpha_s = \frac{M_{u2}}{\alpha_1 f_c b h_0^{\ 2}} = \frac{56.97 \times 10^6}{1 \times 14.3 \times 400 \times 460^2} = 0.0471$$

$$\xi = 1 - \sqrt{1 - 2\alpha_s} = 1 - \sqrt{1 - 2 \times 0.0471} = 0.0482 < \xi_b = 0.518$$

$$x = \xi \cdot h_0 = 0.0482 \times 460 = 22.17\text{mm} < 2a_s' = 2 \times 40 = 80\text{mm}$$

$$e' = e_i - \frac{h}{2} + a_s' = 1583 - \frac{500}{2} + 40 = 1373\text{mm}$$

按式（6-49）计算：

$$A_s = \frac{Ne'}{f_y(h_0 - a_s')} = \frac{160 \times 10^3 \times 1373}{360 \times (460 - 40)} = 1453\text{mm}^2 > \rho_{\min}bh = 0.002 \times 400 \times 500 = 400\text{mm}^2$$

选4Φ22（$A_s = 1520\text{mm}^2$）

因为全部纵向钢筋的配筋率

$$\rho = \frac{A_s' + A_s}{bh} = \frac{1520 + 1453}{400 \times 500} = 0.0149 > \rho_{\min} = 0.0055$$

符合要求。

（6）复核大小偏心受压

由式（6-44）求出受压区高度 x

$$x = \frac{N - f_y'A_s' + f_yA_s}{\alpha_1 f_c b} = \frac{160 \times 10^3 - 360 \times 1520 + 360 \times 1520}{1 \times 14.3 \times 400} = 27.97\text{mm}$$

$$\xi = \frac{x}{h_0} = \frac{27.97}{460} = 0.0608 < \xi_b = 0.518$$

说明前面假定构件为大偏心受压是正确的。

（7）验算垂直弯矩作用平面的承载力（从略）

配筋如图6-27所示。

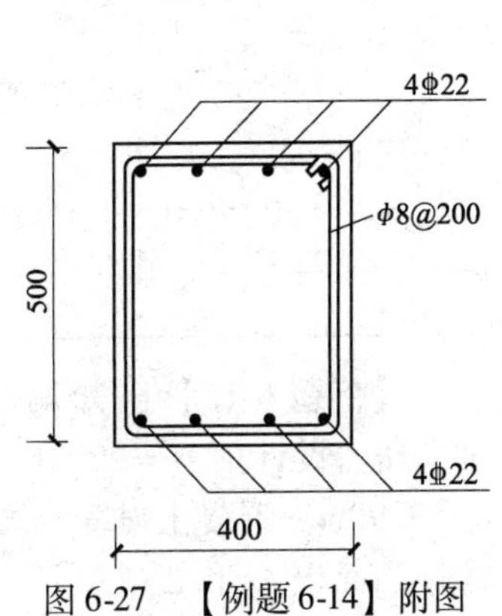

图6-27　【例题6-14】附图

2. 按程序计算

（1）按 MENU 键，再按 9 键，进入程序菜单。

（2）找到偏心受压柱的计算程序名：N2-M2，按 EXE。

（3）按屏幕提示输入数据，并操作，计算器输出结果（见表 6-15）。

【例题 6-14】附表 **表 6-15**

序号	屏幕显示	输入数据	计算结果	单位	说明
1	$N=?$	160×10^3，EXE		N	输入轴向压力设计值
2	$M_1=?$	-60×10^6，EXE		N · mm	输入杆端较小弯矩设计值
3	$M_2=?$	250×10^6，EXE		N · mm	输入杆端较大弯矩设计值
4	$b=?$	400，EXE		mm	输入截面宽度
5	$h=?$	500，EXE		mm	输入截面长度
6	$a_s=a_s'=?$	40，EXE		mm	输入钢筋合力点至柱最近边缘的距离
7	$l_0=?$	5400，EXE		mm	输入柱的计算高度
8	h_0		460，EXE	mm	输出截面有效高度
9	$C=?$	30，EXE		–	输入混凝土强度等级
10	$G=?$	3，EXE		–	输入钢筋 HRB400 级的序号 3
11	e_i		1583，EXE	mm	输出初始偏心距
12	A		200×10^3，EXE	mm^2	输出柱的截面面积
13	I		4166×10^6，EXE	mm^4	输出柱的截面惯性矩
14	i		144.34，EXE	mm	输出柱的截面回转半径
15	$[l_0/i]$		36.88，EXE	–	输出长细比限值
16	ζ_c		1.00，EXE	–	输出截面曲率修正系数
17	η_{ns}		1.026，EXE	—	输出弯矩增大系数
18	C_m		0.70，EXE	—	输出构件端截面偏心距调节系数
19	M		250×10^6，EXE	N · mm	输出控制截面弯矩设计值
20	e_0		1562.5，EXE	mm	输出偏心距
21	e_i		1583，EXE	mm	输出初始偏心距
22	$A_s'=?$	1520，EXE		mm^2	输出钢筋面积
23	e		1793，EXE	mm	输出钢筋合力点至 A_s 重心的距离
24	M_{u2}		56.98×10^6	N · mm	输出受拉钢筋承受的弯矩设计值
25	α_s		0.0471，EXE	–	计算系数
26	ξ		0.0482，EXE	–	输出相对受压区高度
27	e'		1373，EXE	mm	输出轴向力作用点至 A_s' 重心的距离
28	A_s		1452	mm^2	输出受拉钢筋截面面积

【例题 6-15】 已知偏心受压柱截面尺寸 $b\times h=400\text{mm}\times500\text{mm}$，$a_s=a_s'=40\text{mm}$，轴向压力设计值 $N=2000\text{kN}$，弯矩设计值 $M_1=180\text{kN}\cdot\text{m}$，$M_2=200\text{kN}\cdot\text{m}$。柱的计算长度 $l_0=3.90\text{m}$。混凝土强度等级为 C30，纵筋采用 HRB400 级钢筋，截面采用非对称配筋。试求钢筋面积 A_s 和 A_s'。

【解】1. 手算

（1）判断是否需考虑二阶效应

因为

$$A = 400 \times 500 = 200000\text{mm}^2$$

$$I = \frac{1}{12}bh^3 = \frac{1}{12} \times 400 \times 500^3 = 4167 \times 10^6 \text{mm}^4$$

$$i = \sqrt{\frac{I}{A}} = \sqrt{\frac{4167 \times 10}{200000}} = 144.34\text{mm}$$

$$\frac{l_0}{i} = \frac{3900}{144.34} = 37 \geqslant 34 - 12\frac{M_1}{M_2} = 34 - 12 \times \frac{180}{200} = 23.2$$

故应考虑二阶弯矩的影响。

（2）计算弯矩增大系数

$$h_0 = h - a_s = 500 - 40 = 470\text{mm}$$

$$e_a = \frac{h}{30} = \frac{500}{30} = 16.67\text{mm} < 20\text{mm}, \quad 取\ e_a = 20\text{mm}$$

按式（6-40）计算

$$\zeta_c = \frac{0.5f_cA}{N} = \frac{0.5 \times 14.3 \times 200000}{2000 \times 10^3} = 0.751$$

按式（6-42）计算

$$\eta_{ns} = 1 + \frac{1}{1300 \times \frac{(M_2/N) + e_a}{h_0}}\left(\frac{l_0}{h}\right)^2 \zeta_c$$

$$= 1 + \frac{1}{1300 \times \frac{(200 \times 10^6/2000 \times 10^3) + 20}{460}} \times \left(\frac{3900}{500}\right)^2 \times 0.715 = 1.128$$

（3）计算控制截面弯矩设计值

按式（6-35）计算

$$C_m = 0.7 + 0.3\frac{M_1}{M_2} = 0.7 + 0.3 \times \frac{180}{200} = 0.97$$

$$C_m\eta_{ns} = 0.97 \times 1.128 = 1.094 > 1.0$$

按式（6-43）计算

$$M = C_m\eta_{ns}M_2 = 1.094 \times 200 = 218.83\text{kN} \cdot \text{m}$$

（4）初判大小偏压

$$e_0 = \frac{M}{N} = \frac{218.83 \times 10^6}{2000 \times 10^3} = 109.42\text{mm}$$

$$e_i = e_0 + e_a = 109.44 + 20 = 129.42\text{mm}$$

$$e' = \frac{h}{2} - e_i - a'_s = \frac{500}{2} - 129.42 - 40 = 80.58\text{mm}$$

因为 $e_i = 129.42\text{mm} < 0.3h_0 = 0.3 \times 460 = 138\text{mm}$，故可先按小偏心受压情况计算。

（5）计算配筋

取 $\beta_1=0.80$，$A_s=\rho_{min}bh=0.002\times400\times500=400\text{mm}^2$，$\xi_b=0.518$，$\beta_1=0.8$

按式（6-75）计算

$$V=\frac{0.002bhf_y(h_0-a_s)}{|\xi_b-\beta_1|}=\frac{0.002\times400\times500\times360\times(460-40)}{|0.518-0.8|}=214.5\times10^6$$

$$A=0.5f_cb=0.5\times14.3\times400=2860$$

$$B=-f_cba_s+\frac{V}{h_0}=-14.3\times400\times40+\frac{214.5\times10^6}{460}=237435$$

$$C=-(\beta_1V+Ne')=-(0.8\times214.5\times10^6+2000\times10^3\times80.58)=-332689894$$

代入式（6-74）

$$2860x^2+237435x-332689894=0$$

解上面一元二次方程，得受压区高度 $x=302.07\text{mm}$。

按式（6-55）计算 σ_s

$$\xi=\frac{x}{h_0}=\frac{302.07}{460}=0.657$$

$$\sigma_s=\frac{\xi-\beta_1}{\xi_b-\beta_1}f_y=\frac{0.657-0.8}{0.518-0.8}\times360=183\text{N/mm}^2$$

因为 $\xi_b=0.518<\xi=0.657<\beta_1=0.80$，$\sigma_s=183\text{N/mm}^2>0$，说明 A_s 受拉不屈服。

$$e=e_i+\frac{h}{2}-a_s=129.42+\frac{500}{2}-40=339.42\text{mm}$$

由式（6-52）计算

$$A_s'=\frac{Ne-\alpha_1f_cbx(h_0-0.5x)}{f_y'(h_0-a_s')}$$

$$=\frac{2000\times10^3\times339.42-1\times14.3\times400\times302.07\times(510-0.5\times302.07)}{360\times(460-40)}=959.3\text{mm}^2$$

$$>\rho_{min}bh=0.002\times400\times500=400\text{mm}^2$$

因为

$$N=2000\times10^3\text{N}\leqslant\alpha_1f_cbh=1\times14.3\times400\times500=2860\times10^3\text{N}$$

故不必验算反向承载力。

受压钢筋选取4Φ18，$A_s'=1017\text{mm}^2$；受拉钢筋选取2Φ16，$A_s=402\text{mm}^2$。因为全部纵向钢筋的配筋率

$$\rho=\frac{A_s'+A_s}{bh}=\frac{1017+400}{400\times500}=0.007>\rho_{min}=0.0055$$

符合要求。

（6）复核大小偏心受压

由式（6-51）求出受压区高度 x

$$x=\frac{N-f_y'A_s'+\sigma_sA_s}{\alpha_1f_cb}=\frac{2000\times10^3-360\times1017+183\times400}{1\times14.3\times400}=298.4\text{mm}$$

$$\xi=\frac{x}{h_0}=\frac{298.4}{460}=0.648>\xi_b=0.518$$

说明前面假定构件为大偏心受压是正确的。

（7）验算垂直弯矩作用平面的承载力（从略）

配筋如图6-28所示。

2. 按程序计算

（1）按MENU键，再按9键，进入程序菜单。

（2）找到柱的承载力计算程序名：N2-M2，按EXE。

（3）按屏幕提示输入数据并操作，计算器输出结果（见附表6-16）。

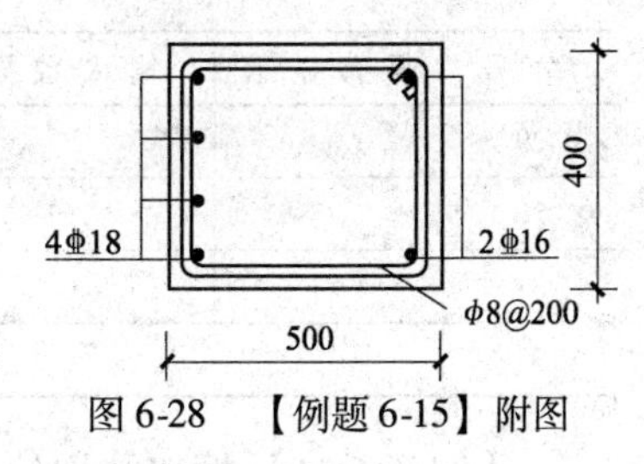

图6-28 【例题6-15】附图

【例题6-15】附表 **表6-16**

序 号	屏幕显示	输入数据	计算结果	单 位	说 明
1	$N=?$	2000×10^3，EXE		N	输入轴向力设计值
2	$M_1=?$	180×10^6，EXE		N·mm	输入杆端较小弯矩设计值
3	$M_2=?$	200×10^6，EXE		N·mm	输入杆端较大弯矩设计值
4	$b=?$	400，EXE		mm	输入截面宽度
5	$h=?$	500，EXE		mm	输入截面长度
6	$a_s=a_s'=?$	40，EXE		mm	输入钢筋合力点至柱最近边缘的距离
7	$l_0=?$	3900，EXE		mm	输入柱的计算高度
8	h_0		460，EXE	mm	输出柱截面有效高度
9	$C=?$	30，EXE		–	输入混凝土强度等级
10	$G=?$	3，EXE		–	输入钢筋HRB400级的序号3
11	e_i		120，EXE	mm	输出附加偏心距
12	A		200×10^3，EXE	mm^2	输出柱的截面面积
13	I		4167×10^6，EXE	mm^4	输出柱的截面惯性矩
14	i		144.34，EXE	mm	输出柱的截面回转半径
15	$[l_0/i]$		23.2，EXE	–	输出允许长细比值
16	ζ_c		0.715，EXE	–	输出截面曲率修正系数
17	η_{ns}		1.128，EXE	–	输出弯矩增大系数
18	C_m		0.97，EXE	–	输出构件端截面偏心距调节系数
19	M		218.89，EXE	N·mm	输出控制截面弯矩设计值
20	e_0		109.4，EXE	mm	输出偏心距
21	e_i		129.4，EXE	mm	输出初始偏心距
22	e'		80.55，EXE	mm	输出合力点至受压钢筋重心的距离
23	e		339.4，EXE	mm	输出钢筋合力点至受拉钢筋重心的距离
24	ξ_{cy}		1.082，EXE	–	输出钢筋A_s受压屈服时相对受压区高度
25	V		214.5×10，EXE	–	输出系数
26	A		2860，EXE	–	输出二次方程式系数
27	B		237435，EXE	–	输出二次方程式系数
28	C		–332689894，EXE	–	输出二次方程式常数项

续表

序 号	屏幕显示	输入数据	计算结果	单 位	说 明
29	x		302.1，EXE	mm	输出截面受压区高度
30	ξ		0.657，EXE	–	输出截面相对受压区高度
31	σ_s		183，EXE	N/mm^2	输出钢筋 A_s 应力
32	A_s'		959.3	mm^2	输出受压钢筋 A_s' 截面面积

【例题 6-16】 框架结构偏心受压柱截面尺寸 $b \times h = 400mm \times 550mm$，$a_s = a_s' = 40mm$，轴向力设计值 $N = 3900kN$，弯矩设计值 $M_1 = M_2 = 25kN \cdot m$。柱的计算长度 $l_0 = 3.60m$。混凝土强度等级为 C30，采用 HRB400 级钢筋，截面采用非对称配筋。试求钢筋面积 A_s 和 A_s'。

【解】 1. 手算

（1）判断是否需考虑二阶效应

因为

$$\frac{M_1}{M_2} = \frac{25}{25} = 1 > 0.9$$

故应考虑二阶弯矩的影响。

（2）计算弯矩增大系数

$$h_0 = h - a_s = 550 - 40 = 510mm$$

$$e_a = \frac{h}{30} = \frac{550}{30} = 18.33mm < 20mm, \quad 取\ e_a = 20mm$$

按式（6-40）计算

$$\zeta_c = \frac{0.5 f_c A}{N} = \frac{0.5 \times 14.3 \times 220000}{3900 \times 10^3} = 0.403$$

按式（6-42）计算

$$\eta_{ns} = 1 + \frac{1}{1300 \dfrac{M_2/N + e_a}{h_0}} \left(\frac{l_c}{h}\right)^2 \zeta_c$$

$$= 1 + \frac{1}{1300 \times \dfrac{25 \times 10^6/(3900 \times 10^3) + 20}{510}} \times \left(\frac{3600}{550}\right)^2 \times 0.328 = 1.257$$

（3）计算控制截面弯矩设计值

按式（6-35）计算

$$C_m = 0.7 + 0.3\frac{M_1}{M_2} = 0.7 + 0.3 \times 1 = 1.0$$

按式（6-43）计算

$$M = C_m \eta_{ns} M_2 = 1.0 \times 1.218 \times 25 = 31.42kN \cdot m$$

（4）初判大小偏压

$$e_0 = \frac{M}{N} = \frac{31.42 \times 10^6}{3900 \times 10^3} = 8.06mm$$

$$e_i = e_0 + e_a = 8.06 + 20 = 28.06mm$$

$$e' = \frac{h}{2} - e_i - a'_s = \frac{550}{2} - 28.06 - 40 = 206.94\text{mm}$$

因为 $e_i = 28.06\text{mm} < 0.3h_0 = 0.3 \times 510 = 153\text{mm}$，故可先按小偏心受压情况计算。

（5）计算 x 和 σ_s

取 $A_s = \rho_{\min} bh = 0.002 \times 400 \times 550 = 440\text{mm}^2, \xi_b = 0.518, \beta_1 = 0.8$

按式（6-75）计算

$$V = \frac{0.002bhf_y(h_0 - a_s)}{|\xi_b - \beta_1|} = \frac{0.002 \times 400 \times 550 \times 360 \times (510 - 40)}{|0.518 - 0.8|} = 264 \times 10^6$$

$$A = 0.5f_c b = 0.5 \times 14.3 \times 400 = 2860$$

$$B = -f_c b a_s + \frac{V}{h_0} = -14.3 \times 400 \times 40 + \frac{264 \times 10^6}{510} = 288847$$

$$C = -(\beta_1 V + Ne') = -(0.8 \times 264 \times 10^6 + 3900 \times 10^3 \times 206.94) = -1018.27 \times 10^6$$

代入式（6-74），得

$$2860x^2 + 288847x - 1018266000 = 0$$

解上面一元二次方程，得受压区高度 $x = 548.32\text{mm}$

按式（6-72）计算

$$\xi_{cy} = 2\beta_1 - \xi_b = 2 \times 0.8 - 0.518 = 1.082$$

因为

$$\beta_1 = 0.80 < \xi = \frac{x}{h_0} = \frac{548.32}{510} = 1.075 < \xi_{cy} = 1.082$$

且

$$\sigma_s = \frac{\xi - \beta_1}{\xi_b - \beta_1} f_y = \frac{1.075 - 0.8}{0.518 - 0.8} \times 360 = -351.3\text{N/mm}^2$$

说明 A_s 受压不屈服，且 $x = 548.32\text{mm} < h = 550\text{mm}$。

（6）计算钢筋面积

$$e = e_i + \frac{h}{2} - a_s = 28.06 + \frac{550}{2} - 40 = 263.06\text{mm}$$

由式（6-52）计算

$$A'_s = \frac{Ne - \alpha_1 f_c bx(h_0 - 0.5x)}{f'_y(h_0 - a'_s)}$$

$$= \frac{3900 \times 10^3 \times 263.06 - 1 \times 14.3 \times 400 \times 548.33 \times (510 - 0.5 \times 548.32)}{360 \times (510 - 40)} = 1692\text{mm}^2$$

由于

$$N = 3900 \times 10^3\text{N} > f_c bh = 14.3 \times 400 \times 550 = 3146 \times 10^3\text{N}$$

故尚须验算反向承载力。

按式（6-58）算出

$$e' = \frac{h}{2} - a'_s - (e_0 - e_a) = \frac{550}{2} - 40 - (8.06 - 20) = 246.94\text{mm}$$

按式（6-57）算出所需钢筋

$$A_s = \frac{Ne' - f_c bh(h'_0 - 0.5h)}{f'_y(h'_0 - a_s)} =$$

$$=\frac{3900\times10^3\times246.94-1\times14.3\times400\times550\times(510-0.5\times550)}{360\times(510-40)}=1322\text{mm}^2>440\text{mm}^2$$

A_s'选配 4 Φ 25（$A_s'=1964\text{mm}^2>1692\text{mm}^2$）；$A_s$ 选配 2 Φ 20 + 2 Φ 22（$A_s=1389\text{mm}^2>1322\text{mm}^2$）。因为全部纵向钢筋的配筋率：

$$\rho=\frac{A_s'+A_s}{bh}=\frac{1964+1389}{400\times550}=0.0152>\rho_{\min}=0.0055$$

符合要求

（7）验算垂直弯矩作用平面的承载力

根据$\frac{l_c}{b}=\frac{3600}{400}=9.0$，由表 4-1 查得 $\varphi=0.993$

按式（6-1）求得轴向压力设计值

$$N_u=0.9\varphi(f_cA+f_y'A_s')=0.9\times0.993\times[14.3\times220000+360\times(1964+1389)]$$

$$=3890\times10^3\text{N}\approx N=3900\times10^3\text{N}$$

承载力符合要求。

配筋如图 6-29 所示。

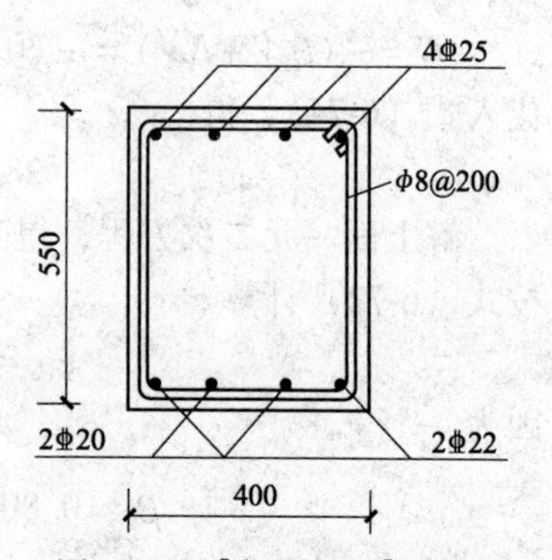

图 6-29 【例题 6-16】附图

2. 按程序计算

（1）按 MENU 键，再按 9 键，进入程序菜单。

（2）找到柱的承载力计算程序名：N2-M2，按 EXE。

（3）按屏幕提示输入数据，并操作，计算器输出结果（见表 6-17）。

【例题 6-16】附表 **表 6-17**

序 号	屏幕显示	输入数据	计算结果	单 位	说 明
1	$N=?$	3900×10^3，EXE		N	输入轴向力设计值
2	$M_1=?$	25×10^6，EXE		N·mm	输入杆端较小弯矩设计值
3	$M_2=?$	25×10^6，EXE		N·mm	输入杆端较大弯矩设计值
4	$b=?$	400，EXE		mm	输入截面宽度
5	$h=?$	550，EXE		mm	输入截面长度
6	$a_s=a_s'=?$	40，EXE		mm	输入钢筋合力点至柱最近边的距离
7	$l_0=?$	3600，EXE		mm	输入柱的计算高度
8	h_0		510，EXE	mm	输出柱截面有效高度
9	$C=?$	30，EXE		–	输入混凝土强度等级
10	$G=?$	3，EXE		–	输入钢筋 HRB400 级的序号 3
11	e_i		26.41，EXE	mm	输出附加偏心距
12	A		220×10^3，EXE	mm²	输出柱的截面面积
13	I		5546×10^6，EXE	mm⁴	输出柱的截面惯性矩
14	i		158.8，EXE	mm	输出柱的截面回转半径
15	$[l_0/i]$		22，EXE	–	输出允许长细比值
16	ζ_c		0.403，EXE	–	输出截面曲率修正系数

续表

序　号	屏幕显示	输入数据	计算结果	单　位	说　　明
17	η_{ns}		1.257，EXE	–	输出弯矩增大系数
18	C_m		1.00，EXE	–	输出构件端截面偏心距调节系数
19	M		31.4×10^6，EXE	N·mm	输出控制截面弯矩设计值
20	e_0		8.056，EXE	mm	输出偏心距
21	e_i		28.06，EXE	mm	输出初始偏心距
22	e'		206.9，EXE	mm	输出轴向压力至A'_s重心的距离
23	e		263.1，EXE	mm	输出轴向压力至A_s重心的距离
24	ζ_{cy}		1.082，EXE	–	输出钢筋A_s受压屈服时相对受压区高度
25	V		264×10^6，EXE	–	输出系数
26	A		2860，EXE	–	输出二次方程式系数
27	B		288847，EXE	–	输出二次方程式系数
28	C		-1018×10^3，EXE	–	输出二次方程式常数项
29	x		548.3，EXE	mm	输出截面受压区高度
30	ξ		1.075，EXE	–	输出截面相对受压区高度
31	σ_s		–351，EXE	N/mm²	输出钢筋A_s应力
32	A'_s		1691，EXE	mm²	输出受压钢筋A'_s截面面积
33	e'		246.94，EXE	mm	输出反向破坏时轴向压力点至A'_s重心的距离
34	A_s		1322	mm²	输出反向破坏时钢筋A_s面积

【例题6-17】框架结构偏心受压柱截面尺寸$b\times h=400\text{mm}\times550\text{mm}$，$a_s=a'_s=40\text{mm}$，轴向力设计值N＝4000kN，弯矩设计值$M_1=M_2=25\text{kN}\cdot\text{m}$。柱的计算长度$l_0=3.60\text{m}$。混凝土强度等级为C30，纵筋采用HRB500级钢筋，$f_y=435\text{N/mm}^2$，$f_y=410\text{N/mm}^2$。截面采用非对称配筋。试求钢筋面积A_s和A'_s。

【解】1. 手算

(1) 判断是否需考虑二阶效应

因为

$$\frac{M_2}{M_1}=\frac{25}{25}=1\geqslant0.9$$

故应考虑二阶弯矩的影响。

(2) 计算弯矩增大系数

$$h_0=h-a_s=500-40=460\text{mm}$$

$$e_a=\frac{h}{30}=\frac{550}{30}=18.33\text{mm}<20\text{mm},\text{取 }e_a=20\text{mm}$$

$$h_0=h-a_s=500-40=460\text{mm}$$

按式（6-40）计算

$$\zeta_c=\frac{0.5f_cA}{N}=\frac{0.5\times14.3\times220000}{4000\times10^3}=0.393$$

按式（6-42）计算

$$\eta_{ns}=1+\frac{1}{1300\frac{(M_2/N)+e_a}{h_0}}\left(\frac{l_c}{h}\right)^2\zeta_c$$

$$=1+\frac{1}{1300\times\frac{25\times10^6/(4000\times10^3)+20}{510}}\times\left(\frac{3600}{550}\right)^2\times0.393=1.252$$

（3）计算控制截面弯矩设计值

按式（6-35）计算

$$C_m=0.7+0.3\frac{M_1}{M_2}=0.7+0.3\times1=1.0$$

按式（6-43）计算

$$M=C_m\eta_{ns}M_2=1.0\times1.252\times25=31.30\text{kN}\cdot\text{m}$$

（4）初判大小偏心受压

$$e_0=\frac{M}{N}=\frac{31.30\times10^6}{4000\times10^3}=7.83\text{mm}$$

$$e_i=e_0+e_a=7.83+20=27.83\text{mm}$$

$$e'=\frac{h}{2}-e_i-a'_s=\frac{550}{2}-27.83-40=207.17\text{mm}$$

因为 $e_i=27.83\text{mm}<0.3h_0=0.3\times510=153\text{mm}$，故可先按小偏心受压情况计算。

（5）计算 x 和 σ_s

$$\beta_1=0.80\text{，并取 }A_s=\rho_{min}bh=0.002\times400\times550=440\text{mm}^2$$

按式（6-75）计算

$$V=\frac{0.002bhf_y(h_0-a_s)}{|\xi_b-\beta_1|}=\frac{0.002\times400\times550\times435\times(510-40)}{|0.482-0.8|}=282.89\times10^6$$

$$A=0.5f_cb=0.5\times14.3\times400=2860$$

$$B=-f_cba_s+\frac{V}{h_0}=-14.3\times400\times40+\frac{282.89}{510}=325879.98$$

$$C=-(0.8V+Ne')=-(0.8\times282.89\times10^6+4000\times10^3\times207.17)=-1055.02\times10^6$$

代入式（6-74），经简化后得：

$$x^2+113.94x-368888=0$$

解上面一元二次方程，得受压区高度 $x=553.05\text{mm}$

按式（6-73）计算

$$\xi_{cy}=1.943\beta_1-0.943\xi_b=1.943\times0.8-0.943\times0.481=1.10$$

由于

$$\beta_1=0.8<\xi=\frac{x}{h_0}=\frac{553.05}{510}=1.084<\xi_{cy}=1.10$$

故 A_s 受压不屈服。因为 $x=553.05\text{mm}>h=550\text{mm}$，故取 $x=h=550\text{mm}$。这时，实际相对受压区高度：

$$\xi=\frac{x}{h_0}=\frac{550}{510}=1.078$$

而
$$\sigma_s=\frac{\xi-\beta_1}{\xi_b-\beta_1}f_y=\frac{1.078-0.8}{0.482-0.8}\times 435=-380.3\text{N/mm}^2$$

（6）计算配筋

$$e=e_i+\frac{h}{2}-a_s=27.83+\frac{550}{2}-40=262.83\text{mm}$$

由式（6-52）计算

$$A_s'=\frac{Ne-\alpha_1 f_c bh(h_0-0.5h)}{f_y'(h_0-a_s')}$$

$$=\frac{4000\times 10^3\times 262.83-1\times 14.3\times 400\times 550\times(510-0.5\times 550)}{410\times(510-40)}=1619\text{mm}^2$$

由式（6-51）计算

$$A_s=\frac{N-\alpha_1 f_c bh-f_y'A_s'}{\sigma_s}=\frac{4000\times 10^3-1\times 14.3\times 400\times 550-410\times 1619}{380.3}=500.2\text{mm}^2$$

由于
$$N=4000\times 10^3\text{N}>f_c bh=14.3\times 400\times 550=3146\times 10^3\text{N}$$

故尚须验算反向承载力。

按式（4－58）算出

$$e'=\frac{h}{2}-a_s'-(e_0-e_a)=\frac{550}{2}-40-(7.83-20)=247.17\text{mm}$$

按式（6-57）算出所需钢筋

$$A_s=\frac{Ne'-\alpha_1 f_c bh(h_0'-0.5h)}{f_y'(h_0'-a_s)}$$

$$=\frac{4000\times 10^3\times 247.17-1\times 14.3\times 400\times 550\times(510-0.5\times 550)}{410\times(510-40)}=1294\text{mm}^2>500.2\text{mm}^2$$

A_s'选配2Φ22＋2Φ25（$A_s'=1631\text{mm}^2$），A_s选配2Φ20＋2Φ22（$A_s=1455\text{mm}^2$），因为全部纵向钢筋的配筋率

$$\rho=\frac{A_s'+A_s}{bh}=\frac{1631+1455}{400\times 550}=0.0140>\rho_{\min}=0.0055$$

符合要求。

（7）复核大小偏心受压

将已知数据代入式（6-52）求出受压区高度：

$$Ne=\alpha_1 f_c bx\left(h_0-\frac{x}{2}\right)+f_y'A_s'(h_0-a_s')$$

$$4000\times 10^3\times 262.83=1\times 14.3\times 400x(510-0.5x)+410\times 1631\times(510-40)$$

化简后得：

$$x^2-1020x+257701=0$$

解得

$$x=461\text{mm}>\xi_b h_0=0.482\times 510=245\text{mm}$$

说明前面假定小偏心受压是正确的，以上计算有效。

（8）验算垂直弯矩作用平面的承载力（从略）

配筋如图6-30所示。

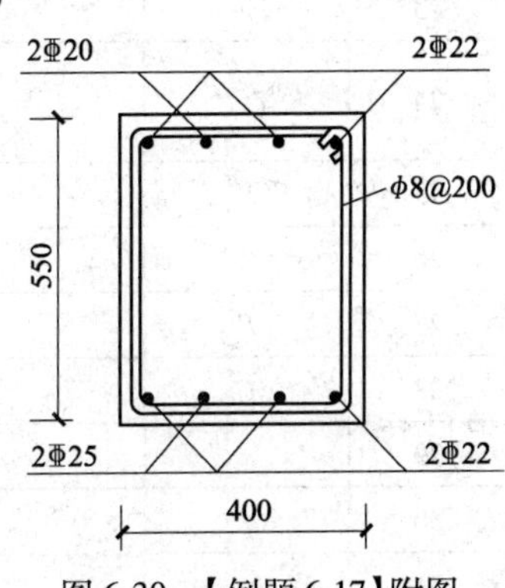

图6-30　【例题6-17】附图

2. 按程序计算

（1）按 MENU 键，再按 9 键，进入程序菜单。

（2）找到柱的承载力计算程序名：N2-M2，按 EXE。

（3）按屏幕提示输入数据，并操作，计算器输出结果（见表 6-18）。

【例题 6-17】附表 **表 6-18**

序号	屏幕显示	输入数据	计算结果	单位	说明
1	$N=?$	4000×10^3，EXE		N	输入轴向力设计值
2	$M_1=?$	25×10^{63}，EXE		N·mm	输入杆端较小弯矩设计值
3	$M_2=?$	25×10^6，EXE		N·mm	输入杆端较大弯矩设计值
4	$b=?$	400，EXE		mm	输入截面宽度
5	$h=?$	550，EXE		mm	输入截面长度
6	$a_s=a'_s=?$	40，EXE		mm	输入钢筋合力点至柱最近边缘的距离
7	$l_0=?$	3600，EXE		mm	输入柱的计算高度
8	h_0		510，EXE	mm	输出柱截面有效高度
9	$C=?$	30，EXE		–	输入混凝土强度等级
10	$G=?$	4，EXE		–	输入钢筋 HRB500 级的序号 4
11	e_i		26.41，EXE	mm	输出附加偏心距
12	A		220×10^3，EXE	mm	输出柱的截面面积
13	I		5545.8×10^6，EXE	mm^4	输出柱的截面惯性矩
14	i		158.8，EXE	mm	输出柱的截面回转半径
15	$[l_0/i]$		22，EXE	–	输出允许长细比值
16	ζ_c		0.393，EXE	–	输出截面曲率修正系数
17	η_{ns}		1.252，EXE	–	输出弯矩增大系数
18	C_m		1.00，EXE	–	输出构件端截面偏心距调节系数
19	M		31.30×10^6，EXE	N·mm	输出控制截面弯矩设计值
20	e_0		7.82，EXE	mm	输出偏心距
21	e_i		27.82，EXE	mm	输出初始偏心距
22	e'		207.2，EXE	mm	输出轴向压力至 A'_s 重心的距离
23	e		262.8，EXE	mm	输出轴向压力至 A_s 重心的距离
24	ζ_{cy}		1.099，EXE	–	输出钢筋 A_s 受压屈服时相对受压区高度
25	V		282.9×10^6，EXE	–	输出系数
26	A		2860，EXE	–	输出二次方程式系数
27	B		325879.9，EXE	–	输出二次方程式系数
28	C		-1055×10^3，EXE	–	输出二次方程式常数项
29	x		553.1，EXE	mm	输出截面受压区高度
30	ξ		1.084，EXE	–	输出截面相对受压区高度
31	σ_s		–389.07，EXE	N/mm^2	输出相应于 $\xi=1.084$ 时的钢筋 A_s 应力

续表

序　号	屏幕显示	输入数据	计算结果	单　位	说　　明
32	σ_s		-380.9，EXE	N/mm^2	输出相应于 $\xi=1.078$ 时的钢筋 A_s 应力
33	A_s'		1619	mm^2	输出受压钢筋 A_s' 截面面积
34	A_s		499.4	mm^2	输出钢筋 A_s 截面面积
35	e'		247.2	mm	输出反向破坏时轴向压力至 A_s' 重心的距离
36	A_s		1294	mm^2	输出反向破坏时钢筋 A_s 面积

【例题 6-18】 框架结构偏心受压柱截面尺寸 $b\times h=400\text{mm}\times550\text{mm}$，$a_s=a_s'=40\text{mm}$，轴向压力设计值 $N=4800\times10^3\text{kN}$，弯矩设计值 $M_1=M_2=25\text{kN}\cdot\text{m}$。柱的计算长度 $l_0=3.6\text{m}$。混凝土强度等级为 C30，采用 HRB400 级钢筋，截面采用非对称配筋。试求钢筋面积 A_s 和 A_s'。

【解】 1. 手算

（1）判断是否需考虑二阶效应

因为

$$\frac{M_2}{M_1}=\frac{25}{25}=1>0.9$$

故应考虑二阶弯矩的影响。

（2）计算弯矩增大系数

$$h_0=h-a_s=500-40=460\text{mm}$$

$$e_a=\frac{h}{30}=\frac{550}{30}=18.33\text{mm}<20\text{mm}, \text{取 } e_a=20\text{mm}$$

$$h_0=h-a_s=500-40=460\text{mm}$$

按式（6-40）计算

$$\zeta_c=\frac{0.5f_cA}{N}=\frac{0.5\times14.3\times220000}{4800\times10^3}=0.328$$

按式（6-42）计算

$$\eta_{ns}=1+\frac{1}{1300\dfrac{(M_2/N)+e_a}{h_0}}\left(\frac{l_c}{h}\right)^2\zeta_c$$

$$=1+\frac{1}{1300\times\dfrac{25\times10^6/(4800\times10^3)+20}{510}}\times\left(\frac{3600}{550}\right)^2\times0.328=1.218$$

（3）计算控制截面弯矩设计值

按式（6-35）计算：

$$C_m=0.7+0.3\frac{M_1}{M_2}=0.7+0.3\times1=1.0$$

按式（6-43）计算：

$$M=C_m\eta_{ns}M_2=1.0\times1.218\times25=30.45\text{kN}\cdot\text{m}$$

（4）初判大小偏心受压

$$e_0=\frac{M}{N}=\frac{30.45\times10^6}{4800\times10^3}=6.34\text{mm}$$

$$e_i=e_0+e_a=6.34+20=26.34\text{mm}$$

因为 $e_i=26.34\text{mm}<0.3h_0=0.3\times510=153\text{mm}$，故可先按小偏心受压情况计算。

（5）计算 x 和 σ_s

$\beta_1=0.80$，取 $A_s=\rho_{min}bh=0.002\times400\times550=440\text{mm}^2$，再将式（6-55）代入式（6-53），经整理后得：

$$x^2+100.77x-424113.5=0$$

解上面一元二次方程，得受压区高度 $x=602.8\text{mm}$

按式（6-72）计算

$$\xi_{cy}=2\beta_1-\xi_b=2\times0.8-0.518=1.082$$

因为
$$\xi=\frac{x}{h_0}=\frac{602.8}{510}=1.182>\xi_{cy}=1.082$$

且
$$\sigma_s=\frac{\xi-\beta_1}{\xi_b-\beta_1}f_y=\frac{1.182-0.8}{0.518-0.8}\times360=-487.7\text{N/mm}^2$$

说明 A_s 受压屈服，故取 $\sigma_s=-f_y'$

因为
$$\xi=1.182>\xi_{cy}=1.082>\frac{h}{h_0}=\frac{550}{510}=1.078$$

故取
$$x=h=550\text{mm}$$

（6）计算配筋

$$e=e_i+\frac{h}{2}-a_s=26.34+\frac{550}{2}-40=261.3\text{mm}$$

由式（6-52）计算

$$A_s'=\frac{Ne-\alpha_1f_cbh(h_0-0.5h)}{f_y'(h_0-a_s')}$$

$$=\frac{4800\times10^3\times261.3-1\times14.3\times400\times550\times(510-0.5\times550)}{360\times(510-40)}=3043\text{mm}^2$$

由式（6-51）计算

$$A_s=\frac{N-\alpha_1f_cbh-f_y'A_s'}{f_y'}=\frac{4800\times10^3-1\times14.3\times400\times550-360\times3043}{360}=1551\text{mm}^2$$

由于
$$N=4800\times10^3\text{N}>f_cbh=14.3\times400\times550=3146\times10^3\text{N}$$

故尚须验算反向承载力。

按式（6-58）算出

$$e'=\frac{h}{2}-a_s'-(e_0-e_a)=\frac{550}{2}-40-(6.34-20)=248.7\text{mm}$$

按式（6-57）算出所需钢筋

$$A_s=\frac{Ne'-\alpha_1f_cbh(h_0'-0.5h)}{f_y'(h_0'-a_s)}$$

$$=\frac{4800\times10^3\times248.7-1\times14.3\times400\times550\times(510-0.5\times550)}{360\times(510-40)}=2684.8\text{mm}^2>1551\text{mm}^2$$

A'_s选配5⌀28（$A_s=3079\text{mm}^2$），A_s选配5⌀28（$A_s=3079\text{mm}^2$）

因为全部纵向钢筋的配筋率

$$\rho=\frac{A'_s+A_s}{bh}=\frac{3079+3079}{400\times550}=0.0279>\rho_{min}=0.0055$$

符合要求。

（7）复核大小偏心受压

将已知数据代入式（6-53），求出受压区高度：

$$Ne=\alpha_1 f_c bx\left(h_0-\frac{x}{2}\right)+f_y{}'A'_s(h_0-a'_s)$$

$$4800\times10^3\times261.3=1\times14.3\times400x(510-0.5x)+360\times3079.(510-40)$$

化简后得：

$$x^2-1020x+258558=0$$

解得

$$x=549.3\text{mm}>\xi_b h_0=0.518\times510=264\text{mm}$$

说明前面假定大偏压是正确的，以上计算有效。

（8）验算垂直弯矩作用平面的承载力

根据$\dfrac{l_c}{b}=\dfrac{3600}{400}=9.0$，由表5-1查得$\varphi=0.993$

按式（6-1）求得轴向压力设计值

$$N_u=0.9\varphi(f_cA+f_y{}'A'_s)=0.9\times0.993\times[14.3\times220000+360\times(3079+3079)]$$
$$=4792.8\times10^3\text{N}\approx N=4800\times10^3\text{N}$$

满足要求。

配筋如图6-31所示。

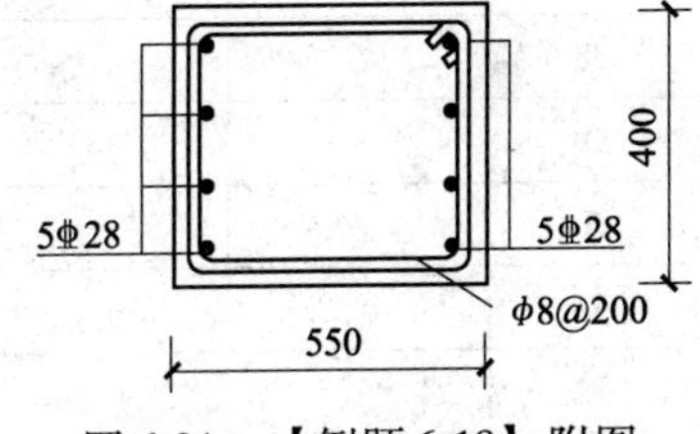

图6-31　【例题6-18】附图

2. 按程序计算

（1）按MENU键，再按9键，进入程序菜单。

（2）找到柱的承载力计算程序名：N2-M2，按EXE。

（3）按屏幕提示输入数据，并操作，计算器输出结果（见表6-19）。

【例题6-18】附表　　表6-19

序　号	屏幕显示	输入数据	计算结果	单　位	说　　明
1	$N=?$	4800×10^3，EXE		N	输入轴向力设计值
2	$M_1=?$	25×10^{63}，EXE		N·mm	输入杆端较小弯矩设计值
3	$M_2=?$	25×10^6，EXE		N·mm	输入杆端较大弯矩设计值
4	$b=?$	400，EXE		mm	输入截面宽度
5	$h=?$	550，EXE		mm	输入截面长度
6	$a_s=a'_s=?$	40，EXE		mm	输入钢筋合力点至柱最近边缘的距离
7	$l_0=?$	3600，EXE		mm	输入柱的计算高度
8	h_0		510，EXE	mm	输出柱截面有效高度
9	$C=?$	30，EXE		–	输入混凝土强度等级

续表

序　号	屏幕显示	输入数据	计算结果	单　位	说　　明
10	$G=?$	3，EXE		–	输入钢筋 HRB500 级的序号 3
11	e_i		25.2，EXE	mm	输出附加偏心距
12	A		220×10^3，EXE	mm	输出柱的截面面积
13	I		5545.8×10^6，EXE	mm^4	输出柱的截面惯性矩
14	i		158.8，EXE	mm	输出柱的截面回转半径
15	$[l_0/i]$		22，EXE	–	输出允许长细比值
16	ζ_c		0.328，EXE	–	输出截面曲率修正系数
17	η_{ns}		1.218，EXE	–	输出弯矩增大系数
18	C_m		1.00，EXE	–	输出构件端截面偏心距调节系数
19	M		30.46×10^6，EXE	N·mm	输出控制截面弯矩设计值
20	e_0		6.35，EXE	mm	输出偏心距
21	e_i		26.35，EXE	mm	输出初始偏心距
22	e'		208.7，EXE	mm	输出钢筋合力点至受压钢筋重心的距离
23	e		261.3，EXE	mm	输出钢筋合力点至受拉钢筋重心的距离
24	ζ_{cy}		1.082，EXE	–	输出钢筋 A_s 受压屈服时相对受压区高度
25	V		264×10^6，EXE	–	输出系数
26	A		2860，EXE	–	输出二次方程式系数
27	B		288847，EXE	–	输出二次方程式系数
28	C		-1212.7×10^6，EXE	–	输出二次方程式常数项
29	x		602.6，EXE	mm	输出截面受压区高度
30	ξ		1.182，EXE	–	输出截面计算相对受压区高度
31	σ_s		-487.2，EXE	N/mm^2	输出钢筋 A_s 应力
32	x		550，EXE	mm	输出与柱截面高度相应的受压区高度
33	A'_s		3044.6，EXE	mm^2	输出受压钢筋 A'_s 截面面积
34	A_s		1549，EXE	mm^2	输出钢筋 A_s 截面面积
35	e'		248.7，EXE	mm	输出反向破坏时钢筋合力点至受压钢筋重心的距离
36	A_s		2684.6	mm^2	输出反向破坏时钢筋 A_s 面积

【例题 6-19】 框架结构偏心受压柱，纵向受力钢筋采用 HRB335 级钢筋，其他条件同【例题 6-18】。试确定钢筋面积 A_s 和 A'_s。

【解】 1. 手算

(1) 计算 x 和 σ_s

$$\beta_1=0.80,\quad 并取 A_s=\rho_{min}bh=0.002\times400\times550=440mm^2, e'=208.7mm$$

按式 (6-75) 计算

$$V=\frac{0.002bhf_y(h_0-a_s)}{|\xi_b-\beta_1|}=\frac{0.002\times400\times550\times300\times(510-40)}{|0.55-0.8|}=248.16\times10^6$$

$$A = 0.5 f_c b = 0.5 \times 14.3 \times 400 = 2860$$

$$B = -f_c b a_s + \frac{V}{h_0} = -14.3 \times 400 \times 40 + \frac{248.16 \times 10^6}{510} = 257788$$

$$C = -(0.8V + Ne') = -(0.8 \times 248.16 \times 10^6 + 4800 \times 10^3 \times 208.7) = -1200 \times 10^6$$

代入式（6-74），经简化后得：

$$x^2 + 90.14419580x - 368888 = 0$$

解上面一元二次方程，得受压区高度 $x = 604.25\text{mm}$

A_s 受压屈服时的相对受压区高度

$$\xi_{cy} = 2\beta_1 - \xi_b = 2 \times 0.8 - 0.55 = 1.05$$

因为

$$\xi = \frac{x}{h_0} = \frac{604.25}{510} = 1.184 > \xi_{cy} = 1.05$$

$$\sigma_s = \frac{\xi - \beta_1}{\xi_b - \beta_1} f_y = \frac{1.184 - 0.8}{0.55 - 0.8} \times 300 = -461\text{N/mm}^2$$

说明 A_s 受压屈服，故取 $\sigma_s = -f_y'$

而

$$x = 604.25\text{mm} > \xi_{cy} h_0 = 1.05 \times 510 = 535.5\text{mm} < h = 550\text{mm}$$

故取

$$x = 535.2\text{mm}$$

（2）计算配筋

由式（6-52）计算

$$A_s' = \frac{Ne - \alpha_1 f_c bx(h_0 - 0.5x)}{f_y'(h_0 - a_s')}$$

$$= \frac{4800 \times 10^3 \times 261.3 - 1 \times 14.3 \times 400 \times 535.2 \times (510 - 0.5 \times 535.2)}{300 \times (510 - 40)} = 3632\text{mm}^2$$

由式（6-29）计算

$$A_s = \frac{N - \alpha_1 f_c bh - f_y' A_s'}{f_y'} = \frac{4800 \times 10^3 - 1 \times 14.3 \times 400 \times 535.2 - 300 \times 3632}{300} = 2164\text{mm}^2$$

由于

$$N = 4800 \times 10^3\text{N} > f_c bh = 14.3 \times 400 \times 550 = 3146 \times 10^3\text{N}$$

故尚须验算反向承载力。

按式（6-58）算出

$$e' = \frac{h}{2} - a_s' - (e_0 - e_a) = \frac{550}{2} - 40 - (6.34 - 20) = 248.7\text{mm}$$

按式（6-57）算出所需钢筋

$$A_s = \frac{Ne' - \alpha_1 f_c bx(h_0' - 0.5x)}{f_y'(h_0' - a_s)}$$

$$= \frac{4800 \times 10^3 \times 248.7 - 1 \times 14.3 \times 400 \times 535.2 \times (510 - 0.5 \times 535.2)}{300 \times (510 - 40)} = 3203\text{mm}^2 > 2164\text{mm}^2$$

A_s'选配 5 Φ32（$A_s = 4021\text{mm}^2$），A_s 选配 4 Φ32（$A_s = 3217\text{mm}^2$），因为全部纵向钢筋的配筋率

$$\rho = \frac{A_s' + A_s}{bh} = \frac{4021 + 3217}{400 \times 550} = 0.033 > \rho_{min} = 0.0055$$

符合要求。

配筋如图 6-32 所示。

(3) 复核大小偏心受压

将已知数据代入式 (6-53)，求出受压区高度：

$$Ne=\alpha_1 f_c bx\left(h_0-\frac{x}{2}\right)+f_y{}'A_s'(h_0-a_s')$$

$$4800\times10^3\times261.3=1\times14.3\times400x\times(510-0.5x)+300\times4021\times(510-40)$$

化简后得：

$$x^2-1020x+240307=0$$

解得

$$x=369.3\text{mm}>\xi_b h_0=0.518\times510=264\text{mm}$$

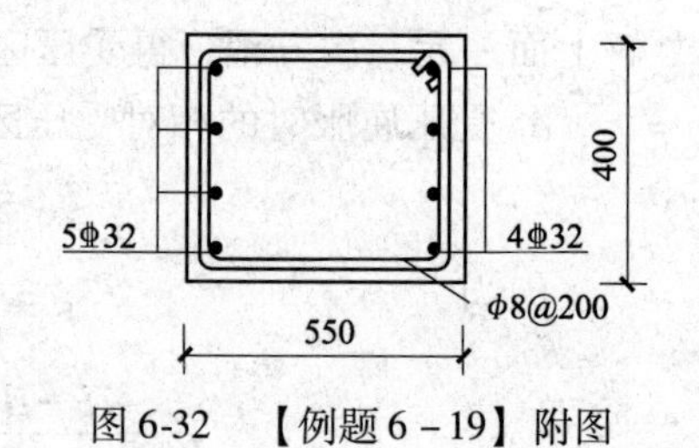

图 6-32　【例题 6－19】附图

说明前面假定大偏压是正确的，以上计算有效。

2. 按程序计算

(1) 按 MENU 键，再按 9 键，进入程序菜单。

(2) 找到柱的承载力计算程序名：N2-M2，按 EXE。

(3) 按屏幕提示输入数据并操作，计算器输出结果（见表 6-20）。

【例题 6-19】附表　　**表 6-20**

序号	屏幕显示	输入数据	计算结果	单位	说明
1	$N=$	4800×10^3，EXE		N	输入轴向力设计值
2	$M_1=?$	25×10^{63}，EXE		N·mm	输入杆端较小弯矩设计值
3	$M_2=?$	25×10^6，EXE		N·mm	输入杆端较大弯矩设计值
4	$b=?$	400，EXE		mm	输入截面宽度
5	$h=?$	550，EXE		mm	输入截面长度
6	$a_s=a_s'=?$	40，EXE		mm	输入钢筋合力点至柱最近边缘的距离
7	$l_0=?$	3600，EXE		mm	输入柱的计算高度
8	h_0		510，EXE	mm	输出柱截面有效高度
9	$C=?$	30，EXE		–	输入混凝土强度等级
10	$G=?$	2，EXE		–	输入钢筋 HRB335 级的序号 2
11	e_i		25.2，EXE	mm	输出附加偏心距
12	A		220×10^3，EXE	mm	输出柱的截面面积
13	I		5545.8×10^6，EXE	mm^4	输出柱的截面惯性矩
14	i		158.8，EXE	mm	输出柱的截面回转半径
15	$[l_0/i]$		22，EXE	–	输出允许长细比值
16	ζ_c		0.328，EXE	–	输出截面曲率修正系数
17	η_{ns}		1.218，EXE	–	输出弯矩增大系数
18	C_m		1.00，EXE	–	输出构件端截面偏心距调节系数
19	M		30.46×10^6，EXE	N·mm	输出控制截面弯矩设计值
20	e_0		6.35，EXE	mm	输出偏心距
21	e_i		26.35，EXE	mm	输出初始偏心距

续表

序　号	屏幕显示	输入数据	计算结果	单　位	说　明
22	e'		208.7，EXE	mm	输出钢筋合力点至受压钢筋重心的距离
23	e		261.3，EXE	mm	输出钢筋合力点至受拉钢筋重心的距离
24	ζ_{cy}		1.05，EXE	-	输出钢筋 A_s 受压屈服时相对受压区高度
25	V		248.2×10^6，EXE	-	输出系数
26	A		2860，EXE	-	输出二次方程式系数
27	B		257788，EXE	-	输出二次方程式系数
28	C		-1200×10^6，EXE	-	输出二次方程式常数项
29	x		604.3，EXE	mm	输出截面受压区高度
30	ξ		1.185，EXE	-	输出截面计算相对受压区高度
31	σ_s		-461.8，EXE	N/mm^2	输出钢筋 A_s 应力
32	x		535.1，EXE	mm	输出与截面高度相应的受压区高度
33	A'_s		3634.3，EXE	mm^2	输出受压钢筋 A'_s 截面面积
34	A_s		2156，EXE	mm^2	输出钢筋 A_s 截面面积
35	e'		248.7，EXE	mm	输出反向破坏时钢筋合力点至受压钢筋重心的距离
36	A_s		3221	mm^2	输出反向破坏时钢筋 A_s 面积

【例题 6-20】 框架结构偏心受压柱，截面尺寸 $b\times h=400mm\times500mm$，$a_s=a'_s=40mm$，轴向压力设计值 $N=160\times10^3kN$，柱的计算长度 $l_0=5.4m$。混凝土强度等级为C30，采用HRB400级钢筋。配有钢筋3 ⌀22（$A_s=1140mm^2$）和3 ⌀20（$A'_s=941mm^2$）。试求框架柱端能承受的弯矩设计值 M_2。

【解】（1）确定截面大小偏心受压

按式(6-53)计算截面界限受压区高度

$$h_0=h-a_s=500-40=460mm$$

$$x=\frac{N-f_y'A'_s+f_yA_s}{\alpha_1f_cb}=\frac{160\times10^3-360\times941+360\times1140}{1\times14.3\times400}$$

$$=40.50mm<\xi_bh_0=0.518\times460=238mm$$

属于大偏心受压。

（2）求控制截面弯矩设计值

因为 $x=40.5mm<2a_s=2\times40=80mm$

故应按式(6-49)计算

$$e'=\frac{f_yA_s(h_0-a'_s)}{N}=\frac{360\times1140\times(460-40)}{1600000}=1077mm$$

由式(6-50)算出

$$e_i=e'+\frac{h}{2}-a'_s=1077+\frac{500}{2}-40=1287mm$$

$$e_0 = e_i - 20 = 1287 - 20 = 1267\text{mm}$$

于是，得控制截面弯矩设计值

$$M = Ne_0 = 160000 \times 1267 = 202.7 \times 10^6 \text{N} \cdot \text{mm} = 202.7 \text{kN} \cdot \text{m}$$

（3）求柱端弯矩设计值

为安全计，设柱两端弯矩相等，即 $M_1 = M_2$，因为 $M_1 = M_2$，故考虑二阶效应。

按式（6-35）得 $C_m = 1$，由式（6-40）算出

$$\zeta_c = \frac{0.5 f_c A}{N} = \frac{0.5 \times 14.3 \times 400 \times 500}{160000} = 8.94 > 1 \quad \text{取} \ \zeta_c = 1.0$$

由式（6-43）得

$$M = \eta_{ns} C_m M_2 = \left[1 + \frac{1}{1300(M_2/N + e_a)h_0}\left(\frac{l_0}{h}\right)^2 \zeta_c\right] \times 1 \times M_2$$

$$202.7 \times 10^6 = \left[1 + \frac{1}{1300 \times (M_2/(160 \times 10^3) + 20) \times 460} \div \left(\frac{5400}{500}\right)^2 \times 1.0\right] \times 1 \times M_2$$

解上式，得：$M_2 = 196.2 \text{kN} \cdot \text{m}$。

§6-8　偏心受压构件斜截面受剪承载力计算

如偏心受压构件除受有偏心作用的轴向压力 N 外，还受到剪力 V 的作用，则偏心受压构件尚需进行斜截面受剪承载力计算。

试验结果表明，轴向压力对构件斜截面受剪承载力有提高的作用。这是由于轴向压力能阻止或减缓斜裂缝的出现和开展。此外，由于轴向压力的存在，使构件混凝土剪压区高度增加，从而提高了混没凝土的抗剪能力。试验还表明，临界斜裂缝的水平投影长度与无轴向压力构件相比基本相同，故箍筋的抗剪能力没有明显影响。

轴向压力对构件斜截面受剪承载力的提高是有一定限度的，图 6-33 绘出了这种试验结果。当轴压比 $\frac{N}{f_c bh} = 0.3 \sim 0.5$ 时，斜截面受剪承载力有明显提高，再增加轴向压力，将使受剪承载力降低。

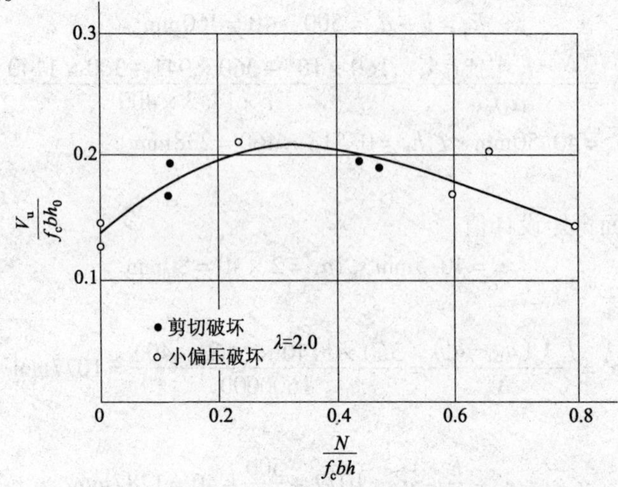

图 6-33　轴压力对构件受剪承载力的影响

基于试验分析，《混凝土结构设计规范》规定，对于矩形、T形和I形钢筋混凝土偏心受压构件，其受剪承载力计算，作如下规定：

1. 为了防止斜压破坏，截面尺寸应符合下列要求：

当$\frac{h}{b}\leqslant 4$时

$$V\leqslant 0.25\beta_c f_c b h_0 \tag{6-76}$$

当$\frac{h}{b}\geqslant 6$时

$$V\leqslant 0.2\beta_c f_c b h_0 \tag{6-77}$$

当$4\leqslant h/b\leqslant 6$时，按线性内插法确定。

2. 矩形、T形和I形钢筋混凝土偏心受压构件，其斜截面受剪承载力应按下列公式计算：

$$V\leqslant \frac{1.75}{\lambda+1}f_t b h_0+f_{yv}\frac{A_{sv}}{s}h_0+0.07N \tag{6-78}$$

式中　V——剪力设计值；

N——与剪力设计值V相应的轴向压力设计值，当$N>0.3f_cA$时，取$N=0.3f_cA$；

A——构件截面面积；

λ——偏心受压构件计算截面的剪跨比，取为$M/(Vh_0)$。

计算截面的剪跨比λ应按下列规定采用：

（1）对框架结构中的框架柱，当其反弯点在层高范围内时，可取为$H_n/(2h_0)$。H_n为柱净高。

当$\lambda<1$时，取$\lambda=1$；当$\lambda>3$时，取$\lambda=3$。此处，M为计算截面上与剪力设计值V相应的弯矩设计值。

（2）其他偏心受压构件，当承受均布荷载时，取1.5。

由式（6-40）可见，《混凝土结构设计规范》是在无轴向压力的受弯构件斜截面受剪承载力公式的基础上，采用增加一项抗剪能力的办法，来考虑轴向压力对受剪承载力有利影响的。

（3）对于矩形、T形和I形钢筋混凝土偏心受压构件，当符合下列条件时，则不需进行斜截面受剪承载计算，而仅需按构造要求配置箍筋。

$$V\leqslant \frac{1.75}{\lambda+1}f_t b h_0+0.07N \tag{6-79}$$

第7章　受拉构件承载力计算

§7-1　概　　述

受拉构件可分为轴心受拉构件和偏心受拉构件。当轴向拉力作用点与截面形心重合时，称为轴心受拉构件；当轴向拉力作用点与截面形心不重合时，则称为偏心受拉构件。

在工程中，受拉构件和受压构件一样，应用也十分广泛。例如，屋架的下弦杆（图7-1*a*）、自来水压力管（图7-1*b*）就是轴心受拉构件。单层厂房的双肢柱（图7-2*a*）和矩形水池（图7-2*b*），则属偏心受拉构件。

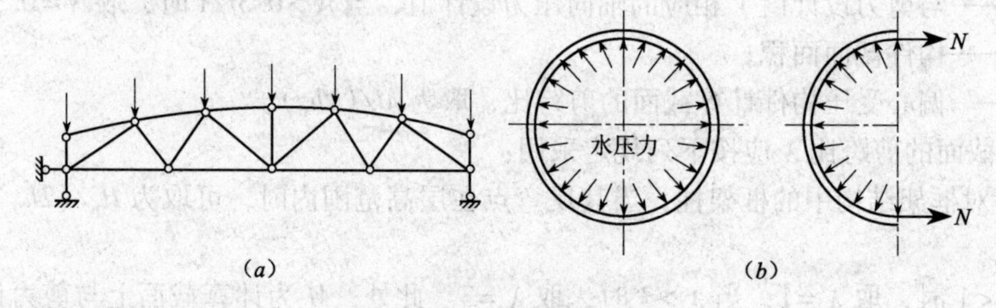

图7-1　受拉构件

（*a*）屋架下弦；（*b*）圆形水池

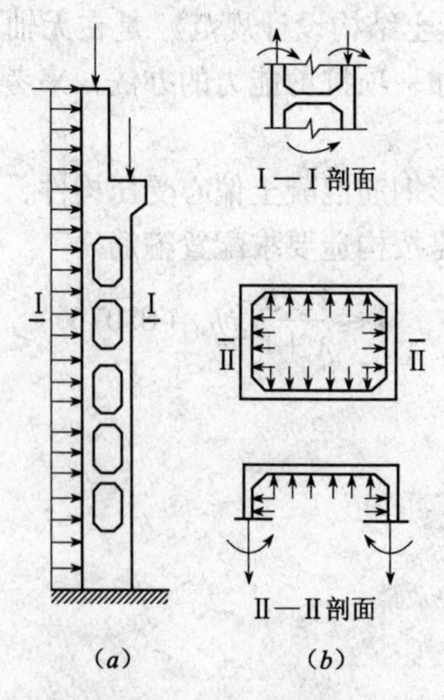

图7-2　双肢柱及矩形水池

（*a*）双肢柱；（*b*）矩形水池

§7-2　轴心受拉构件正截面承载力计算

由于混凝土抗拉强度很低，开裂时极限拉应变很小（$\varepsilon_c = 0.1 \sim 0.15$）$\times 10^{-3}$，所以当构件承受不大的拉力时，混凝土就要开裂，而这时钢筋中的应力还很小，以 HRB335 级钢筋为例，钢筋应力只有 $\sigma_s = \varepsilon_c E_s$①$= (0.1 \sim 0.15) \times 10^{-3} \times 2.0 \times 10^5 = 20 \sim 30\text{N/mm}^2$。因此，轴心受拉构件按正截面承载力计算时，不考虑混凝土参加工作，这时拉力全部由纵向钢筋承担。

轴心受拉构件正截面受拉承载力应按下列公式计算（图 7-3）：

$$N \leqslant f_y A_s \tag{7-1}$$

式中　N——轴向拉力设计值；

f_y——钢筋抗拉强度设计值；

A_s——受拉钢筋的全部截面面积。

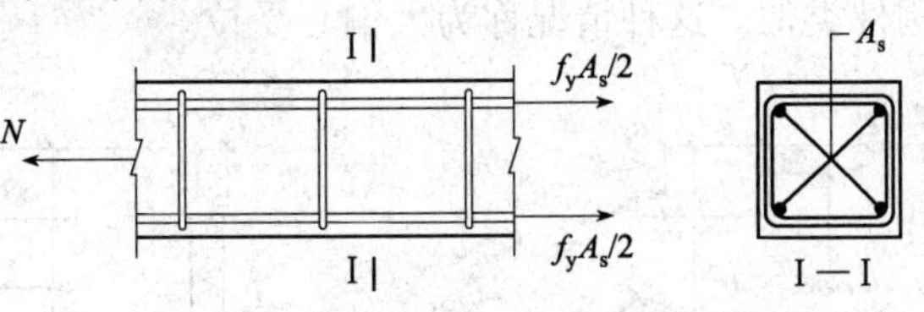

图 7-3　钢筋混凝土轴心受拉构件

【例题 7-1】 钢筋混凝土屋架下弦杆，截面尺寸 $b \times h = 180\text{mm} \times 180\text{mm}$，混凝土强等级为 C30，钢筋为 HRB335 级。承受轴向拉力设计值为 $N = 250\text{kN}$。试求纵向钢筋面积 A_s。

【解】 按式（7-1）算得

$$A_s = \frac{N}{f_y} = \frac{250 \times 10^3}{300} = 833.3\text{mm}^2$$

配置 4Φ18（$A_s = 1017\text{mm}^2$）。

§7-3　偏心受拉构件承载力计算

7.3.1　偏心受拉构件正截面承载力计算

1. 试验研究

设矩形截面为 $b \times h$ 的构件上作用偏心轴向力 N，其偏心距为 e_0，距轴向力 N 较近一侧的钢筋截面面积为 A_s，较远一侧的为 A'_s。试验表明，根据偏心轴向力的作用位置不同，构件的破坏特征可分为以下两种情况。

第一种情况：轴向拉力 N 作用在钢筋 A_s 合力点和 A'_s 合力点之间（$e_0 \leqslant \frac{h}{2} - a_s$）（图 7-4）。

当轴向力的偏心距较小时，整个截面将全部受拉，随着轴向力的增加，混凝土达到极

① 由于钢筋与混凝土变形相同，故它们的应变相等，即 $\varepsilon_s = \varepsilon_c$。

限拉应变而开裂；最后，钢筋达到屈服强度，构件破坏；当偏心距 e_0 较大时，混凝土开裂前，截面一部分受拉，另一部分受压。随着轴向拉力的不断增加，受拉区混凝土开裂，并使整个截面裂通，混凝土退出工作。构件破坏时，钢筋 A_s 应力达到屈服强度，而钢筋 A_s'应力是否达到屈服强度，则取决于轴向力作用点的位置及钢筋 A_s'与 A_s 的比值。为了使钢筋（A_s+A_s'）用量最小，可假定钢筋 A_s'应力到屈服强度。

因此，只要偏心轴向拉力 N 作用在钢筋 A_s 和 A_s'合力点之间，不管偏心距大小如何，构件破坏时均为全截面受拉。这种情况称为小偏心受拉。

第二种情况：轴向力 N 作用在钢筋 A_s 和 A_s'合力点以外时（$e_0>\frac{h}{2}-a_s$）（图 7-5）。

因为这时轴向力的偏心距 e_0 较大，截面一部分受拉，另一部分受压，随着轴向拉力的增加，受拉区混凝土开裂，这时受拉区钢筋 A_s 承担拉力，而受压区由混凝土和钢筋 A_y' 承担全部压力。随着轴向力拉力进一步增加，裂缝开展，受拉区钢筋 A_s 达到屈服强度 f_y，受压区进一步缩小，以致混凝土被压碎，同时受压区钢筋 A_s'应力也到达屈服强度 f_y'。其破坏形态与大偏心受压构件类似。这种情况称为大偏心受拉。

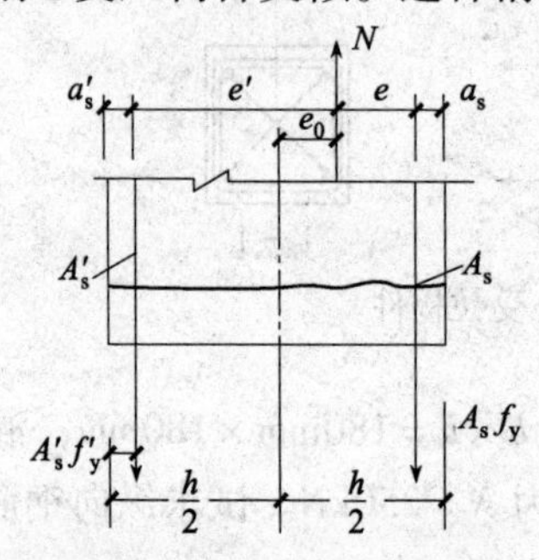

图 7-4 小偏心受拉破坏情况

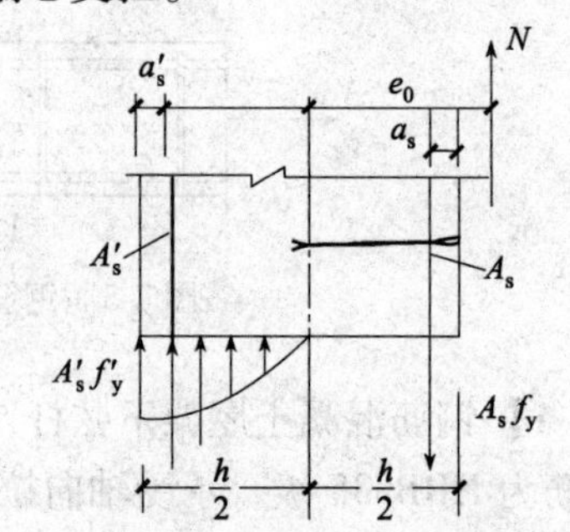

图 7-5 大偏心受拉破坏情况

2. 基本计算公式

（1）小偏心受拉构件

如前所述，小偏心受拉构件在轴向拉力 N 作用下，截面达到破坏时，拉力全部由钢筋 A_s 和 A'_s 承担。截面应力计算图形如图 7-6 所示。

$$\sum Y=0 \quad N\leqslant N_u=f_yA_s+f_yA_s \tag{7-2}$$

$$\sum A_s'=0 \quad N\acute{e}\leqslant N_ue'=f_yA_s(h_0-a_s) \tag{7-3}$$

$$\sum A_s=0 \quad Ne\leqslant N_ue=f_yA_s'(h_0-a_s')\text{①} \tag{7-4}$$

式中

$$e=\frac{h}{2}-a_s-e_0 \tag{7-5}$$

$$e'=\frac{h}{2}-a_s'+e_0 \tag{7-6}$$

（2）大偏心受拉构件

① 本章将偏心受拉构件中距轴向力较远一侧的钢筋不论受压还是受拉均用 A_s'表示，式（7-4）中的 A_s'为受拉，故其强度采用抗拉强度设计值为 f_y。

大偏心受拉构件在轴向拉力N作用下，截面破坏时，受拉区钢筋A_s达到屈服强度f_y，受压区混凝土被压碎，同时受压区钢筋A'_s应力也到达屈服强度f_y'。截面应力计算图形如图7-7所示。

$$\sum Y = 0 \quad N \leqslant N_u = f_y A_s - f_y' A_s - \alpha_1 f_c bx \tag{7-7}$$

$$\sum A_s = 0 \quad Ne \leqslant N_u e = \alpha_1 f_c bx\left(h_0 - \frac{x}{2}\right) + f_y' A_s'(h_0 - a_s') \tag{7-8}$$

式中

$$e = e_0 - \frac{h}{2} + a_s \tag{7-9}$$

式（7-7）和式（7-8）的适用条件为：

$$2' a_s \leqslant x \leqslant \xi \cdot h_0 \tag{7-10}$$

$$\rho = \frac{A_s}{bh} > \rho_{min} \tag{7-11}$$

其中，ρ_{min}为偏心受拉构件最小配筋率，见附录C附表C-5。

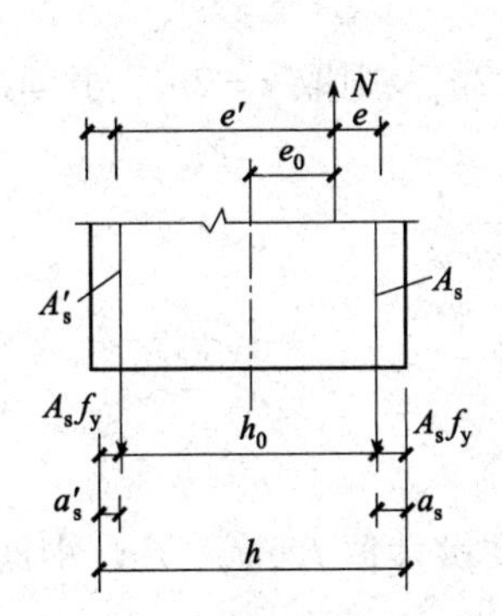

图7-6 小偏心受拉构件截面应力计算图形

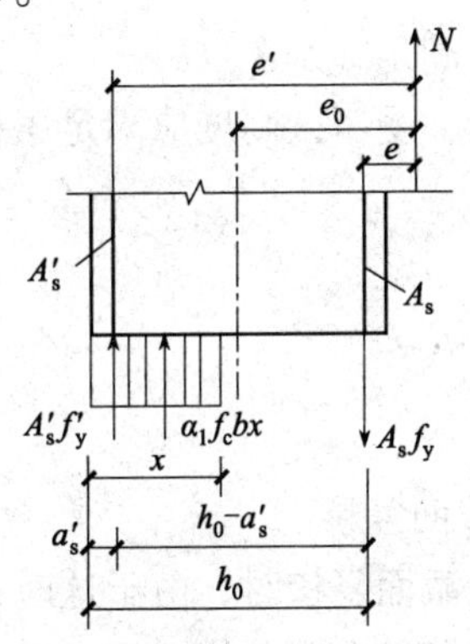

图7-7 大偏心受拉构件截面应力计算图形

3. 截面设计

已知截面尺寸b、h，轴向拉力N和弯矩设计值M，材料强度设计值f_c、f_y、f_y'，求纵向钢筋截面面积A_s和A'_s。

（1）小偏心受拉构件（$e_0 \leqslant \frac{h}{2} - a_s$）

由式（7-3）和式（7-4）可得

$$A_s \geqslant \frac{Ne'}{f_y(h_0' - a_s)} \tag{7-12}$$

$$A_s' \geqslant \frac{Ne}{f_y(h_0 - a_s')} \tag{7-13}$$

若采用对称配筋，则钢筋A'_s应力达不到屈服强度，因此，在截面设计时，钢筋A'_s应按式（7-12）计算。

（2）大偏心受拉构件（$e_0 > \frac{h}{2} - a_s$）

1）A_s和A'_s均为未知时。

由式（7-7）和式（7-8）可见，其中共有三个未知数：x、A_s和A'_s。为了求解，取$x =$

$\xi_b h_0$，并分别代入式（7-8）和式（7-7），得：

$$A_s' = \frac{Ne - \xi_b \alpha_1 f_c b h_0{}^2 (1 - 0.5\xi_b)}{f_y'(h_0 - a_s')} \tag{7-14}$$

$$A_s = \xi_b \frac{\alpha_1 f_c b h_0}{f_y} + A_s' \frac{f_y}{f_y} + \frac{N}{f_y} \tag{7-15}$$

如果由式（7-14）算得的 A_s'为负值或小于 $\rho_{min} bh$，则应取 $A'_s = \rho_{min} bh$ 或按构造要求配筋。而按已知 A_s'求 A_s 的情况计算。

2）已知 A_s'求 A_s 时

将已知条件代入式（7-8），算出

$$\alpha_s = \frac{Ne - f_y' A' (h_0 - a_s')}{\alpha_1 f_c b h_0^2}$$

并计算 $\xi = \sqrt{1 - 2\alpha_s}$，将 $x = \xi h_0$ 和 A_s'代入式（7-7）得：

$$A_s = \frac{\alpha_1 f_c b \xi h_0}{f_y} + A_s' \frac{f_y'}{f_y} + \frac{N}{f_y} \tag{7-16}$$

同时，应满足 $A_s \geqslant \rho_{min} bh$。

显然，受压区高度应满足条件：$2a_s' \leqslant x \leqslant \xi_b h_0$。若 $x < 2a_s'$，则取 $x = 2a_s'$，并对 A_s'取矩，可得：

$$A_s \geqslant \frac{Ne'}{f_y (h_0 - a_s')} \tag{7-17}$$

式中 $$e' = \frac{h}{2} - a_s' + e_0$$

4. 截面复核

进行截面复核时，由于这时截面尺寸 $b \times h$，材料强度设计值 f_c、f_y、f_y'，钢筋截面面积 A_s、A_s'和偏心距 e_0 均为已知。要求计算轴向拉力 N。

（1）对于小偏心受拉构件，可分别按式（7-3）和（7-4）求出轴向拉力。然后，取其中较小者，即为截面实际所能承受的轴向力设计值。

（2）对于大偏心受拉构件，由式（7-7）和式（7-8）求出 x 值。然后，按下述步骤计算：

1）按若 $2a_s' \leqslant x \leqslant \xi_b h_0$，则将 x 代入式（7-7），即可求出轴向拉力 N；

2）若 $x < 2a_s'$，则应按（7-17）计算 N；

3）若 $x > \xi_b h_0$，则表明 A_s'配置不足，可近似取 $x = \xi_b h_0$，并分别代入式（7-7）和式（7-8），求出 N 值，然后取其中较小者。

应当指出，《混凝土结构设计规范》规定，轴心受拉和小偏心受拉构件纵向受力筋不得采用绑扎接头。

【例题 7-2】 偏心受拉构件截面尺寸 $b \times h = 200\text{mm} \times 400\text{mm}$，承受轴心拉力设计值为 $N = 560\text{kN}$，弯矩设计值 $M = 50\text{kN} \cdot \text{m}$，$a_s = a_s' = 40\text{mm}$，混凝土强度等级为 C20（$f_c = 9.60\text{N/mm}^2$，$f_t = 1.10\text{N/mm}^2$），采用 HRB335 级钢筋（$f_y = f_y' = 300\text{N/mm}^2$），试计算钢筋面积。

【解】 1. 手算

（1）判断大小偏心

$$e_0 = \frac{M}{N} = \frac{50 \times 10^6}{560 \times 10^3} = 89.29\text{mm} < \frac{h}{2} - a_s = \frac{400}{2} - 40 = 160\text{mm}$$

故为小偏心受拉。

（2）求纵向钢筋截面面积

$$e=\frac{h}{2}-a_s-e_0=\frac{400}{2}-40-89.29=70.71\text{mm}$$

$$e'=\frac{h}{2}-a'_s+e_0=\frac{400}{2}-40+89.29=249.29\text{mm}$$

按式（7-12）计算

$$A_s\geqslant\frac{Ne'}{f_y(h'_0-a_s)}=\frac{560\times10^3\times249.29}{300\times(360-40)}=1454.2\text{mm}^2$$

按式（7-13）计算

$$A'_s=\frac{Ne}{f'_y(h_0-a'_s)}=\frac{560\times10^3\times70.71}{300\times(360-40)}=412.3\text{mm}^2>\max\left(0.002bh,0.45\frac{f_t}{f_y}\right)$$
$$=0.002\times200\times400=160\text{mm}^2$$

距偏心轴向力较近一侧配置3Φ25（$A_s=1473\text{mm}^2$），距偏心轴向力较远一侧配置2Φ18（$A_s=509\text{mm}^2$），截面配筋图见图7-8。

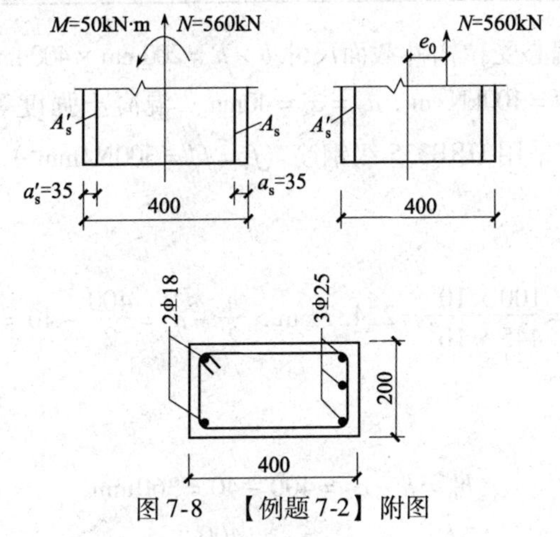

图7-8　【例题7-2】附图

2. 按程序计算

（1）按AC/ON键打开计算器，按MENU键，进入主菜单界面；

（2）按数字9键，进入程序菜单；

（3）找到计算梁的计算程序名：PXL，按EXE键；

（4）按屏幕提示进行操作（见表7-1），最后得出计算结果。

【例题7-2】附表　表7-1

序号	屏幕显示	输入数据	计算结果	单位	说明
1	$M=?$	50×10^6，EXE		N·mm	输入弯矩设计值
2	$N=?$	560×10^3，EXE		N	输入轴向力设计值
3	$b=?$	200，EXE		mm	输入构件的截面宽度
4	$h=?$	400，EXE		mm	输入构件的截面高度
5	$a_s=a'_s=?$	40，EXE		mm	输入钢筋重心至构件最近边缘距离

续表

序　号	屏幕显示	输入数据	计算结果	单　位	说　　明
6	$C=?$	20，EXE		-	输入混凝土强度等级
7	$G=?$	2，EXE		-	输入钢筋 HRB335 级的序号 2
8	e_0		89.29，EXE	mm	输出轴向力 N 的偏心距
9	h_0		360，EXE	mm	输出构件有效高度
10	e		70.71，EXE	mm	输出轴向力至钢筋 A_s 重心的距离
11	e'		249.3，EXE	mm	输出轴向力至钢筋 A_s'重心的距离
12	A_s		1454.2，EXE	mm^2	输出钢筋 A_s 的面积
13	d	25，EXE		mm	输入钢筋 A_s 的直径
14	n		2.96，EXE	-	输出钢筋 A_s 的根数，取 $n=3$
15	A_s'		412.5，EXE	mm^2	输出钢筋 A_s'的面积
16	d	18，EXE		mm	输入钢筋 A_s'的直径
17	n		1.62	-	输出钢筋 A_s'的根数，取 $n=2$

【例题 7-3】 矩形偏心受拉构件截面尺寸 $b\times h=200\text{mm}\times 400\text{mm}$。承受轴向拉力设计值 $N=445\text{kN}$，弯矩设计值 $M=100\text{kN}\cdot\text{m}$。$a_s=a_s'=40\text{mm}$。混凝土强度等级为 C25（$f_c=11.9\text{N/mm}^2$，$f_t=1.27\text{N/mm}^2$），采用 HRB335 级钢筋（$f_y=f_y'=300\text{N/mm}^2$）。试计算截面的配筋。

【解】 1. 手算

（1）判断大小偏心

$$e_0=\frac{M}{N}=\frac{100\times 10^6}{445\times 10^3}=224.7\text{mm}>\frac{h}{2}-a_s=\frac{400}{2}-40=160\text{mm}$$

故为大偏心受拉。

（2）求 A_s'

$$h_0=h-a_s=400-40=360\text{mm}$$

$$e=e_0-\frac{h}{2}+a_s=224.7-\frac{400}{2}+40=64.7\text{mm}$$

按式（7-14）计算：

$$A_s'=\frac{Ne-\xi_b\alpha_1 f_c b{h_0}^2\xi_b(1-0.5\xi_b)}{f_y(h_0-a_s')}$$

$$=\frac{445\times 10^3\times 64.7-1\times 11.9\times 200\times 360^2\times 0.55\times(1-0.5\times 0.55)}{300\times(110-40)}=-981\text{mm}^2<0$$

按最小配筋率配置受压钢筋

$$A_s'=\max(0.002\times bh,0.45\frac{f_t}{f_y})=0.002\times 200\times 400=160\text{mm}^2$$

选 2Φ10，$A_s'=157\text{mm}^2\approx 160\text{mm}^2$

（3）计算 A_s

$$e'=\frac{h}{2}-a_s'+e_0=\frac{400}{2}-40+224.7=384.7\text{mm}$$

$$\alpha_s = \frac{Ne - f_y A'_s (h_0 - a'_s)}{\alpha_1 f_c b h_0^{\ 2}} = \frac{445 \times 10^3 \times 64.7 - 300 \times 157 \times (360 - 40)}{1 \times 11.9 \times 200 \times 360^2} = 0.0445$$

因为　$\xi = 1 - \sqrt{1 - 2\alpha_s} = 1 - \sqrt{1 - 2 \times 0.0445} = 0.0455 < \frac{2a'_s}{h_0} = \frac{2 \times 40}{360} = 0.222$

故按式（6-17）计算

$$A_s = \frac{Ne'}{f_y (h_0 - a_s)} = \frac{445 \times 10^3 \times 384.7}{300 \times (360 - 40)} = 1783.2\text{mm}^2$$

配置 4 Φ25，$A_s = 1964\text{mm}^2 > 0.002bh = 0.002 \times 200 \times 400 = 160\text{mm}^2$

2. 按程序计算

（1）按 AC/ON 键打开计算器，按 MENU 键，进入主菜单界面；

（2）按数字 9 键，进入程序菜单；

（3）找到计算梁的计算程序名：PXL，按 EXE 键；

（4）按屏幕提示进行操作（见表 7-2），最后，得出计算结果。

【例题 7-3】附表　　**表 7-2**

序　号	屏幕显示	输入数据	计算结果	单　位	说　　明
1	$M=?$	100×10^6，EXE		N·mm	输入弯矩设计值
2	$N=?$	445×10^3，EXE		N	输入轴向力设计值
3	$b=?$	200，EXE		mm	输入构件的截面宽度
4	$h=?$	400，EXE		mm	输入构件的截面高度
5	$a_s=a'_s=?$	40，EXE		mm	输入钢筋重心至构件最近边缘距离
6	$C=?$	25，EXE		–	输入混凝土强度等级
7	$G=?$	2，EXE		–	输入钢筋 HRB335 级的序号 2
8	e_0		224.7，EXE	mm	输出轴向力 N 的偏心距
9	h_0		360，EXE	mm	输出构件有效高度
10	e		64.72，EXE	mm	输出轴向力至钢筋 A_s 重心的距离
11	e'		384.7，EXE	mm	输出轴向力至钢筋 A'_s 重心的距离
12	A'_s		–981，EXE	mm²	输出钢筋 A'_s 的面积
13	$A'_{s\min}$		160，EXE	mm²	输出相应于最小配筋率的钢筋面积
14	d	10，EXE		mm	输入钢筋 A'_s 的直径
15	n		2.04，EXE	–	输出钢筋 A_s 的根数
16	$n?$	2，EXE		–	输入钢筋 A_s 的根数，取 $n=2$
17	A'_s		157，EXE	mm²	输出钢筋 A'_s 的面积
18	α_s		0.0445，EXE	–	输出系数
19	ξ		0.0455，EXE	–	输出截面相对受压区高度
20	A_s		1783.3，EXE	mm²	输出钢筋 A_s 的面积
21	d	25，EXE		mm	输入钢筋 A_s 的直径
22	n		3.63	–	输出钢筋 A_s 的根数，取 $n=4$

【例题 7-4】 矩形水池壁厚 $h=300\text{mm}$。经内力分析，求得沿水池高度方向控制截面

每米长承受弯矩设计值 $M=120\text{kN}\cdot\text{m}$，相应的每米长轴向拉力设计值 $N=240\text{kN}$（图 7-9）。$a_s=a_s'=35\text{mm}$。混凝土强度等级为 C25（$f_c=11.9\text{N/mm}^2$，$f_t=1.279\text{N/mm}^2$），钢筋采用 HRB400 级钢筋（$f_y=f_y'=360\text{N/mm}^2$）。试计算水池控制截面的配筋 A_s 和 A_s'（本题已知条件选自参考文献 4）。

【解】 1. 手算

沿水池长度方向取 $b=1000\text{mm}$ 计算。

（1）判别大小偏心

$$e_0=\frac{M}{N}=\frac{120\times10^6}{240\times10^3}=500\text{mm}>\frac{h}{2}-a_s=\frac{300}{2}-35=115\text{mm}$$

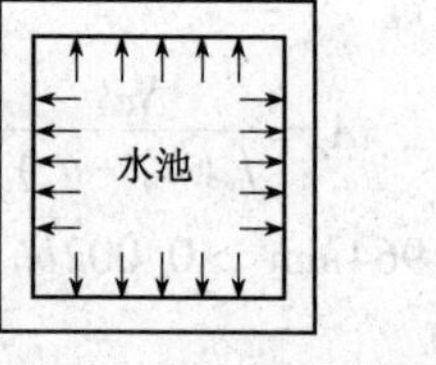

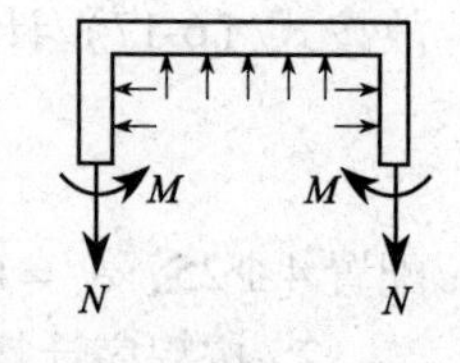

图 7-9 【例题 7-4】附图

故为大偏心受心受拉。

（2）求受压钢筋面积 A_s'

$$h_0=h-a_s=300-35=265\text{mm}$$

$$e=e_0-\frac{h}{2}+a_s=500-\frac{300}{2}+35=385\text{mm}$$

按式（7-14）计算

$$A_s'=\frac{Ne-\xi_b\alpha_1f_cbh_0{}^2\xi_b(1-0.5\xi_b)}{f_y(h_0-a_s')}$$

$$=\frac{240\times385-1\times11.9\times1000\times265^2\times0.518\times(1-0.5\times0.518)}{360\times(265-35)}=-2758\text{mm}^2$$

应按最小配筋率配筋

$$A_s'=\max\left(0.002bh,0.45\frac{f_t}{f_y}\right)=0.002\times1000\times300=600\text{mm}^2$$

选Φ12@180（$A_s'=628\text{mm}^2$）。

（3）求受拉钢筋面积 A_s

$$e'=\frac{h}{2}-a_s+e_0=\frac{300}{2}-35+500=615\text{mm}$$

$$\alpha_s=\frac{Ne-f_yA_s'(h_0-a_s')}{\alpha_1f_cbh_0{}^2}=\frac{240\times10^3\times385-360\times628\times(265-35)}{1\times11.9\times1000\times265^2}=0.0483$$

因为 $\xi=1-\sqrt{1-2\alpha_s}=1-\sqrt{1-2\times0.0483}=0.0495<\frac{2a_s'}{h_0}=\frac{2\times40}{360}=0.222$

故按式（6-17）计算

$$A_s=\frac{Ne'}{f_y(h_0-a_s)}=\frac{240\times10^3\times615}{360(265-35)}=1782.6\text{mm}^2>600\text{mm}^2$$

选取Φ14@85（$A_s=1811\text{mm}^2$）。

2. 按程序计算

（1）按 AC/ON 键打开计算器，按 MENU 键，进入主菜单界面；

（2）按数字 9 键，进入程序菜单；

（3）找到计算梁的计算程序名：PXL，按 EXE 键；

（4）按屏幕提示进行操作（见表 7-3），最后得出计算结果。

【例题7-4】附表　表7-3

序　号	屏幕显示	输入数据	计算结果	单　位	说　　明
1	$M=?$	120×10^6，EXE		N·mm	输入弯矩设计值
2	$N=?$	240×10^3，EXE		N	输入轴向力设计值
3	$b=?$	1000，EXE		mm	输入构件的截面宽度
4	$h=?$	300，EXE		mm	输入构件的截面高度
5	$a_s=a_s'=?$	35，EXE		mm	输入钢筋重心至构件最近边缘距离
6	$C=?$	25，EXE		—	输入混凝土强度等级
7	$G=?$	3，EXE		—	输入钢筋HRB400级的序号3
8	e_0		500，EXE	mm	输出轴向力N的偏心距
9	h_0		265，EXE	mm	输出构件有效高度
10	e		385，EXE	mm	输出轴向力至钢筋A_s重心的距离
11	e'		615，EXE	mm	输出轴向力至钢筋A_s'重心的距离
12	A_s'		−2758，EXE	mm^2	输出钢筋A_s'的面积
13	$A'_{s\min}$		600，EXE	mm^2	输出相应于最小配筋率的钢筋面积
14	d	12，EXE		mm	输入受压钢筋A_s'的直径
15	s		188.5，EXE	mm	输出受压钢筋A_s'间距
16	$s=?$	180，EXE		mm	输入选择受压钢筋A_s间距
17	A_s'		628.3，EXE	mm^2	输出钢筋A_s'的面积
18	α_s		0.0483，EXE	-	输出系数
19	ξ		0.0495，EXE	-	输出截面相对受压区高度
20	A_s		1782.6，EXE	mm^2	输出受拉钢筋A_s的面积
21	d	14，EXE		mm	输入受拉钢筋A_s直径
22	s		86.4，EXE	mm	输出受拉钢筋间距
23	$s=?$	85，EXE		mm	输入选择受拉钢筋间距
24	A_s		1811	mm^2	输出受拉钢筋A_s的面积

【例题7-5】矩形水池壁厚250mm。经内力分析，求得沿水池高度方向控制截面每米长承受弯矩设计值$M=25\text{kN·m}$，相应的每米长轴向拉力设计值$N=400\text{kN}$（图7-9）。$a_s=a_s'=35\text{mm}$。混凝土强度等级为C30（$f_c=14.3\text{N/mm}^2$，$f_t=1.43\text{N/mm}^2$），钢筋采用HRB335级钢筋（$f_y=f_y'=300\text{N/mm}^2$），$a_s=a_s'=35\text{mm}$。试计算水池控制截面的配筋$A_s$和$A_s'$。

【解】1. 手算

（1）判断大小偏心

$$e_0=\frac{M}{N}=\frac{25\times10^6}{400\times10^3}=62.50\text{mm}<\frac{h}{2}-a_s=\frac{250}{2}-35=215\text{mm}$$

故为小偏心受拉。

（2）求纵向钢筋截面面积

$$h_0=h-a_s=250-35=215\text{mm}$$

$$e=\frac{h}{2}-a_s-e_0=\frac{250}{2}-35-62.5=27.5\text{mm}$$

$$e' = \frac{h}{2} - a'_s + e_0 = \frac{250}{2} - 35 + 62.5 = 152.5\text{mm}$$

按式（7-12）计算

$$A_s = \frac{Ne'}{f_y(h_0 - a_s)} = \frac{400 \times 10^3 \times 152.5}{300 \times (215 - 435)} = 1130\text{mm}^2$$

按式（7-13）计算

$$A'_s = \frac{Ne}{f'_y(h_0 - a_s)} = \frac{400 \times 10^3 \times 27.5}{300 \times (215 - 35)} = 203.7\text{mm}^2 < \max\left(0.002bh, 0.45\frac{f_t}{f_y}\right)$$

$$= 0.45\frac{f_t}{f_y}bh = 0.45 \times \frac{1.43}{300} \times 1000 \times 250 = 536.3\text{mm}^2$$

（3）配筋

距偏心轴向力较近一侧配置ϕ14@130（$A_s = 1184\text{mm}^2$），距偏心轴向力较远一侧配置ϕ12@200（$A_s = 566\text{mm}^2$）。

2. 按程序计算

（1）按 AC/ON 键打开计算器，按 MENU 键，进入主菜单界面；

（2）按数字 9 键，进入程序菜单；

（3）找到计算梁的计算程序名：PXL，按 EXE 键；

（4）按屏幕提示进行操作（见表 7-4），最后，得出计算结果。

【例题 7-5】附表 **表 7-4**

序号	屏幕显示	输入数据	计算结果	单位	说明
1	$M=?$	25×10^6，EXE		N·mm	输入弯矩设计值
2	$N=?$	400×10^3，EXE		N	输入轴向力设计值
3	$b=?$	1000，EXE		mm	输入构件的截面宽度
4	$h=?$	250，EXE		mm	输入构件的截面高度
5	$a_s=a'_s=?$	35，EXE		mm	输入钢筋重心至构件最近边缘距离
6	$C=?$	30，EXE		—	输入混凝土强度等级
7	$G=?$	2，EXE		—	输入钢筋 HRB335 级的序号 2
8	e_0		62.5，EXE	mm	输出轴向力 N 的偏心距
9	h_0		215，EXE	mm	输出构件有效高度
10	e		27.5，EXE	mm	输出轴向力至钢筋 A_s 重心的距离
11	e'		152.5，EXE	mm	输出轴向力至钢筋 A'_s重心的距离
12	A_s		1129.6，EXE	mm²	输出受拉钢筋 A_s 的面积
13	d	14，EXE		mm	输入受拉钢筋 A_s 直径
14	s		136.3，EXE	mm	输出受拉钢筋间距
15	$s=?$	130，EXE		mm	输入选择的受拉钢筋间距
16	A_s		1184，EXE	mm²	输出 $s=130$ 时受拉钢筋 A_s 的面积
17	A'_s		203.7，EXE	mm²	输出受压钢筋 A'_s的面积
18	$A'_{s\min}$		536.3，EXE	mm²	输出相应于最小配筋率钢筋 A'_s面积
19	d	12，EXE		mm	输入受压钢筋 A'_s的直径

续表

序　号	屏幕显示	输入数据	计算结果	单　位	说　　明
20	s		210.9，EXE	mm^2	输出受压钢筋 A_s' 间距
21	$s=?$	200，EXE		mm	输入选择的受压钢筋间距
22	A_s'		565.5	mm^2	输出 $s=200$ 时受压钢筋 A_s 的面积

§7-4　偏心受拉构件斜截面受剪承载力计算

在偏心受拉构件截面中，一般都作用有剪力 V，因此构件截面受剪承载力明显降低。《混凝土结构设计规范》规定，对于矩形、T 形和 I 形截面的钢筋混凝土偏心受拉构件，其斜截面受剪承载力应按下式计算：

$$V \leqslant \frac{1.75}{\lambda+1} f_t b h_0 + f_{yv} \frac{A_{sv}}{s} h_0 - 0.2N \tag{7-18}$$

式中　N——与剪力设计值 V 相应的轴向拉力设计值；

λ——计算截面的剪跨比。

试验结果表明，构件箍筋的受剪承载力与轴向拉力无关，故《混凝土结构设计规范》规定，当式（7-18）右边的计算值小于箍筋的受剪承载力 $f_{yv}\frac{A_{sv}}{s}h_0$ 时，应取等于 $f_{yv}\frac{A_{sv}}{s}h_0$，且 $f_{yv}\frac{A_{sv}}{s}h_0$ 值不得小于 $0.36 f_t b h_0$。

第8章　受扭构件承载力计算

§8-1　概　　述

在钢筋混凝土结构中，单独受纯扭的构件很少见，一般都是扭转和弯曲同时发生。例如，钢筋混凝土雨篷梁、钢筋混凝土框架的边梁以及工业厂房中的吊车梁等，均属既受扭又受弯的构件（图8-1）。

一般说来，凡是在构件截面中有扭矩（包括还有其他内力）作用的构件，习惯上都称为受扭构件。图8-1所示构件均属受扭构件。

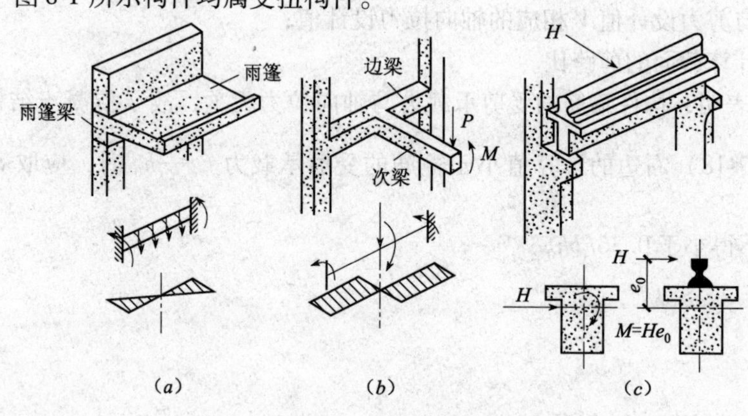

图8-1　受扭构件

(*a*) 雨篷梁；(*b*) 框架的边梁；(*c*) 吊车梁

由于《混凝土结构设计规范》中关于剪扭、弯扭及弯剪扭构件承载力计算方法是以受弯、受剪承载力计算理论和纯扭计算理论为基础建立起来的。因此，本章将首先介绍纯扭构件承载力计算理论，然后再叙述剪扭、弯扭及弯剪扭构件承载力计算理论。

§8-2　纯扭构件承载力计算

8.2.1　素混凝土纯扭构件承载力计算

1. 弹性计算理论

由材料力学可知，当构件受扭矩 T 作用时（图8-2*a*），在横截面和与其垂直的水平截面上将产生剪应力 τ。为了分析构件截面内的应力状态，设从构件横截面长边中点取出一微分体（图8-2*a*、*b*），显然，在该微分体两对相互垂直的平面上只有剪应力而无正应力，通常称微分体的这种状态为纯剪切应力状态。

弹性理论分析表明，构件横截面上的剪应力$\tau = k\tau_{max}$，其中k为剪应力系数，图8-2（c）给出了构件横截面上不同点处的k值的分布情形；τ_{max}为横截面上最大剪应力。由图中可见，最大剪应力发生在截面长边的中点，$\tau = k\tau_{max} = 1 \times \tau_{max} = \tau_{max}$，即横截面周边上距形心最近的点处。

由材料力学可知，微分体与构件轴线呈135°的斜面上将产生主拉应力σ_{pt}，其值等于剪应力τ_{max}，即：

$$\sigma_{pt} = \tau_{max}$$

其作用方向与构件轴线成45°角（图8-2b）。当主拉应力达到材料的抗拉强度f_t时，构件将沿垂直主拉应力的方向开裂。

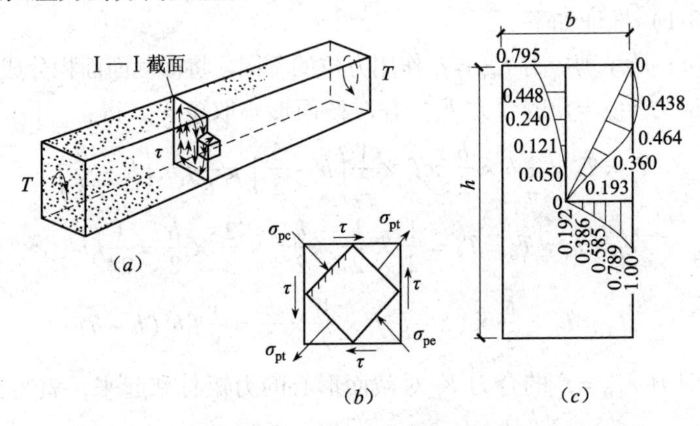

图8-2　受扭构件中的应力分布（按弹性理论）
（a）受扭构件；（b）微分体；（c）$h/b=2.0$时k值的分布

试验表明，按弹性计算理论来确定混凝土构件开裂扭矩，比实测值小很多，这说明按弹性分析方法，低估了混凝土构件的实际受扭承载力。

2. 塑性计算理论

由于弹性计算理论过低地估计了混凝土构件的受扭承载力，所以一般按塑性理论来计算。这一理论认为，当截面上某点的最大剪应力τ_{max}达到混凝土抗拉强度f_t时，只表示该点材料屈服，而整个构件仍能继续承受增加的扭矩，直至截面上各点剪应力全部达到混凝土抗拉强度时，构件才达到极限承载能力。这时，截面上的剪应力分布如图8-3（a）所示。

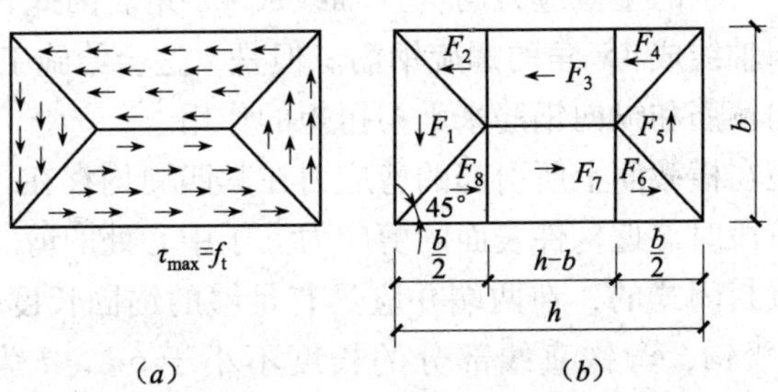

图8-3　受扭构件开裂扭矩的计算（按塑性理论）
（a）横截面上剪应力分布；（b）开裂扭矩的计算

按塑性理论计算时，构件的开裂扭矩为：

$$T_{cr}=f_t W_t \tag{8-1}$$

式中 T_{cr}——构件开裂扭矩；

f_t——混凝土抗拉强度；

W_t——截面的受扭塑性抵抗矩，对于矩形截面

$$W_t=\frac{b^2}{6}(3h-b) \tag{8-2}$$

h——矩形截面的长边尺寸；

b——矩形截面的短边尺寸。

现将公式（8-1）推证如下：

按照图 8-3（a）所示剪应力 $\tau_{max}=f_t$ 作用方位的不同，将横截面面积分成 8 块（图 8-3b），计算每块上的剪应力 $\tau_{max}=f_t$ 的合力 F_i，并对截面形心取矩 T_i，得：

$$T_1=T_5=\frac{1}{2}b\times\frac{b}{2}\times f_t\times\frac{1}{2}\left(h-\frac{b}{3}\right)=\frac{1}{8}f_t b^2\left(h-\frac{b}{3}\right)$$

$$T_2=T_4=T_6=T_8=\frac{1}{2}\times\frac{b}{2}\times\frac{b}{2}f_t\times\frac{2}{3}\times\frac{b}{2}=\frac{1}{24}f_t b^3$$

$$T_3=T_7=\frac{b}{2}\times(h-b)f_t\times\frac{1}{2}\times\frac{b}{2}=\frac{1}{8}f_t b^2(h-b)$$

将各部分上的剪应力 $\tau_{max}=f_t$ 的合力 F_i 对截面形心的力矩总和起来，就得到截面的开裂扭矩表达式（8-1）：

$$T_{cr}=\sum T_i=2\times\frac{1}{8}f_t b^2\left(h-\frac{b}{3}\right)+4\times\frac{1}{24}f_t b^3+2\times\frac{1}{8}f_t b^2(h-b)$$

$$=f_t\frac{b^2}{6}\left(\frac{h}{3}-b\right)$$

即

$$T_{cr}=f_t W_t$$

试验分析表明，按塑性理论分析所得到的开裂扭矩略高于实测值。这说明混凝土不完全是理想的塑性材料。

8.2.2 钢筋混凝土矩形截面纯扭构件承载力的计算

1. 受扭钢筋的形式

由于扭矩在构件中产生的主拉应力与构件轴线成 45°角。因此，从受力合理的观点考虑，受扭钢筋应采用与轴线成 45°角的螺旋钢筋。但是，这会给施工带来很多不便。所以，一般工程中都采用横向箍筋和纵向钢筋来承担扭矩的作用。

我们知道，由扭矩在横截面上所引起的剪应力在其四周均存在，其方向平行于横截面的边长。同时，弹性阶段时靠近构件表面的剪应力大于中心处的剪应力（图 8-2b）。因此，受扭箍筋的形状须做成封闭式的，在两端并应具有足够的锚固长度，当采用绑扎骨架时，箍筋末端应做成 135° 弯钩，弯钩直线部分的长度不小于 $6d$（d 为箍筋直径）和 50mm（图8-4）。

为了充分发挥受扭纵向钢筋的作用，截面四角必须设置抗扭纵向钢筋，并沿截面周边对称布置。

2. 构件破坏特征

试验表明，按照受扭钢筋配筋率的不同，钢筋混凝土矩形截面受纯扭构件的破坏形态可分为以下三种类型：

（1）少筋破坏

当构件受扭箍筋和受扭纵筋的配置数量过少时，构件在扭矩作用下，首先在剪应力最大的长边中点处，形成45°角的斜裂缝。随后，向相邻的其他两个面以45°角延伸。同时，与斜裂缝相交的受扭箍筋和受扭纵筋超过屈服点或被拉断。最后，构件三面开裂、一面受压，形成一个扭曲破裂面，使构件随即破坏。这种破坏形态与受剪的斜拉破坏相似，带有突然性，属于脆性破坏，这种破坏称为少筋破坏，在设计中应当避免。为了防止发生这种少筋破坏，《混凝土结构设计规范》规定，受扭箍筋和受扭纵筋的配筋率不得小于各自的最小配筋率，并应符合受扭钢筋的构造要求。

（2）适筋破坏

构件受扭钢筋的数量配置得适当时，在扭矩作用下，构件将发生许多45°角的斜裂缝。随着扭矩的增加，与主裂缝相交的受扭箍筋和受扭纵筋达到屈服强度。这条斜裂缝不断开展，并向相邻的两个面延伸，直至在第四个面上受压区的混凝土被压碎，最后使构件破坏。这种破坏形态与受弯构件的适筋梁相似，属于延性破坏。这种破坏称为适筋破坏。钢筋混凝土受扭构件承载力计算，就以这种破坏形态作为依据。

（3）超筋破坏

构件的受扭箍筋和受扭纵筋配置得过多时，在扭矩作用下，构件将产生许多45°角的斜裂缝。由于受扭钢筋配置过多，所以构件破坏前钢筋达不到屈服强度，因而斜裂缝宽度不大。构件破坏是由于受压区混凝土被压碎所致。这种破坏形态与受弯构件的超筋梁相似，属于脆性破坏，这种破坏称为超筋破坏，故在设计中应予避免。《混凝土结构设计规范》采取控制构件截面尺寸和混凝土强度等级，亦即相当于限制受扭钢筋的最大配筋率来防止超筋破坏。

（4）部分超筋破坏

构件中的受扭箍筋和受扭纵筋，统称为受扭钢筋。若其中一种配置过多（例如受扭箍筋），而另一种配置适量时，则构件破坏前，配置过多的受扭钢筋将达不到其屈服强度，而配置适量的受扭钢筋可达到其屈服强度。这种破坏称为部分超筋破坏。显然，这样的配筋不经济，故在设计中也应避免。《混凝土结构设计规范》采取控制受扭纵筋和受扭箍筋配筋强度的比值，来防止部分超筋破坏。

3. 矩形截面纯扭构件承载力的计算

如前所述，钢筋混凝土矩形截面纯扭构件承载力计算是以适筋破坏为依据的。受纯扭的钢筋混凝土构件试验表明，构件受扭承载力是由混凝土和受扭钢筋两部分的承载力所构成的：

$$T_u = T_c + T_s \tag{8-3}$$

式中 T_u——钢筋混凝土纯扭构件受扭承载力；

T_c——钢筋混凝土纯扭构件混凝土所承受的扭矩，并以基本变量 $f_t \cdot W_t$ 表示成：

$$T_c = \alpha_1 f_t W_t \tag{8-3a}$$

α_1——待定系数；

T_s——受扭箍筋和受扭纵筋所承受的扭矩。其值与纵向钢筋和箍筋配筋强度的比值 ζ（《混凝土结构设计规范》在公式中是以$\sqrt{\zeta}$来反映的）、沿构件长度方向单位长度内的受扭箍筋强度$\frac{f_{yv}A_{st1}}{s}$，以及截面核心面积有关。T_s 可写成：

$$T_s = \alpha_2\sqrt{\zeta}\frac{f_{yv}A_{st1}}{s}A_{cor} \tag{8-3b}$$

式中 α_2——待定系数；

f_{yv}——受扭箍筋的抗拉强度设计值；

A_{st1}——受扭计算中沿截面周边所配置的箍筋的单肢截面面积；

A_{cor}——截面核心部分的面积，对矩形截面，$A_{cor}=b_{cor}h_{cor}$（图 8-4）；

s——受扭箍筋间距；

ζ——受扭构件纵向钢筋与箍筋配筋强度的比值

$$\zeta = \frac{f_y A_{stl}s}{f_{yv}A_{st1}u_{cor}} \tag{8-4}$$

A_{stl}——受扭计算中取对称布置的全部纵向钢筋截面面积；

u_{cor}——截面核芯部分的周长；

$$u_{cor} = 2(b_{cor} + h_{cor})$$

b_{cor}、h_{cor}——分别为截面核心的短边和长边，见图 8-4。

将式（8-3a）和式（8-3b）代入式（8-3），于是

$$T_u = \alpha_1 f_t W_t + \alpha_2\sqrt{\zeta}\frac{f_{yv}A_{st1}}{s}A_{cor} \tag{8-5}$$

为了确定式（8-5）中的待定系数 α_1 和 α_2 的数值，将式中等号两边同除以 f_tW_t，并经整理后得到：

$$\frac{T_u}{f_tW_t} = \alpha_1 + \alpha_2\sqrt{\zeta}\frac{f_{yv}A_{st1}}{f_tW_ts}A_{cor}$$

以$\sqrt{\zeta}\frac{f_{yv}A_{st1}}{f_tW_ts}A_{cor}$为横坐标，以$\frac{T_u}{f_tW_t}$为纵坐标绘直角坐标系，并将已做过的钢筋混凝土矩形截面纯扭构件试验中所得到的数据，绘在该坐标系中，即可得到如图 8-5 所示的许多试验点。《混凝土结构设计规范》取用试验点的偏下限的直线 AB 作为钢筋混凝土纯扭构件受扭承载力标准。由图可见，直线 AB 与纵坐标的截距 $\alpha_1=0.35$，直线 AB 的斜率$\alpha_2=1.2$，于是便得到钢筋混凝土矩形截面纯扭构件受扭承载力计算公式：

$$T \leqslant 0.35f_tW_t + 1.2\sqrt{\zeta}\frac{f_{yv}A_{st1}}{s}A_{cor} \tag{8-6}$$

式中 T——受扭构件截面上承受的扭矩设计值；

f_t——混凝土抗拉强度设计值；

W_t——截面受扭塑性抵抗矩；

f_{yv}——受扭箍筋的强度设计值，但取值不大于 360N/mm^2；

A_{st1}——受扭计算中沿截面周边所配置箍筋的单肢截面面积；

s——受扭箍筋的间距；

A_{cor}——截面核芯部分的面积，$A_{cor}=b_{cor}h_{cor}$；

ζ——受扭构件的纵向钢筋与箍筋的强度比值。

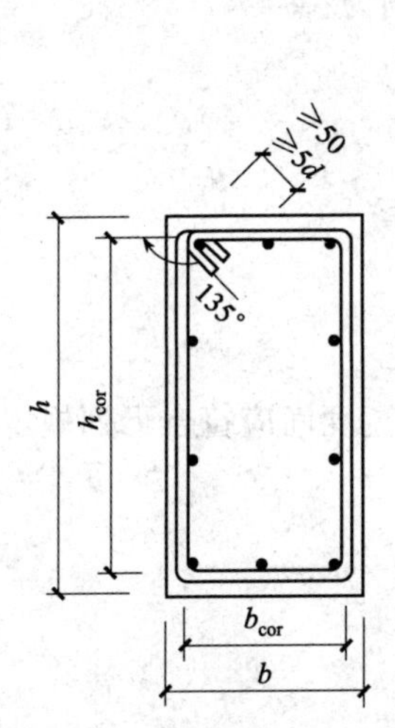

图 8-4　矩形截面核心部分面积

图 8-5　式（8-5）中待定系数 α_1、α_2 的确定

试验表明，当 $\zeta=0.5\sim2.0$ 时，构件在破坏前，受扭箍筋和受扭纵筋都能够达到屈服强度。为慎重考虑，《混凝土结构设计规范》规定，ζ 值应满足下列条件：

$$0.6\leqslant\zeta\leqslant1.7$$

在截面复核时，当构件实际的 $\zeta>1.7$ 时，计算时取 $\zeta=1.7$。

式（8-6）中不等号右边第一项 $0.35f_tW_t$ 可视为无腹筋构件（纯混凝土构件）的受扭承载力，用符号 T_{c0} 表示，即 $T_{c0}=0.35f_tW_t$。

8.2.3　钢筋混凝土 T 形和 I 形截面纯扭构件的受扭承载力计算

当钢筋混凝土纯扭构件的截面为 T 形或 I 形时，截面的受扭承载力计算可按下列原则进行：

1. T 形和 I 形截面受扭塑性抵抗矩的计算原则

对于 T 形和 I 形截面，可以取各个矩形分块的受扭塑性抵抗矩之和作为整个截面的受扭塑性抵抗矩 W_t。各矩形分块的划分方法如图 8-6 所示。其中，腹板截面的受扭塑性抵抗矩 W_{tw} 按下式计算：

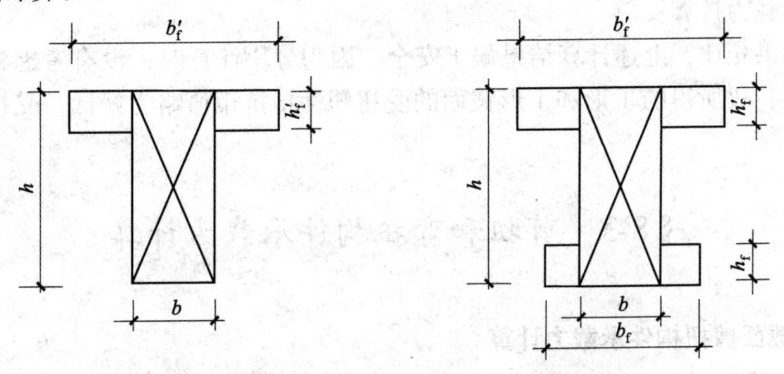

图 8-6　T 形和 I 形截面塑性抵抗矩的分块计算

$$W_{tw}=\frac{b^2}{6}(3h-b) \tag{8-7a}$$

受压区及受拉区翼缘截面的受扭塑性抵抗矩、W'_{tw}、W_{tw}分别为：

$$W'_{tf}=\frac{h_f'^2}{2}(b_f'-b) \tag{8-7b}$$

$$W_{tf}=\frac{h_f'^2}{2}(b_f-b) \tag{8-7c}$$

于是，全截面的受扭塑性抵抗矩 W_t 为：

$$W_t=W_{tw}+W'_{tf}+W_{tf} \tag{8-7d}$$

当T形或I形截面的翼缘较宽时，计算时取用的冀缘宽度尚应符合下列规定：

$$b_f'\leqslant b+6h_f' \tag{8-7e}$$

$$b_f\leqslant b+6h_f \tag{8-7f}$$

式中　b、h——腹板宽度和全截面高度；

h_f'、h_f——截面受压区和受拉区的翼缘高度；

b_f'、b_f——截面受压区和受拉区的翼缘宽度。

2. 各矩形分块截面扭矩设计值分配原则

《混凝土结构设计规范》规定，T形和I形截面上承受的总扭矩，按各矩形分块截面的受扭塑性抵抗矩与全截面的受扭塑性抵抗矩的比值进行分配，于是，腹板、受压翼缘和受拉翼缘承受的扭矩，可分别按下式求得：

$$T_w=\frac{W_{tw}}{W_t}T \tag{8-7g}$$

$$T'_f=\frac{W'_{tf}}{W_t}T \tag{8-7h}$$

$$W_f=\frac{W_{tf}}{W_t}T \tag{8-7i}$$

式中　T——构件截面承受的扭矩设计值；

T_w——腹板承受的扭矩设计值；

T'_f、T_f——受压翼缘、受拉翼缘所承受的扭矩设计值。

3. 受扭承载力计算

求得各矩形分块截面所承受的扭矩设计值后，即可分别按式（8-6）进行各矩形分块截面的受扭承载力计算。

与试验结果相比，上述计算结果偏于安全。因为分块计算时，没有考虑各矩形分块截面之间的连接，故所得的T形和I形截面的受扭塑性抵抗矩值略为偏低，受扭承载力计算则偏于安全。

§8-3　剪扭和弯扭构件承载力计算

8.3.1　矩形截面剪扭构件承载力计算

钢筋混凝土剪扭构件承载力表达式可写成下面形式：

$$V_{u}=V_{c}+V_{s} \tag{8-8a}$$

$$T_{u}=T_{c}+T_{s} \tag{8-8b}$$

式中　V_u——剪扭构件的受剪承载力；

V_c——剪扭构件混凝土受剪承载力；

V_s——剪扭构件箍筋的受剪承载力；

T_u——剪扭构件受扭承载力；

T_c——剪扭构件混凝土受扭承载力；

T_s——剪扭构件受扭纵筋和箍筋受扭承载力。

试验研究结果表明，同时受有剪力和扭矩的剪扭构件，其受剪承载力 V_u 和受扭承载力 T_u 将随剪力与扭矩的比值（称为剪扭比）变化而变化。试验指出，构件的受剪承载力随扭矩的增大而减小，而构件的受扭承载力则随剪力增大而减小，反之亦然。我们把构件抵抗某种内力的能力，受其他同时作用的内力影响的这种性质，称为构件承受不同内力能力之间的相关性。

严格地说，同时受有剪力和扭矩配有腹筋（抗扭纵筋和箍筋）的剪扭构件，其承载力表达式应按剪扭构件内力的相关性来建立。但是，限于目前的试验和理论分析水平，这样做还有一定困难。因此，《混凝土结构设计规范》只考虑了式（8-8a）中项 V_c 和式（8-8b）中 T_c 项之间的相关性，而忽略了配筋项 V_s 和 T_s 之间的相关性的影响，即 V_s 和 T_s 仍分别按纯剪和纯扭的公式计算。

根据国内外所做的大量的无筋构件在不同剪扭比时的剪扭试验结果，绘制的 V_c/V_{c0} 与 T_c/T_{c0} 相关曲线，大体是以 1 为半径的 1/4 圆（图 8-7a）。其中，V_{c0} 为纯剪构件混凝土受剪承载力，即 $V_{c0}=0.7f_tbh_0$；T_{c0} 为纯扭构件混凝土受扭承载力，即 $T_{c0}=0.35f_tW_t$。图 8-7（b）表示配有腹筋的剪扭构件相对受扭承载力和相对受剪承载力关系图，其中混凝土受扭和受剪承载力之间仍大致符合 1/4 圆相关关系。为了简化计算，现采用三折线 EG、GH 和 HF 来代替 1/4 圆的变化规律。将 GH 延长与坐标轴相交于 D、C 两点，且 $\angle OCD=45°$，这样 V_c/V_{c0} 和 T_c/T_{c0} 的关系可写成：

$$\text{当 } T_c/T_{c0}\leqslant 0.5 \text{ 时}, V_c/V_{c0}=1$$

$$\text{当 } V_c/V_{c0}\leqslant 0.5 \text{ 时}, T_c/T_{c0}=1$$

$$\text{当 } 0.5\leqslant T_c/T_{c0}\leqslant 1 \text{ 时}, V_c/V_{c0}=1.5-T_c/T_{c0}$$

下面推导 T_c 和 V_c 的计算公式：

设剪扭构件的相对扭矩值为 T_u/T_{c0}，相对剪力为 V_u/V_{c0} 值。它们位于坐标系中 B 点，并设原点与 B 点的连线与横轴的夹角为 θ（图 8-7b）。在⊿ OAC 中，根据正弦公式，得：

$$\frac{OA}{\sin 45^{\circ}}=\frac{OC}{\sin(135^{\circ}-\theta)} \tag{a}$$

$$OA=\frac{\sin 45}{\sin(135^{\circ}-\theta)}OC=\frac{\sin 45^{\circ}}{\sin(135^{\circ}-\theta)}\times 1.5$$

$$\frac{T_c}{T_{c0}}=OA\cos\theta=\frac{\sin 45\cdot\cos\theta}{\sin(135-\theta)}\times 1.5 \tag{b}$$

而

$$\sin(135-\theta)=\sin(45+\theta)=\sin 45\cdot\cos\theta+\cos 45\cdot\sin\theta \tag{c}$$

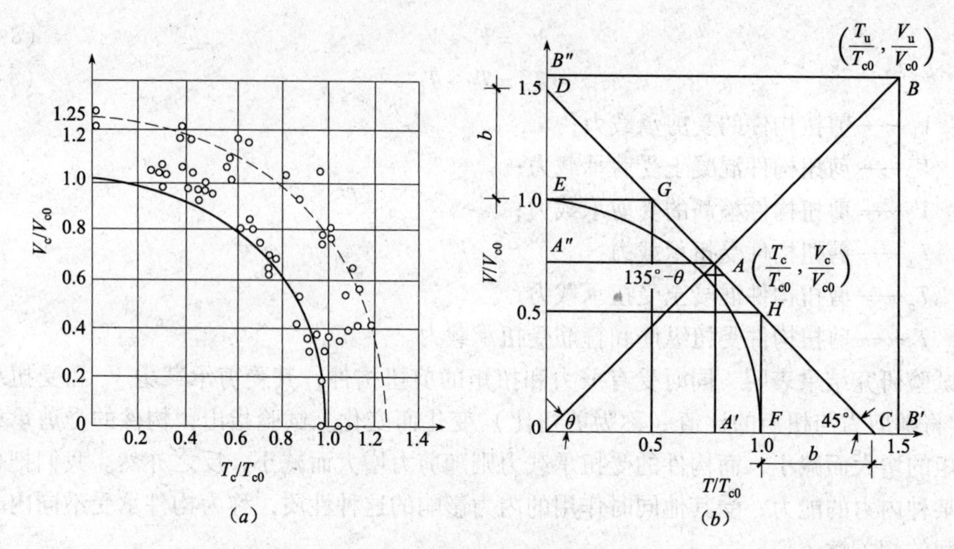

图 8-7 剪扭构件混凝土相关关系计算

(a) 无腹筋；(b) 有无腹筋

于是式（b）可写成：

$$\frac{T_c}{T_{c0}} = \frac{\sin 45 \cdot \cos \theta}{\sin 45 \cdot \cos \theta + \sin \theta \cdot \cos 45} \times 1.5 \tag{d}$$

或

$$\frac{T_c}{T_{c0}} = \frac{1}{1 + s\dfrac{\sin \theta}{\cos \theta}} \times 1.5 = \frac{1}{1 + \tan \theta} \times 1.5 \tag{e}$$

由$\angle OB'B$得 $\tan \theta = \dfrac{V_u T_{c0}}{V_{c0} T_u}$，并代入式（e）得：（c）

$$\frac{T_c}{T_{c0}} = \frac{1}{1 + \dfrac{V_u T_{c0}}{V_{c0} T_u}} \times 1.5 \tag{f}$$

将 $V_{c0} = 0.7 f_t b h_0$，$T_{c0} = 0.35 f_t W_t$ 代入式（f），并令剪力设计值 $V = V_u$ 和扭矩设计值 $T = T_u$，则式（f）可写成：

$$T_c = \frac{T_{c0}}{1 + 0.5\dfrac{V}{T} \times \dfrac{W_t}{bh_0}} \times 1.5 \tag{g}$$

令

$$T_c = \beta_t T_{c0} \tag{8-9}$$

式中

$$\beta_t = \frac{1.5}{1 + 0.5\dfrac{V}{T} \cdot \dfrac{W_t}{bh_0}} \tag{8-10}$$

由$\angle AA'C$得

$$AA' = \frac{V_c}{V_{c0}} = A'C = 1.5 - \frac{T_c}{T_{c0}} = 1.5 - \beta_t$$

即

$$V_c = (1.5 - \beta_t) V_{c0} \tag{8-11}$$

式（8-9）和式（8-11）分别是剪扭构件混凝土受扭和受剪承载力计算公式。式（8-9）及式（8-11）说明，当构件同时作用剪力和扭矩时，构件混凝土受扭承载力等于仅有扭矩作用时混凝土受扭承载力乘以系数 β_t，而受剪承载力则等于仅有剪力作用时混凝土受剪承载力乘以（$1.5-\beta_t$）系数。我们把 β_t 叫做剪扭构件混凝土受扭承载力降低系数。

应当指出，由式（8-9）可知，$\beta_t = T_c/T_{c0}$，而 $T_c/T_{c0} \leqslant 1$（见图 8-7b），故当 $\beta_t > 1$ 时，应取 $\beta_t = 1.0$；由式（7-11）可知，$V_c/V_{c0} = 1.5-\beta_t$，而 $V_c/V_{c0} \leqslant 1$，故当 $\beta_t < 0.5$ 时，应取 $\beta_t = 0.5$。这样 β_t 的取值范围为 0.5～1.0。

综上所述，钢筋混凝土矩形截面一般剪扭构件的受剪承载力可按下列公式计算：

$$V \leqslant 0.7(1.5-\beta_t)f_t bh_0 + f_{yv}\frac{nA_{sv1}}{s}h_0 \tag{8-12}$$

对集中荷载作用下的矩形截面钢筋混凝土剪扭构件（包括作用有多种荷载，且其中集中荷载对支座截面或节点边缘所产生的剪力值占总剪力值的 75% 以上的情况），其受剪承载力应按下列公式计算：

$$V \leqslant \frac{1.75}{\lambda+1}(1.5-\beta_t)f_t bh_0 + f_{yv}\frac{nA_{sv1}}{h_0} \tag{8-13}$$

这时，公式中系数 β_t 须相应地改为按下式计算：

$$\beta_t = \frac{1.5}{1+0.2(\lambda+1)\dfrac{V}{T}\cdot\dfrac{W_t}{bh_0}} \tag{8-14}$$

将 $V_{c0} = \dfrac{1.75}{\lambda+1}f_t bh_0$ 和 $T = 0.35f_t W_t$ 代入式（f），就得到式（7-14）。

同样，当 $\beta_t < 0.5$ 时，取 $\beta_t = 0.5$；当 $\beta_t > 1.0$ 时，则取 $\beta_t = 1.0$。

剪扭构件的受扭承载力则应按下式计算：

$$T \leqslant 0.35\beta_t f_t W_t + 1.2\sqrt{\zeta}\frac{f_{yv}A_{st1}}{s}A_{cor} \tag{8-15}$$

上式中，系数 β_t 应区别受剪承载力计算中出现的两种情况，分别按式（8-10）和式（8-14）进行计算。

8.3.2　矩形截面弯扭构件承载力计算

为了简化计算，对于同时受弯矩和扭矩作用的钢筋混凝土弯扭构件，《混凝土结构设计规范》规定，可分别按纯弯和纯扭计算配筋，然后将所求得的钢筋截面面积叠加。

由试验研究可知，按这种“叠加法”计算结果与试验结果比较，一般情况下是安全、可靠的。但在低配筋时会出现不安全情况，《混凝土结构设计规范》则采用最小配筋率条件予以保证。

§8-4　钢筋混凝土弯剪扭构件承载力计算

在实际工程中，钢筋混凝土受扭构件大多数都是同时受有弯矩、剪力和扭矩作用的弯剪扭构件。为了简化计算，《混凝土结构设计规范》规定，在弯矩、剪力和扭矩共同作用下的钢筋混凝土构件配筋可按“叠加法”进行计算，即其纵向钢筋截面面积由受弯承载力和受扭承载力所需钢筋面积相叠加；其箍筋截面面积应由受剪承载力和受扭承载力所需的箍筋面积相叠加。

现将在弯矩、剪力和扭矩共同作用下钢筋混凝土矩形截面构件，按“叠加法”计算配筋的具体步骤说明如下。

1. 根据经验或参考已有设计，初步确定构件截面尺寸和材料强度等级。

2. 验算构件截面尺寸：前面曾经指出，当构件受扭钢筋配置过多时，将发生超筋破坏。这时，受扭钢筋达不到屈服强度，而受压区混凝土被压碎。为了防止发生这种破坏，《混凝土结构设计规范》规定，对 $h_0/b\leqslant6$ 的矩形截面、T 形截面、I 形截面和 $h_w/b\leqslant6$ 的箱形截面构件，其截面尺寸应满足下列条件：

当 h_w/b(或 h_w/t_w) $\leqslant4$ 时

$$\frac{V}{bh_0}+\frac{T}{0.8W_t}\leqslant0.25\beta_c f_c \tag{8-16}$$

当 h_w/b(或 h_w/t_w) $=6$ 时

$$\frac{V}{bh_0}+\frac{T}{0.8W_t}\leqslant0.20\beta_c f_c \tag{8-17}$$

当 $4<h_w/b$(或 h_w/t_w) <6 时，按线性内插法确定。

式中 b——矩形截面的宽度，T 形或 I 形截面的腹板宽度，箱形截面的侧壁总厚度 $2t_w$；

h_0——截面的有效高度；

W_t——受扭构件的截面受扭塑性抵抗矩；

h_w——截面的腹板高度：对矩形截面，取有效高度 h_0；对 T 形截面，取有效高度 h_0 减去翼缘高度；对 I 形和箱形截面，取腹板净高；

t_w——箱形截面厚度，其值不应小于 $b_h/7$，此处，b_h 为箱形截面的主宽度。

如不满足上式条件，则应加大截面尺寸或提高混凝土强度等级。

3. 确定计算方法：当构件内某种内力较小，而截面尺寸相对较大时，该内力作用下的截面承载力认为已经满足，在进行截面承载力计算时，即可不考虑该项内力。

《混凝土结构设计规范》规定，在弯矩、剪力和扭矩共同作用下的矩形、T 形、I 形和箱形截面构件，可按下列规定进行承载力验算：

(1) 当均布荷载作用下的构件

$$V\leqslant0.35f_t bh_0 \tag{8-18}$$

时，或以集中荷载为主的构件

$$V\leqslant\frac{0.875}{\lambda+1}f_t bh_0 \tag{8-19}$$

时，则不需对构件进行受剪承载力计算，而仅按受弯构件的正截面受弯承载力和纯扭承载力进行计算。

(2) 当符合下列条件

$$T\leqslant0.175f_t W_t \tag{8-20}$$

时，则不需对构件进行抗扭承载力计算，可仅按受弯构件的正截面受弯承载力和斜截面受剪承载力分别进行计算。

(3) 当符合下列条件

$$\frac{V}{bh_0}+\frac{T}{W_t}\leqslant0.7f_t \tag{8-21}$$

时，则不需对构件进行剪扭承载力计算，但需根据构造要求配置纵向钢筋和箍筋，并按受弯构件的正截面受弯承载力进行计算。

4. 确定箍筋数量

（1）按式（8-10）或式（8-14）算出系数 β_t；

（2）按式（8-12）或式（8-13）算出受剪箍筋的数量；

（3）按式（8-16）算出受扭箍筋的数量；

（4）按下式计算箍筋总的数量：

$$\frac{A_{sv1}^*}{s}=\frac{A_{sv1}}{s}+\frac{A_{st1}}{s} \tag{8-22}$$

式中　A_{sv1}^*——弯剪扭构件箍筋总的单肢截面面积；

A_{sv1}——弯剪扭构件受剪箍筋的单肢截面面积；

A_{st1}——弯剪扭构件受扭箍筋的截面面积。

5. 按下式验算配箍率

$$\rho_{sv}=\frac{nA_{sv1}^*}{bs}\geqslant\rho_{sv,min}=0.28\frac{f_t}{f_{yv}} \tag{8-23}$$

式中　$\rho_{sv,min}$——弯剪扭构件箍筋最小配箍率。

其余符号意义与前相同。

6. 计算受扭纵筋数量

按式（8-16）求得的箍筋数量 A_{st1}，代入式（8-4），即可求得受扭纵筋的截面面积。

$$A_{stl}=\frac{f_{yv}A_{st1}u_{cor}\zeta}{f_y s} \tag{8-24}$$

7. 验算纵向配筋率

弯剪扭构件纵筋配筋率，不应小于受弯构件纵向受力钢筋最小配筋率与受扭构件纵向受力钢筋最小配筋率之和。受扭构件纵向受力钢筋最小配筋率，按下式计算：

$$\rho_{tl}\geqslant 0.6\sqrt{\frac{T}{Vb}}\cdot\frac{f_t}{f_y} \tag{8-25}$$

当 $\frac{T}{Vb}>2.0$ 时，取 $\frac{T}{Vb}=2.0$。

式中　ρ_{tl}——受扭纵向钢筋的配筋率：$\rho_{tl}=\frac{A_{stl}}{bh}$；

b——受剪的截面宽度；

A_{stl}——沿截面周边布置的受扭纵筋总截面面积。

《混凝土结构设计规范》还规定，受扭纵向钢筋的间距不应大于 200mm 和梁截面短边长度；在截面的四角必须设置受扭纵筋，并沿截面四周对称布置。

8. 按正截面承载力计算受弯纵筋数量。

9. 将受扭纵筋截面面积 A_{stl} 与受弯纵筋截面面积 A_s 叠加，即为构件截面所需总的纵筋数量。

【例题 8-1】 某雨篷如图 8-8 所示。雨篷板上承受均布荷载（包括自重）设计值 $q=2.33\text{kN/m}^2$，在雨篷自由端沿板宽方向每米承受活荷载设计值 $P=1.0\text{kN/m}$，雨篷悬挑长度 $l_0=1.20\text{m}$。雨篷梁截面尺寸 360mm×240mm，其计算跨度 $L_0=2.80\text{m}$，混凝土强度等级为 C25（$f_c=11.9\text{N/mm}^2$，$f_t=1.27\text{N/mm}^2$），纵向受力钢筋采用 HRB335 级钢筋（$f_y=300\text{N/mm}^2$），箍筋采用 HPB300 级钢筋（$f_y=270\text{N/mm}^2$）。并经计算知：雨篷梁弯矩设计值 $M_{\max}=15.40\text{kN}\cdot\text{m}$，剪力设计值 $V_{\max}=33\text{kN}$。试确定雨篷梁的配筋。

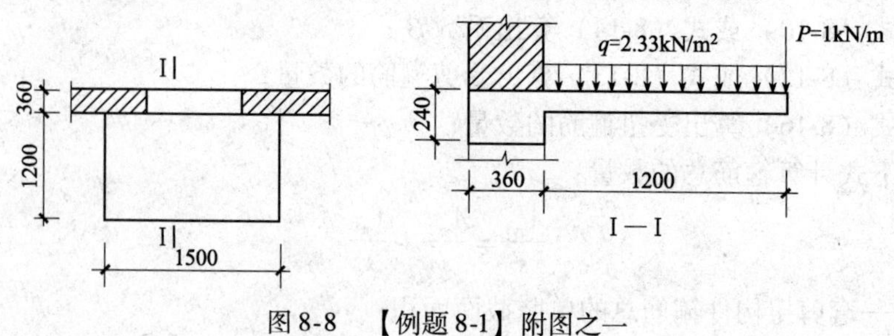

图 8-8 【例题 8-1】附图之一

【**解**】1. 手算

（1）计算雨篷梁的最大扭矩设计值

板上均布荷载 q 沿雨篷梁单位长度上产生的力偶：

$$m_q=ql_0\left(\frac{l_0+a}{2}\right)=2.33\times1.2\times\left(\frac{1.2+0.36}{2}\right)=2.18\text{kN}\cdot\text{m/m}$$

板的边缘处均布线荷载 P 沿雨篷梁单位长度上产生的力偶：

$$m_P=P\left(l_0+\frac{a}{2}\right)=1.0\times\left(1.2+\frac{0.36}{2}\right)=1.38\text{kN}\cdot\text{m/m}$$

于是，作用在梁上的总力偶为

$$m=m_q+m_P=2.18+1.38=3.56\text{N}\cdot\text{m/m}$$

在雨篷梁支座截面内扭矩最大，其值为

$$T=\frac{1}{2}mL_0=\frac{1}{2}\times3.56\times2.80=4.99\text{kN}\cdot\text{m}$$

（2）验算雨篷梁截面尺寸是否符合要求

由式（8-2）计算受扭塑性抵抗矩

$$W_t=\frac{b^2}{6}(3h-b)=\frac{240^2}{6}\times(3\times360-240)=8064\times10^3\text{mm}^3$$

$$h_0=h-a_s=240\text{-}35=205\text{mm}$$

按式（8-17）计算

$$\frac{V}{bh_0}+\frac{T}{0.8W_t}=\frac{33000}{360\times205}+\frac{4990\times10^3}{0.8\times8064\times10^3}=1.221\text{N/mm}^2$$

$$<0.25\beta_c f_c=0.25\times1\times11.9=2.98\text{N/mm}^2$$

截面尺寸满足要求。

（3）计算雨篷梁正截面的纵向钢筋

$$\alpha_s=\frac{M}{\alpha_1 f_c bh_0^2}=\frac{15.4\times10^6}{1\times11.9\times360\times205^2}=0.0855$$

由表 4-7 查得 $\gamma_s=0.955$，钢筋面积

$$A_s=\frac{M}{\gamma_s h_0 f_y}=\frac{15.4\times10^6}{0.955\times205\times300}=262.21\text{mm}^2$$

验算配筋率：

$$\rho=\frac{A_s}{bh}=\frac{262.21}{360\times240}=0.00303>\max\left(0.002,0.45\frac{f_t}{f_y}=0.45\times\frac{1.27}{300}=0.00191\right)=0.002$$

符合要求。

（4）验算是否需要考虑剪力

按式（8-18）计算

$$V=33000\text{N}>0.35f_tbh_0=0.35\times1.27\times360\times205=32804\text{N}$$

故须考虑剪力的影响。

（5）验算是否需要考虑扭矩

按式（8-20）计算

$$T=4990\times10^3\text{N}\cdot\text{mm}>0.175f_tW_t\times1.27\times8064\times10^3$$
$$=1792.2\times10^3\text{N}\cdot\text{mm}$$

故须考虑扭矩的影响。

（6）验算是否需要进行受剪和受扭承载力计算

按式（8-21）计算

$$\frac{V}{bh_0}+\frac{T}{W_t}=\frac{33000}{360\times205}+\frac{4990\times10^3}{8064\times10^3}=1.066\text{N/mm}^2>0.7f_t=0.7\times1.27=0.889\text{N/mm}^2$$

故需进行剪扭承载力验算。

（7）计算受剪箍筋数量

按式（8-10）计算系数

$$\beta_t=\frac{1.5}{1+0.5\frac{V}{T}\cdot\frac{W_t}{bh_0}}=\frac{1.5}{1+0.5\times\frac{33\times10^3}{4.99\times10^6}\times\frac{8064\times10^3}{360\times205}}=1.1021>1.0$$

故取 $\beta_t=1$

按式（8-12）计算单侧受剪箍筋数量，采用双肢箍 $n=2$。

$$V\leqslant0.7(1.5-\beta_t)f_tbh_0+f_{yv}\frac{nA_{sv1}}{s}h_0$$

$$33000\leqslant0.7\times(1.5-1)\times1.27\times360\times205+270\times\frac{2\times A_{sv}1}{s}\times205$$

由此解得：$\frac{A_{sv1}}{s}=0.00177$

（8）计算受扭箍筋和纵筋数量

按式（8-15）计算单侧受扭箍筋数量，取 $\zeta=1.2$。

$b_{cor}=360-50=310\text{mm}$，$h_{cor}=240-50=190\text{mm}$，$A_{cor}=b_{cor}h_{cor}=310\times190=58900\text{mm}^2$，$u_{cor}=2\times(310+190)=1000\text{mm}$

$$T\leqslant0.35\beta_tf_tW_t+1.2\sqrt{\zeta}\frac{f_{yv}A_{st1}}{s}A_{cor}$$

$$4.99\times10^6\leqslant0.35\times1\times1.27\times8064\times10^3+1.2\times\sqrt{1.2}\times270\times\frac{A_{st1}}{s}\times58900$$

由此解得：$\dfrac{A_{st1}}{s}=0.0673$

按式（8-24）计算受扭纵筋数量

$$A_{stl}=\frac{f_{yv}A_{st1}u_{cor}\zeta}{f_y s}=\frac{270\times0.0673\times1000\times1.2}{300}=72.66\text{mm}^2$$

按式（8-25）计算受扭纵筋最小配筋率

$$\frac{T}{Vb}=\frac{4.99\times10^6}{33\times10^3\times360}=0.420<2$$

$$\rho_{stl\,\min}=0.6\sqrt{\frac{T}{Vb}}\cdot\frac{f_t}{f_y}=0.6\times\sqrt{0.42}\times\frac{1.27}{300}=0.00165>\rho_{tl}=\frac{A_{stl}}{bh}=\frac{72.66}{360\times240}=0.000841$$

不满足要求。现根据受扭纵筋最小配筋率确定受扭纵筋：

$$A_{stl}=\rho_{stl\,\min}bh=0.00165\times360\times240=142.56\text{mm}^2$$

（9）计算单侧箍筋的总数量及箍筋间距

按式（8-22）求得：

$$\frac{A_{sv1}^*}{s}=\frac{A_{sv1}}{s}+\frac{A_{st1}}{s}=0.00177+0.0673=0.0691\text{mm}^2/\text{mm}$$

验算配箍率

$$\rho_{sv}=\frac{nA_{sv1}^*}{bs}=\frac{2\times0.0691}{360}=0.000384<\rho_{sv,\min}=0.28\frac{f_t}{f_{yv}}=0.28\frac{1.27}{270}=0.00132$$

不满足要求。现根据最小配箍率确定配箍：

选取箍筋直径 $\phi8$，其面积 $A_{sv1}=50.3\text{mm}^2$。则箍筋间距为

$$s=\frac{nA_{sv1}}{b\rho_{sv,\min}}=\frac{2\times50.3}{360\times0.00132}=212\text{mm}$$

取 $s=200\text{mm}^2$。

（10）选择纵向钢筋

顶部纵筋

$$A_{stl\,1}=A_{stl}\frac{b_{cor}}{u_{cor}}=142.56\times\frac{310}{1000}=44.19\text{mm}^2$$

按构造要求，间距 $s\leqslant200$mm，且不应大于截面短边尺寸，故选取 3 Φ 10（$A_{stl\,1}=236\text{mm}^2$）

每侧纵筋

$$A_{stl\,2}=A_{stl}\frac{h_{cor}}{u_{cor}}=142.56\times\frac{190}{1000}=27.09\text{mm}^2$$

选 1 Φ 10（$A_{stl\,2}=78.5\text{mm}^2$）。

底部纵筋

$$\overline{A}_s=A_s+A_{stl\,1}=262.61+44.19=306.80\text{mm}^2$$

$$\rho=\frac{306.80}{360\times240}=0.00355<\max\left(0.002,0.45\frac{f_t}{f_y}\right)+\rho_{stl,\min}=0.002+0.00165=0.00365$$

不符合要求。按最小配筋率计算配筋

$$\overline{A}_s=\rho bh=0.00365\times360\times240=315.36\text{mm}^2$$

选 3Φ14（A_s = 461mm²）。

雨篷梁配筋见图 8-9。

2. 按程序计算

（1）按 AC/ON 键打开计算器，按 MENU 键，进入主菜单界面；

（2）按数字 9 键，进入程序菜单；

（3）找到计算梁的计算程序名：MTV1，按 EXE 键；

（4）按屏幕提示进行操作（见表 8-1），最后得出计算结果。

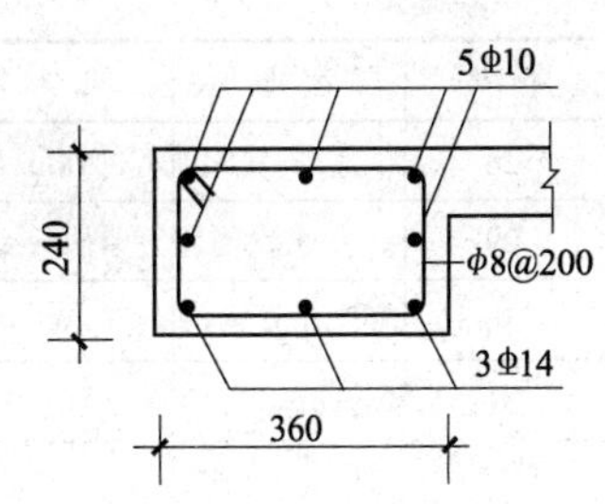

图 8-9　【例题 8-1】附图之二

【例题 8-1】附表　　**表 8-1**

序号	屏幕显示	输入数据	计算结果	单位	说明
1	M=?	15.4×10⁶，EXE		N·mm	输入弯矩设计值
2	V=?	33×10³，EXE		N	输入剪力设计值
3	T=?	4.99×10⁶，EXE		N·mm	输入扭矩设计值
4	b=?	360，EXE		mm	输入梁的截面宽度
5	h=?	240，EXE		mm	输入梁的截面高度
6	C=?	25，EXE		–	输入混凝土强度等级
7	G=?	2，EXE		–	输入钢筋 HRB335 级的序号 2
8	W_t		8064×10³，EXE	mm³	输出受扭塑性抵抗矩
9	a_s=?	35		mm	输入受弯纵筋重心至梁底面距离
10	h_0		205，EXE	mm	输出梁的有效高度
11	VT		1.221，EXE	N/mm²	输出剪扭名义剪应力
12	α_s		0.0855，EXE	–	输出系数
13	γ_s		0.955，EXE	–	输出系数
14	ξ		0.0895，EXE	–	输出截面相对受压区高度
15	A_s		262.14，EXE	mm²	输出受弯纵向钢筋的面积
16	b_{cor}		310，EXE	mm	输出截面核心宽度
17	h_{cor}		190，EXE	mm	输出截面核心高度
18	A_{cor}		58900，EXE	mm²	输出截面核心面积
19	u_{cor}		1000，EXE	mm	输出截面核心周长
20	β_t		1.00，EXE	–	输出混凝土受扭承载力降低系数
21	f_{yv}	270，EXE	1.96，EXE	N/mm²	输入箍筋抗拉强度设计值
22	n=?	2，EXE		–	输入箍筋肢数
23	A_{sv1}/s		0.00177，EXE	mm²/mm	输出沿梁长单位长度单肢箍截面面积
24	ζ=?	1.2，EXE		–	输入受扭纵筋与箍筋的配筋强度比
25	A_{st1}/s		0.0672，EXE	mm²/mm	输出沿梁长单位长度单侧受扭箍截面面积
26	d=?	8，EXE		mm	输入箍筋直径
27	s		212	mm	输出箍筋间距

续表

序号	屏幕显示	输入数据	计算结果	单位	说明
28	$s=?$	200，EXE		mm	输入选择的箍筋间距
29	A_{stl}		142.23，EXE	mm^2	输出受扭纵筋的截面面积
30	A_{stl1}		44.09，EXE	mm^2	输出分配给截面顶部的受扭纵筋面积
31	$d=?$	10，EXE		mm	输入纵筋直径
32	n		0.56，EXE	–	输出纵筋根数，因 $n<1$，故按构造配筋要求取 $n=3$
33	A_{stl2}		27.02，EXE	mm^2	输出分配给截面每侧的受扭纵筋面积
34	$d=?$	10，EXE		mm	输入纵筋直径
35	n		0.344，EXE	–	输出纵筋根数，取 $n=1$
36	$\overline{A}_s$		315.03，EXE	mm^2	输出梁的底部受弯扭纵筋面积
37	$I=?$	1，EXE		–	输入配筋方案标号，采用一种钢筋直径时 $I=1$
38	$d=?$	14，EXE		mm	输入纵筋直径
39	n		2.05	–	输出纵筋根数，按构造配筋要求取 $n=3$

【例题 8-2】某 T 形截面梁，截面尺寸为 $b\times h=300\text{mm}\times600\text{mm}$，$b_f=500\text{mm}$，$h_f=100\text{mm}$（图 8-10$a$）。在均布荷载作用下，控制截面的内力分别为：弯矩 $M=293\text{kN}\cdot\text{m}$，剪力 $V=210\text{kN}$ 和扭矩 $T=20\text{kN}\cdot\text{m}$。混凝土强度等级为 C30（$f_c=14.3\text{N/mm}^2$，$f_t=1.43\text{N/mm}^2$），纵向受力钢筋采用 HRB400 级钢筋（$f_y=360\text{N/mm}^2$），箍筋采用 HPB300 级钢筋（$f_y=270\text{N/mm}^2$）。试确定梁的配筋（已知条件选自参考文献［7］【例题 8-1】）。

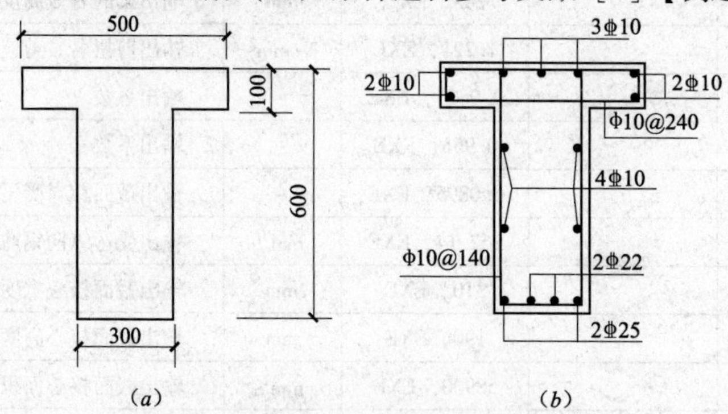

图 8-10 【例题 8-2】附图

（a）T 形梁几何尺寸；（b）配筋图

【解】1. 手算

（1）验算梁的截面尺寸是否符合要求

由式（8-7）计算受扭塑性抵抗矩

$$h_0=h-a_s=600-40=560\text{mm}$$

$$W_{tw}=\frac{b^2}{6}(3h-b)=\frac{250^2}{6}\times(3\times600-300)=22.5\times10^6\text{mm}^3$$

$$W'_{tf}=\frac{h_f'^2}{2}(b_f'-b)=\frac{100^2}{2}\times(500-300)=1.0\times10^6\text{mm}^3$$

$$W_t=W_{tw}+W'_{tf}=22.5\times10^6+1.0\times10^6=23.5\pm10^6\text{mm}^3$$

$$h_w=h_0-h_f'=540-100=440\text{mm}$$

$$\frac{h_w}{b}=\frac{440}{300}=1.53<4$$

按式（8-17）计算

$$\frac{V}{bh_0}+\frac{T}{0.8W_t}=\frac{210000}{300\times560}+\frac{420\times106}{0.8\times22.5\times10^6}=2.314\text{N/mm}^2<0.25\beta_c f_c$$

$$=0.25\times1\times14.3=3.58\text{N/mm}^2$$

截面尺寸满足要求。

（2）确定计算方法

$$\frac{V}{bh_0}+\frac{T}{W_t}=\frac{210000}{300\times560}+\frac{420\times106}{22.5\times10^6}=2.10\text{N/mm}^2>0.7f_t$$

$$=0.7\times1.43=1.00\text{N/mm}^2$$

应按计算配置钢筋。

$$V=210\times10^3\text{N}>0.35f_tbh_0=0.35\times1.43\times300\times560=84.08\times10^3\text{N}$$

应考虑剪力的影响。

$$T=210\times10^3\text{N}\cdot\text{m}>0.175f_tW_t=0.175\times1.43\times23.5\times10^6=85.88\times10^3\text{N}\cdot\text{m}$$

应考虑扭矩的影响。

（3）计算受弯纵向钢筋

$$M_u'=\alpha_1f_cb_f'h_f'\left(h_0-\frac{h_f'}{2}\right)=1.0\times14.3\times500\times100\times\left(540-\frac{100}{2}\right)=364.65\times10^6\text{N}\cdot\text{mm}>M$$

$$=293\times10^6\text{N}\cdot\text{mm}$$

故属于第一类 T 形截面梁。

$$\alpha_s=\frac{M}{\alpha_1f_cbh_0{}^2}=\frac{293\times10^6}{1\times14.3\times500\times540^2}=0.131$$

由表查得 $\gamma_s=0.930$，$\xi=0.141<\xi_b=0.518$。

受弯纵钢筋面积

$$A_s=\frac{M}{\gamma_sh_0f_y}=\frac{293\times10^6}{0.930\times560\times360}=1563\text{mm}^2$$

验算配筋率：

$$\rho=\frac{A_s}{bh}=\frac{293\times10^6}{300\times540}=0.0093>\max\left(0.002,0.45\frac{f_t}{f_y}=0.45\times\frac{1.43}{360}=0.0018\right)=0.002$$

符合要求。

（4）计算腹板受剪和受扭钢筋

1）腹板和翼缘承受的扭矩

$$T_{tw}=\frac{W_{tw}}{W_t}T=\frac{22.50\times10^6}{23.50\times10^6}\times20\times10^6=19.15\times10^6=19.15\times10^6\text{N}\cdot\text{m}$$

$$T'_{tf}=T-T_t=20\times10^6-19.15\times10^6=0.85\times10^6\text{N}\cdot\text{m}$$

2）受剪箍筋计算

$$A_{cor}=b_{cor}\times h_{cor}=(300-2\times30)\times(600-2\times30)=129.6\times10^{3}\text{mm}^{2}$$

$$u_{cor}=2\times(b_{cor}+h_{cor})=2\times(240+540)=1560\text{mm}$$

按式（8-10）计算

$$\beta_{t}=\frac{1.5}{1+0.5\dfrac{VW_{tw}}{Tbh_{0}}}=\frac{1.5}{1+0.5\times\dfrac{210\times10^{3}\times23.50\times10^{6}}{210\times10^{6}\times300\times560}}=0.865$$

按式（8-12）计算单侧受剪箍筋数量，采用双肢箍 $n=2$。

$$V\leqslant0.7(1.5-\beta_{t})f_{t}bh_{0}+f_{yv}\frac{nA_{sv1}}{s}h_{0}$$

$$210\times10^{3}\leqslant0.7\times(1.5-0.865)\times1.43\times300\times560+270\times\frac{2\times A_{sv1}}{s}\times560$$

由此解得：$\dfrac{A_{sv1}}{s}=0.341$

3）受扭箍筋计算

按式（8-15）计算单侧受扭箍筋数量，取 $\zeta=1.2$。

$$T\leqslant0.35\beta_{t}f_{t}W_{t}+1.2\sqrt{\zeta}\frac{f_{yv}A_{st1}}{s}A_{cor}$$

$$19.15\times10^{6}\leqslant0.35\times0.865\times1.43\times22.5\times10^{6}+1.2\sqrt{1.2}\times270\times\frac{A_{st1}}{s}\times129.6\times10^{3}$$

由此解得：$\dfrac{A_{st1}}{s}=0.206$

腹板采用双肢箍筋，腹板上单肢箍筋总面积

$$\frac{A_{sv1}^{*}}{s}=\frac{A_{sv1}}{s}+\frac{A_{st1}}{s}=0.341+0.206=0.547$$

选择箍筋直径 $\phi10$（$A_{sv1}=78.5\text{mm}^{2}$），其间距为

$$s=\frac{78.5}{0.547}=144\text{mm}$$

取箍筋间距 $s=140\text{mm}$。

这时配箍率为

$$\rho_{sv}=\frac{nA_{sv1}}{bs}=\frac{2\times78.5}{300\times140}=0.374\%>\rho_{sv,min}=0.28\frac{f_{t}}{f_{yv}}=0.28\times\frac{1.43}{270}=0.148\%$$

4）受扭纵筋计算

按式（8-24）计算受扭纵筋数量

$$A_{stl}=\frac{f_{yv}A_{st1}u_{cor}\zeta}{f_{y}s}=\frac{270\times0.205\times1560\times1.2}{360}=287.2\text{mm}^{2}$$

按式（8-26）计算受扭纵筋最小配筋率

$$\frac{T}{Vb}=\frac{20\times10^{6}}{215\times10^{3}\times300}=0.304$$

$$\rho_{tl}=\frac{A_{stl}}{bh}=\frac{287.2}{300\times600}=0.159\%>\rho_{tl\min}=0.6\sqrt{\frac{T}{Vb}}\cdot\frac{f_{t}}{f_{y}}=0.6\times\sqrt{0.304}\times\frac{1.27}{360}=0.131\%$$

满足要求。

（5）腹板纵向钢筋总面积计算

顶部纵筋

$$A_{stl1}=287.2\times\frac{240}{1560}=44.2\text{mm}^2$$

按构造要求，选取 3 Φ 10（$A_s=236\text{mm}^2$）

每侧纵筋

$$A_{stl2}=287.2\times\frac{540}{1560}=99.42\text{mm}^2$$

选 2 Φ 10（$A_s=157\text{mm}^2$）。

底部纵筋

$$\overline{A}_s=A_s+A_{stl}=1563+44.2=1607.4\text{mm}^2$$

选 2 Φ 22 + 2 Φ 25（$A_s=1743\text{mm}^2$）

$$\rho=\frac{1743}{300\times600}=0.0099>\max\left(0.002,0.45\frac{f_t}{f_y}\right)+\rho_{stl,\min}=0.002+0.00131=0.00331$$

符合要求。

（6）翼缘受扭钢筋计算

因翼缘不考虑受剪，故按纯扭构件计算。

$$A_{cor}=b'_{f,cor}\times h'_{f,cor}=(200-2\times30)\times(100-2\times30)=5600\text{mm}^2$$

$$u_{cor}=2\times(140+40)=360\text{mm}^2$$

由式（8-6）得：

$$\frac{A_{st1}}{s}=\frac{T'_f-0.35f_tW_{tf}}{1.2\sqrt{\zeta}f_{yv}A_{cor}}=\frac{0.85\times10^6-0.35\times14.3\times1.0\times10^6}{1.2\times\sqrt{1.2}\times270\times5600}=0.176\text{mm}^2/\text{mm}$$

选用 $\phi10(A_{st1}=78.5\text{mm}^2)$，于是箍筋间距为：

$$s=\frac{A_{st1}}{0.176}=\frac{78.5}{0.176}=446\text{mm}$$

考虑到腹板箍筋间距已确定为 140mm，故翼缘间距选用 $140\times2=280\text{mm}<446\text{mm}$。其配箍率为：

$$\rho_{sv}=\frac{2A_{st1}}{bs}=\frac{2\times78.5}{100\times280}=0.561\%>0.148\%$$

符合要求。

按式（8-24）计算受扭纵筋面积

$$A_{stl}=\frac{f_{yv}A_{st1}u_{cor}\zeta}{f_ys}=\frac{270\times0.176\times360\times1.2}{360}=57.15\text{mm}^2$$

相应配筋率

$$\rho_{stl}=\frac{A_{stl}}{h'_f(b'_f-b)}=\frac{57.15}{100(500-300)}=0.00286<\rho_{st,\min}$$

$$=0.6\times\sqrt{\frac{T}{Vb}}\times\frac{f_t}{f_y}=0.6\times\sqrt{2}\times\frac{1.43}{360}=0.337\%$$

因为计算翼缘时不考虑剪力影响，可认为 V 为无穷小量，故 $\frac{T}{Vb}>2$。根据规范规定，其值应取 2。

由以上计算可见，配筋不符合要求。按最小配筋率配筋，受扭纵筋面积应为：

$$A_{stl}=\rho_{stl,\min}h'_{f}(b_{f}-b)=0.00337\times100\times(500-300)=67.41\text{mm}^2$$

根据构造要求，现选取受扭纵筋 4 ф 10（$A_s=316\text{mm}^2>67.41\text{mm}^2$）。

配筋见图 8-9（b）。

2. 按程序计算

（1）按 AC/ON 键打开计算器，按 MENU 键，进入主菜单界面；

（2）按数字 9 键，进入程序菜单；

（3）找到计算梁的计算程序名 MTV2，按 EXE 键；

（4）按屏幕提示进行操作（见表 8-2），最后得出计算结果。

【例题 8-2】附表 **表 8-2**

序号	屏幕显示	输入数据	计算结果	单位	说明
1	$M=?$	293×10^6，EXE		N·mm	输入弯矩设计值
2	$V=?$	210×10^3，EXE		N	输入剪力设计值
3	$T=?$	20×10^6，EXE		N·mm	输入扭矩设计值
4	$b=?$	300，EXE		mm	输入 T 形梁截面腹板宽度
5	$h=?$	600，EXE		mm	输入 T 形梁截面腹板高度
6	$b_f=?$	500，EXE		mm	输入 T 形梁截面翼缘宽度
7	$h'_f=?$	100，EXE		mm	输入 T 形梁截面翼缘高度
8	$C=?$	30，EXE		—	输入混凝土强度等级 30
9	$G=?$	3，EXE		—	输入梁的纵筋 HRB400 级的序号 3
10	W_{tw}		22.5×10^6，EXE	mm^3	输出腹板部分矩形截面受扭塑性抵抗矩
11	W'_{tw}		1.00×10^6，EXE	mm^3	输出翼缘部分矩形截面受扭塑性抵抗矩
12	W_t		23.50×10^6，EXE	mm^3	输出 T 形梁截面受扭塑性抵抗矩
13	$a_s=?$	40，EXE		mm	输入受弯纵向钢筋重心至梁底面的距离
14	h_0		560，EXE	mm	输出 T 形梁截面有效高度
15	VT		2.313，EXE	N/mm^2	输出剪扭名义应力
16	M'_u		364.650×10^6，EXE	N·mm	输出受压区高度等于翼缘高度时 T 形梁截面承载力
17	α_s		0.131，EXE	—	输出系数
18	γ_s		0.930，EXE	—	输出系数
19	ξ		0.141，EXE	—	输出相对受压区高度
20	A_s		1563.2，EXE	mm^2	输出受弯纵向钢筋面积
21	T_w		19.149×10^6，EXE	N·mm	输出腹板承受的扭矩设计值

续表

序　号	屏幕显示	输入数据	计算结果	单　位	说　明
22	T'_f		0.851×10^6，EXE	N·mm	输出翼缘承受的扭矩设计值
23	b_{cor}		240，EXE	mm	输出截面腹板核心部分的宽度
24	h_{cor}		540，EXE	mm	输出截面腹板核心部分的高度
25	A_{cor}		129.6×10^3，EXE	mm^2	输出截面腹板核心部分的面积
26	u_{cor}		1560，EXE	mm	输出截面腹板核心部分的周长
27	β_t		0.865，EXE	—	输出混凝土受扭承载力降低系数
28	$f_{yv}=?$	270，EXE		N/mm^2	输入箍筋抗拉强度设计值
29	$n=?$	2，EXE		—	输入箍筋肢数
30	A_{sv1}/s		0.341，EXE	mm^2/mm	输出沿梁长单位长度单肢箍截面面积
31	$\zeta=?$	1.2，EXE		—	输入受扭纵筋与箍筋的配筋强度比
32	A_{st1}/s		0.205，EXE	mm^2/mm	输出沿梁长单位长度单侧受扭箍截面面积
33	$\rho_{sv,min}$		0.148，EXE	%	输出受剪扭箍筋最小配箍率
34	$d=?$	10，EXE		mm	输入受剪扭箍筋直径
35	s		144，EXE	mm	输出受剪扭箍筋间距
36	s	140，EXE		mm	输入选取的受剪扭箍筋间距
37	ρ_{sv}		0.374，EXE	%	输出受剪扭箍筋配箍率
38	ρ_{tlmin}		0.131，EXE	%	输出受扭纵筋最小配筋率
39	A_{stl}		287.2，EXE	mm^2	输出梁截面腹板部分受扭纵筋面积
40	A_{stl1}		44.2，EXE	mm^2	输出分配给截面顶部的受扭纵筋面积
41	$d=?$	10，EXE		mm	输入截面顶部受扭纵筋直径
42	n		0.56，EXE	mm	输出分配给截面顶部的受扭纵筋根数，因 $n<1$，故应按构造配筋
43	A_{stl2}		99.42，EXE	mm^2	输出分配给截面每侧的受扭纵筋面积
44	$d=?$	10，EXE		mm	输入截面两侧受扭纵筋直径
45	n		1.27，EXE	—	输出分配给截面每侧的受扭纵筋根数，取 $n=2$
46	$\overline{A}_s$		1607.4，EXE	mm^2	输出截面底部受弯和受扭纵筋截面面积
47	$I=?$	2，EXE		—	输入配筋方案标号，采用两种钢筋直径时 $I=2$
48	$d_1=?$	22，EXE		mm	输入第1种受弯扭纵筋直径
49	n_1	2，EXE		—	输出第1种受弯扭纵筋根数
50	$d_2=?$	25，EXE		mm	输入第2种受弯扭纵筋直径
51	n_2		1.73	—	输出第2种受弯扭纵筋根数，取 $n=2$
52	$a'_s=?$	30，EXE		mm	输入梁的翼缘部分箍筋内表面至翼缘外缘的距离
53	A_{cor}		5600，EXE	mm^2	截面翼缘核心部分的面积

续表

序 号	屏幕显示	输入数据	计算结果	单 位	说 明
54	u_{cor}		360	mm	输出截面翼缘核心部分的周长
55	A_{st1}/s		0.176，EXE	mm^2/mm	输出翼缘沿梁长单位长度单肢受扭箍筋面积
56	$d=?$	10，EXE		mm	输入翼缘受扭箍筋直径
57	s		445，EXE	mm	输出翼缘受扭箍筋间距
58	$s=?$	280，EXE		mm	输入选择的翼缘受扭箍筋间距
59	ρ_{sv}		0.561，EXE	%	输出翼缘截面受扭箍筋配筋率
60	A_{stl}		57.2，EXE	mm^2	输出翼缘截面受扭纵筋面积
61	$\rho_{tl\min}$		0.337，EXE	%	输出翼缘截面最小受扭纵筋配筋率
62	A_{stl}		67.41	mm^2	输出按最小配筋率计算的翼缘截面受扭纵筋面
63	$d=?$	10，EXE		mm	输入翼缘受扭纵筋直径
64	n		0.858	—	输出翼缘截面受扭纵筋根数，按构造要求，取 $n=4$

【例题 8-3】已知条件除控制截面弯矩为 $M=400\text{kN}\cdot\text{m}$ 外，其余条件与【例题 8-2】相同。试确定梁的配筋。

【解】1. 手算

（1）验算梁的截面尺寸是否符合要求

计算方法和结果与【例题 8-2】相同。

（2）确定计算方法

计算方法和结果与【例题 8-2】相同。

（3）计算受弯纵向钢筋

1）判断 T 形梁类型

$$M'_u=\alpha_1 f_c b'_f h'_f\left(h_0-\frac{h'_f}{2}\right)=1.0\times14.3\times500\times100\times\left(540-\frac{100}{2}\right)=364.65\times10^6\text{N}\cdot\text{mm}<M$$
$$=400\times10^6\text{N}\cdot\text{mm}$$

故属于第二类 T 形截面梁。

2）计算纵向钢筋

由式（4-94）算出 A_{s1}

$$A_{s1}=\frac{\alpha_1 f_c(b_f-b)h'_f}{f_y}=\frac{1\times14.3\times(500-300)\times100}{360}=794.4\text{mm}^2$$

由式（4-95）算出 M_{u1}

$$M_{u1}=\alpha_1 f_c(b'_f-b)h'_f\left(h_0-\frac{h'_f}{2}\right)=1\times14.3\times(500-300)\times100\times\left(560-\frac{100}{2}\right)$$
$$=145.86\times10^6\text{kN}\cdot\text{m}$$

由式（4-96）算出 M_{u2}

$$M_{u2}=M_u+M_{u1}=400\times10^6-145.86\times10^6=254.14\times10^6\text{kN}\cdot\text{m}$$

$$\alpha_s=\frac{M_{u2}}{\alpha_1 f_c b h_0{}^2}=\frac{254.14\times10^6}{1\times14.3\times500\times560^2}=0.189$$

由表 4-7 查得 $\gamma_s=0.894$，$\xi=0.210<\xi_b=0.518$。

$$A_{s2}=\frac{M_{u2}}{\gamma_s h_0 f_y}=\frac{254.14\times10^6}{0.894\times560\times360}=1410\text{mm}^2$$

总纵向钢筋面积

$$A_s=A_{s1}+A_{s2}=794.4+1410=2204.4\text{mm}^2$$

验算配筋率：

$$\rho=\frac{A_s}{bh}=\frac{2204.4}{300\times600}=0.0123>\max\left(0.002,0.45\frac{f_t}{f_y}=0.45\times\frac{1.43}{360}=0.0018\right)$$
$$=0.002$$

符合要求。

（4）计算腹板受剪和受扭钢筋

计算方法和结果与【例题 8-2】相同。

（5）腹板底部纵向钢筋计算

底部纵筋

$$\overline{A}_s=A_s+A_{stl1}=2204.4+44.2=2248.6\text{mm}^2$$

选 2 Φ22 + 3 Φ25（$A_s=2233\text{mm}^2\approx2248.6\text{mm}^2$）

$$\rho=\frac{2233}{300\times600}=0.0124>\max\left(0.002,0.45\frac{f_t}{f_y}\right)+\rho_{stl,\min}=0.002+0.00131=0.00331$$

符合要求。

其余计算与【例题 8-2】相同，不再赘述。

2. 按程序计算

（1）按 AC/ON 键打开计算器，按 MENU 键，进入主菜单界面；

（2）按数字 9 键，进入程序菜单；

（3）找到计算梁的计算程序名 MTV2，按 EXE 键；

（4）按屏幕提示进行操作（见表 8-3），最后得出计算结果。

【例题 8-3】附表　　**表 8-3**

序号	屏幕显示	输入数据	计算结果	单位	说明
1	$M=?$	400×10^6，EXE		N·mm	输入弯矩设计值
2	$V=?$	210×10^3，EXE		N	输入剪力设计值
3	$T=?$	20×10^6，EXE		N·mm	输入扭矩设计值
4	$b=?$	300，EXE		mm	输入 T 形梁截面腹板宽度
5	$h=?$	600，EXE		mm	输入 T 形梁截面腹板高度
6	$b_f=?$	500，EXE		mm	输入 T 形梁截面翼缘宽度
7	$h_f'=?$	100，EXE		mm	输入 T 形梁截面翼缘高度
8	$C=?$	30，EXE		-	输入混凝土强度等级 30
9	$G=?$	3，EXE		-	输入梁的纵筋 HRB400 级的序号 3

续表

序　号	屏幕显示	输入数据	计算结果	单　位	说　　明
10	W_{tw}		22.5×10^6，EXE	mm^3	输出腹板部分矩形截面受扭塑性抵抗矩
11	W'_{tw}		1.00×10^6，EXE	mm^3	输出翼缘部分矩形截面受扭塑性抵抗矩
12	W_t		23.50×10^6，EXE	mm^3	输出T形梁截面受扭塑性抵抗矩
13	$a_s=?$	40，EXE		mm	输入受弯纵向钢筋重心至梁底面的距离
14	h_0		560，EXE	mm	输出T形梁截面有效高度
15	VT		2.313，EXE	N/mm^2	输出剪扭名义应力
16	M'_u		364.652×10^6，EXE	N·mm	输出受压区高度等于翼缘高度时T形梁截面受弯承载力
17	A_{s1}		794.41×10^6，EXE	mm^2	输出与翼缘挑出部分相应的受弯纵筋面积
18	M_{u1}		145.9×10^6	N·mm	输出与翼缘挑出部分相应的受弯承载力
19	M_{u2}		254.1×10^6	N·mm	输出由腹板承受的弯矩设计值
20	α_s		0.189，EXE	–	输出系数
21	γ_s		0.890，EXE	–	输出系数
22	ξ		0.211，EXE	–	输出与腹板部分相应的相对受压区高度
23	A_{s2}		1409.5，EXE	mm^2	输出与腹板部分相应的纵向钢筋面积
24	A_s		2204，EXE	mm^2	输出T形截面受弯纵向钢筋总面积
25	T_w		19.149×10^6，EXE	N·mm	输出腹板承受的扭矩设计值
26	T'_f		0.851×10^6，EXE	N·mm	输出翼缘承受的扭矩设计值
27	b_{cor}		240，EXE	mm	输出截面腹板核心部分的宽度
28	h_{cor}		540，EXE	mm	输出截面腹板核心部分的高度
29	A_{cor}		129.6×10^3，EXE	mm^2	输出截面腹板核心部分的面积
30	u_{cor}		1560，EXE	mm	输出截面腹板核心部分的周长
31	β_t		0.865，EXE	–	输出混凝土受扭承载力降低系数
32	$f_{yv}=?$	270，EXE		N/mm^2	输入箍筋抗拉强度设计值
33	$n=?$	2，EXE		–	输入箍筋肢数
34	A_{sv1}/s		0.341，EXE	mm^2/mm	输出沿梁长单位长度单肢箍截面面积
35	$\zeta=?$	1.2，EXE		–	输入箍筋与受扭纵筋的强度比
36	A_{st1}/s		0.205，EXE	mm^2/mm	输出沿梁长单位长度单侧受扭箍截面面积
37	$\rho_{sv,min}$		0.148，EXE	%	输出受剪扭箍筋最小配箍率
38	$d=?$	10，EXE		mm	输入受剪扭箍筋直径
39	s		144，EXE	mm	输出受剪扭箍筋间距

续表

序　号	屏幕显示	输入数据	计算结果	单　位	说　　明
40	s	140，EXE		mm	输入选取的受剪扭箍筋间距
41	ρ_{sv}		0.374，EXE	%	输出受剪扭箍筋配箍率
42	$\rho_{tl\min}$		0.131，EXE	%	输出受扭纵筋最小配筋率
43	A_{stl}		287.2，EXE	mm^2	输出腹板部分受扭纵筋面积
44	A_{stl1}		44.2，EXE	mm^2	输出分配给截面顶部的受扭纵筋面积
45	$d=?$	10，EXE		mm	输入截面顶部受扭纵筋直径
46	n		0.56，EXE	mm	输出分配给截面顶部的受扭纵筋根数，因 $n<1$，故应按构造配筋
47	A_{stl2}		99.42，EXE	mm^2	输出分配给截面每侧的受扭纵筋面积，
48	$d=?$	10，EXE		mm	输入截面两侧受扭纵筋直径
49	n		1.27，EXE	–	输出分配给截面每侧的受扭纵筋根数，取 $n=2$
50	$\overline{A}_s$		2248.1，EXE	mm^2	输出截面底部受弯和受扭纵筋面积
51	$I=?$	2，EXE		–	输入配筋方案标号，采用两种钢筋直径时 $I=2$
52	$d_1=?$	22，EXE		mm	输入第1种受弯扭纵筋直径
53	n_1	2，EXE		–	输出第1种受弯扭纵筋根数
54	$d_2=?$	25，EXE		mm	输入第2种受弯扭纵筋直径
55	n_2		3.03	–	输出第2种受弯扭纵筋根数，取 $n=3$
56	$a_s'=?$	30，EXE		mm	输入梁的翼缘部分箍筋内表面至翼缘外缘的距离
57	A_{cor}		5600，EXE	mm^2	截面翼缘核心部分的面积
58	u_{cor}		360	mm	截面翼缘核心部分的周长
59	A_{sv1}/s		0.176，EXE	mm^2/mm	输出翼缘沿梁长单位长度单肢受扭箍筋面积
60	$d=?$	10，EXE		mm	输入翼缘受扭箍筋直径
61	s		445，EXE	mm	输出翼缘受扭箍筋间距
62	$s=?$	280，EXE		mm	输入选择的翼缘受扭箍筋间距
63	ρ_{sv}		0.561，EXE	%	输出翼缘截面受扭箍筋配筋率
64	A_{stl}		57.2，EXE	mm^2	输出翼缘截面受扭纵筋面积
65	$\rho_{tl\min}$		0.337，EXE	%	输出翼缘截面最小受扭纵筋配筋率
66	A_{stl}		67.41	mm^2	输出按最小配筋率计算的翼缘截面受扭纵筋面
67	$d=?$	10，EXE		mm	输入翼缘受扭纵筋直径
68	n		0.858	–	输出翼缘截面受扭纵筋根数，按构造要求，取 $n=4$

第 9 章　钢筋混凝土构件变形和裂缝计算

钢筋混凝土构件在荷载作用下，除有可能由于承载力不足超过其极限状态外，还有可能由于变形或裂缝宽度超过容许值，使构件超过正常使用极限状态而影响正常使用。因此，《混凝土结构设计规范》规定，根据使用要求，构件除进行承载力计算外，尚须进行变形及裂缝宽度验算，即把构件在荷载准永久组合下，并考虑长期作用的影响所求得的变形及裂缝宽度，控制在允许值范围之内。它们的设计表达式可分别写成：

$$f_{max} \leqslant f_{lim} \tag{9-1}$$

和

$$w_{max} \leqslant w_{lim} \tag{9-2}$$

式中　f_{max}——按荷载的准永久组合并考虑长期作用影响计算的最大挠度；

f_{lim}——受弯构件挠度限值，按附录 C 附表 C-3 采用；

w_{max}——按荷载的准永久组合并考虑长期作用影响计算的最大裂缝宽度；

w_{lim}——最大裂缝宽度限值，按附录 C 附表 C-4 采用。

本章将叙述钢筋混凝土构件的变形和裂缝宽度的计算方法。

§9-1　钢筋混凝土受弯构件变形计算

9.1.1　概述

在材料力学中给出了梁的变形计算方法。例如，承受均布线荷载 q 的简支梁，其跨中最大挠度为：

$$f_{max} = \frac{5}{384} \cdot \frac{ql^4}{EI} \tag{9-3}$$

而跨中承受集中荷载 P 作用的简支梁，其跨中最大挠度为：

$$f_{max} = \frac{1}{48} \cdot \frac{Pl^3}{EI} \tag{9-4}$$

式中，EI 为梁的截面抗弯刚度。当梁的截面和材料确定后，EI 值为常数。

在材料力学中，还给出了梁的弯矩 M 与曲率 $1/\rho$ 之间的关系式：

$$\frac{1}{\rho} = \frac{M}{EI} \tag{9-5}$$

或

$$EI = \frac{M}{\frac{1}{\rho}} \tag{9-6}$$

式中　ρ——曲率半径。

由式（9-6）可见，梁的抗弯刚度 EI 等于 $M-\frac{1}{\rho}$ 曲线的斜率。因为 EI 为常数，故梁的 $M-\frac{1}{\rho}$ 关系为一直线，如图 9-1 中虚线 OA 所示。

这里提出这样的问题：钢筋混凝土梁的变形能否用材料力学公式计算？要回答这个问题，就必须了解材料力学计算变形公式的适用条件。由材料力学可知，计算变形公式应满足以下两个条件：

（1）梁变形后要满足平截面假设；

（2）梁的截面抗弯刚度 EI 为常数。

关于条件（1），在第 4 章中已经说明，只要测量梁内钢筋和混凝土应变的标距不是太小（跨过一条或几条裂缝），则在试验全过程中所测得平均应变沿截面高度就呈直线分布，即符合平截面假设。

至于条件（2），观察钢筋混凝土梁试验的全过程，便可得出正确的结论。

图 9-1 所示为钢筋混凝土梁 $M-1/\rho$ 关系试验曲线。由图中可见，当弯矩较小时，梁的应力和应变处于第Ⅰ阶段，$M-1/\rho$ 关系呈直线变化，即抗弯刚度为一常数；随着 M 的增加，梁的受拉区出现裂缝而开始进入第Ⅱ阶段后，$M-1/\rho$ 关系由直线变成曲线。$1/\rho$ 增加变快，说明梁的抗弯刚度开始降低；随着 M 继续增加，到达第Ⅲ阶段后，$1/\rho$ 增加较第Ⅱ阶段更快，使梁的抗弯刚度降低更多。

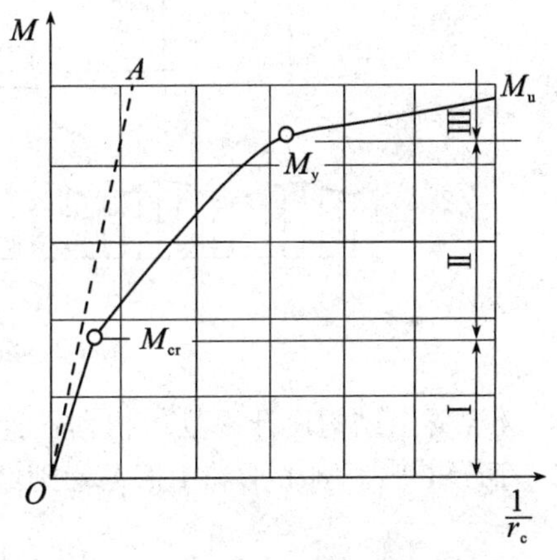

图 9-1　钢筋混凝土梁 $M-1/\rho$ 的关系

此外，试验还表明，钢筋混凝土梁在荷载长期作用下，由于混凝土徐变的影响，梁的某个截面的刚度还随时间的增长而降低。

通过上述分析表明，钢筋混凝土受弯构件截面的抗弯刚度并不是常数，而是随荷载的增加而降低。因此，必须专门加以研究确定，只要它的数值一经求出，就可以按材料力学公式计算这种受弯构件的变形。这样，计算钢筋混凝土受弯构件的变形问题，就归结为计算它的截面抗弯刚度问题了。

为了区别材料力学中的梁的抗弯刚度 EI，我们用 B 表示钢筋混凝土受弯构件的抗弯刚度，并以 B_s 表示荷载准永久组合下受弯构件截面的抗弯刚度，简称为“短期刚度”；用 B_l 表示在荷载准永久准组合下，并考虑一部分荷载长期作用的截面的抗弯刚度，简称为“长期刚度”。

下面着重讨论短期刚度 B_s 和长期刚度 B_l 以及受弯构件变形的计算。

9.1.2　受弯构件的短期刚度 B_s

1. 试验研究分析

图 9-2 所示为钢筋混凝土梁的“纯弯段”，它在荷载效应的标准组合作用下，在受拉区产生裂缝（设平均裂缝间距为 l_{cr}）的情形。裂缝出现后，钢筋及混凝土的应力分布具有如下特征：

（1）在受拉区：裂缝出现后，裂缝处混凝土退出工作，拉力全部由钢筋承担，而在两条裂缝之间，由于钢筋与混凝土之间的粘结作用，受拉区混凝土仍可协助钢筋承担一部分拉力。因此，在裂缝处钢筋应变最大，而在两条裂缝之间的钢筋应变将减小，而且离裂缝越远处的钢筋应变减小越多。为了计算方便，我们在计算中将采用钢筋的平均应变 $\bar{\varepsilon}_s$，显然它小于裂缝处的钢筋应变 ε_s（图 9-2），两者的关系如下：

$$\bar{\varepsilon}_s = \psi \varepsilon_s \tag{9-7}$$

式中 ψ——裂缝间纵向受拉钢筋应变不均匀系数。

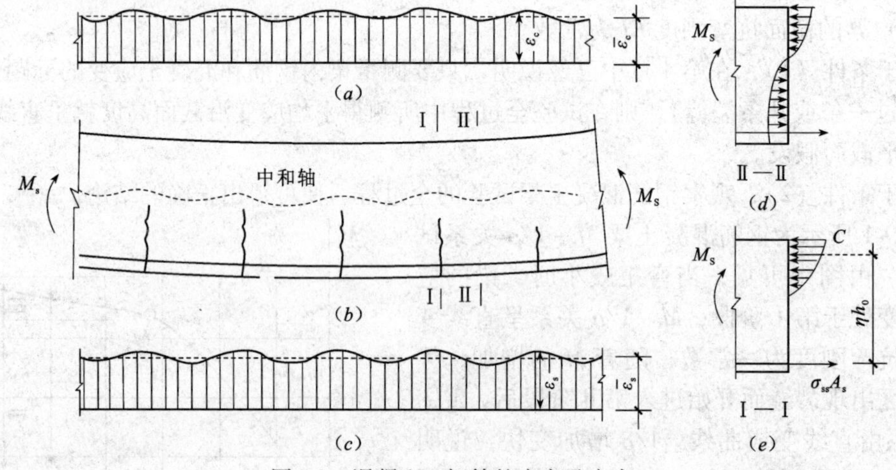

图 9-2 混凝土、钢筋的应变及应力

《混凝土结构设计规范》根据各种截面形状的钢筋混凝土受弯构件的试验结果，给出了矩形、T 形、倒 T 形和 I 形截面裂缝间纵向钢筋应变不均匀系数的计算公式：

$$\psi = 1.1 - \frac{0.65 f_{tk}}{\rho_{te}\sigma_{sq}} \tag{9-8}$$

式中 f_{tk}——混凝土轴心抗拉强度标准值；

ρ_{te}——按截面的“有效受拉混凝土面积”计算的纵向受拉钢筋的配筋率，即：

$$\rho_{te} = \frac{A_s}{A_{te}} \tag{9-9}$$

A_s——纵向受拉钢筋；

A_{te}——有效受拉混凝土面积。

在受弯构件中，A_{te} 按下式计算（图 9-3）：

$$A_{te} = 0.5bh + (b_f - b)h_f \tag{9-10}$$

当算出的 $\rho_{te} < 0.01$ 时，取 $\rho_{te} = 0.01$。

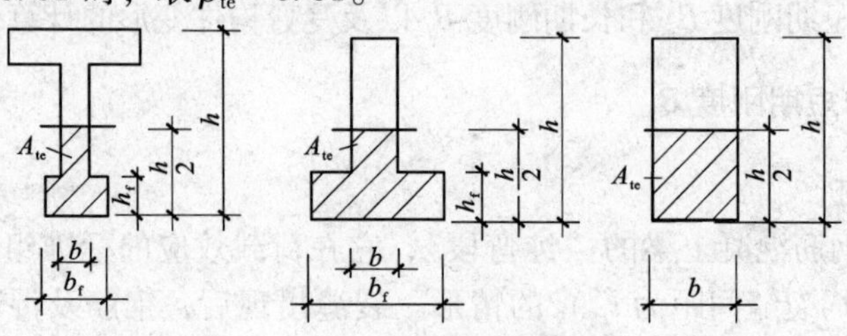

图 9-3 有效受拉混凝土面积 A_{te}

σ_{sq}——在荷载效应的准永久组合作用下，在裂缝截面处纵向受拉钢筋的应力（图 9-2e），对钢筋混凝土受弯构件按下式计算：

$$\sigma_{sq}=\frac{M_q}{\eta h A_s} \tag{9-11}$$

式中　M_q——按荷载效应的准永久组合下在构件内引起的弯矩值；

η——内力力臂系数，可取 $\eta=0.87$。

于是，上式可写成：

$$\sigma_{sq}=\frac{M_q}{0.87h_0A_s} \tag{9-12}$$

应当指出，当算出的 $\psi<0.2$ 时，取 $\psi=0.2$；当 $\psi>1$ 时，取 $\psi=1$；对直接承受重复荷载的构件，取 $\psi=1$。

这样，按式（9-11）求得的裂缝处钢筋应力 σ_{sq}除以钢筋弹性模量 E_s，即得裂缝处的钢筋应变 ε_s，把它代入式（9-7），便可求得纵向钢筋的平均应变：

$$\bar{\varepsilon}_s=\psi\frac{\sigma_{sq}}{E} \tag{9-13}$$

（2）在受压区：与受拉区相对应，同样是在裂缝截面处的受压边缘混凝土应变 ε_c 大，在裂缝之间的截面受压边缘混凝土应变小（图 8-2a）。类似地，在计算中，我们也取混凝土的平均压应变 $\bar{\varepsilon}_c$ 来计算，它与裂缝处截面受压边缘混凝土的应变 ε_c 的关系式可写成：

$$\bar{\varepsilon}_c=\psi_c\varepsilon_c \tag{9-14}$$

式中　ψ_c——裂缝之间受压边缘混凝土应变不均匀系数。

根据以上分析，我们通过平均应变把“纯弯段”内本来为上下波动的中性轴，折算成“平均中性轴”。根据平均中性轴得到的截面称为“平均截面”，相应的受压区高度称为“平均受压区高度 $x=\xi\cdot h_0$”。试验结果表明，平均截面的平均应变 ε_c 和 ε_s 是符合平截面假设的，即平均应变呈直线分布。

2. 平均截面受压边缘混凝土平均应变

为了不失一般性，我们以 T 形截面（图 9-4）为例，说明 ε_c 的确定方法。当受弯构件处于第Ⅱ阶段工作时，裂缝截面受压混凝土中的应力已呈曲线图形。为了便于计算，以矩形应力图形代替曲线图，设整个受压区的平均应力为 $\omega\sigma_c$。其中，σ_c 为裂缝截面受压边缘混凝土压应力，并取受压区高度 $x=\xi\cdot h_0$。则裂缝截面混凝土压应力的合力为

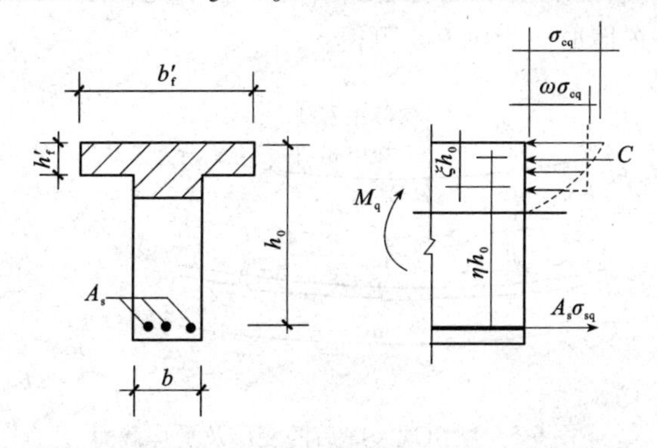

图 9-4　T 形截面受压边缘混凝土平均应变的计算

$$C = \omega\sigma_c[\xi \cdot h_0 b + (b_f' - b)h_f'] = \omega\sigma_c\left[\xi + \frac{(b_f' - b)h_f'}{bh_0}\right]bh_0 \tag{9-15a}$$

令
$$\gamma_f' = \frac{(b_f' - b)h_f'}{bh_0} \tag{9-15b}$$

则
$$C = \omega\sigma_c(\xi + \gamma_f')bh_0 \tag{9-15c}$$

应当指出，计算 γ_f'时，若 $h_f' > 0.2h_0$ 时，应取 $h_f' = 0.2h_0$。这是因为翼缘较厚时，靠近中性轴的翼缘部分受力较小，如仍按全部 h_f'计算 γ_f'将使 B_s 值偏大。

若截面受压区为矩形时，$\gamma_f' = 0$，则上式变为

$$C = \omega\sigma_c\xi bh_0 \tag{a}$$

根据
$$\sum M = 0, M_q = C\eta h_0 \tag{b}$$

或
$$C = \frac{M_q}{\eta h_0} \tag{c}$$

将式（c）代入式（9-15c），经整理后，得到：

$$\sigma_c = \frac{M_q}{\omega(\xi + \gamma_f')\eta h_0^2}$$

将上式等号两边除以变形模量 $E_c' = \nu E_c$［参见式（9-14）］，则得

$$\varepsilon_c = \frac{M_q}{\omega(\xi + \gamma_f')\nu E_c \eta bh_0^2} \tag{d}$$

将式（d）代入式（9-14），则得：

$$\bar{\varepsilon}_c = \frac{\psi_c M_q}{\omega(\xi + \gamma_f')\nu E_c \eta bh_0^2} \tag{9-16}$$

令
$$\zeta = \frac{\omega(\xi + \gamma_f')\nu\eta}{\psi_c} \tag{9-17}$$

则式（9-16）写成

$$\bar{\varepsilon}_c = \frac{M_q}{\zeta E_c bh_0^2} \tag{9-18}$$

式中 ζ——确定受压边缘混凝土平均应变抵抗矩。

3. 短期抗弯刚度 B_s 计算公式

图 9-5（a）表示钢筋混凝土梁出现裂缝后的变形情况；图 9-5（b）表平均截面的平均应变 $\bar{\varepsilon}_c$ 和 $\bar{\varepsilon}_s$ 直线分布情形。由图 9-5 可得：

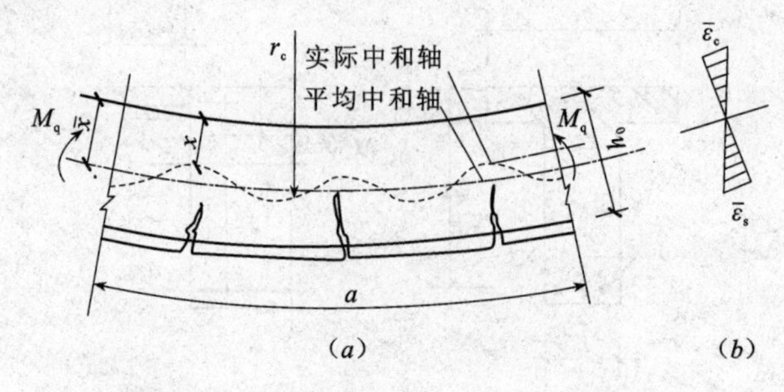

图 9-5 梁出现裂缝后的变形及平均截面

$$\frac{1}{\rho_c}=\frac{\bar{\varepsilon}_c+\bar{\varepsilon}_s}{h_0} \tag{9-19}$$

由材料力学知

$$\frac{1}{\rho_c}=\frac{M_q}{B_s} \tag{9-20}$$

将式（9-20）代入式（9-19）并经整理后得：

$$B_s=\frac{M_q h_0}{\bar{\varepsilon}_c+\bar{\varepsilon}_s} \tag{9-21}$$

再将式（9-13）和式（9-18）代入式（9-21），并注意到式（9-12）得：

$$B_s=\frac{h_0}{\dfrac{1}{\zeta\cdot E_c b h_0^2}+\dfrac{\psi}{E_s\eta h_0 A_s}}$$

以 $E_s h_0 A_s$ 乘上式的分子、分母，并令 $\alpha_E=\dfrac{E_s}{E_c}$，同时近似取 $\eta=0.87$，则得：

$$B_s=\frac{E_s A_s h_0^2}{1.15\psi+\dfrac{\alpha_E\rho}{\zeta}} \tag{9-22}$$

根据矩形、T 形和 I 形等常见截面的钢筋混凝土受弯构件的实测结果分析，可取

$$\frac{\alpha_E\rho}{\zeta}=0.2+\frac{6\alpha_E\rho}{1+3.5\gamma_f'} \tag{9-23}$$

将式（9-23）代入式（9-22），就可得到在荷载短期效应组合下的矩形、T 形和 I 形截面钢筋混凝土受弯构件短期刚度公式：

$$B_s=\frac{E_s A_s h_0^2}{1.15\psi+0.2+\dfrac{6\alpha_E\rho}{1+3.5\gamma_f'}} \tag{9-24}$$

式中　E_s——受拉纵筋的弹性模量；

A_s——受拉纵筋的截面面积；

h_0——受弯构件截面有效高度；

ψ——裂缝间纵向钢筋应变不均匀系数，按式（9-8）计算；

α_E——钢筋弹性模量与混凝土弹性模量的比值；

ρ——受拉纵筋的配筋率，$\rho=A_s/bh_0$；

γ_f'——受压翼缘面积与腹板面积的比值，按式（9-15b）计算。

9.1.3　受弯构件的长期刚度

钢筋混凝土受弯构件受长期荷载作用时，由于受压区混凝土在压应力持续作用下产生徐变、混凝土的收缩，以及受拉钢筋与混凝土的滑移徐变等，将使构件的变形随时间的增长而逐渐增加，亦即截面抗弯刚度将慢慢降低。

图 9-6 为一长期荷载作用下梁的挠度随时间增大的实测变化曲线。一般情况下，受弯构件挠度的增大经 3 ~ 4 年时间后，才能基本稳定。

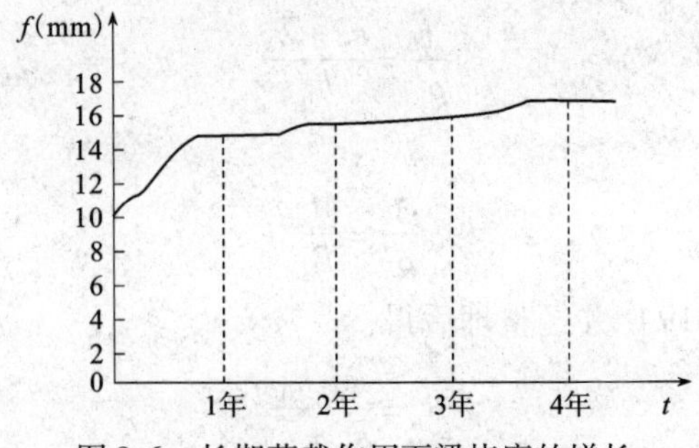

图 9-6　长期荷载作用下梁挠度的增长

前面曾经指出，钢筋混凝土受弯构件的长期刚度是指在荷应的准永久组合下，并考虑荷载长期作用影响后的刚度。我国《混凝土结构设计规范》在验算使用阶段构件挠度时，就是以长期刚度来计算的。

为确定长期刚度，规范规定，在荷载准永久组合计算的弯矩 M_q 作用下，构件先产生一短期曲率$\frac{1}{\rho}$，在 M_q 长期作用下，设构件曲率增大 θ 倍，即构件曲率变为 $\theta\frac{1}{\rho}$。于是，可得钢筋混凝土受弯构件长期刚度计算公式：

$$B=\frac{M_q}{\theta\frac{1}{\rho}}=\frac{B_s}{\theta} \tag{9-25}$$

式中　M_q——按荷载准永久组合计算的弯矩值，取计算区段内的最大弯矩值；

B_s——按荷载准永久组合计算的钢筋混凝土受弯构件的短期刚度；

θ——考虑荷载长期作用对挠度增大的影响系数，当 $\rho'=0$ 时，取 $\theta=2.0$；当 $\rho'=\rho$时，取 $\theta=1.6$；当为中间数值时，θ 按线性内插法取用，即 $\theta=1.6+0.4\left(1-\frac{\rho'}{\rho}\right)$。

ρ、ρ'——分别为纵向受拉和受压钢筋的配筋率 $\rho'=A'/(bh_0)$，$\rho=A/(bh_0)$。

对于翼缘位于受拉区的倒 T 形截面，θ 应增加 20%。

9.1.4　钢筋混凝土梁挠度的计算

由以上分析不难看出，钢筋混凝土梁某一截面的刚度不仅随荷载的增加而变化，而且在某一荷载作用下，由于梁内截面的弯矩不同，故截面的抗弯刚度沿梁长也是变化的。弯矩大的截面抗弯刚度小；反之，弯矩小的截面抗弯刚度大。于是，我们就会提出这样的问题：以梁的哪个截面作为计算刚度的依据？为简化计算，《混凝土结构设计规范》规定，可取同号弯矩区段内弯矩最大截面的刚度作为该区段的抗弯刚度，即在简支梁中取最大正弯矩截面，按式（9-25）算出的刚度作为全梁的抗弯刚度；而在外伸梁中，则将最大正弯矩和最大负弯矩截面分别按式（9-25）算出的刚度，作为相应正负弯矩区段的抗弯刚度。显然，按这种处理方法所算出的抗弯刚度值最小，故通常把这种处理原则称为“最小刚度原则”。

受弯构件的抗弯刚度确定后，我们就可按照材料力学公式计算钢筋混凝土受弯构件的挠度。

当验算结果不能满足式（9-1）要求时，则表示受弯构件的刚度不足，应设法予以提高，如增加截面高度、提高混凝土强度等级、增加配筋、选用合理的截面形式（如T形或I形等）等。而其中以增大梁的截面高度效果最为显著，宜优先采用。

【例题9-1】某办公楼钢筋混凝土简支梁的计算跨度 $l_0=6.90\text{m}$，截面尺寸 $b\times h=250\text{mm}\times650\text{mm}$（图9-7）。环境类别为一级。梁承受均布恒载标准值（包括梁自重）$g_k=16.20\text{kN/m}$，均布活荷载标准值 $q_k=8.50\text{kN/m}$。准永久值系数 $\psi_q=0.4$。混凝土强度等级为C25（$f_{tk}=1.78\text{N/mm}^2$，$E_c=2.8\times10^4\text{N/mm}^2$），采用HRB335级钢筋（$E_s=2.0\times10^5\text{N/mm}^2$）。由正截面受弯承载力计算配置3Φ20（$A_s=941\text{mm}^2$），梁的容许挠度 $f_{lim}=l_0/200$。

试验算梁的挠度是否满足要求。

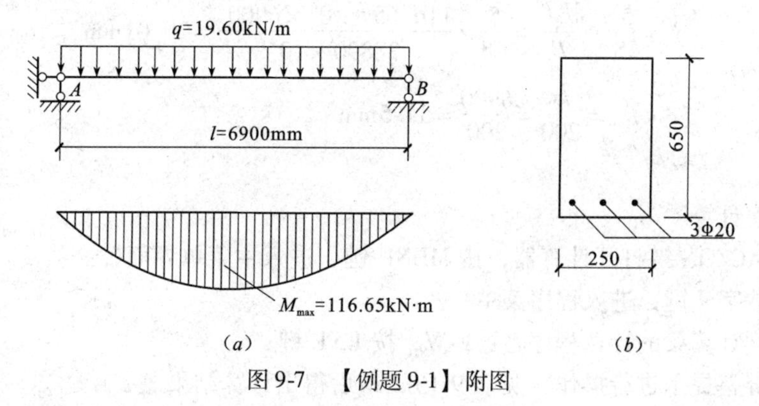

图9-7　【例题9-1】附图

【解】1. 手算

（1）计算按荷载的准永久组合产生弯矩值

$$M_q=\frac{1}{8}(g_k+\psi_q q_k)\cdot l_0^2=\frac{1}{8}\times(16.2+0.4\times8.5)\times6.9^2=116.65\text{kN}\cdot\text{m}$$

（2）计算系数 ψ

按式（9-12）计算

$$h_0=h-a_s=650-35=615\text{mm}$$

$$\sigma_{sq}=\frac{M_q}{0.87h_0A_s}=\frac{116.65\times10^6}{0.87\times615\times941}=231.7\text{N/mm}^2$$

按式（9-9）计算

$$\rho_{te}=\frac{A_s}{0.5bh}=\frac{941}{0.5\times250\times650}=0.0116$$

按式（9-8）计算

$$\psi=1.1-\frac{0.65f_{tk}}{\rho_{te}\sigma_{sq}}=1.1-\frac{0.65\times1.78}{0.0116\times231.7}=0.669$$

（3）计算短期刚度

$$\alpha_E=\frac{E_s}{E_c}=\frac{2.0\times10^5}{2.8\times10^4}=7.14$$

$$\rho=\frac{A_s}{bh_0}=\frac{941}{250\times615}=0.00612$$

按式（9-24）计算计算短期刚度

$$B_s = \frac{E_s A_s h_0^2}{1.15\psi + 0.2 + 6\alpha_E\rho}$$

$$= \frac{2.0\times10^5\times941\times615^2}{1.15\times0.669+0.2+6\times7.14\times0.00612} = 57780\times10^9\text{N}\cdot\text{mm}^2$$

（4）计算长期刚度

按式（9-25）计算 θ。由于 $\rho'=0$，故 $\theta=2.0$

$$B = \frac{B_s}{\theta} = \frac{57780\times10^9}{2} = 28890\times10^9\text{N}\cdot\text{mm}^2$$

（5）计算梁的挠度

$$f = \frac{5}{48}\cdot\frac{M_q l_0^2}{B} = \frac{5}{48}\times\frac{116.65\times10^6\times6900^2}{28890\times10^9} = 20.01\text{mm}$$

$$< f_{\lim} = \frac{l_0}{200} = \frac{6900}{200} = 34.5\text{mm}$$

符合要求。

2. 按程序计算

（1）按 AC/ON 键打开计算器，按 MENU 键，进入主菜单界面；

（2）按数字 9 键，进入程序菜单；

（3）找到计算梁的计算程序名：F-W，按 EXE 键；

（4）按屏幕提示进行操作（见表 9-1），最后得出计算结果。

【例题 9-1】附表 **表 9-1**

序号	屏幕显示	输入数据	计算结果	单位	说　明
1	$b=?$	250，EXE		mm	输入梁的截面宽度
2	$h=?$	650，EXE		mm	输入梁的截面高度
3	$b'_f=?$	0，EXE		mm	输入梁的受压翼缘宽度
4	$h'_f=?$	0，EXE		mm	输入梁的受压翼缘高度
5	$b_f=?$	0，EXE		mm	输入梁的受拉翼缘宽度
6	$h_f=?$	0，EXE		mm	输入梁的受拉翼缘高度
7	$l_0=?$	6.9，EXE		m	输入梁的计算跨度
8	$J=?$	1，EXE		—	从荷载开始计算时 J 输入数字 1，已知弯矩时输入数字 2
9	$g_k=?$	16.2，EXE		N/m	输入永久荷载标准值
10	$q_k=?$	8.5，EXE		N/m	输入可变荷载标准值
11	$\psi_q=?$	0.4，EXE		–	输入可变荷载准永久值系数
12	M_q		116.6，EXE	kN·m	输入按荷准永久组合计算的弯矩
13	$a_s=?$	35，EXE		mm	输入受拉纵筋重心至梁底边缘的距离
14	$A_s=?$	941，EXE		mm^2	输入受拉纵向钢筋的面积
15	$A'_s=?$	0，EXE		mm^2	输入受压纵向钢筋的面积
16	$C=?$	25，EXE		—	输入混凝土强度等级

●

续表

序号	屏幕显示	输入数据	计算结果	单位	说　明
17	$G=?$	2，EXE		—	输入钢筋 HRB335 级的序号 2
18	h_0		615，EXE	mm	输出梁的截面有效高度
19	σ_{sq}		231.67，EXE	N/mm^2	输出纵向受拉钢筋应力
20	ρ_{te}		0.0116，EXE	—	输出按有效受拉混凝土截面面积计算的受拉钢筋配筋率
21	ψ		0.669，EXE	—	输入纵向受拉钢筋应变不均匀系数
22	ρ		0.612，EXE	%	输出纵向受拉钢筋配筋率
23	ρ'		0，EXE	%	输出纵向受压钢筋配筋率
24	α_E		7.14，EXE	—	输出钢筋弹性模量与混凝土弹性模量的比值
25	γ_f'		0，EXE	-	受压翼缘截面面积与腹板有效截面面积之比
26	B_s		57805×10^9，EXE	$N\cdot mm^2$	输出梁的短期抗弯刚度
27	θ		2.0，EXE	-	输出挠度增大系数
28	$I=?$	1		-	判别是否需增大 θ 值。本例题不增大，输入数字 1
29	θ		2.0，EXE	-	输出原来的 θ 值
30	B		28902×10^9	$N\cdot mm^2$	输出梁的抗弯刚度
31	f		20.02	mm	输出梁的挠度

【例题 9-2】 钢筋混凝土简支梁的计算跨度 $l_0=6.00m$，截面尺寸 $b\times h=200mm\times500mm$，跨中截面按荷载准永久组合计算的最大弯矩 $M_q=100kN\cdot m$，混凝土强度等级为 C30（$f_{tk}=2.01N/mm^2$，$E_c=3.00\times10^4N/mm^2$），梁纵筋采用 HRB500 级钢筋（$E_s=2.0\times10^5N/mm^2$）：底部配置 2 Φ 16 + 2 Φ 20（$A_s=1030mm^2$），上部配置 2 Φ 14（$A_s'=308mm^2$）（图 9-8）。环境类别为一级。梁的容许挠度 $f_{lim}=l_0/200$。

试验算梁的挠度是否满足要求（本题已知数据选自［11］P197）。

【解】 1. 手算

（1）计算系数 ψ

$$h_0=h-a_s=650-35=615mm$$

按式（9-12）计算

$$\sigma_{sq}=\frac{M_q}{0.87h_0A_s}=\frac{100\times10^6}{0.87\times465\times1030}=240N/mm^2$$

图 9-8　【例题 9-2】附图

按式（9-9）计算

$$\rho_{te}=\frac{A_s}{0.5bh}=\frac{1030}{0.5\times250\times500}=0.0206$$

按式（9-8）计算

$$\psi=1.1-\frac{0.65f_{tk}}{\rho_{te}\sigma_{sq}}=1.1-\frac{0.65\times2.01}{0.0206\times240}=0.836$$

（2）计算短期刚度

$$\rho' = \frac{A'_s}{bh_0} = \frac{1030}{200 \times 465} = 0.0111$$

$$\rho = \frac{A'_s}{bh_0} = \frac{308}{200 \times 465} = 0.0033$$

$$\alpha_E = \frac{E_s}{E_c} = \frac{2.0 \times 10^5}{3.0 \times 10^4} = 6.67$$

按式（9-24）计算计算短期刚度

$$B_s = \frac{E_s A_s h_0^2}{1.15\psi + 0.2 + 6\alpha_E \rho}$$

$$= \frac{2.0 \times 10^5 \times 1030 \times 465^2}{1.15 \times 0.836 + 0.2 + 6 \times 6.67 \times 0.0111} = 27767.9 \times 10^9 \text{N} \cdot \text{mm}^2$$

（3）计算长期刚度

按内插法计算 θ

$$\theta = 1.6 + 0.4\left(1 - \frac{\rho'}{\rho}\right) = 1.6 + 0.4 \times \left(1 - \frac{0.0033}{0.0111}\right) = 1.880$$

按式（9-25）计算梁的长期刚度

$$B = \frac{B_s}{\theta} = \frac{27767.9 \times 10^9}{1.880} = 14770 \times 10^9 \text{N} \cdot \text{mm}^2$$

（4）计算梁的挠度

$$f = \frac{5}{48} \cdot \frac{M_q l_0^2}{B} = \frac{5}{48} \times \frac{100 \times 10^6 \times 6000^2}{14770 \times 10^9} = 25.39\text{mm}$$

$$< f_{\lim} = \frac{l_0}{200} = \frac{6000}{200} = 30\text{mm}$$

符合要求。

2. 按程序计算

（1）按 AC/ON 键打开计算器，按 MENU 键，进入主菜单界面；

（2）按数字 9 键，进入程序菜单；

（3）找到计算梁的计算程序名：F-W，按 EXE 键；

（4）按屏幕提示进行操作（见表 9-2），最后得出计算结果。

【例题 9-2】附表 **表 9-2**

序号	屏幕显示	输入数据	计算结果	单位	说　明
1	$b=?$	200，EXE		mm	输入梁的截面宽度
2	$h=?$	500，EXE		mm	输入梁的截面高度
3	$b'_f=?$	0，EXE		mm	输入梁的受压翼缘宽度
4	$h'_f=?$	0，EXE		mm	输入梁的受压翼缘高度
5	$b_f=?$	0，EXE		mm	输入梁的受拉翼缘宽度
6	$h_f=?$	0，EXE		mm	输入梁的受拉翼缘高度
7	$l_0=?$	6，EXE		m	输入梁的计算跨度

续表

序号	屏幕显示	输入数据	计算结果	单位	说　明
8	$J=?$	2，EXE		–	已知弯矩时输入数字 2
9	M_q	100，EXE		kN · m	输入按荷准永久组合计算的弯矩
10	$a_s=?$	35，EXE		mm	输入受拉纵筋重心至梁底边缘的距离
11	$A_s=?$	1030，EXE		mm^2	输出受拉纵向钢筋的面积
12	$A'_s=?$	308，EXE		mm^2	输入受压纵向钢筋的面积
13	$C=?$	30，EXE		–	输入混凝土强度等级
14	$G=?$	4，EXE		–	输入钢筋 HRB335 级的序号 2
15	h_0		465，EXE	mm	输出梁的截面有效高度
16	σ_{sq}		240，EXE	N/mm^2	输出纵向受拉钢筋应力
17	ρ_{te}		0.0206，EXE	–	输出按有效受拉混凝土截面面积计算的受拉钢筋配筋率
18	ψ		0.836，EXE	–	输入纵向受拉钢筋应变不均匀系数
19	ρ		0.0111，EXE	–	输出纵向受拉钢筋配筋率
20	ρ'		0.0033，EXE	–	输出纵向受压钢筋配筋率
21	α_E		6.67，EXE	–	输出钢筋弹性模量与混凝土弹性模量的比值
22	γ'_f		0，EXE		受压翼缘截面面积与腹板有效截面面积之比
23	B_s		27768×10^9，EXE	$N\cdot mm^2$	输出梁的短期抗弯刚度
24	θ		1.880，EXE	–	输出挠度增大系数
25	$I=?$	1		–	判别是否需增大 θ 值。本例题不增大，输入数字 1
26	θ		1.880，EXE	–	输出原来的 θ 值
27	B		14767×10^9	$N\cdot mm^2$	输出梁的抗弯刚度
28	f		25.39	mm	输出梁的挠度

【例题 9-3】钢筋混凝土工字形截面梁，计算跨度 $l_0=9.00m$，截面尺寸如图 9-9 所示。跨中截面按荷载准永久组合计算的最大弯矩 $M_q=400kN\cdot m$，混凝土强度等级为 C30（$f_{tk}=2.01N/mm^2$，$E_c=3.00\times10^4N/mm^2$），梁的纵筋采用 HRB335 级的钢筋（$E_s=2.0\times10^5N/mm^2$）：底部配置 6 Φ20（$A_s=1884mm^2$），上部配置 6 Φ12（$A'_s=678mm^2$）。环境类别为一级。梁的容许挠度 $f_{lim}=l_0/300$。

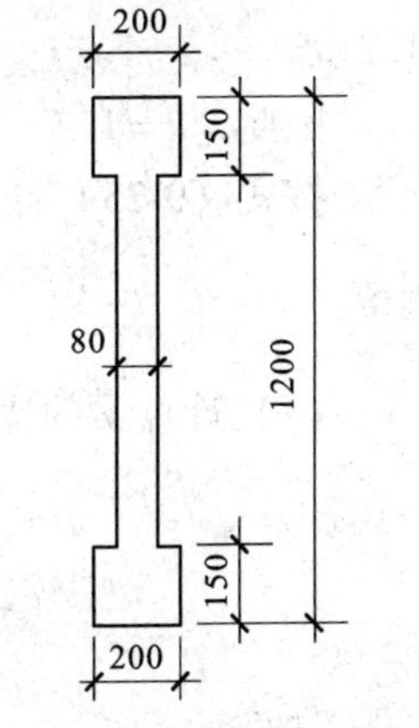

图 9-9　【例题 9-3】附图

试验算梁的挠度是否满足要求（本题已知数据选自［11］P200）。

【解】 1. 手算

(1) 计算系数 ψ

$$h_0=h-a_s=1200-60=1140mm$$

按式（9-12）计算

$$\sigma_{sq}=\frac{M_q}{0.87h_0A_s}=\frac{400\times10^6}{0.87\times1140\times1884}=214.07\text{N/mm}^2$$

按式（9-9）计算

$$\rho_{te}=\frac{A_s}{0.5bh+(b_f-b)h_f}=\frac{1884}{0.5\times200\times1200\times(200-80)\times150}=0.0285$$

按式（9-8）计算

$$\psi=1.1-\frac{0.65f_{tk}}{\rho_{te}\sigma_{sq}}=1.1-\frac{0.65\times2.01}{0.0285\times214.07}=0.8362$$

（2）计算短期刚度

$$\rho=\frac{A_s}{bh_0}=\frac{1884}{80\times1140}=0.02066$$

$$\rho'=\frac{A'_s}{bh_0}=\frac{678}{80\times1140}=0.00743$$

$$\alpha_E=\frac{E_s}{E_c}=\frac{2.0\times10^5}{3.0\times10^4}=6.667$$

$$\gamma'_f=\frac{(b'_f-b)h'_f}{bh_0}=\frac{(200-80)\times150}{80\times1140}=0.1974$$

按式（9-24）计算短期刚度

$$B_s=\frac{E_sA_sh_0^2}{1.15\psi+0.2+\frac{6\alpha_E\rho}{1+3.5\gamma'_f}}$$

$$=\frac{2.0\times10^5\times1884\times1140^2}{1.15\times0.8862+0.2+\frac{6\times6.67\times0.02066}{1+3.5\times0.1974}}=28673\times10^{10}\text{N}\cdot\text{mm}^2$$

（3）计算长期刚度

按内插法计算 θ

$$\theta=1.6+0.4\times\left(1-\frac{\rho'}{\rho}\right)=1.6+0.4\times\left(1-\frac{0.00743}{0.02066}\right)=1.856$$

根据《混凝土结构设计规范》的规定，混凝土梁受拉区有翼缘参加工作，应将 θ 增大1.2倍。

因此，$\theta=1.2\times1.856=2.227$

按式（9-25）计算梁的长期刚度

$$B=\frac{B_s}{\theta}=\frac{28673\times10^{10}}{2.227}=12874\times10^{10}\text{N}\cdot\text{mm}^2$$

（4）计算梁的挠度

$$f=\frac{5}{48}\cdot\frac{M_ql_0^2}{B}=\frac{5}{48}\times\frac{400\times10^6\times9000^2}{12874\times10^{10}}=26.22\text{mm}$$

$$<f_{lim}=\frac{l_0}{300}=\frac{9000}{300}=30\text{mm}$$

符合要求。

2. 按程序计算

（1）按 AC/ON 键打开计算器，按 MENU 键，进入主菜单界面；

（2）按数字 9 键，进入程序菜单；

（3）找到计算梁的计算程序名：F-W，按 EXE 键；

（4）按屏幕提示进行操作（见表 9-3），最后得出计算结果。

【例题 9-3】附表　　**表 9-3**

序号	屏幕显示	输入数据	计算结果	单位	说　明
1	$b=?$	80，EXE		mm	输入梁的截面宽度
2	$h=?$	1200，EXE		mm	输入梁的截面高度
3	$b_f'=?$	200，EXE		mm	输入梁的受压翼缘宽度
4	$h_f'=?$	150，EXE		mm	输入梁的受压翼缘高度
5	$b_f=?$	200，EXE		mm	输入梁的受拉翼缘宽度
6	$h_f=?$	150，EXE		mm	输入梁的受拉翼缘高度
7	$l_0=?$	9.00，EXE		m	输入梁的计算跨度
8	$J=?$	2，EXE		—	已知弯矩时输入数字 2
9	M_q	400，EXE		kN·m	输入按荷准永久组合计算的弯矩
10	$a_s=?$	60，EXE		mm	输入受拉纵筋重心至梁底边缘的距离
11	$A_s=?$	1884，EXE		mm^2	输出受拉纵向钢筋的面积
12	$A_s'=?$	678，EXE		mm^2	输入受压纵向钢筋的面积
13	$C=?$	30，EXE		—	输入混凝土强度等级
14	$G=?$	2，EXE		—	输入钢筋 HRB335 级的序号 2
15	h_0		1140，EXE	mm	输出梁的截面有效高度
16	σ_{sq}		214.07，EXE	N/mm^2	输出荷载按准永久组合计算的纵向受拉钢筋应力
17	ρ_{te}		0.0286，EXE	—	输出按有效受拉混凝土截面面积计算的受拉钢筋配筋率
18	ψ		0.886，EXE	—	输出纵向受拉钢筋应变不均匀系数
19	ρ		0.0207，EXE	—	输出纵向受拉钢筋配筋率
20	ρ'		0.0074，EXE	—	输出纵向受压钢筋配筋率
21	α_E		6.667，EXE	—	输出钢筋弹性模量与混凝土弹性模量的比值
22	γ_f'		0.1974，EXE	—	受压翼缘截面面积与腹板有效截面面积之比
23	B_s		28673×10^{10}，EXE	$N\cdot mm^2$	输出梁的短期抗弯刚度
24	θ		1.856，EXE	—	输出挠度增大系数
25	$I=?$	2		—	判别是否需增大 θ 值。本例题须增大，输入数字 2
26	θ		2.227，EXE	—	输出原来的 θ 值
27	B		12874×10^{10}	$N\cdot mm^2$	输出梁的抗弯刚度
28	f		26.22	mm	输出梁的挠度

§9-2 钢筋混凝土构件裂缝宽度计算

9.2.1 受弯构件裂缝宽度的计算

1. 裂缝的发生及其分布

为了便于分析裂缝发生的过程及其分布特点，现以钢筋混凝土梁的纯弯段为例来加以说明（图9-10）。在纯弯段未出现裂缝以前，在截面受拉区混凝土拉应力σ_{ct}和钢筋的拉应力σ_s沿纯弯段均匀分布。因此，当荷载加到某一数值时，在梁的最薄弱的截面上将产生第一条（或第一批）裂缝。设第一条裂缝发生在图9-10（a）的A截面处，在开裂的瞬间，裂缝截面处混凝土拉应力降低至零，混凝土退出工作，原来处于拉伸状态的混凝土便向裂缝两侧回缩，混凝土与受拉纵向钢筋之间产生相对滑移而形成裂缝开展。由于混凝土与钢筋之间的粘结作用，使混凝土回缩受到钢筋的约束。因此，随着离裂缝距离的增加，混凝土的回缩减小，当离开裂缝某一距离$l_{cr,min}$的截面B处，混凝土不再回缩。该处混凝土的拉应力仍保持裂缝出现前的数值。于是，自裂缝截面A至截面B，混凝土纵向纤维拉应力逐渐增大（图9-10b）。

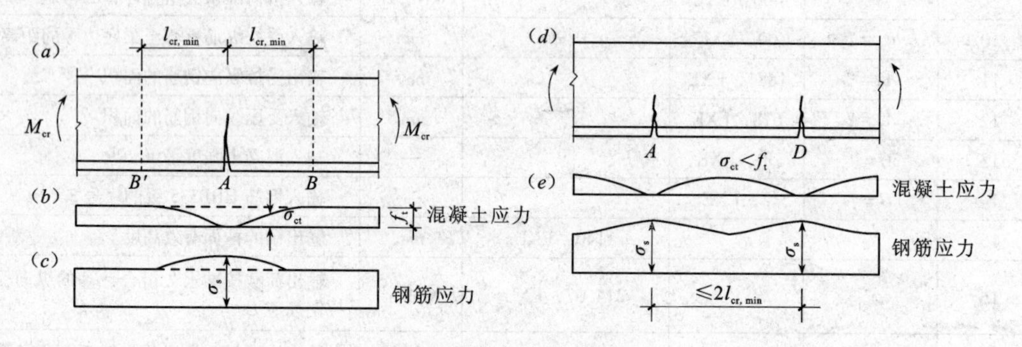

图9-10 梁中裂缝的发展

另一方面，裂缝出现后，在裂缝处原来的拉应力全部由钢筋承担，使钢筋应力突然增加，并随着离开裂缝截面A的距离增大，钢筋应力逐渐过渡到原来的应力大小（图9-10c）。

由于在长度$l_{cr,min}$（AB之间）范围内混凝土拉应力σ_{ct}小于混凝土的实际抗拉强度（即$\sigma_{ct}<f_t^0$），所以，在荷载不增加的情况下，不会再产生新的裂缝。

若在梁的A、D两个截面首先出现第一批裂缝（图9-10d），且A、D之间的距离$l\leqslant 2l_{cr,min}$时，则在之间的任何截面上也不会再产生新的裂缝。

2. 裂缝的平均间距

根据上面的分析，第一批裂缝的平均间距在$l_{cr,min}\sim 2l_{cr,min}$变化。随着荷载的不断增加，第一批裂缝宽度将不断加大。同时，在第一批裂缝之间有可能出现第二批新的裂缝。大量试验资料表明，当荷载增加到一定程度后，裂缝间距才基本稳定。

由上可知，关于裂缝平均间距l_{cr}的计算十分复杂，很难用一个理想化的受力模型来进行理论计算，必须通过试验分析来确定。

试验分析表明，裂缝平均间距 l_{cr} 的数值主要与下面三个因素有关：

（1）混凝土受拉区面积相对大小。如果受拉区面积相对较大（用 A_{te} 表示），则混凝土开裂后回缩力就较大，于是就需要一个较长的距离以积累更多粘结力来阻止混凝土的回缩。因此，裂缝间距就比较大。

（2）最外层纵向受拉钢筋外边缘至受拉区底边的距离 c_s 大小。试验表明，钢筋与混凝土之间的粘结作用，随混凝土质点离开钢筋的距离的增加而减小。当混凝土保护层较厚时，受拉边缘的混凝土回缩将比较自由。这样就需要较长的距离，以积累比较多的粘结力来阻止混凝土的回缩。因此，混凝土保护层厚的构件中裂缝间距比保护层薄的构件裂缝间距大。

（3）钢筋与混凝土之间的粘结作用。钢筋与混凝土之间的粘结作用大，则在比较短的距离内，钢筋就能约束混凝土的回缩，因此裂缝间距小。钢筋与混凝土之间的粘结作用的大小，与钢筋表面特征和钢筋单位长度内侧表面积大小有关。带肋钢筋比光圆钢筋粘结作用就大；在横截面面积相等的情况下，根数越多、直径越细的钢筋粘结作用，就比根数少、直径粗的粘结作用大。

《混凝土结构设计规范》考虑了上面三个因素并参照国内外的试验资料，给出了受弯构件裂缝平均间距计算公式：

$$l_{cr}=\beta\left(1.9c_s+0.08\frac{d_{eq}}{\rho_{te}}\right) \tag{9-26}$$

式中　β——系数，对轴心受拉构件取 $\beta=1.1$；对其他受力构件均取 $\beta=1.0$；

c_s——最外层纵向受拉钢筋外边缘至受拉区底边的距离（mm）：当 $c_s<20$mm 时，取 $c_s=20$mm；当 $c_s>65$mm，取 $c_s=65$mm；

d_{eq}——受拉区纵向钢筋的等效直径（mm），按下式计算：

ρ_{te}——按有效受拉混凝土面积计算的纵向受拉钢筋的配筋率，按式（9-9）计算；

$$d_{eq}=\frac{\sum n_i d_i^2}{\sum n_i \nu_i d_i} \tag{9-27}$$

d_i——受拉区第 i 种纵向钢筋的公称直径；

n_i——受拉区第 i 种纵向钢筋的根数；

ν_i——受拉区第 i 种纵向受拉钢筋的相对粘结特征系数，对带肋钢筋，取 $\nu=1.0$；对光圆钢筋，取 $\nu=0.7$。

3. 平均裂缝宽度

平均裂缝宽度 w_{cr} 等于混凝土在裂缝截面处的回缩量，即在平均裂缝间距长度内钢筋的伸长量与钢筋处在同一高度的受拉混凝土纤维伸长量之差（图 9-11）：

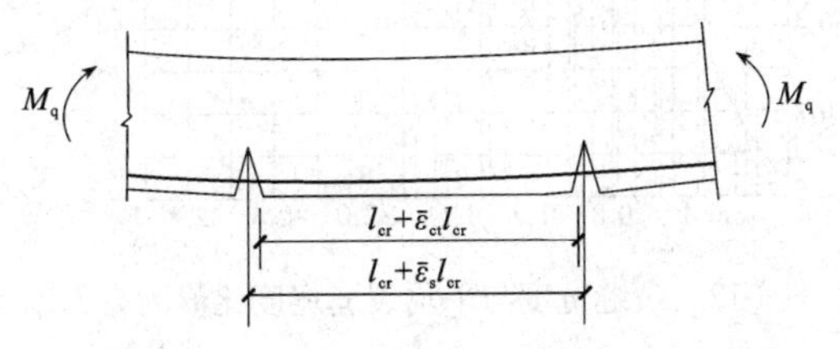

图 9-11　裂缝处混凝土与钢筋的伸长量

$$w_{cr} = \overline{\varepsilon}_s l_{cr} - \overline{\varepsilon}_{ct} l_{cr} \tag{9-28}$$

式中 $\overline{\varepsilon}_s$——在平均裂缝间距范围内受拉钢筋平均拉应变，按式（9-13）计算；

$\overline{\varepsilon}_{ct}$——与钢筋处在同一高度的混凝土的平均拉应变，按式（9-14）计算。

由式（9-28）可得：

$$w_{cr} = \overline{\varepsilon}_s l_{cr}\left(1 - \frac{\overline{\varepsilon}_{ct}}{\overline{\varepsilon}_s}\right) = \tau_c \overline{\varepsilon}_s l_{cr} \tag{9-29}$$

式中 τ_c——反映裂缝间混凝土伸长对裂缝宽度的影响系数，根据试验结果，对受弯构件、偏心受压构件取 $\alpha_c = 0.77$，对其他构件取 $\alpha_c = 0.85$；

将式（9-13）代入上式，则得受弯构件平均裂缝宽度：

$$w_{cr} = \tau_c \overline{\varepsilon}_s l_{cr} = 0.77\psi \frac{\sigma_{sq}}{E_s} l_{cr} \tag{9-30}$$

式中 ψ——裂缝间纵向受拉钢筋应变不均匀系数，按式（8-8）计算；

σ_{sq}——在荷载准永久组合作用下，在裂缝截面处纵向受拉钢筋的应力，按式（8－12）计算；

E_s——受拉钢筋弹性模量。

4. 最大裂缝宽度 w_{max}

（1）短期荷载作用下最大裂缝宽度

实测结果表明，受弯构件的裂缝宽度是一个随机变量，并且具有很大的离散性。这样，就给我们提出了一个问题：最大裂缝宽度如何取值？《混凝土结构设计规范》根据短期荷载作用下 40 根钢筋混凝土梁 1400 多条裂缝的试验数据，按各试件裂缝宽度 w_{cri} 与同一试件的平均裂缝宽度 w_{cr}的比值 τ_s 绘制直方图，如图 9-12 所示。分析表明，它的分布基本上符合正态分布规律。经计算，若按 95% 保证率考虑，可得 $\tau_c = 1.655 \approx 1.66$。于是可得短期荷载作用下最大裂缝宽度为

$$w_{s\,max} = \alpha_s \alpha_c \psi \frac{\sigma_{sq}}{E_s} l_{cr} = 1.66 \times 0.77\psi \frac{\sigma_{sq}}{E_s} l_{cr}$$

即

$$w_{s\,max} = 1.28\psi \frac{\sigma_{sq}}{E_s} l_{cr} \tag{9-31}$$

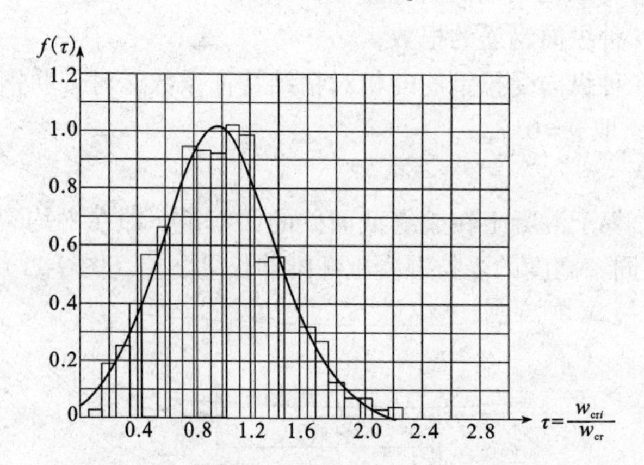

图 9-12 裂缝宽度与平均裂缝宽度比值的直方图

（2）长期荷载作用下最大裂缝宽度

在长期荷载作用下由于混凝土收缩的影响，构件裂缝宽度将不断增大，此外，由于受拉区混凝土的应力松弛和滑移徐变，裂缝之间的钢筋应变将不断增长，因而也使裂缝宽度增加。

长期荷载作用下最大裂缝宽度 $w_{l\max}$ 可由短期荷载作用下的最大裂缝宽度乘以增大系数 τ_l 求得：

$$w_{l\max} = \tau_l w_{\mathrm{smax}} \tag{9-32}$$

根据试验结果，取增大系数 $\tau_l = 1.50$。

将式（9-31）代入（9-32），并注意到式（9-26），且 $\beta = 1.0$，则可得受弯构件按荷载准永久准组合并考虑长期作用影响的最大裂缝宽度 $w_{\max}$ 计算公式为：

$$w_{\max} = \tau_l \tau_{\mathrm{s}} \tau_{\mathrm{c}} \psi \frac{\sigma_{\mathrm{sq}}}{E_{\mathrm{s}}}\left(1.9c + 0.08\frac{d_{\mathrm{eq}}}{\rho_{\mathrm{te}}}\right) = 1.9\psi \frac{\sigma_{\mathrm{sq}}}{E_{\mathrm{s}}}\left(1.9c + 0.08\frac{d_{\mathrm{eq}}}{\rho_{\mathrm{te}}}\right) \tag{9-33}$$

式中，符号意义同前。

【例题 9-4】 试验算【例题 9-1】简支梁的裂缝宽度是否符合要求。

已知：$b \times h = 250\mathrm{mm} \times 650\mathrm{mm}$，混凝土等级为 C25，$c_{\mathrm{s}} = 25\mathrm{mm}$，钢筋为 HRB335 级，$E_{\mathrm{s}} = 2.0 \times 10 \times 10^5 \mathrm{N/mm^2}$，钢筋直径 $d = 20\mathrm{mm}$。构件最大裂缝宽度限值为 $w_{\lim} = 0.4\mathrm{mm}$。

【解】 1. 手算

在【例题 9-1】中已求得：$\rho_{\mathrm{te}} = 0.116$，$\sigma_{\mathrm{sq}} = 231.7\mathrm{N/mm^2}$，$\psi = 0.758$。HRB335 级钢筋的系数 $\nu = 1.0$。

$$d_{\mathrm{eq}} = \frac{\sum n_i d_i^2}{\sum n_i \nu_i d_i} = 20\mathrm{mm}$$

将上列数据代入式（9-37）得：

$$\begin{aligned} w_{\max} &= 1.9\psi \frac{\sigma_{\mathrm{sk}}}{E_{\mathrm{s}}}\left(1.9c_{\mathrm{s}} + 0.08\frac{d_{\mathrm{eq}}}{\rho_{\mathrm{te}}}\right) \\ &= 1.9 \times 0.758 \times \frac{231.7}{2.0 \times 10^5} \times \left(1.9 \times 25 + 0.08 \times \frac{20}{0.0116}\right) = 0.39\mathrm{mm} < 0.40\mathrm{mm} \end{aligned}$$

裂缝宽度验算符合要求。

2. 按程序计算

（1）按 AC/ON 键打开计算器，按 MENU 键，进入主菜单界面；

（2）按数字 9 键，进入程序菜单；

（3）找到计算梁的计算程序名：WCR1，按 EXE 键；

（4）按屏幕提示进行操作（见表 9-4），最后，得出计算结果。

【例题 9-4】附表　　**表 9-4**

序号	屏幕显示	输入数据	计算结果	单位	说　明
1	$b = ?$	250，EXE		mm	输入梁的截面宽度
2	$h = ?$	650，EXE		mm	输入梁的截面高度
3	$a_{\mathrm{s}} = ?$	35，EXE		mm	输入受拉纵筋重心至梁底边缘的距离
4	h_0		615，EXE	mm	输出梁的截面有效高度

续表

序号	屏幕显示	输入数据	计算结果	单位	说　明
5	$J=?$	1，EXE		—	受拉区配置一种纵筋时，输入数字1
6	$d_{eq}=?$	20，EXE		mm	输入受拉区纵向钢筋的等效直径
7	$M_q=?$	116.65×10^6，EXE		N·mm	输入按荷准永久组合计算的弯矩值
8	$C=?$	25，EXE		—	输入混凝土强度等级
9	$G=?$	2，EXE		—	输入钢筋HRB335级的序号2
10	$c_s=?$	25，EXE		mm	输入c_s值
11	$A_s=?$	941，EXE		mm^2	输入受拉纵向钢筋截面的面积
12	ρ_{te}		0.0116，EXE	—	输出按有效受拉混凝土截面面积计算的受拉钢筋配筋率
13	σ_{sq}		231.7，EXE	N/mm^2	输出按荷准永久组合计算的纵向受拉钢筋应力
14	ψ		0.669，EXE	—	输出纵向受拉钢筋应变不均匀系数
15	w_{cr}		0.273	mm	输出梁的裂缝宽度

【例题9-5】 某楼盖单筋矩形截面梁，截面宽度 $b=200$mm，高度 $h=500$mm（图9-13），环境类别为一类，混凝土强度等级为C30（$f_{tk}=2.01N/mm^2$），纵筋采用2Φ16+2Φ20的HRB500级钢筋（$A_s=1030mm^2$）。混凝土 $c_s=25$mm。梁的控制截面按荷载准永久组合计算的弯矩 $M=100kN\cdot m$。最大裂缝宽度限值 $w_{lim}=0.30$mm。

试验算最大裂缝宽度是否符合要求（本题已知数据选自[11] P192）。

图9-13　【例题9-5】附图

【解】 1. 手算

$$d_{eq}=\frac{\sum n_i d_i^2}{\sum n_i \nu_i d_i}=\frac{2\times16^2+2\times20^2}{2\times1.0\times16+2\times1.0\times20}=18.22$$

$$\rho_{te}=\frac{A_s}{0.5bh}=\frac{1030}{0.5\times200\times500}=0.0206$$

$$\sigma_{sq}=\frac{M_q}{0.87h_0A_s}=\frac{100\times10^6}{0.87\times465\times1030}=240$$

$$\psi=1.1-0.65\frac{f_{tk}}{\rho_{te}\sigma_{sq}}=1.1-0.65\times\frac{2.01}{0.0206\times240}=0.836$$

$$w_{cr}=\alpha_{cr}\psi\frac{\sigma_{sq}}{E_s}\left(1.9c_s+0.08\frac{d_{eq}}{\rho_{te}}\right)=1.9\times0.836\times\frac{240}{2.0\times10^5}\times\left(1.9\times25+0.08\times\frac{18.22}{0.0206}\right)$$

$$=0.225mm<w_{lim}=0.3mm$$

符合要求。

2. 按程序计算

（1）按AC/ON键打开计算器，按MENU键，进入主菜单界面；

（2）按数字9键，进入程序菜单；

(3) 找到计算梁的计算程序名：WCR1，按EXE键；

(4) 按屏幕提示进行操作（见表9-5），最后，得出计算结果。

【例题9-5】附表　　**表9-5**

序号	屏幕显示	输入数据	计算结果	单位	说　明
1	$b=?$	200，EXE		mm	输入梁的截面宽度
2	$h=?$	500，EXE		mm	输入梁的截面高度
3	$a_s=?$	35，EXE		mm	输入受拉纵筋重心至梁底边缘的距离
4	h_0		465，EXE	mm	输出梁的截面有效高度
5	$J=?$	2，EXE		—	受拉区配置两种纵筋时，输入数字2
6	n_1	2，EXE		—	输入第1种纵筋根数
	d_1	16		mm	输入第1种纵筋直径
	n_2	2		—	输入第2种纵筋根数
	d_2	20		mm	输入第2种纵筋直径
	$d_{eq}=?$		18.22，EXE	mm	输出受拉区纵向钢筋的等效直径
7	$M_q=?$	100×10^6，EXE		kN·m	输入按荷准永久组合计算的弯矩值
8	$C=?$	30，EXE		—	输入混凝土强度等级
9	$G=?$	4，EXE		—	输入钢筋HRB500级的序号4
10	$c_s=?$	25，EXE		mm	输入c_s值
11	$A_s=?$	1030，EXE		mm^2	输入受拉纵向钢筋截面面积
12	ρ_{te}		0.0206，EXE	—	输出按有效受拉混凝土截面面积计算的受拉钢筋配筋率
13	σ_{sq}		240，EXE	N/mm^2	输出按荷准永久组合计算的纵向受拉钢筋应力
14	ψ		0.836，EXE	—	输出纵向受拉钢筋应变不均匀系数
15	w_{cr}		0.225	mm	输出梁的裂缝宽度

【例题9-6】T形截面梁，截面尺寸如图9-14所示，环境类别为一类，混凝土强度等级为C20（$f_{tk}=1.54\text{N/mm}^2$），纵筋采用6Φ20的HRB335级钢筋（$A_s=2945\text{mm}^2$）。$c_s=25\text{mm}$。梁的控制截面按荷载准永久组合计算的弯矩$M=100\text{kN}\cdot\text{m}$。最大裂缝宽度限值$w_{lim}=0.30\text{mm}$。

试验算最大裂缝宽度是否符合要求（本题已知数据选自[5] P193）。

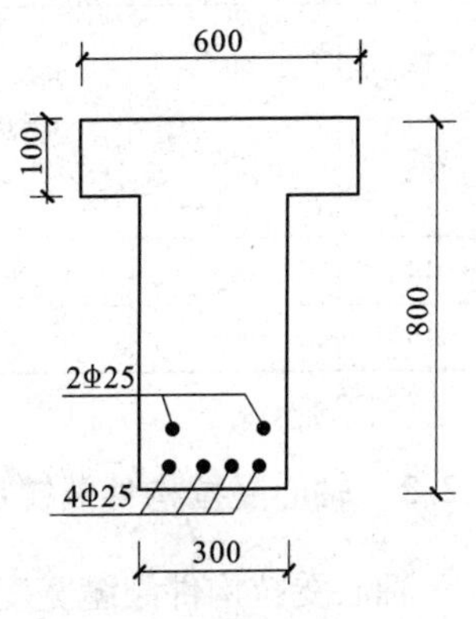

图9-14　【例题9-6】附图

【解】1. 手算

$$d_{eq}=\frac{\sum n_i d_i^2}{\sum n_i \nu_i d_i}=25\text{mm}$$

$$\rho_{te}=\frac{A_s}{0.5bh}=\frac{2945}{0.5\times300\times800}=0.0245$$

$$\sigma_{sq}=\frac{M_q}{0.87h_0A_s}=\frac{440\times10^6}{0.87\times765\times2945}=232.1$$

$$\psi=1.1-0.65\frac{f_{tk}}{\rho_{te}\sigma_{sq}}=1.1-0.65\times\frac{1.54}{0.0245\times232.1}=0.924$$

$$w_{cr}=\alpha_{cr}\psi\frac{\sigma_{sq}}{E_s}\left(1.9c_s+0.08\frac{d_{eq}}{\rho_{te}}\right)=1.9\times0.924\times\frac{232.10}{2.0\times10^5}\times\left(1.9\times25+0.08\times\frac{25}{0.0245}\right)$$

$$=0.263\text{mm}<w_{lim}=0.3\text{mm}$$

符合要求。

2. 按程序计算

（1）按 AC/ON 键打开计算器，按 MENU 键，进入主菜单界面；

（2）按数字 9 键，进入程序菜单；

（3）找到计算梁的计算程序名：WCR1，按 EXE 键；

（4）按屏幕提示进行操作（见表 9-6），最后得出计算结果。

【例题 9-6】附表 **表 9-6**

序号	屏幕显示	输入数据	计算结果	单位	说　明
1	$b=?$	300，EXE		mm	输入梁的截面宽度
2	$h=?$	800，EXE		mm	输入梁的截面高度
3	$a_s=?$	60，EXE		mm	输入受拉纵筋重心至梁底边缘的距离
4	h_0		740，EXE	mm	输出梁的截面有效高度
5	$J=?$	1，EXE		—	受拉区配置一种纵筋时，输入数字 1
6	$d_{eq}?$	25，EXE		mm	输入受拉区纵向钢筋的等效直径
7	$M_q=?$	440×10^6，EXE		kN·m	输入按荷准永久组合计算的弯矩值
8	$C=?$	20，EXE		—	输入混凝土强度等级
9	$G=?$	2，EXE		—	输入钢筋 HRB335 级的序号 2
10	$c_s=?$	25，EXE		mm	输入 c_s 值
11	$A_s=?$	2945，EXE		mm^2	输入受拉纵向钢筋截面的面积
12	ρ_{te}		0.0245，EXE	—	输出按有效受拉混凝土截面面积计算的受拉钢筋配筋率
13	σ_{sq}		232.1，EXE	N/mm^2	输出按荷准永久组合计算的纵向受拉钢筋应力
14	ψ		0.924，EXE	—	输出纵向受拉钢筋应变不均匀系数
15	w_{cr}		0.263	mm	输出梁的裂缝宽度

9.2.2 轴心受拉构件裂缝宽度的计算

轴心受拉构件裂缝宽度的计算方法与受弯构件基本相同。由式（9-26）可知，轴心受拉构件的平均裂缝间距计算公式

$$l_{cr}=1.1\times\left(1.9c+0.08\frac{d_{eq}}{\rho_{te}}\right) \tag{9-34}$$

式中　c——构件混凝土保护层（mm）；

d_{eq}——纵向受拉钢筋等效直径（mm）；

ρ_{te}——纵向受拉钢筋配筋率；$\rho_{te}=\dfrac{A_s}{bh}$

在荷载准永久组合下的平均裂缝宽度：

$$w_{max}=\tau_s\tau_c\beta\psi\frac{N_q}{A_sE_s}\left(1.9+0.08\frac{d_{eq}}{\rho_{te}}\right)=1.90\times0.85\times1.1\psi\frac{N_q}{A_sE_s}\left(1.9c+0.08\frac{d_{eq}}{\rho_{te}}\right) \tag{9-35}$$

式中　N_q——在荷载准永久组合下构件内产生的轴向拉力值（N）；

ψ——裂缝间纵向受拉钢筋应变不均匀系数，按式（8-8）计算。

最后，考虑到荷载的长期作用，根据试验资料结果取裂缝宽度增大系数 $\tau_l=1.50$，于是得轴心受拉构件最大裂缝宽度的计算公式为

$$w_{max}=1.5\times1.78\psi\frac{N}{A_sE_s}\left(1.9c_s+0.08\frac{d_{eq}}{\rho}\right)$$

$$w_{max}=2.7\psi\frac{N}{A_sE_s}\left(1.9c+0.08\frac{d_{eq}}{\rho}\right) \tag{9-36}$$

式中　σ_{sq}——按荷载准永久组合下钢筋混凝土轴心受拉构件钢筋应力。

其余符号意义同前。

【例题 9-7】 屋架下弦杆截面尺寸 $b\times h=180\text{mm}\times180\text{mm}$，配置 4 Φ 16 钢筋（$A_s=804\text{mm}^2$），混凝土强度等级为 C30（$f_{tk}=2.01\text{N/mm}^2$），采用 HRB335 级钢筋（$E_s=2.0\times10^5\ \text{N/mm}^2$）。混凝土 $c_s=25\text{mm}$，在荷载准永久组合作用下，下弦杆承受轴向拉力 $N_{sk}=129.8\text{kN}$，最大裂缝宽度限值 $w_{lim}=0.2\text{mm}$。试验算裂缝宽度是否满足要求。

【解】 1. 手算

（1）计算钢筋配筋率

$$\rho=\frac{A_s}{bh}=\frac{804}{180\times180}=0.0248$$

（2）计算构件钢筋应力

$$\sigma_{sq}=\frac{N_{sq}}{A_s}=\frac{129.8\times10^3}{804}=161.40\text{N/mm}^2$$

（3）计算系数

$$\psi=1.1-\frac{0.65f_{tk}}{\rho_{te}\sigma_{sq}}=1.1-\frac{0.65\times2.01}{0.0246\times161.4}=0.774$$

（4）计算裂缝宽度

$$\begin{aligned}w_{max}&=2.7\psi\frac{\sigma_{sq}}{E_s}\left(1.9c+0.08\frac{d_{eq}}{\rho}\right)\\&=2.7\times0.774\times\frac{161.4}{2.0\times10^5}\times\left(1.9\times25+0.08\times\frac{16}{0.0248}\right)\\&=0.167\text{mm}<w_{lim}=0.2\text{mm}\end{aligned}$$

符合要求。

2. 按程序计算

（1）按 AC/序 ON 键打开计算器，按 MENU 键，进入主菜单界面；

（2）按数字 9 键，进入程序菜单；

（3）找到计算梁的计算程序名：WCR2，按 EXE 键；

（4）按屏幕提示进行操作（见表 9-7），最后得出计算结果。

【例题 9-7】附表 **表 9-7**

序号	屏幕显示	输入数据	计算结果	单位	说　明
1	$b=?$	180，EXE		mm	输入下弦杆的截面宽度
2	$h=?$	180，EXE		mm	输入下弦杆的截面高度
3	$d_{eq}=?$	16，EXE		mm	输入受拉区纵向钢筋的等效直径
4	$N_q=?$	129.8×10^3，EXE		N	输入按荷准永久组合计算的轴向力值
5	$C=?$	30，EXE		–	输入混凝土强度等级
6	$G=?$	2，EXE		–	输入钢筋 HRB335 级的序号 2
7	$c_s=?$	25，EXE		mm	输入 c_s 值
8	$A_s=?$	804，EXE		mm^2	输入受拉纵向钢筋截面面积
9	ρ_{te}		0.0248，EXE	–	输出受拉钢筋的配筋率
10	σ_{sq}		161.4，EXE	N/mm^2	输出按荷准永久组合计算的纵向受拉钢筋应力
11	ψ		0.774，EXE	–	输出纵向受拉钢筋应变不均匀系数
12	w_{cr}		0.167	mm	输出构件的裂缝宽度

第 10 章　钢筋混凝土双向板和楼梯计算

§10-1　钢筋混凝土双向板计算

当板的四周均有墙或梁支承，且 $l_2/l_1 \leqslant 2$ 时，则应按双向板设计。双向板的计算有两种方法：即按弹性理论方法计算和按塑性理论方法计算。下面仅介绍在工业与民用建筑中广泛采用的按塑性理论计算方法。

10.1.1　双向板的破坏特征

根据实验研究，在受均布荷载的简支板的矩形双向板中，在规定的配筋情况下，第一批裂缝首先在板下平行于长边方向的跨中出现，当荷载增加时，裂缝逐渐伸长，并沿 45°角向四周扩展（图 10-1*a*）。当裂缝截面的钢筋达到屈服点后，形成塑性铰线，直到塑性铰线将板分成几个块体，并转动成为可变体系时，板就达到承载能力极限状态。

当双向板的四周为固定支座或板为连续时，在荷载作用下，首先，在板的顶面沿梁的边缘产生塑性铰线（图 10-1*b*）；接着，随着荷载的增加，在板的底面亦将产生如图 10-1（*a*）的塑性铰线；最终，板形成可变体系，从而达到承载能力极限状态。

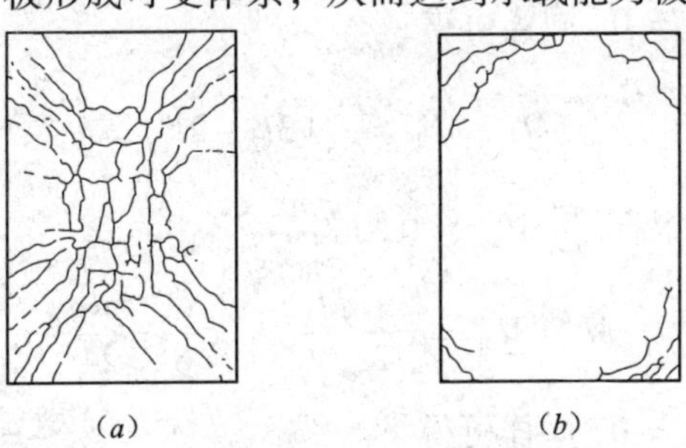

（*a*）　　（*b*）

图 10-1　双向板的破坏特征
（*a*）仰视图；（*b*）俯视图

根据上述双向板的破坏特征，双向板内的下部受力钢筋应沿板的两个方向放置。对于四边有固定支座的板，在板的上部沿支座处尚应布置承受负弯矩的受力钢筋。

10.1.2　按塑性理论计算双向板基本假定

（1）在均布荷载下矩形双向板破坏时，角部塑性铰线与板成 45°角。

（2）沿塑性铰线截面上钢筋达到屈服点，受压区混凝土达到极限应变；

（3）沿 $+M$ 塑性铰线截面上的剪力为零。

10.1.3　基本计算公式

图 10-2（*a*）表示从连续双向板中中间区格取出的任一块双向板。

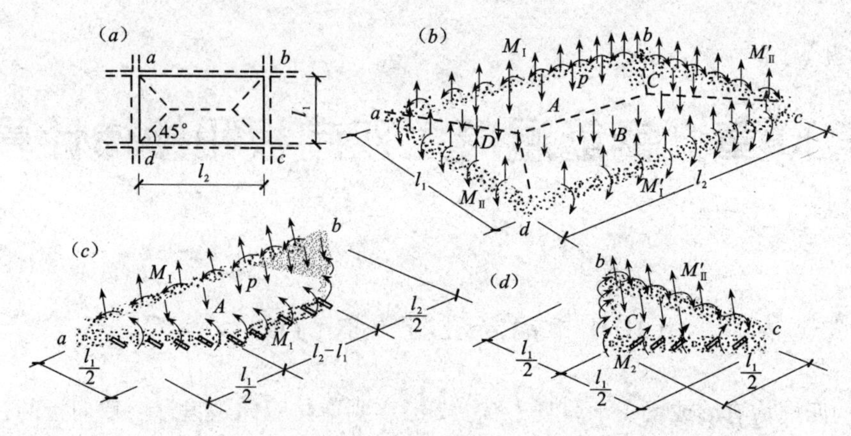

图 10-2　双向板的受力分析

该板在均布荷载 $p=g+q$ 作用下破坏时，塑性铰线将板分成 A、B、C 和 D 四块（图 10-2b）。设沿 $+M$ 塑性铰线截面平行于板的短边方向的总极限弯矩为 M_1（图 10-2c）；平行板的长边方向的总极限弯矩为 M_2（图 10-2d）。沿支座塑性铰线截面上总极限弯矩分别为 M_{I}、M'_{I}、M_{II}、M'_{II}（图 10-2b）。

现分别取板块 A、B、C 和 D 为隔离体，并研究其平衡。

板块 A（图 10-2c）：根据 $\sum M_{\mathrm{ab}}=0$，得：

$$M_1+M_{\mathrm{I}}=p\frac{l_1}{2}(l_2-l_1)\times\frac{l_1}{4}+2p\left(\frac{1}{2}\right)\left(\frac{l_1}{2}\right)\left(\frac{l_1}{2}\right)\left(\frac{l_1}{6}\right)=\frac{pl_1^2}{24}(3l_2-2l_1)\tag{a}$$

板块 B：根据 $\sum M_{\mathrm{cd}}=0$，同样可得：

$$M_1+M'_{\mathrm{I}}=\frac{pl_1^2}{24}(3l_2-2l_1)\tag{b}$$

板块 C（图 10-2d）：根据 $\sum M_{\mathrm{bc}}=0$，得：

$$M_2+M_{\mathrm{II}}=p\frac{1}{2}(\frac{l_1}{2})l_1\times\frac{l_1}{6}=\frac{pl_1^3}{24}\tag{c}$$

板块 D：根据 $\sum M_{\mathrm{ad}}=0$，同样可得：

$$M_2+M'_{\mathrm{II}}=\frac{pl_1^3}{24}\tag{d}$$

将式（a）~式（d）相加，得

$$2M_1+2M_2+M_{\mathrm{I}}+M'_{\mathrm{I}}+M_{\mathrm{II}}+M'_{\mathrm{II}}=\frac{pl_1^2}{12}(3l_2-l_1)\tag{10-1}$$

式中　l_1——沿板短边方向的计算跨度；

l_2——沿板长边方向的计算跨度；

M_1——沿 $+M$ 塑性铰线截面平行于板短边方向的总极限弯矩；

M_2——沿 $+M$ 塑性铰线哉面平行于板长边方向的总极限弯矩；

M_{I}、M'_{I}——分别为沿板长边 ab 和 cd 支座截面总极限弯矩；

M_{II}、M'_{II}——分别为沿板短边 ad 和 bc 支座截面总极限弯矩。

式（10-1）中的各个弯矩可按下式表示：

$$M_1 = f_y \overline{A}_{s1} z_1 \tag{10-2a}$$

$$M_2 = f_y \overline{A}_{s2} z_2 \tag{10-2b}$$

$$M_{\mathrm{I}} = f_y \overline{A}_{s\mathrm{I}} z_1 \tag{10-2c}$$

$$M'_{\mathrm{I}} = f_y \overline{A}'_{s\mathrm{I}} z_1 \tag{10-2d}$$

$$M_{\mathrm{II}} = f_y \overline{A}_{s\mathrm{II}} z_1 \tag{10-2e}$$

$$M'_{\mathrm{II}} = f_y \overline{A}'_{s\mathrm{II}} z_1 \tag{10-2f}$$

式中　z_1、z_2——分别为与 A_{s1} 和 A_{s2} 所对应的内力臂，可近似取 $z_1 = 0.9h_{01}$，$z_2 = 0.9h_{02}$（图 10-3）。

$\overline{A}_{s1}$、$\overline{A}_{s2} \cdots \overline{A}'_{s\mathrm{II}}$——分别与塑性铰线相交的受拉钢筋的总面积。

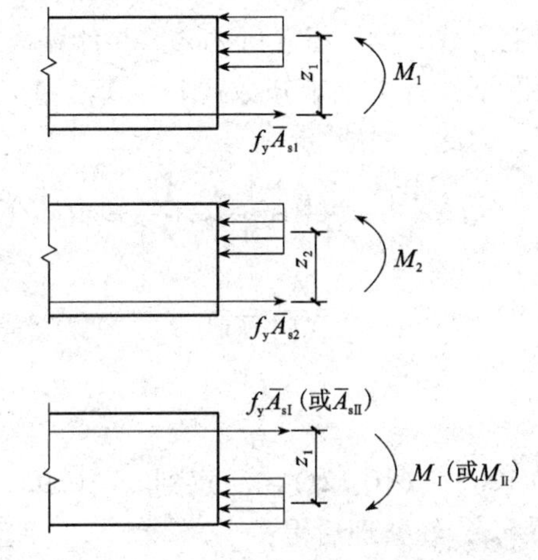

图 10-3　双向板弯矩的计算

式（10-1）为双向板塑性铰线上总弯矩所应满足的平衡方程式，它是按塑性理论计算双向板的基本公式。

10.1.4　弯起式配筋双向板的计算

为了充分利用钢筋，可将连续板的板底抵抗 $+M$ 的跨中钢筋距支座边缘 $l_1/4$ 处弯起 1/2，作为抵抗 $-M$ 的钢筋（图 10-4）。这时，将有一部分钢筋不与 $+M$ 塑性铰线相交，于是，与 $+M$ 塑性铰线相交的受拉钢筋的总面积为：

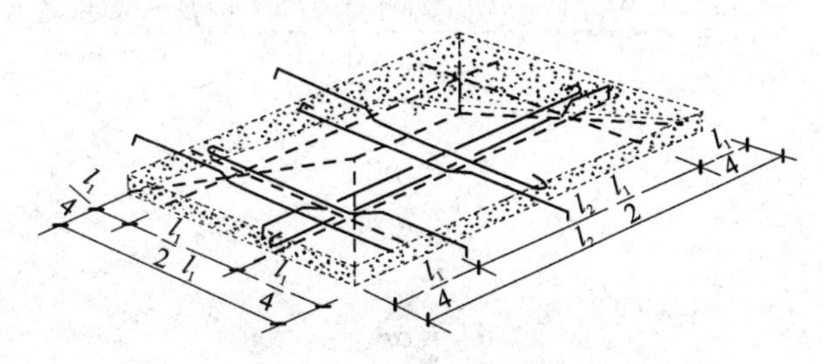

图 10-4　双向板弯矩的计算

$$\overline{A}_{s1}=A_{s1}\left(l_2-\frac{l_1}{2}\right)+\frac{A_{s1}}{2}\left(2\ \frac{l_1}{2}\right)=A_{s1}\left(l_2-\frac{l_1}{4}\right)\tag{10-3a}$$

$$\overline{A}_{s2}=A_{s2}\left(l_1-\frac{l_1}{4}\right)=A_{s2}\frac{3}{4}l_1\tag{10-3b}$$

式中 A_{s1}、A_{s2}——分别为沿板的长边和短边每米长的跨中钢筋面积。

支座钢筋的总截面面积为：

$$\overline{A}_{s\mathrm{I}}=A_{s\mathrm{I}}\cdot l_2\tag{10-4a}$$

$$\overline{A}'_{s\mathrm{I}}=A'_{s\mathrm{I}}\cdot l_2\tag{10-4b}$$

$$\overline{A}_{s\mathrm{II}}=A_{s\mathrm{II}}l_1\tag{10-4c}$$

$$\overline{A}'_{s\mathrm{II}}=A_{s\mathrm{II}}l_1\tag{10-4d}$$

其中 $A_{s\mathrm{I}}$、$A'_{s\mathrm{I}}$、$A_{s\mathrm{II}}$、$A'_{s\mathrm{II}}$…——分别为沿板的长边和短边支座每米长的钢筋面积。

设计双向板时，已知板上荷载 p 设计值（kN/m^2）和计算跨度 l_1 和 l_2，需要求出配筋面积。在四边嵌固的一般情况下，有 4 个未知数：A_{s1}、A_{s2}、$A_{s\mathrm{I}}$、$A_{s\mathrm{II}}$，而只有式（10-9）一个方程，显然不可能求解。为此，一般令

$$\beta=\frac{A_{s\mathrm{I}}}{A_{s1}}=\frac{A'_{s\mathrm{I}}}{A_{s1}}=\frac{A_{s\mathrm{II}}}{A_{s2}}=\frac{A'_{s\mathrm{II}}}{A_{s2}}=2\tag{10-5}$$

$$\alpha=\frac{A_{s2}}{A_{s1}}=\frac{1}{n^2}\tag{10-6}$$

$$n=\frac{l_2}{l_1}\tag{10-7}$$

将上列公式代入式（10-12a）~（10-12f），注意到 $z_1=0.9h_{01}$ 和 $z_2=0.9h_{02}$，并近似取 $h_{02}=0.9h_{01}$，同时用 h_0 代替 h_{01}，经整理后得：

$$M_1=A_{s1}f_y\times0.9h_0\left(n-\frac{l_1}{4}\right)l_1\tag{10-8a}$$

$$M_2=A_{s1}f_y\times0.9^2h_0\ \frac{3}{4}\alpha l_1\tag{10-8b}$$

$$M_{\mathrm{I}}=M'_{\mathrm{I}}=A_{s1}f_y\times0.9h_0n\beta\cdot l_1\tag{10-8c}$$

$$M_{\mathrm{II}}=M'_{\mathrm{II}}=A_{s1}f_y\times0.9h_0\alpha\beta\cdot l_1\tag{10-8d}$$

将式（10-8a）~（10-8d）代入式（10-1），经整理后，得：

$$A_{s1}=\frac{pl_1^2(3n-1)}{21.6f_yh_0[(n-0.25)+0.675\alpha+n\beta+\alpha\beta]}\tag{10-9}$$

令

$$k_1=\frac{21.6f_y[(n-0.25)+0.675\alpha+n\beta+\alpha\beta]}{3n-1}$$

于是

$$A_{s1}=\frac{pl_1^2}{k_1h_0}\tag{10-10}$$

求出 A_{s1} 后，便可求得：

$$A_{s2}=\alpha A_{s1}\tag{10-11}$$

$$A_{s\mathrm{I}}=A'_{s\mathrm{I}}=\beta A_{s1}\tag{10-12}$$

$$A_{s\mathrm{II}}=A'_{s\mathrm{II}}=\beta A_{s2}\tag{10-13}$$

上面给出了双向板嵌固情形的计算公式。对于板边为其他支承情形的板，也可用类似的方法求得相应公式。

当双向板的支座钢筋 $A_{s\,\mathrm{I}}$、$A'_{s\,\mathrm{I}}$、$A_{s\,\mathrm{II}}$、$A'_{s\,\mathrm{II}}$ 已知时，则

$$M_{\mathrm{I}}=A_{s\,\mathrm{I}}f_y\times 0.9h_0nl_1 \tag{10-14}$$

$$M'_{\mathrm{I}}=A'_{s\,\mathrm{I}}f_y\times 0.9h_0nl_1 \tag{10-15}$$

$$M_{\mathrm{II}}=A_{s\,\mathrm{II}}f_y\times 0.9h_0l_1 \tag{10-16}$$

$$M'_{\mathrm{II}}=A'_{s\,\mathrm{II}}f_y\times 0.9h_0l_1 \tag{10-17}$$

将（10-14）~式（10-17）和式（10-8a）~式（10-8b）代入式（10-1），则得：

$$A_{s1}f_y\times 0.9h_0l_1[2(n-0.25)+2\times 0.675\alpha]+f_y\times 0.9h_0l_1(nA_{s\,\mathrm{I}}+nA'_{s\,\mathrm{I}}+A_{s\,\mathrm{II}}+A'_{s\,\mathrm{II}})$$
$$=\frac{pl_1^2}{12}(3n-1)l_1 \tag{10-18}$$

由此

$$A_{s1}=\frac{pl_1^2(3n-1)}{21.6h_0f_y(n-0.25+0.675\alpha)}-\frac{nA_{s\,\mathrm{I}}+nA'_{s\,\mathrm{I}}+A_{s\,\mathrm{II}}+A'_{s\,\mathrm{II}}}{2n-0.5+1.35\alpha} \tag{10-19}$$

令

$$k_x=\frac{21.6h_0f_y(n-0.25+0.675\alpha)}{3n-1} \tag{10-20}$$

$$k_x^F=2n-0.5+1.35\alpha \tag{10-21}$$

于是

$$A_{s1}=\frac{\gamma.\,pl_1^2}{k_xh_0}-\frac{nA_{s\,\mathrm{I}}+nA'_{s\,\mathrm{I}}+A_{s\,\mathrm{II}}+A'_{s\,\mathrm{II}}}{k_x^F} \tag{10-22}$$

$$A_{s2}=\alpha A_{s1} \tag{10-23}$$

不难证明，系数 k_x 表达式可用系数 k_x^F 表示。这样，公式形式会简洁一些，于是

$$k_x=\frac{10.8f_yk_x^F}{3n-1}\times 10^{-6} \tag{10-24}$$

弯起式配筋不同支座形式的 k_x^F（$x=1,2,\cdots,9$）表达式见表 10-1。

式（10-22）是计算双向板的通式。当某边的钢筋已知或简支时，该边应以实际钢筋面积或零代入式中，查表时对于钢筋已知边应按简支边考虑。

应当指出，式中 p 的单位为 kN/m²，l_1 的单位为 m，h_0 的单位为 mm，A_s 的单位为 mm²/m。

式（10-22）第一项分子增加一个系数 γ，它是考虑当双向板四边与梁整浇时内力折减系数。一般按下列规定采用（图 10-5）：

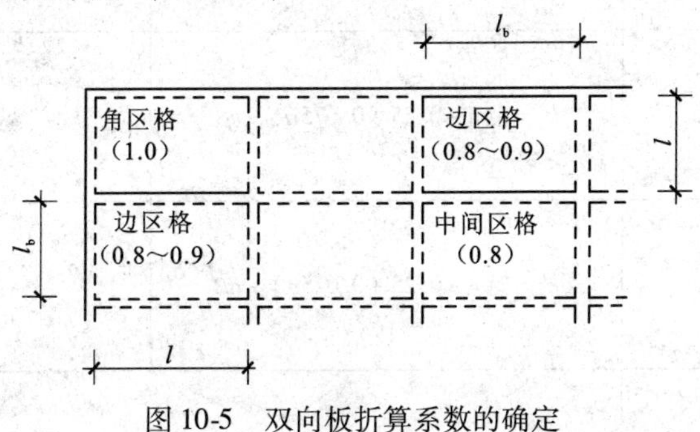

图 10-5　双向板折算系数的确定

（1）中间跨的跨中截面及中间支座上取 $\gamma=0.8$；

（2）边跨的跨中截面及从楼板边缘算起的第二支座截面：

当 $1.5 \leqslant l_b/l \leqslant 2$ 时，取 $\gamma = 0.9$；

当 $l_b/l < 1.5$ 时，取 $\gamma = 0.8$。

其中 l_b——沿板边缘的跨度；

l——垂直板边缘的跨度。

10.1.5 分离式配筋双向板的计算

为施工方便，双向板多采用分离式配筋（图 10-6b），并将跨中钢筋全部伸入支座。

k_x^F 系数计算公式表 表 10-1

支承条件		弯起式配筋	分离式配筋
1	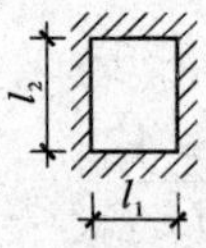 l_2, l_1	$k_1^F = 2(n - 0.25 + 0.675\alpha) + 2n\beta + 2\alpha\beta$	$k_1^F = 2n + 1.8\alpha + 2n\beta + 2\alpha\beta$
2	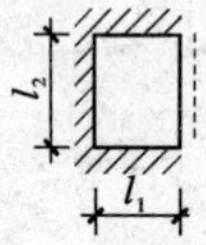 l_2, l_1	$k_2^F = 2(n - 0.25 + 0.675\alpha) + n\beta + 2\alpha\beta$	$k_2^F = 2n + 1.8\alpha + n\beta + 2\alpha\beta$
3	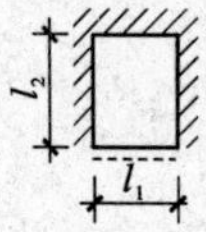 l_2, l_1	$k_3^F = 2(n - 0.25 + 0.675\alpha) + 2n\beta + \alpha\beta$	$k_3^F = 2n + 1.8\alpha + 2n\beta + \alpha\beta$
4	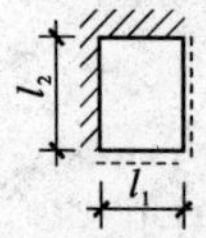 l_2, l_1	$k_4^F = 2(n - 0.25 + 0.675\alpha) + n\beta + \alpha\beta$	$k_4^F = 2n + 1.8\alpha + n\beta + \alpha\beta$
5	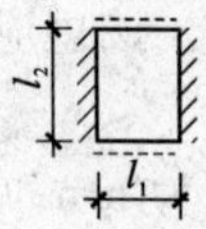 l_2, l_1	$k_5^F = 2(n - 0.25 + 0.675\alpha) + 2n\beta$	$k_5^F = 2n + 1.8\alpha + 2n\beta$
6	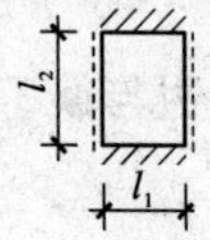 l_2, l_1	$k_6^F = 2(n - 0.25 + 0.675\alpha) + 2\alpha\beta$	$k_6^F = 2n + 1.8\alpha + 2\alpha\beta$
7	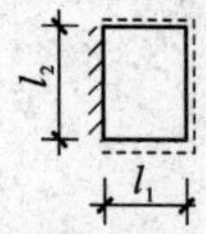 l_2, l_1	$k_7^F = 2(n - 0.25 + 0.675\alpha) + n\beta$	$k_7^F = 2n + 1.8\alpha + n\beta$
8	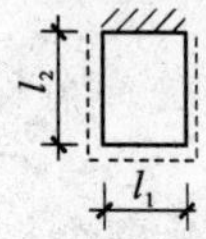 l_2, l_1	$k_8^F = 2(n - 0.25 + 0.675\alpha) + \alpha\beta$	$k_8^F = 2n + 1.8\alpha + \alpha\beta$
9	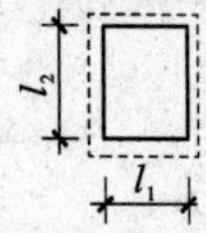 l_2, l_1	$k_9^F = 2(n - 0.25 + 0.675\alpha)$	$k_9^F = 2n + 1.8\alpha$

在均布荷载作用下双向板按塑性理论计算弯起式配筋系数表　　表 10-2

$n=l_2/l_1$	α	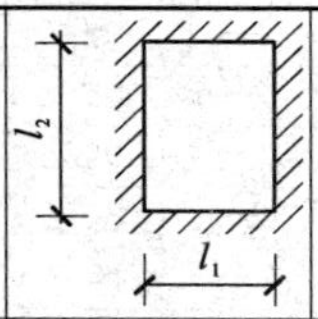 $k_2\times10^{-3}$	k_1^F	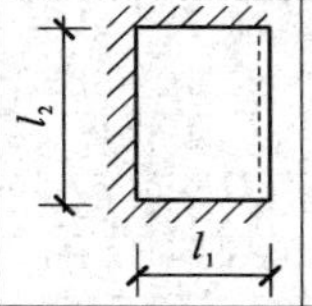 $k_2\times10^{-3}$	k_2^F	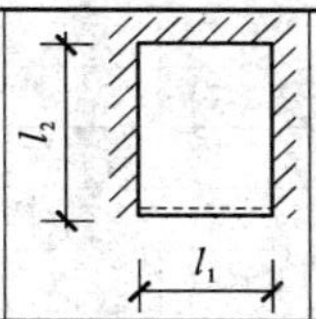 $k_3\times10^{-3}$	k_3^F	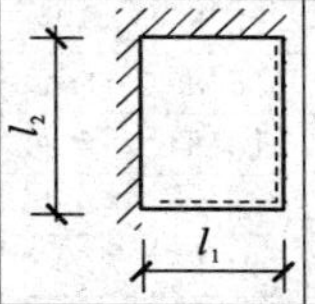 $k_4\times10^{-3}$	k_4^F	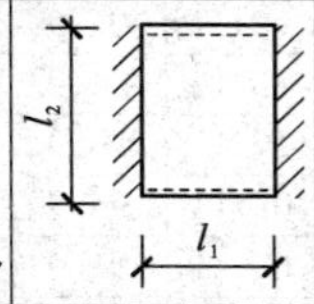 $k_5\times10^{-3}$	k_5^F	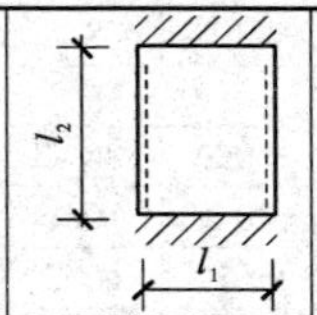 $k_6\times10^{-3}$	k_6^F	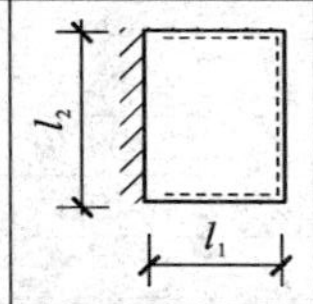 $k_7\times10^{-3}$	k_7^F	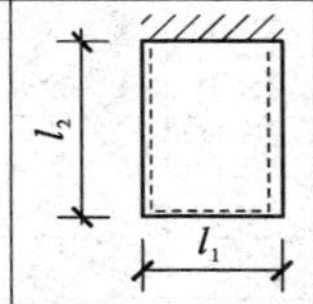 $k_8\times10^{-3}$	k_8^F	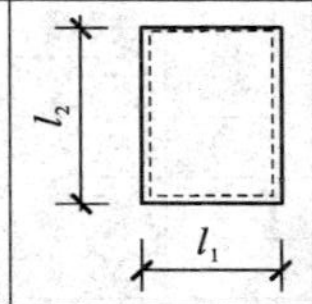 $k_9\times10^{-3}$	k_9^F	$n=l_2/l_1$
1.00	1.000	15.82	—	12.90	8.85	12.90	8.85	9.99	6.85	9.99	6.85	9.99	6.85	7.07	4.85	7.07	4.85	4.16	2.85	1.00
1.02	0.961	15.23	—	12.35	8.72	12.51	8.84	9.63	6.80	9.79	6.92	9.46	6.68	6.90	4.88	6.74	4.76	4.02	2.84	1.02
1.04	0.925	14.70	—	11.84	8.61	12.16	8.84	9.29	6.76	9.61	6.99	8.98	6.53	6.75	4.91	6.43	4.68	3.89	2.83	1.04
1.06	0.889	14.21	—	11.37	8.50	11.83	8.84	8.99	6.72	9.45	7.06	8.54	6.38	6.61	4.94	6.16	4.60	3.77	2.82	1.06
1.08	0.857	13.76	—	10.94	8.41	11.52	8.85	8.71	6.69	9.29	7.14	8.13	6.25	6.48	4.98	5.90	4.53	3.67	2.82	1.08
1.10	0.826	13.34	—	10.55	8.32	11.24	8.87	8.46	6.67	9.15	7.22	7.76	6.12	6.36	5.02	5.67	4.47	3.57	2.82	1.10
1.12	0.797	12.96	—	10.19	8.24	10.99	8.89	8.22	6.65	9.02	7.30	7.42	6.00	6.25	5.06	5.45	4.41	3.48	2.82	1.12
1.14	0.769	12.60	—	9.85	8.18	10.75	8.92	8.00	6.64	8.89	7.38	7.11	5.90	6.14	5.10	5.25	4.36	3.40	2.82	1.14
1.16	0.743	12.27	—	9.54	8.12	10.52	8.95	7.80	6.63	8.78	7.46	6.82	5.80	6.05	5.14	5.07	4.31	3.32	2.82	1.16
1.18	0.718	11.97	—	9.26	8.06	10.32	8.99	7.61	6.63	8.67	7.55	6.55	5.70	5.96	5.19	4.90	4.27	3.25	2.83	1.18
1.20	0.694	11.68	—	8.99	8.02	10.12	9.03	7.43	6.63	8.57	7.64	6.30	5.62	5.88	5.24	4.74	4.23	3.18	2.84	1.20
1.22	0.672	11.42	—	8.74	7.97	9.94	9.07	7.26	6.63	8.47	7.73	6.07	5.53	5.80	5.29	4.59	4.19	3.12	2.85	1.22
1.24	0.650	11.17	—	8.51	7.94	9.78	9.11	7.12	6.64	8.38	7.82	5.85	5.46	5.72	5.34	4.46	4.16	3.06	2.86	1.24
1.26	0.630	10.94	—	8.30	7.91	9.62	9.17	6.98	6.65	8.30	7.91	5.65	5.39	5.65	5.39	4.33	4.13	3.01	2.87	1.26
1.28	0.610	10.73	—	8.10	7.89	9.47	9.23	6.84	6.66	8.22	8.00	5.47	5.33	5.59	5.44	4.21	4.10	2.96	2.88	1.28
1.30	0.592	10.52	—	7.91	7.87	9.33	9.28	6.72	6.68	8.14	8.10	5.29	5.27	5.53	5.50	4.10	4.08	2.91	2.90	1.30
1.32	0.574	10.33	—	7.73	7.85	9.20	9.34	6.60	6.70	8.87	8.19	5.13	5.21	5.47	5.56	4.00	4.06	2.87	2.91	1.32
1.34	0.557	10.15	—	7.57	7.84	9.08	9.41	6.49	6.73	8.01	8.29	4.98	5.16	5.42	5.61	3.91	4.04	2.83	2.93	1.34
1.36	0.541	9.99	—	7.42	7.83	8.97	9.47	6.39	6.75	7.94	8.39	4.84	5.11	5.37	5.67	3.82	4.03	2.79	2.95	1.36
1.38	0.525	9.83	—	7.14	7.83	8.86	9.54	6.30	6.78	7.88	8.49	4.71	5.07	5.32	5.73	3.73	4.02	2.76	2.96	1.38
1.40	0.510	9.69	—	7.13	7.83	8.76	9.61	6.21	6.81	7.83	8.59	4.58	5.03	5.28	5.79	3.65	4.01	2.72	2.99	1.40
1.42	0.496	9.55	—	7.01	7.83	8.66	9.68	6.12	6.84	7.77	8.69	4.47	4.99	5.23	5.85	3.58	4.00	2.69	3.01	1.42
1.44	0.482	9.42	—	6.89	7.84	8.57	9.76	6.03	6.88	7.72	8.79	4.36	4.96	5.19	5.91	3.51	3.99	2.66	3.03	1.44
1.46	0.469	9.29	—	6.77	7.85	8.48	9.83	5.96	6.91	7.67	8.89	4.25	4.93	5.15	5.97	3.44	3.99	2.63	3.05	1.46
1.48	0.457	9.17	—	6.66	7.86	8.40	9.91	5.89	6.95	7.63	9.00	4.16	4.90	5.12	6.03	3.38	4.00	2.61	3.08	1.48

续表

$n=l_2/l_1$	α	$k_2\times10^{-3}$	k_1^F	$k_2\times10^{-3}$	k_2^F	$k_3\times10^{-3}$	k_3^F	$k_4\times10^{-3}$	k_4^F	$k_5\times10^{-3}$	k_5^F	$k_6\times10^{-3}$	k_6^F	$k_7\times10^{-3}$	k_7^F	$k_8\times10^{-3}$	k_8^F	$k_9\times10^{-3}$	k_9^F	$n=l_2/l_1$
1.50	0.444	9.06	—	6.56	7.88	8.32	9.99	5.82	6.99	7.58	9.10	4.06	4.88	5.08	6.10	3.32	4.00	2.58	3.10	1.50
1.52	0.433	8.96	—	6.47	7.90	8.25	10.07	5.76	7.03	7.54	9.20	3.98	4.86	5.05	6.16	3.27	4.00	2.56	3.12	1.52
1.54	0.422	8.86	—	6.38	7.92	8.18	10.15	5.70	7.07	7.50	9.31	3.90	4.84	5.02	6.23	3.22	4.00	2.54	3.15	1.54
1.56	0.411	8.76	—	6.29	7.94	8.11	10.24	5.64	7.12	7.46	9.41	3.82	4.82	4.99	6.29	3.17	4.00	2.52	3.17	1.56
1.58	0.401	8.67	—	6.21	7.96	8.05	10.32	5.58	7.12	7.42	9.52	3.74	4.80	4.96	6.36	3.12	4.00	2.50	3.20	1.58
1.60	0.391	8.59	—	6.13	7.99	7.99	10.41	5.53	7.21	7.39	9.63	3.68	4.79	4.93	6.42	3.08	4.00	2.48	3.23	1.60
1.62	0.381	8.51	—	6.06	8.02	7.93	10.50	5.48	7.26	7.35	9.73	3.61	4.78	4.91	6.49	3.03	4.01	2.46	3.25	1.62
1.64	0.372	8.43	—	5.99	8.05	7.87	10.59	5.43	7.31	7.32	9.84	3.55	4.77	4.88	6.56	2.99	4.03	2.44	3.28	1.64
1.66	0.363	8.35	—	5.92	8.08	7.82	10.68	5.39	7.36	7.29	9.95	3.49	4.76	4.86	6.63	2.96	4.04	2.43	3.31	1.66
1.68	0.354	8.28	—	5.86	8.12	7.77	10.77	5.35	7.41	7.26	10.06	3.43	4.75	4.83	6.70	2.92	4.05	2.41	3.33	1.68
1.70	0.346	8.22	—	5.80	8.15	7.72	10.86	5.31	7.46	7.23	10.17	3.38	4.75	4.81	6.77	2.89	4.06	2.39	3.36	1.70
1.72	0.338	8.15	—	5.74	8.19	7.68	10.95	5.27	7.51	7.20	10.28	3.33	4.75	4.79	6.84	2.86	4.07	2.38	3.40	1.72
1.74	0.330	8.09	—	5.69	8.23	7.63	11.05	5.23	7.57	7.18	10.39	3.28	4.75	4.77	6.91	2.82	4.08	2.37	3.43	1.74
1.76	0.323	8.03	—	5.63	8.27	7.60	11.14	5.19	7.62	7.15	10.50	3.23	4.75	4.75	6.98	2.79	4.10	2.35	3.46	1.76
1.78	0.316	7.97	—	5.58	8.31	7.55	11.24	5.16	7.68	7.13	10.61	3.19	4.75	4.73	7.05	2.77	4.12	2.34	3.49	1.78
1.80	0.309	7.92	—	5.53	8.35	7.51	11.33	5.13	7.73	7.10	10.72	3.15	4.75	4.72	7.12	2.74	4.13	2.33	3.52	1.80
1.82	0.302	7.87	—	5.49	8.40	7.47	11.43	5.09	7.79	7.08	10.83	3.11	4.76	4.70	7.19	2.71	4.15	2.32	3.55	1.82
1.84	0.295	7.82	—	5.45	8.44	7.44	11.53	5.06	7.85	7.06	10.94	3.07	4.76	4.68	7.26	2.69	4.17	2.31	3.58	1.84
1.86	0.289	7.77	—	5.40	8.49	7.40	11.63	5.04	7.90	7.04	11.05	3.04	4.77	4.67	7.33	2.67	4.19	2.30	3.61	1.86
1.88	0.283	7.73	—	5.36	8.53	7.37	11.73	5.01	7.97	7.01	11.16	3.00	4.77	4.65	7.40	2.64	4.20	2.29	3.64	1.88
1.90	0.277	7.68	—	5.32	8.58	7.34	11.83	4.98	8.03	6.99	11.27	2.97	4.78	4.64	7.47	2.62	4.23	2.28	3.67	1.90
1.92	0.271	7.64	—	5.29	8.63	7.31	11.93	4.96	8.09	6.98	11.39	2.94	4.79	4.62	7.54	2.60	4.25	2.27	3.71	1.92
1.94	0.266	7.60	—	5.25	8.68	7.28	12.03	4.93	8.15	6.96	11.50	2.91	4.80	4.61	7.62	2.58	4.27	2.26	3.74	1.94
1.96	0.260	7.56	—	5.22	8.73	7.25	12.13	4.91	8.21	6.94	11.61	2.88	4.81	4.60	7.69	2.56	4.29	2.25	3.77	1.96
1.98	0.255	7.52	—	5.19	8.78	7.22	12.23	4.88	8.27	6.92	11.72	2.85	4.82	4.58	7.76	2.55	4.31	2.25	3.80	1.98
2.00	0.250	7.48	—	5.15	8.84	7.20	12.24	4.86	8.34	6.90	11.84	2.82	4.83	4.57	7.83	2.53	4.34	2.24	3.84	2.00

注：表中 k_i 系由 HPB300 级钢筋（$f_y=270N/mm^2$）算出；若采用其他级别钢筋，则 k_i 应乘以比值$f_y/270$（f_y 为其他钢筋抗拉强度设计值）。

在均布荷载作用下双向板按塑性理论计算分离式配筋系数表　　表10-3

$n=l_2/l_1$	α	$k_2\times10^{-3}$	k_1^F	$k_2\times10^{-3}$	k_2^F	$k_3\times10^{-3}$	k_3^F	$k_4\times10^{-3}$	k_4^F	$k_5\times10^{-3}$	k_5^F	$k_6\times10^{-3}$	k_6^F	$k_7\times10^{-3}$	k_7^F	$k_8\times10^{-3}$	k_8^F	$k_9\times10^{-3}$	k_9^F	$n=l_2/l_1$
1.00	1.000	17.20	—	14.29	9.80	14.29	9.80	11.37	7.80	11.37	7.80	11.37	7.80	8.47	5.80	8.46	5.80	5.54	3.80	1.00
1.02	0.961	16.55	—	13.67	9.65	13.83	9.77	10.95	7.73	11.11	7.85	10.78	7.61	8.22	5.81	8.06	5.69	5.34	3.77	1.02
1.04	0.925	15.96	—	13.10	9.52	13.42	9.75	10.55	7.67	10.87	7.90	10.24	7.44	8.01	5.82	7.69	5.59	5.15	3.74	1.04
1.06	0.889	15.41	—	12.58	9.40	13.03	9.74	10.19	7.62	10.65	7.96	9.74	7.28	7.81	5.84	7.36	5.50	4.98	3.72	1.06
1.08	0.857	14.91	—	12.10	9.29	12.68	9.74	9.86	7.58	10.44	8.02	9.28	7.13	7.63	5.86	7.05	5.42	4.82	3.70	1.08
1.10	0.826	14.44	—	11.66	9.19	12.35	9.74	9.56	7.54	10.25	8.09	8.87	6.99	7.46	5.89	6.77	5.34	4.68	3.69	1.10
1.12	0.797	14.02	—	11.25	9.10	12.05	9.75	9.28	7.51	10.08	8.15	8.48	6.86	7.31	5.91	6.51	5.27	4.54	3.67	1.12
1.14	0.769	13.62	—	10.87	9.02	11.77	9.76	9.02	7.48	9.91	8.23	8.12	6.74	7.16	5.95	6.27	5.20	4.42	3.67	1.14
1.16	0.743	13.25	—	10.52	8.95	11.50	9.78	8.78	7.46	9.76	8.30	7.80	6.63	7.03	5.98	6.05	5.14	4.30	3.66	1.16
1.18	0.718	12.91	—	10.20	8.89	11.26	9.81	8.55	7.45	9.61	8.37	7.49	6.53	6.90	6.01	5.84	5.09	4.19	3.65	1.18
1.20	0.694	12.59	—	9.90	8.83	11.03	9.84	8.34	7.44	9.48	8.45	7.21	6.43	6.79	6.05	5.65	5.04	4.09	3.65	1.20
1.22	0.672	12.30	—	9.62	8.78	10.82	9.87	8.15	7.43	9.35	8.53	6.95	6.34	6.68	6.09	5.47	4.99	4.00	3.65	1.22
1.24	0.650	12.02	—	9.36	8.73	10.63	9.91	7.97	7.43	9.23	8.61	6.70	6.25	6.57	6.13	5.31	4.95	3.91	3.65	1.24
1.26	0.630	11.76	—	9.11	8.69	10.44	9.95	7.79	7.43	9.12	8.69	6.48	6.17	6.48	6.17	5.15	4.91	3.83	3.65	1.26
1.28	0.610	11.52	—	8.89	8.66	10.27	10.00	7.64	7.44	9.01	8.78	6.26	6.10	6.39	6.22	5.01	4.88	3.76	3.66	1.28
1.30	0.592	11.29	—	8.68	8.63	10.10	10.05	7.49	7.45	8.91	8.87	6.07	6.03	6.30	6.27	4.88	4.85	3.69	3.67	1.30
1.32	0.574	11.08	—	8.48	8.61	9.95	10.10	7.35	7.46	8.82	8.95	5.88	5.97	6.22	6.31	4.75	4.82	3.62	3.67	1.32
1.34	0.557	10.88	—	8.29	8.59	9.81	10.16	7.22	7.48	8.73	9.04	5.71	5.91	6.14	6.36	4.63	4.80	3.56	3.68	1.34
1.36	0.541	10.69	—	8.12	8.58	9.67	10.21	7.10	7.49	8.65	9.13	5.54	5.86	6.07	6.41	4.52	4.77	3.50	3.69	1.36
1.38	0.525	10.52	—	7.95	8.57	9.54	10.28	6.98	7.52	8.57	9.23	5.39	5.81	6.00	6.47	4.42	4.76	3.44	3.71	1.38
1.40	0.510	10.35	—	7.80	8.56	9.42	10.34	6.87	7.54	8.49	9.32	5.25	5.76	5.94	6.52	4.32	4.74	3.39	3.72	1.40
1.42	0.496	10.19	—	7.65	8.56	9.31	10.41	6.77	7.56	8.42	9.41	5.11	5.72	5.88	6.57	4.23	4.72	3.34	3.73	1.42
1.44	0.482	10.05	—	7.52	8.56	9.20	10.47	6.67	7.59	8.35	9.51	4.99	5.68	5.82	6.63	4.14	4.71	3.29	3.75	1.44
1.46	0.469	9.91	—	7.39	8.56	9.10	10.54	6.58	7.62	8.29	9.60	4.87	5.64	5.77	6.68	4.06	4.70	3.25	3.76	1.46
1.48	0.457	9.77	—	7.26	8.57	9.00	10.61	6.49	7.65	8.22	9.70	4.75	5.61	5.71	6.74	3.98	4.69	3.21	3.78	1.48

续表

$n=l_2/l_1$	α	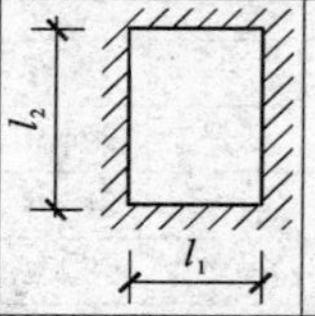 $k_2\times10^{-3}$	k_1^F	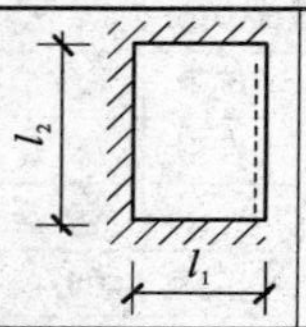 $k_2\times10^{-3}$	k_2^F	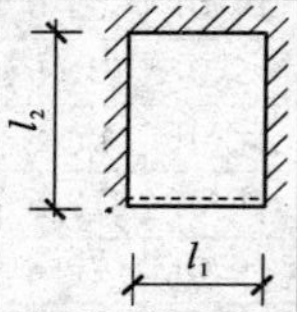 $k_3\times10^{-3}$	k_3^F	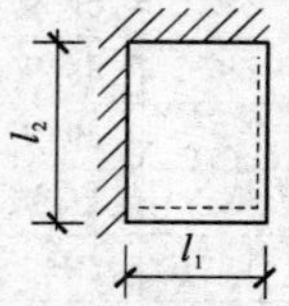 $k_4\times10^{-3}$	k_4^F	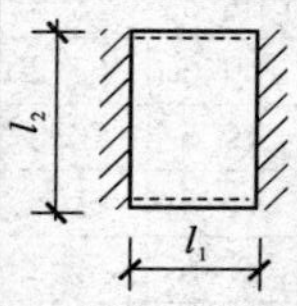 $k_5\times10^{-3}$	k_5^F	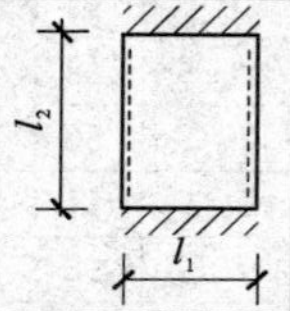 $k_6\times10^{-3}$	k_6^F	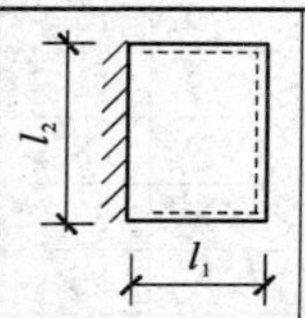 $k_7\times10^{-3}$	k_7^F	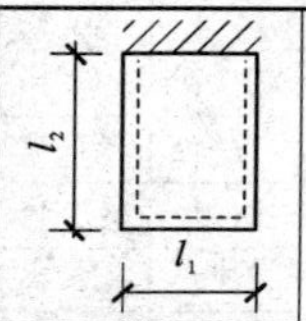 $k_8\times10^{-3}$	k_8^F	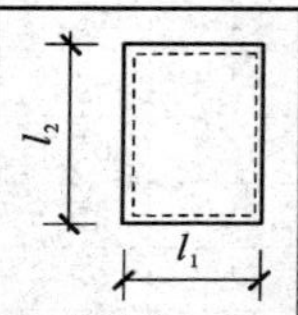 $k_9\times10^{-3}$	k_9^F	$n=l_2/l_1$
1.50	0.444	9.65	—	7.15	8.58	8.91	10.69	6.41	7.69	8.16	9.80	4.65	5.58	5.67	6.80	3.91	4.69	3.17	3.80	1.50
1.52	0.433	9.53	—	7.04	8.59	8.82	10.76	6.33	7.73	8.11	9.90	4.55	5.55	5.62	6.86	3.84	4.68	3.13	3.82	1.52
1.54	0.422	9.41	—	6.93	8.61	8.73	10.84	6.25	7.76	8.05	10.00	4.45	5.53	5.57	6.92	3.77	4.68	3.09	3.84	1.54
1.56	0.411	9.31	—	6.83	8.62	8.65	10.92	6.18	7.80	8.00	10.10	4.36	5.50	5.53	6.98	3.71	4.68	3.06	3.86	1.56
1.58	0.401	9.20	—	6.74	8.64	8.58	11.00	6.11	7.84	7.95	10.20	4.28	5.48	5.49	7.04	3.65	4.68	3.03	3.88	1.58
1.60	0.391	9.11	—	6.65	8.67	8.51	11.08	6.05	7.88	7.91	10.30	4.19	5.47	5.45	7.10	3.59	4.68	3.00	3.90	1.60
1.62	0.381	9.01	—	6.56	8.69	8.44	11.17	5.99	7.93	7.86	10.40	4.11	5.45	5.41	7.17	3.54	4.69	2.97	3.93	1.62
1.64	0.372	8.93	—	6.48	8.72	8.37	11.25	5.93	7.97	7.82	10.51	4.04	5.44	5.38	7.23	3.49	4.69	2.94	3.95	1.64
1.66	0.363	8.84	—	6.41	8.74	8.31	11.34	5.88	8.02	7.78	10.61	3.97	5.43	5.34	7.29	3.44	4.70	2.91	3.97	1.66
1.68	0.354	8.76	—	6.33	8.77	8.25	11.43	5.82	8.07	7.74	10.72	3.91	5.42	5.31	7.36	3.40	4.71	2.89	4.00	1.68
1.70	0.346	8.68	—	6.26	8.81	8.19	11.51	5.77	8.11	7.70	10.82	3.85	5.41	5.28	7.42	3.35	4.72	2.86	4.02	1.70
1.72	0.338	8.61	—	6.20	8.84	8.13	11.60	5.72	8.16	7.66	10.93	3.79	5.40	5.25	7.49	3.31	4.73	2.84	4.05	1.72
1.74	0.330	8.54	—	6.13	8.88	8.08	11.70	5.68	8.22	7.62	11.03	5.73	5.39	5.22	7.56	3.27	4.74	2.82	4.07	1.74
1.76	0.323	8.47	—	6.07	8.91	8.03	11.79	5.63	8.27	7.59	11.14	3.67	5.39	5.19	7.62	3.23	4.75	2.79	4.10	1.76
1.78	0.316	8.41	—	6.01	8.95	7.98	11.88	5.59	8.32	7.56	11.24	3.62	5.39	5.17	7.69	3.20	4.76	2.77	4.13	1.78
1.80	0.309	8.34	—	5.96	8.99	7.93	11.97	5.55	8.37	7.53	11.36	3.57	5.39	5.14	7.76	3.16	4.77	2.75	4.16	1.80
1.82	0.302	8.28	—	5.90	9.03	7.89	12.07	5.51	8.43	7.49	11.46	3.52	5.39	5.12	7.82	3.13	4.78	2.74	4.18	1.82
1.84	0.295	8.23	—	5.85	9.07	7.85	12.16	5.47	8.48	7.47	11.57	3.48	5.39	5.09	7.89	3.10	4.80	2.72	4.21	1.84
1.86	0.289	8.17	—	5.80	9.12	7.80	12.26	5.44	8.54	7.44	11.68	3.44	5.40	5.07	7.96	3.07	4.82	2.70	4.24	1.86
1.88	0.283	8.12	—	5.76	9.16	7.76	12.36	5.40	8.60	7.41	11.79	3.39	5.40	5.05	8.03	3.04	4.84	2.68	4.27	1.88
1.90	0.277	8.07	—	5.72	9.21	7.73	12.45	5.37	8.65	7.38	11.90	3.35	5.41	5.02	8.10	3.01	4.85	2.67	4.30	1.90
1.92	0.271	8.02	—	5.67	9.25	7.69	12.55	5.34	8.71	7.36	12.00	3.32	5.41	5.00	8.17	2.98	4.87	2.65	4.32	1.92
1.94	0.266	7.97	—	5.63	9.30	7.65	12.65	5.31	8.77	7.33	12.12	3.28	5.42	4.98	8.24	2.96	4.89	2.64	4.36	1.94
1.96	0.260	7.93	—	5.59	9.35	7.62	12.75	5.28	8.83	7.31	12.23	3.24	5.43	4.96	8.31	2.93	4.91	2.62	4.39	1.96
1.98	0.255	7.89	—	5.55	9.40	7.58	12.85	5.25	8.89	7.28	12.34	3.21	5.44	4.95	8.38	2.91	4.93	2.61	4.42	1.98
2.00	0.250	7.84	—	5.51	9.45	7.55	12.95	5.22	8.95	7.26	12.45	3.18	5.45	4.93	8.45	2.89	4.95	2.60	4.45	2.00

注：表中 k_i 系由 HPB300 级钢筋（$f_y=270N/mm^2$）算出，若采用其他级别钢筋，则 k_i 应乘以比值 $f_y/270$（f_y 为其他钢筋抗拉强度设计值）。

其计算公式推导方法与弯起式配筋基本相同。分离式配筋不同支座的 k_x^F（x = 1，2，3，…，9）表达式见表 10-10。其余计算公式与弯起式配筋的相同。

10.1.6　按表格计算双向板的配筋

为计算方便考虑，表 10-11 和表 10-12 分别给出了弯起式配筋和分离式配筋不同支座和 $\beta=2$ 时的 k_x 和 k_x^F 系数值，可供计算应用。其中，k_x（x = 1，2，3，…，9）系数值是根据钢筋级别为 HPB300（$f_y=270\text{N/mm}^2$）时计算的。若采用其他级别的钢筋，则 k_x 值应乘以比值 $f_y/270$（f_y 为其他钢筋强度设计值）。

其余计算公式与前相同。

10.1.7　双向板的构造

（1）双向板的厚度应满足刚度要求，其厚度一般取：对于单跨简支板 $h \geqslant \frac{l_0}{45}$；对于多跨连续板 $h \geqslant \frac{l_0}{50}$（$l_0$ 为板的短向计算跨度），且不小于 80mm。

（2）双向板的配筋形式分为弯起式配筋和分离式配筋。构造要求参见图 10-6。

（3）由于双向板短向弯矩比长向的大，故沿短向的跨中受力钢筋 A_{s1} 应放在沿长向的受力钢筋 A_{s2} 的下面。

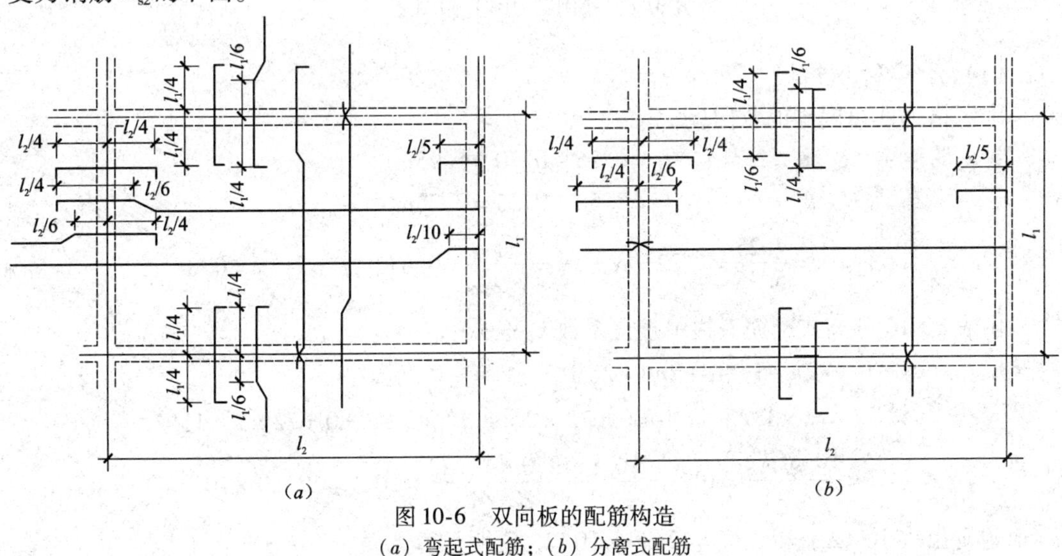

图 10-6　双向板的配筋构造
(*a*) 弯起式配筋；(*b*) 分离式配筋

【**例题 10-1**】现浇钢筋混凝土双向板楼盖，承受均布荷载设计值 $p=9.06\text{kN/m}^2$，板厚 $h=120\text{mm}$，混凝土强度等级为 C20，采用 HPB300 级钢筋，钢筋抗拉强设计值 $f_y=270\text{N/mm}^2$。楼盖结构平面图参见图 10-7。双向板采用分离式配筋，取 $\beta=2$。试按塑性理论计算双向板的配筋。

【**解**】1. 手算

板的有效高度

$$h_0=h-20=120-20=100\text{mm}$$

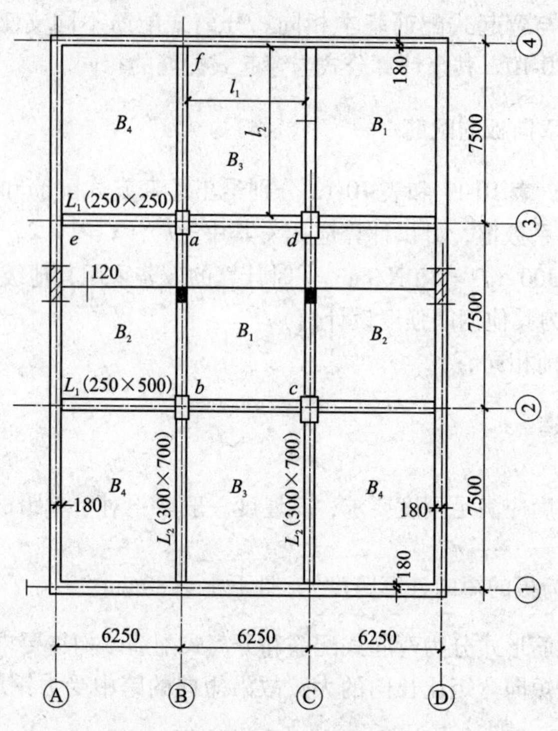

图 10-7 【例题 10-1】附图之一

（1）计算 B_1 区格板

本区格为四边嵌固的双向板，

计算跨度：
$$l_1 = 6.25 - 0.30 = 5.95\text{m}$$
$$l_2 = 7.50 - 0.25 = 7.25\text{m}$$

$$n = \frac{l_2}{l_1} = \frac{7.25}{5.95} = 1.22 \quad \alpha = \frac{1}{n^2} = \frac{1}{1.22^2} = 0.672 \quad \beta = 2 \quad \gamma = 0.8$$

由表 10-10 分离式配筋一栏中查得系数 k_1^F 公式：

$$\begin{aligned} k_1^F &= 2n + 1.8\alpha + 2n\beta + 2\alpha\beta \\ &= 2 \times 1.22 + 1.8 \times 0.672 \times 2 \times 1.22 \times 2 + 2 \times 0.672 \times 2 = 11.22 \end{aligned}$$

$$k_1 = \frac{10.8 f_y k_x^F}{3n-1} \times 10^{-6} = \frac{10.8 \times 270 \times 11.22}{3 \times 1.22 - 1} \times 10^{-6} = 12.30 \times 10^{-3}$$

k_1 值也可由表 10-12 查得，$k_1 = 12.30 \times 10^{-3}$，说明计算无误。

$$A_{s1} = \frac{\gamma \cdot p l_1^2}{k_x h_0} = \frac{0.8 \times 9.06 \times 5.95^2}{12.30 \times 10^{-3} \times 100} = 209\text{mm}$$

$$A_{s2} = \alpha A_{s1} = 0.672 \times 209 = 140\text{mm}^2$$

$$A_{s1} = A'_{s1} = \beta A_{s1} = 2 \times 209 = 418\text{mm}^2$$

$$A_{s11} = A'_{s11} = \beta A_{s2} = 2 \times 140 = 280\text{mm}^2$$

（2）计算 B_2 区格板

计算跨度：
$$l_1 = 6.25 - \frac{300}{2} - 180 + \frac{0.12}{2} = 5.98\text{m}$$

$$l_2 = 7.50 - 0.25 = 7.25\text{m}$$

$$n = \frac{l_2}{l_1} = \frac{7.25}{5.98} = 1.21 \quad \alpha = \frac{1}{n^2} = \frac{1}{1.21^2} = 0.683 \quad \beta = 2 \quad \gamma = 1.0$$

本区格为三边嵌固、一长边简支的双向板，但由于长边 ab 为 B_1 和 B_2 区格板的共同支座，它的配筋已知：$A_{s1} = 418\text{mm}^2$，故应按简支考虑。

$$k_6^F = 2n + 1.8\alpha + 2\alpha\beta$$
$$= 2 \times 1.21 + 1.8 \times 0.683 + 2 \times 0.683 \times 2 = 6.38$$

$$k_6 = \frac{10.8 f_y k_x^F}{3n - 1} \times 10^{-6} = \frac{10.8 \times 270 \times 6.38}{3 \times 1.21 - 1} \times 10^{-6} = 7.07 \times 10^{-3}$$

$$A_{s1} = \frac{\gamma \cdot p l_1^2}{k_x h_0} - \frac{n A_{s1}}{k_6^F} = \frac{1.0 \times 9.06 \times 5.98^2}{7.07 \times 10^{-3} \times 100} - \frac{1.21 \times 418}{6.38} = 379\text{mm}^2$$

$$A_{s2} = \alpha A_{s1} = 0.683 \times 379 = 259\text{mm}^2$$

$$A_{s11} = A'_{s11} = \beta A_{s2} = 2 \times 259 = 518\text{mm}^2$$

（3）计算 B_3 区格板

计算跨度：
$$l_1 = 6.25 - 0.30 = 5.95\text{m}$$

$$l_2 = 7.50 - \frac{300}{2} - 180 + \frac{0.12}{2} = 7.25\text{m}$$

$$n = \frac{l_2}{l_1} = \frac{7.25}{5.95} = 1.22 \quad \alpha = \frac{1}{n^2} = \frac{1}{1.22^2} = 0.672 \quad \beta = 2 \quad \gamma = 1.0$$

本区格为三边嵌固、一短边简支的双向板，由于短边 ad 为 B_1 和 B_3 区格板的共同支座，它的配筋为已知：$A_{s11} = 280\text{mm}^2$，故应按简支考虑。于是本区格应按两短边简支，两长边嵌固的双向板计算，由表 10-10 分离式配筋查得

$$k_1^F = 2n + 1.8\alpha + 2n\beta$$
$$= 2 \times 1.22 + 1.8 \times 0.682 + 2 \times 1.22 \times 2 = 8.55$$

$$k_5 = \frac{10.8 f_y k_x^F}{3n - 1} \times 10^{-6} = \frac{10.8 \times 270 \times 8.55}{3 \times 1.22 - 1} \times 10^{-6} = 9.37 \times 10^{-3}$$

$$A_{s1} = \frac{\gamma \cdot p l_1^2}{k_x h_0} - \frac{A_{s11}}{k_5^F} = \frac{1.0 \times 9.06 \times 5.95^2}{9.37 \times 10^{-3} \times 100} - \frac{280}{8.55} = 310\text{mm}^2$$

$$A_{s2} = \alpha A_{s1} = 0.672 \times 310 = 208\text{mm}^2$$

$$A_{s1} = A'_{s1} = \beta A_{s1} = 2 \times 310 = 620\text{mm}^2$$

（4）计算 B_4 区格板

计算跨度：
$$l_1 = 6.25 - \frac{300}{2} - 180 + \frac{0.12}{2} = 5.98\text{m}$$

$$l_2 = 7.50 - \frac{300}{2} - 180 + \frac{0.12}{2} = 7.25\text{m}$$

$$n = \frac{l_2}{l_1} = \frac{7.25}{5.98} = 1.21 \quad \alpha = \frac{1}{n^2} = \frac{1}{1.21^2} = 0.683 \quad \beta = 2 \quad \gamma = 1.0$$

本区格为角区格，是一邻边嵌固、另一邻边简支的双向板，但由于短边支座 ea 和

长边支座 af 分别为 B_4 与 B_2 和 B_4 与 B_3 区格板的共同支座，它们的配筋均已知，分别为：$A_{s\text{II}}=518\text{mm}^2$ 和 $A_{s\text{I}}=620\text{mm}^2$，故应按简支考虑。于是本区格应按两四边简支的双向板计算，由表 10-10 分离式配筋查得

$$k_1^F=2n+1.8\alpha=2\times1.21+1.8\times0.683$$
$$=3.65$$

$$k_9=\frac{10.8f_yk_x^F}{3n-1}\times10^{-6}=\frac{10.8\times270\times3.65}{3\times1.21-1}\times10^{-6}$$
$$=4.05\times10^{-3}$$

$$A_{s1}=\frac{\gamma.pl_1^2}{k_xh_0}-\frac{nA_{s\text{I}}+A_{s\text{II}}}{k_6^F}$$
$$=\frac{1.0\times9.06\times5.98^2}{4.05\times10^{-3}\times100}-\frac{1.21\times620+518}{3.65}=453\text{mm}^2$$

$$A_{s2}=\alpha A_{s1}=0.683\times453=309\text{mm}^2$$

板的配筋计算结果见表 10-4。

【例题 10-1】板的配筋计算结果 **表 10-4**

截面			钢筋计算面积（mm^2）	选配钢筋	实配钢筋面积（mm^2）
跨中	B_1 区格	l_1 方向	209	ϕ8@200	251
		l_2 方向	140	ϕ8@200	251
	B_2 区格	l_1 方向	379	ϕ8@130	387
		l_2 方向	259	ϕ8@180	279
	B_3 区格	l_1 方向	310	ϕ8@160	314
		l_2 方向	208	ϕ8@200	251
	B_4 区格	l_1 方向	453	ϕ8@110	457
		l_2 方向	309	ϕ8@160	314
支座	B_1-B_2		418	ϕ10@180	436
	B_1-B_3		280	ϕ8@160	314
	B_2-B_4		518	ϕ10@150	523
	B_3-B_4		620	ϕ10@120	654

注：本例实配钢筋面积均超过最小配筋面积限值：$A_{smin}=\left(0.2\%,\ 0.45\frac{f_t}{f_y}\right)_{max}bh=0.2\%\times1000\times120=240\text{mm}^2$。

板的配筋图见图 10-8。

2. 按程序计算

（1）计算 B_1 区格板

本区格板为四边嵌固双向板，内力折减系数 $\gamma=0.8$。

操作步骤

1）按 AC/ON 键打开计算器，按 MENU 键，进入主菜单界面；

2）按数字 9 键，进入程序菜单；

3）找到计算梁的计算程序名：SB-1，按 EXE 键；

4）按屏幕提示进行操作（见表 10-5），最后得出计算结果。

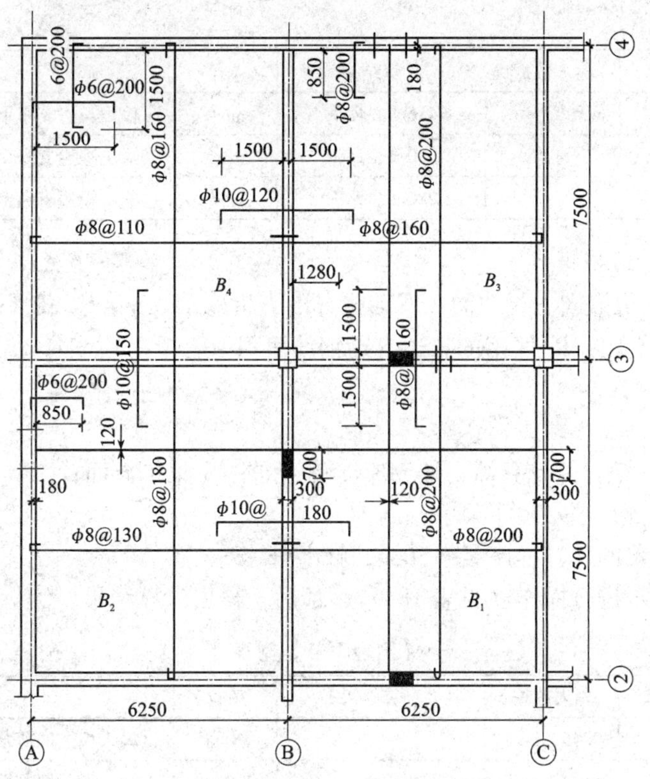

图 10-8　【例题 10-1】附图之二

【例题 10-1】附表　　**表 10-5**

序号	屏幕显示	输入数据	计算结果	单位	说　明
1	$p=?$	9.06，EXE		kN/mm^2	输入板上的荷载设计值
2	$l_1=?$	5.95，EXE		mm	输入板的短边尺寸
3	$l_2=?$	7.25，EXE		mm	输入板的长边尺寸
4	$h_0=?$	100		mm	输入板的截面有效高度
5	n		1.22	–	输出板的长边与短边尺寸的比值
6	α		0.674	–	输出沿板长向的跨中钢筋面积与短向的跨中钢筋面积的比值
7	$I=?$	2，EXE		–	输入板的配筋形式代表数字，弯起式：$I=1$；分离式：$I=2$
8	$G=?$	1，EXE		–	输入钢筋级别序号，HPB300 级钢筋 $G=1$
9	k_1^F		11.22	–	输出系数 k_1^F 值
10	k_1		0.0123	–	输出系数 k_1 值
11	$\gamma=?$	0.8，EXE		–	输入板的内力调整系数
12	A_{s1}		208.3，EXE	mm^2	输出短向的跨中钢筋面积
13	A_{s2}		140.3，EXE	mm^2	输出长向的跨中钢筋面积
14	A_{sI}		416.6，EXE	mm^2	输出长边支座钢筋面积

续表

序号	屏幕显示	输入数据	计算结果	单位	说明
15	$A'_{s\mathrm{I}}$		416.6，EXE	mm^2	输出长边支座钢筋面积
16	$A_{s\mathrm{II}}$		280.6，EXE	mm^2	输出短边支座钢筋面积
17	$A'_{s\mathrm{II}}$		280.6，EXE	mm^2	输出短边支座钢筋面积

（2）计算 B_2 区格板

本区格板为三边嵌固一长边简支双向板，内力折减系数 $\gamma=1$。由于长边支座 ab 为 B_1 与 B_2 区格的共同支座，B_2 区格的长边支座钢筋面积为已知：$A_{s1}=416.6\mathrm{mm}^2$，故应按简支考虑。

操作步骤

1）按 AC/ON 键打开计算器，按 MENU 键，进入主菜单界面；

2）按数字 9 键，进入程序菜单；

3）找到计算梁的计算程序名：SB-6，按 EXE 键；

4）按屏幕提示进行操作（见表 10-6），最后，得出计算结果。

【例题 10-1】附表 **表 10-6**

序号	屏幕显示	输入数据	计算结果	单位	说明
1	$p=?$	9.06，EXE		kN/m^2	输入板上的荷载设计值
2	$l_1=?$	5.98，EXE		mm	输入板的短边尺寸
3	$l_2=?$	7.25，EXE		mm	输入板的长边尺寸
4	$h_0=?$	100		mm	输入板的截面有效高度
5	n		1.21	–	输出板的长边与短边尺寸的比值
6	α		0.680	–	输出板长向的跨中钢筋面积与短向的跨中钢筋面积的比值
7	$I=?$	2，EXE		–	输入板的配筋形式代表数字，弯起式：$I=1$；分离式：$I=2$
8	$G=?$	1，EXE		–	输入钢筋级别序号，HPB300 级钢筋 $G=1$
9	k_1^F		6.371	–	输出 k_1^F 系数值
10	k_1		0.007044	–	输出 k_1 系数值
11	$A_{s\mathrm{I}}=?$	416.6		mm^2	输入长边支座上的已知钢筋截面面积
12	$A'_{s\mathrm{I}}=?$	0		mm^2	长边简支支座上的钢筋面积输入数 0
13	$\gamma=?$	1，EXE		–	输入板的内力调整系数
14	A_{s1}		380.6，EXE	mm^2	输出短向跨中钢筋面积
15	A_{s2}		259，EXE	mm^2	输出长向的跨中钢筋面积
16	$A_{s\mathrm{II}}$		518，EXE	mm^2	输出短边支座钢筋面积
17	$A'_{s\mathrm{II}}$		518，EXE	mm^2	输出短边支座钢筋面积

（3）计算 B_3 区格板

本区格为三边嵌固，一短边简支的双向板，由于短边 ad 为 B_1 和 B_3 区格板的共同支座，它的配筋为已知：$A_{s\mathrm{II}}=280.6\mathrm{mm}^2$，故应按简支考虑。于是本区格应按两短边简支，两长边嵌固的双向板计算。

操作步骤

1）按 AC/ON 键打开计算器，按 MENU 键，进入主菜单界面；

2）按数字9键，进入程序菜单；

3）找到计算梁的计算程序名：SB-5，按 EXE 键；

4）按屏幕提示进行操作（见表10-7），最后，得出计算结果。

【例题10-1】附表　　**表10-7**

序号	屏幕显示	输入数据	计算结果	单位	说　明
1	$p=?$	9.06，EXE		kN/m^2	输入板上的荷载设计值
2	$l_1=?$	5.95，EXE		mm	输入板的短边尺寸
3	$l_2=?$	7.25，EXE		mm	输入板的长边尺寸
4	$h_0=?$	100		mm	输入板的截面有效高度
5	n		1.22	–	输出板的长边与短边尺寸的比值
6	α		0.674	–	输出板的长向跨中钢筋面积与短向的跨中钢筋面积的比值
7	$I=?$	2，EXE		–	输入板的配筋形式代表数字，弯起式：$I=1$；分离式：$I=2$
8	$G=?$	1，EXE		–	输入钢筋级别序号，HPB300级钢筋$G=1$
9	k_5^F		8.523	–	输出k_1^F系数值
10	k_5		0.00936	–	输出k_1系数值
11	$A_{s\mathrm{II}}=?$	280.6		mm^2	输入短边支座上的已知钢筋截面面积
12	$A'_{s\mathrm{II}}=?$	0		mm^2	短边简支支座上的钢筋面积输入数0
13	$\gamma=?$	1，EXE		–	输入板的内力调整系数
14	A_{s1}		309.8，EXE	mm^2	输出短向的跨中钢筋面积
15	A_{s2}		208.7，EXE	mm^2	输出长向的跨中钢筋面积
16	$A_{s\mathrm{I}}$		620，EXE	mm^2	输出长边支座钢筋面积
17	$A'_{s\mathrm{I}}$		620，EXE	mm^2	输出长边支座钢筋面积

（4）计算 B_4 区格板

本区格为角区格，是一邻边嵌固、另一邻边简支的双向板，但由于短边支座 ea 和长边支座 af 分别为 B_4 与 B_2 和 B_4 与 B_3 区格板的共同支座，它们的配筋均已知，分别为：$A_{s\mathrm{I}}=518\mathrm{mm}^2$ 和 $A_{s1}=620\mathrm{mm}^2$，故应按简支考虑。于是本区格应按两四边简支的双向板计算。

操作步骤

1）按 AC/序 ON 键打开计算器，按 MENU 键，进入主菜单界面；

2）按数字9键，进入程序菜单；

3）找到计算梁的计算程序名：SB-9，按 EXE 键；

4）按屏幕提示进行操作（见表10-8），最后得出计算结果。

【例题10-1】附表 表10-8

序号	屏幕显示	输入数据	计算结果	单位	说明
1	$p=?$	9.06，EXE		kN/m^2	输入板上的荷载设计值
2	$l_1=?$	5.98，EXE		mm	输入板的短边尺寸
3	$l_2=?$	7.25，EXE		mm	输入板的长边尺寸
4	$h_0=?$	100		mm	输入板的截面有效高度
5	n		1.21	–	输出板的长边与短边尺寸的比值
6	α		0.680	–	输出板长向跨中钢筋面积与短向跨中钢筋面积的比值
7	$I=?$	2，EXE		–	输入板的配筋形式代表数字，弯起式：$I=1$；分离式：$I=2$
8	$G=?$	1，EXE		–	输入钢筋级别序号，HPB300级钢筋$G=1$
9	k_9^F		3.65	–	输出k_9^F系数值
10	k_9		0.00404	–	输出k_9系数值
11	$A_{s\,\mathrm{I}}=?$	620		mm^2	输入长边支座上的已知钢筋截面面积
12	$A'_{s\,\mathrm{I}}=?$	0		mm^2	长边简支支座上的钢筋面积输入数0
13	$A_{s\mathrm{II}}$	518，EXE		mm^2	输入短边支座上的已知钢筋面积
14	$A'_{s\mathrm{II}}$	0，EXE		mm^2	短边简支支座上的钢筋面积输入数0
15	$T=?$	1，EXE			输入板的内力调整系数
16	A_{s1}		455，EXE		输出板短向跨中钢筋面积
17	A_{s2}		309.5		输出板长向跨中钢筋面积

§10-2 钢筋混凝土楼梯计算

现浇钢筋混凝土楼梯布置灵活，容易满足建筑要求。因此，建筑工程中应用颇为广泛。常用的楼梯按其结构形式，分为板式楼梯和梁式楼梯。

10.2.1 板式楼梯

1. 结构布置

板式楼梯由踏步板、平台梁和平台板组成。图10-9是典型的两跑板式楼梯的例子。踏步板支承在休息板平台梁TL_1和楼层梁TL_2上。板式楼梯的优点是模板简单，施工方便，外形轻巧，美观大方；缺点是混凝土和钢材用量较多，结构自重大。一般它多用于踏步板小于3.00m场合。由于板式楼梯具有较多优点，所以在一些公共建筑中，踏步板跨度虽然较大，但它仍获得了广泛的应用。

2. 内力计算

今以图10-9为例，说明板式楼梯的计算方法：

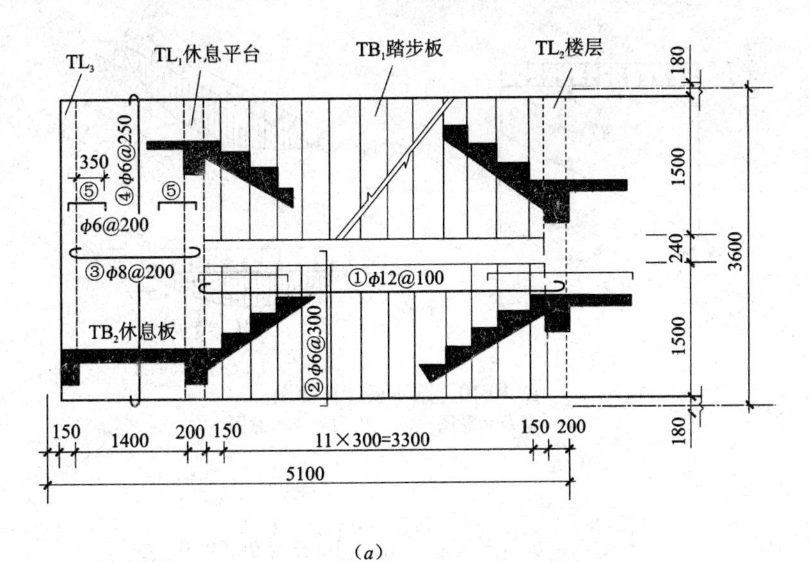

(*a*)

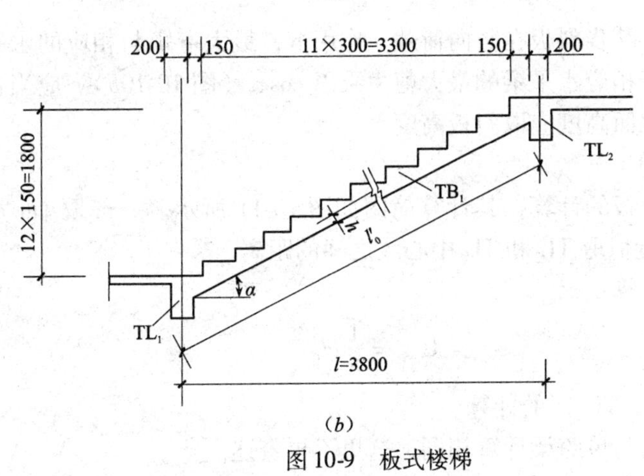

(*b*)

图 10-9　板式楼梯

(*a*) 平面图；(*b*) 剖面图

(1) 踏步板（TB_1）的计算

图 10-9（*b*）为楼梯踏步板及平台梁的纵剖面。踏步板 TB_1 可以简化成两端支承在平台梁 TL_1 和 TL_2 上的简支斜板（图 10-10*a*）。其计算跨度 l_0' 可以取梁 TL_1 和 TL_2 中线间的斜向距离。作用在斜板上的荷载 p 包括永久荷载和可变荷载，这里的 p 为沿水平投影面每平方米的竖向荷载，单位为 kN/m^2。现取单位板宽 1m 计算，这时作用在斜板上的线荷载为 $q=p\times1$，单位为 kN/m。为了求得斜板的跨中最大弯矩和剪力，现将竖向线荷载的合力 ql_0 分解成两个分力：与斜板方向平行的分力 $ql_0\sin\alpha$ 和与斜板方向垂直的分力 $ql_0\cos\alpha$。其中，α 为斜板与水平线的夹角。前者使斜板受压，对斜板承载力有利，在设计时一般不考虑它的影响；后者对板产生弯矩和剪力。

为了求得斜板的最大内力，将垂直分力 $ql_0\cos\alpha$ 再化成沿斜板跨度 l_0' 方向上的线荷载 $q'=ql_0\cos\alpha/l_0'$（图 10-10*b*）。于是，斜板的跨中最大弯矩

$$M_{\max}=\frac{1}{8}q'l_0'^2=\frac{1}{8}\left(\frac{ql_0\cos\alpha}{l_0'}\right)l_0'^2=\frac{1}{8}ql_0^2 \tag{10-25}$$

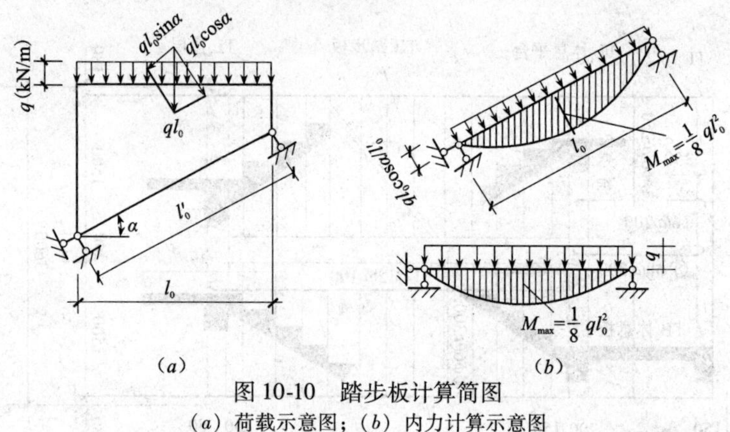

图 10-10 踏步板计算简图

(a) 荷载示意图；(b) 内力计算示意图

最大剪力

$$V_{max}=\frac{1}{2}q'l'_0=\frac{1}{2}\left(\frac{ql_0\cos\alpha}{l'_0}\right)l'_0=\frac{1}{2}ql_0\cos\alpha \tag{10-26}$$

由上式可以看出，踏步斜板在竖向荷载 q 作用下，最大弯矩与相应的水平梁的最大弯矩相同；最大剪力等于相应水平梁的最大剪力乘以 $\cos\alpha$（图 10-10b）。应当指出，在计算斜板截面承载力时，截面高度应取斜板高度。

（2）休息板的计算

休息板一般按简支板的计算，其计算简图如图 10-11 所示。一般取 1m 宽板带作为计算单元。计算跨度 l_0 近似取 TL_3 和 TL_4 中心线之间的距离。

最大弯矩按下式计算：

$$M_{max}=\frac{1}{8}ql_0^2 \tag{10-27}$$

（3）平台梁（TL_1、TL_3）的计算

平台梁的计算方法与单跨梁计算相同，这里不再赘述

【例题 10-2】某办公楼采用现浇钢筋混凝土板式楼梯。标准层楼梯结构平面布置如图 10-12所示。混凝土强度等级为 C20，采用 HPB300 级钢筋。可变荷载标准值为 2.5kN/m²，踏步板面层采用 20mm 厚水泥砂浆打底地砖（厚 10mm）地面，其自重 65kN/m²，轻型金属栏杆。

试计算踏步板及斜梁尺寸及配筋。

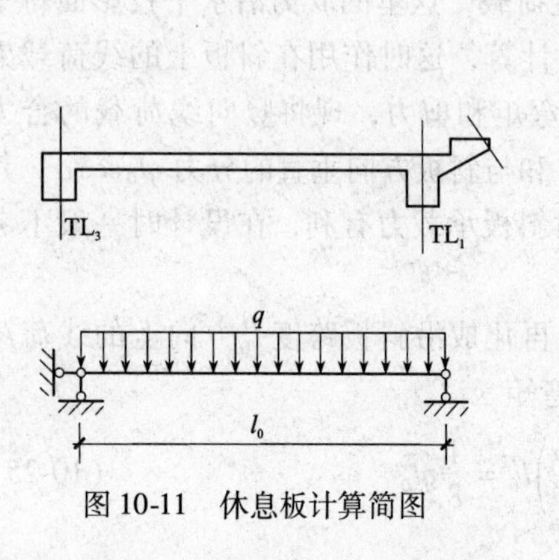

图 10-11 休息板计算简图

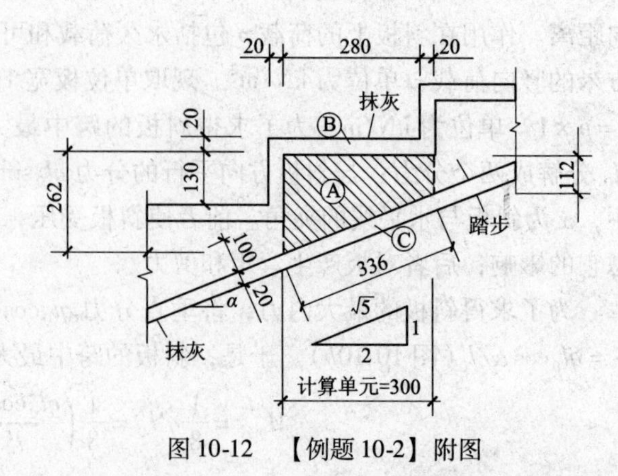

图 10-12 【例题 10-2】附图

【解】1. 手算

(1) 荷载设计值

板厚取 $h=\frac{1}{35}l_0=\frac{1}{35}\times3800\approx109\text{mm}$，取 $h=100\text{mm}$。踏步板宽度 1500mm。

取一个踏步作为计算单元，踏步自重（图 10-12Ⓐ部分）

$$\left(\frac{0.112+0.262}{2}\times0.3\times1\times25\right)\times1.2\times\frac{1}{0.3}=5.610\text{kN/m}$$

踏步地面重（图 10-12Ⓑ部分）

$$(0.30+0.15)\times1\times0.65\times1.2\times\frac{1}{0.3}=1.170\text{kN/m}$$

踏步板底面抹灰重（图 10-12Ⓒ部分）

$$0.336\times0.02\times17\times1.2\div\frac{1}{0.3}=0.457\text{kN/m}$$

栏杆重　$0.10\times1.2=0.120\text{kN/m}$

活荷载　$2.50\times1.4=3.50\text{kN/m}$

总的线荷载　$q=10.85\text{kN/m}$

(2) 内力设计值

$$M=\frac{1}{8}ql_0^2=\frac{1}{8}\times10.85\times3.80^2=19.58\text{kN}\cdot\text{m}$$

$$\alpha_s=\frac{M}{\alpha_1 f_c bh_0^2}=\frac{19.58\times10^3}{1\times9.6\times1000\times80^2}=0.314$$

由表查得　$\gamma_s=0.805$

$$A_s=\frac{M}{\gamma_s h_0 f_y}=\frac{19.58\times10^6}{0.805\times80\times270}=1126\text{mm}^2$$

选钢筋 $\phi12@100(A_s=1131\text{mm}^2)$。踏步板配筋见图 10-13。

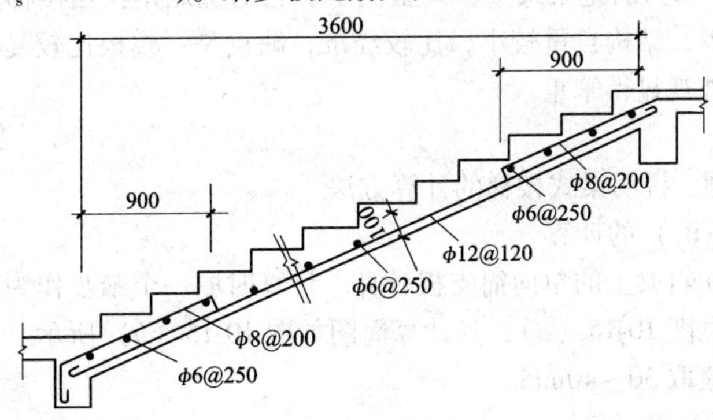

图 10-13　踏步板配筋

2. 按程序计算

(1) 按 AC/ON 键打开计算器，按 MENU 键，进入主菜单界面；

(2) 按数字 9 键，进入程序菜单；

(3) 找到计算梁的计算程序名：LOUTI，按 EXE 键；

(4) 按屏幕提示进行操作（见表 10-9），最后，得出计算结果。

【例题 10-2】附表 表 10-9

序号	屏幕显示	输入数据	计算结果	单位	说　明
1	$b=?$	0.30，EXE		m	输入踏步宽度
2	$h=?$	0.15，EXE		m	输入踏步高度
3	$t=?$	0.10，EXE		m	输入板的厚度
4	l	3.80，EXE		m	输入板的计算跨度
5	$p=$	2.50，EXE	1.22，EXE	kN/m^2	输入板上的可变荷载设计值
6	q		10.86，EXE	kN/m	输出作用在板上的线荷载设计值
7	M		19.62，EXE	kN · m	输出板的最大弯矩设计值
8	$C=?$	20，EXE		–	输入板的混凝土强度等级 20
9	$G=?$	1，EXE		–	输入钢筋级别序号，HPB300 级钢筋 $G=1$
10	$h_0=?$		80，EXE	mm	输出板的有效高度
11	α		0.319，EXE	–	输出系数
12	ξ		0.399，EXE	–	输出板的相对受压区高度
	γ_s		0.801，EXE	–	输出系数
	A_s		1134，EXE	mm^2	输出钢筋截面面积
	$d=?$	12，EXE		mm	输入钢筋直径
	s		99.7	mm	输出间距，近似取 $s=100$mm

10.2.2 梁式楼梯

1. 结构布置

梁式楼梯由踏步板、斜梁和平台梁组成。踏步板支承在斜梁上，而斜梁支承在平台梁的梁上。图 10-14 所示为两跑梁式楼梯典型例子。它的优点是：当楼梯跑长度较大时，比板式楼梯材料耗量少，结构自重较小，比较经济；缺点是：模板比较复杂，施工不便；当斜梁尺寸较大时，外观显得笨重。

2. 内力计算

以图 10-14 为例，说明梁式楼梯的计算方法。

（1）踏步板（TB_1）的计算

踏步板按支承在斜梁上的单向简支板计算。计算时取一个踏步作为计算单元，踏步板与斜梁的支承关系见图 10-15（*a*），其计算简图如图 10-15（*b*）所示。踏步板所承受的弯矩较小，其厚度一般取 30～40mm。

（2）斜梁（TL_1）的计算

斜梁与平台梁 TL_2 和平台梁 TL_3 的支承情况见图 10-15（*b*），其计算简图如图 10-15（*c*）所示。斜梁最大内力按下式计算：

$$M=\frac{1}{8}ql_0^2$$

$$M=\frac{1}{2}ql_0\cos\alpha$$

式中　q——沿梁长作用的线荷载设计值；

l_0——斜梁计算跨度的水平投影。

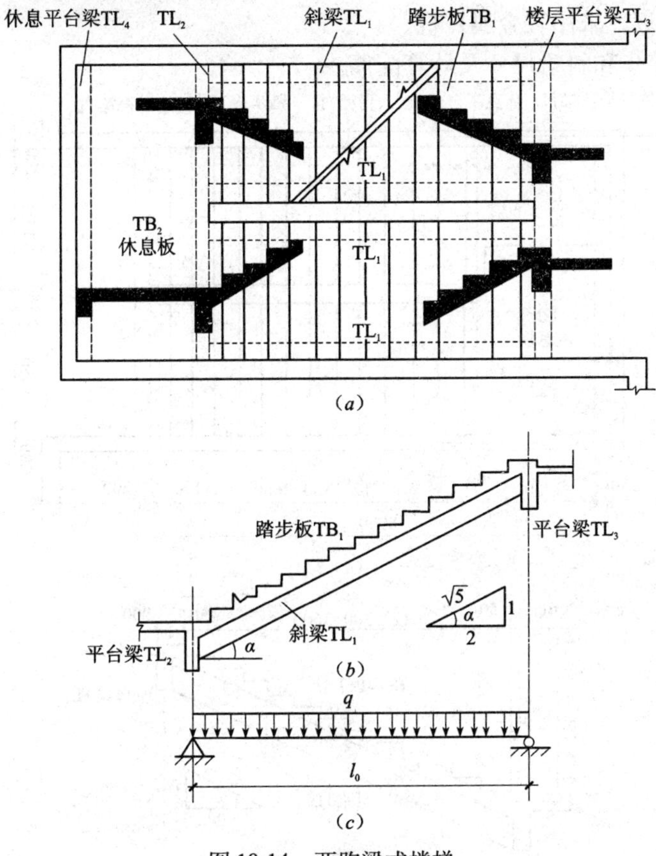

图 10-14　两跑梁式楼梯

（a）平面图；（b）剖面图；（c）斜梁计算简图

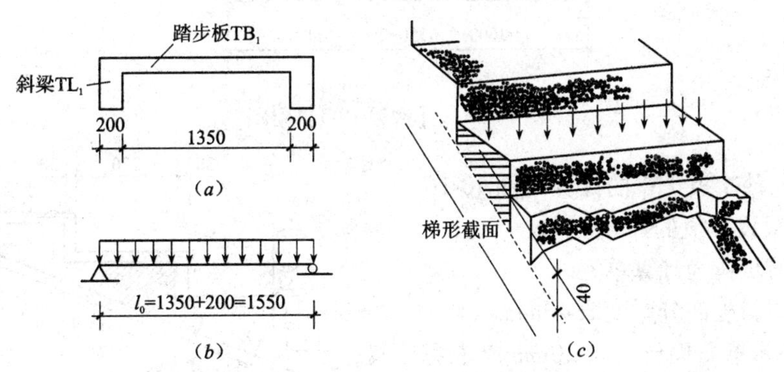

图 10-15　梁式楼梯的计算

（a）踏步板与斜梁的支承关系；（b）踏步板计算简图；（c）踏步板的厚度

（3）休息板（XB）的计算

休息板（XB）的计算与板式楼梯相同。

（4）平台梁的计算

平台梁按简支梁计算。

【例题 10-3】某教学楼现浇钢筋混凝土梁式楼梯。其结构平面布置图、纵剖面图如图 10-16所示。混凝土强度等级为 C25，采用 HPB300 级钢筋。活荷载标准值为 $2.5kN/m^2$，踏步做法见图 10-17，采用轻金属栏杆。

试设计楼梯踏步和斜梁尺寸及计算配筋。

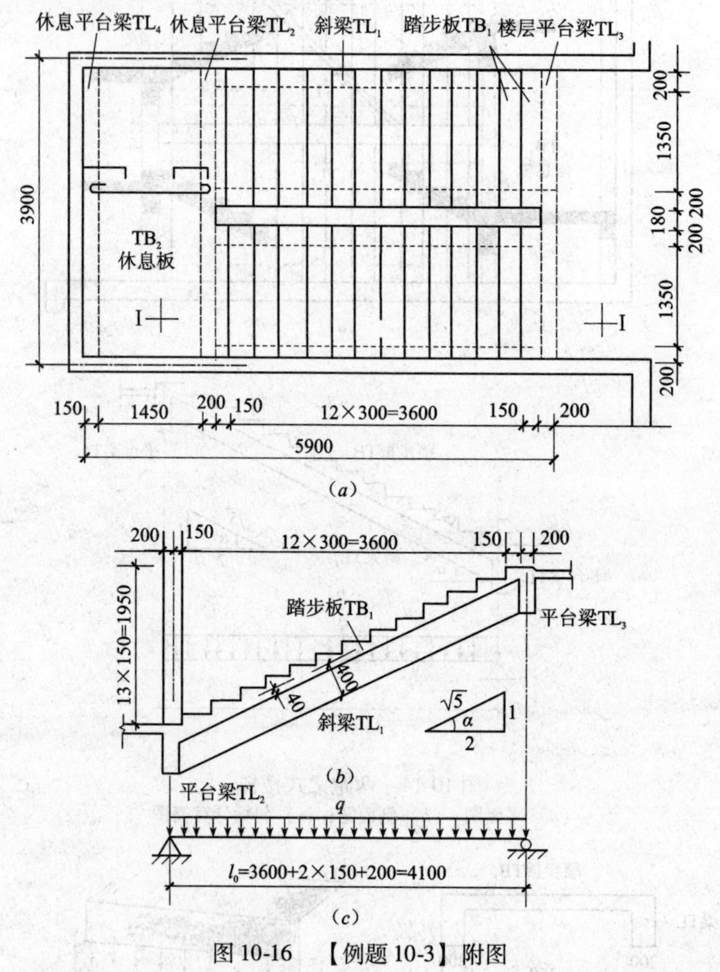

图 10-16 【例题 10-3】附图

【解】1. 踏步板 TB_1 的计算（图 10-16）

（1）荷载设计值的计算

以一个踏步作为计算单元。

踏步板的斜板部分厚度取 40mm。

10mm 厚水磨石面层（含 20mm 厚水泥砂浆打底）

$(0.30+0.15)\times0.65\times1.2=0.35kN/m$

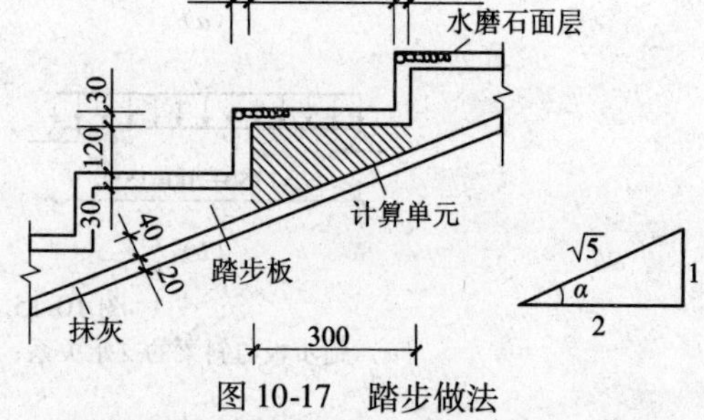

图 10-17 踏步做法

20mm 厚板底抹灰 $0.02\times0.3\times\frac{\sqrt{5}}{2}\times17\times1.2=0.14kN/m$

踏步板自重 $\left(\frac{1}{2}\times0.15+0.04\times\frac{\sqrt{5}}{2}\right)\times0.3\times25\times1.2=1.08kN/m$

活荷载　$2.5\times0.3\times1.4=1.05\text{kN/m}$

$q=2.62\text{kN/m}$

（2）内力的计算

计算跨度　$l_0=1.35+0.2=1.55\text{m}$

跨中最大弯矩

$$M=\frac{1}{8}ql_0^2=\frac{1}{8}\times2.62\times1.35^2=0.79\text{kN}\cdot\text{m}$$

（3）正截面承载力计算

$$f_c=11.9\text{N/mm}^2\qquad f_t=1.27\text{N/mm}^2\qquad f_y=210\text{N/mm}^2$$

踏步截面的平均高度

$$h=\frac{1}{2}\times150+40\times\frac{\sqrt{5}}{2}=120\text{mm}$$

$$h_0=120-20=100\text{mm}$$

$$\alpha_s=\frac{M}{\alpha_1f_cbh_0^2}=\frac{0.79\times10^6}{1\times11.9\times300\times100^2}=0.022$$

$$\gamma_s=\frac{1+\sqrt{1-2\alpha_s}}{2}=\frac{1+\sqrt{1-2\times0.022}}{2}=0.989$$

$$A_s=\frac{M}{\gamma_sh_0f_y}=\frac{0.79\times10^6}{0.989\times100\times270}=29.58\text{mm}^2$$

按构造要求，梁式楼梯踏步板配筋不应少于 2 根，现选取 $2\phi8$（$A_s=101\text{mm}^2$）。

2. 斜梁 TL_1 的计算

斜梁纵剖面及其计算简图如图 10-16（a）、（b）所示。设梁高 $h=\frac{1}{10}l_0=\frac{1}{10}\times4100\approx$ 400mm，梁宽 $b=200\text{mm}$。

（1）荷载计算

由踏步传来荷载

$$2.62\times\left(\frac{1.35}{2}+0.2\right)\times\frac{1}{0.3}=7.64\text{kN/m}$$

梁自重　$0.20\times(0.40-0.04)\times\frac{\sqrt{5}}{2}\times25\times1.2=2.42\text{kN/m}$

梁侧面和底面抹灰　$0.02\times(0.2+2\times0.4)\frac{\sqrt{5}}{2}\times17\times1.2=0.46\text{kN/m}$

金属栏杆　$0.10\times1.2=0.12\text{kN/m}$

合计　$q=2.62\text{kN/m}$

（2）内力计算

计算跨度　$l_0=3.6+2\times0.15+0.2=4.10\text{m}$

最大弯矩　$M=\frac{1}{8}ql_0^2=\frac{1}{8}\times10.64\times4.10^2=22.36\text{kN}\cdot\text{m}$

最大剪力 $$V=\frac{1}{2}ql_0\cos\theta=\frac{1}{2}\times10.64\times\frac{2}{\sqrt{5}}=19.51\text{kN}$$

（3）截面承载力计算

斜梁和踏步板浇筑成整体，故斜梁可按倒 L 形梁计算。

翼缘厚度 $h_f'=40\text{mm}$

翼缘宽度 b_f'取下列公式计算结果中的较小者：

$$b_f'=\frac{1}{6}l_0=\frac{1}{6}\times4100=683.3\text{mm}$$

$$b_f'=b+\frac{1}{2}s_n=200+\frac{1}{2}\times1350=875\text{mm}$$

取 $b_f'=683.3$

$$h_0=h-35=400-35=365\text{mm}$$

正截面承载力计算

$$\alpha_1 f_c b_f' h_f'\left(h_0-\frac{h_f'}{2}\right)=1\times11.9\times683.3\times40\times\left(365-\frac{40}{2}\right)$$

$$=112.2\times10^6\text{N}\cdot\text{mm}>22.36\times10^6\text{N}\cdot\text{mm}$$

故属于第一类倒 L 形截面

$$\alpha_s=\frac{M}{\alpha_1 f_c b h_0^2}=\frac{112.2\times10^6}{1\times11.9\times683.3\times365^2}=0.020$$

查表 4-7 得： $$\gamma_s=0.990$$

$$A_s=\frac{M}{\gamma_s h_0 f_y}=\frac{22.36\times10^6}{0.99\times365\times210}=295\text{mm}^2$$

选用 $2\phi14$（$A_s=308\text{mm}^2$）

斜截面承载力计算

$$0.7f_t bh_0=0.7\times1.27\times200\times365=64897\text{N}>V=19510\text{N}$$

故可按构造配置箍筋。现配 $\phi6@250$。

斜梁配筋见图 10-18。

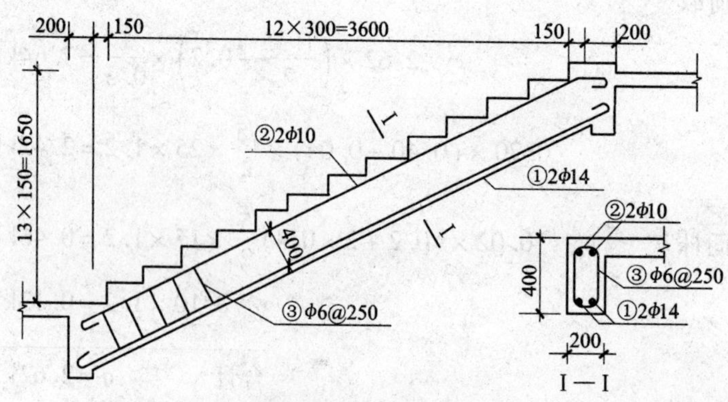

图 10-18 斜梁配筋

第11章　弹性地基梁计算和结构地震反应时程分析法

§11-1　弹性地基梁计算——链杆法

11.1.1　基本原理

1947年，苏联学者Б. Н. 日莫契金提出用链杆法解弹性地基梁。该法假定地基为半无限大弹性体，将连续支承在地基上的地基础梁（图11-1a）简化成用有限个链杆支承在地基上的梁。并假定每一链杆的反力分布在两相邻链杆间距的1/2地基范围内，且其集度呈均匀分布（图11-1b）。换句换说，链杆法是将地基梁下光滑、连续的反力分布图形简化成阶梯状的反力分布图形。

这样，链杆法将原来无限次超静定结构简化成有限次超静定结构，并且可用代数方程求得问题的解答。显然，所设链杆的数目越多，计算结果越精确，但计算工作量也就越大。

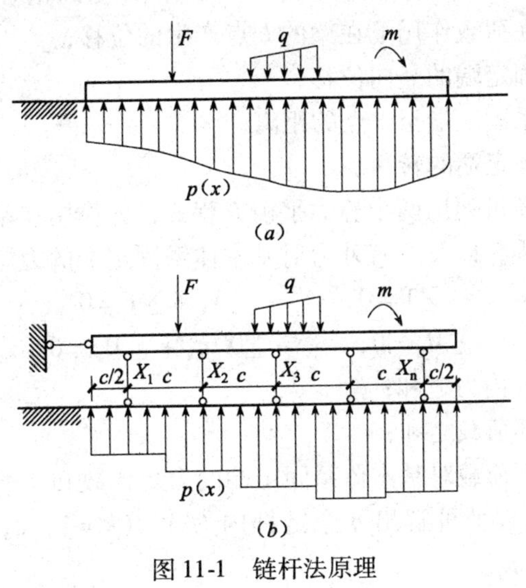

图11-1　链杆法原理

11.1.2　链杆法方程的建立

为了求解图11-1（b）超静定体系，现采用结构力学中的混合法。将链杆内力X_1、X_2、…、X_n和梁端转角φ_0、竖向位移y_0作为未知数。因此，未知数共有$n+2$个。

为了获得的基本体系，将全部竖向链杆切断，并在竖向位移y_0方向加一竖向链杆，在转角方向加一刚臂（11-2a）。因为梁的左端梁两根链杆和一刚臂相当于固定端，于是基本体系便成为一个悬臂梁，如图 11-2(b)所示。

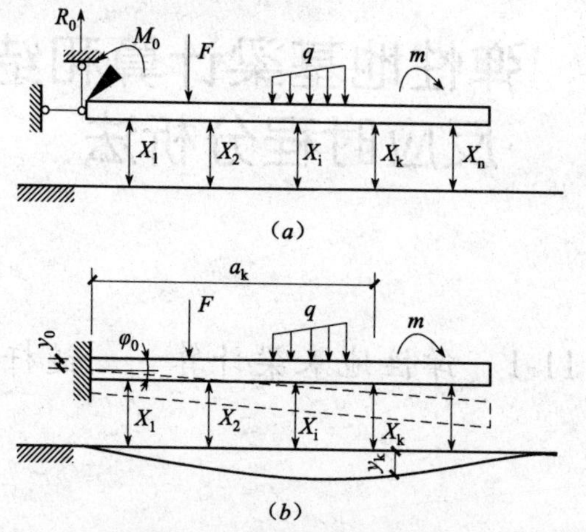

图 11-2 链杆法基本体系

根据任一链杆 k 在切口外相对位移等于零的条件，可写出 n 个方程。应当提出，在计算相对位移时，应注意包含为消除竖向链杆的反力和刚臂中的力矩而使梁左端产生竖向位移 y_0 和转角 φ_0 的影响项。于是，典型方程中第 k 个方程可写成：

$$\sum_{i=1}^{n} \delta_{ki} X_i - y_0 - a_k \varphi_0 + \Delta_{kF} = 0 (k = 1,2,\cdots,n) \tag{11-1}$$

式中 δ_{ki}——基本体系由 i 点作用单位力 $X_i = 1$ 在 k 点产生的相对位移；

Δ_{kF}——基本体系在荷载作用下在梁的 k 点产生的位移；

y_0——基本体系固定端的竖向位移；

a_k——从基本体系固定端至 k 点的距离；

φ_0——基本体系固定端的转角。

同时，对于地基梁还可列出两个静力平衡方程式，即作用在基本体系上所有外力在竖直轴上的投影代数和为零，以及所有外力对基本体系固定端的力矩代数和为零：

$$\sum Y = 0, \quad -\sum X_k + \sum F = 0 \tag{11-2a}$$

$$\sum M_0 = 0, \quad -\sum X_k a_k + \sum M_F = 0 \tag{11-2b}$$

式中 $\sum X_k$——所有链杆内力之和；

$\sum F$——所有外部荷载之和；

$\sum M_F$——所有外部荷载对基本体系固定端的力矩代数和。

这样，由 $n+2$ 个方程就可解出 n 个链杆内力 X_k（$k=1$，2，…，n）和梁端两个位移：线位移 y_0 和角位移 φ_0。

11.1.3 相对位移 δ_{ki} 计算

相对位移 δ_{ki} 包括两部分：一部分是由作用于梁 i 点上的单位力 $X_i = 1$，使梁在 k 点处产生的竖向位移（挠度）v_{ki}；另一部分是由 $X_i = 1$ 作用在地基上，使 k 点产生的沉降 y_{ki}（图 11-3），即：

$$\delta_{ki} = v_{ki} + y_{ki} \tag{11-3}$$

1. 梁的位移（挠度）v_{ki}的计算

当悬臂梁上 i 点作用单位集中力 $X_i=1$ 时，则在梁 k 点的挠度 v_{ki}可由结构力学中图乘法求得：

当 $a_i \leqslant a_k$ 时（图 11-4）

$$v_{ki}=\frac{1}{EI}\cdot\frac{a_i^2}{2}\left(a_k-\frac{1}{3}a_i\right)=\frac{a_i^2}{6EI}(3a_k-a_i)$$

或
$$v_{ki}=\frac{c^3}{6EI}W_{ki} \tag{11-4}$$

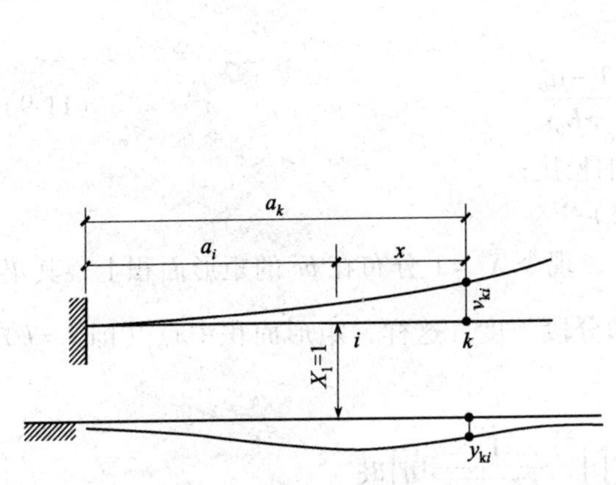

图 11-3　相对位移 δ_{ki}的计算

图 11-4　梁的挠度 v_{ki}的计算

式中
$$W_{ki}=\left(\frac{a_i}{c}\right)^2\left(3\frac{a_k}{c}-\frac{a_i}{c}\right) \tag{11-5}$$

式中　c——梁的分段长度，W_{ki}与$\frac{a_i}{c}$和$\frac{a_k}{c}$有关，可由表 11-1 查得。

悬臂梁挠度系数 W_{ki}　**表 11-1**

$\frac{a_i}{c}$ \ $\frac{a_k}{c}$	1	2	3	4	5	6	7	8	9	10
1	2	5	8	11	14	17	20	23	26	29
2		16	28	40	52	64	76	88	100	112
3			54	81	108	135	162	189	216	243
4				128	176	224	272	320	368	416
5					250	325	400	475	500	625
6						432	540	648	756	864
7							686	833	980	1127
8								1024	1216	1408
9									1458	1701
10										2000

当 $a_i>a_k$ 时

$$v_{ik}=\frac{c^3}{6EI}W_{ik} \tag{11-6}$$

$$W_{ik}=\left(\frac{a_k}{c}\right)^2\left(3\times\frac{a_i}{c}-\frac{a_k}{c}\right) \tag{11-7}$$

W_{ik}值同样由表11-1查得。

2. 梁的位移（挠度）Δ_{kF}的计算

Δ_{kF}是由外荷载F对梁任意链杆k处产生的位移，当外荷载恰好作用在链杆位置i时，则：

$$\Delta_{kF} = -\sum_{i=1}^{n} F_i \cdot v_{ki} = -\frac{c^3}{6EI}\sum_{i=1}^{n} F_i W_{ki} \tag{11-8}$$

当外荷载不作用在链杆位置时，可将外荷载就近分解在两相邻链杆上进行计算。

3. 地基沉降y_{ki}的计算

y_{ki}是在地基上i点作用单位力$X_i=1$时，在地基k点产生的沉降。其值可由弹性理论公式求得：

$$y_{ki} = \frac{1-\mu_0^2}{\pi E_0 r} \tag{11-9}$$

式中 E_0、μ_0——分别为地基的弹性模量和泊松比；

r——i点至k点的距离（图11-5）。

为了避免式（11-9）当$r=0$时，$y_{ki}=\infty$，现令$X_i=1$分布在bc的矩形面积上，其集度为$\frac{1}{bc}$，其中，b、c分别为地基梁的宽度和分段长度。这样，矩形面积中点（即$i=k$）的沉降（图11-5）为：

$$y_{ii} = \frac{4(1-\mu_0^2)}{\pi E_0 rbc}\int_0^{\frac{c}{2}}\left[\int_0^{\frac{b}{2}}\frac{1}{\sqrt{\xi^2+\eta^2}}\mathrm{d}\eta\right]\mathrm{d}\xi$$

$$= \frac{1-\mu_0^2}{\pi E_0 c}\cdot 2\left(\frac{c}{b}\mathrm{arcsh}\frac{b}{c} + \mathrm{arcsh}\frac{c}{b}\right) \tag{11-10a}$$

或

$$y_{ii} = \frac{1-\mu_0^2}{\pi E_0 c}F_{ii} \tag{11-10b}$$

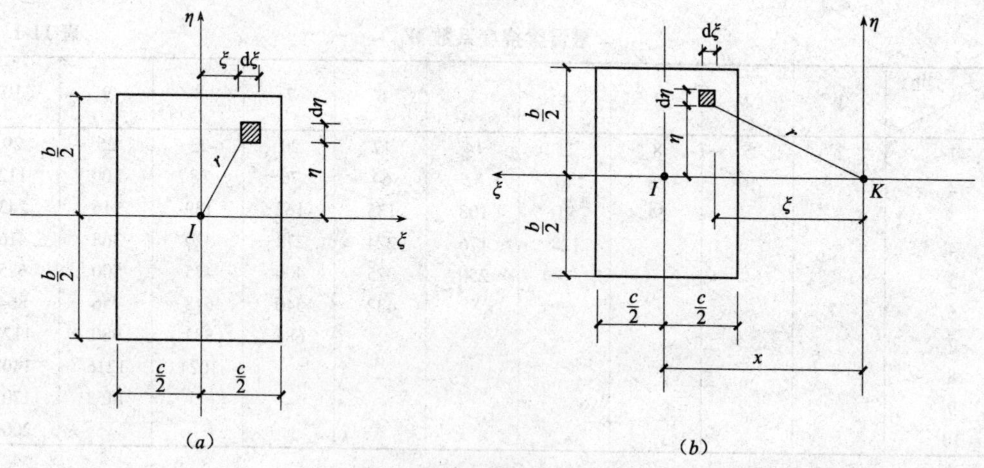

图11-5 地基沉降的计算

其中

$$F_{ii} = 2\left(\frac{c}{b}\mathrm{arcsh}\frac{b}{c} + \mathrm{arcsh}\frac{c}{b}\right) \tag{11-10c}$$

而当 $i \neq k$，且 $x \geqslant \frac{c}{2}$ 时，则作用在 i 点处矩形面积上的荷载 $\frac{1}{bc}$ 在 k 点产生的地基沉降（图 11-5b）为：

$$y_{ki} = \frac{2(1-\mu_0^2)}{\pi E_0 bc}\int_{x-\frac{c}{2}}^{x+\frac{c}{2}}\left[\int_0^{\frac{b}{2}}\frac{1}{\sqrt{\xi^2+\eta^2}}\mathrm{d}\eta\right]\mathrm{d}\xi \tag{11-11a}$$

经计算，得：

$$y_{ki} = \frac{1-\mu_0^2}{\pi E_0 c}F_{ki} \tag{11-11b}$$

其中

$$F_{ki} = \left[\frac{2\frac{x}{c}+1}{\frac{b}{c}}\text{arcsh}\left(\frac{\frac{b}{c}}{2\frac{x}{c}+1}\right)+\text{arcsh}\left(\frac{2\frac{x}{c}+1}{\frac{b}{c}}\right)\right] - \left[\frac{2\frac{x}{c}-1}{\frac{b}{c}}\text{arcsh}\left(\frac{\frac{b}{c}}{2\frac{x}{c}-1}\right)+\text{arcsh}\left(\frac{2\frac{x}{c}-1}{\frac{b}{c}}\right)\right] \tag{11-11c}$$

式（11-10）和式（11-11）就是所需求的地基沉降 y_{ii} 和 y_{ki} 的公式。它们可综合表示成：

$$y_{ki} = \frac{1-\mu_0^2}{\pi E_0 c}F_{ki} \tag{11-12}$$

当 $x=0$ 时，k 点与 i 点重合，F_{ii} 由式（11-10）计算。当 $x \geqslant \frac{c}{2}$ 时，F_{ki} 由式（11-11b）计算。

F_{ki} 与 $\frac{x}{c}$ 和 $\frac{b}{c}$ 有关，可由表 11-2 查得。经分析可知，当 $\frac{x}{c}>10$ 时，不论 $\frac{b}{c}$ 为何值，F_{ki} 值与 $\frac{c}{x}$ 十分接近，帮可近似取 $F_{ki}=\frac{c}{x}$。

空间问题沉降系数 F_{ki}　　**表 11-2**

$\frac{x}{c}$	$\frac{c}{x}$	F_{ki}					
		$\frac{b}{c}=\frac{2}{3}$	$\frac{b}{c}=1$	$\frac{b}{c}=2$	$\frac{b}{c}=3$	$\frac{b}{c}=4$	$\frac{b}{c}=5$
0	∞	4. 265	3. 525	2. 406	1. 876	1. 542	1. 322
1	1	1. 069	1. 038	0. 929	0. 829	0. 746	0. 678
2	0. 500	0. 508	0. 505	0. 490	0. 469	0. 446	0. 424
3	0. 333	0. 336	0. 335	0. 330	0. 323	0. 315	0. 305
4	0. 250	0. 251	0. 251	0. 249	0. 246	0. 242	0. 237
5	0. 200	0. 200	0. 200	0. 199	0. 297	0. 196	0. 193
6	0. 167	0. 167	0. 167	0. 166	0. 165	0. 164	0. 163
7	0. 143	0. 143	0. 143	0. 143	0. 142	0. 141	0. 140
8	0. 125	0. 125	0. 125	0. 125	0. 124	0. 124	0. 123
9	0. 111	0. 111	0. 111	0. 111	0. 111	0. 111	0. 110
10	0. 100	0. 100	0. 100	0. 100	0. 100	0. 100	0. 099

将式（11-4）和式（11-12）代入式（11-3），得：

$$\delta_{ki}=\frac{c_3}{6EI}W_{ki}+\frac{1-\mu_0^2}{\pi E_0 c}F_{ki}$$

将上式和式（11-8）代入式（11-1），得

$$\sum_{i=1}^{n}\left(\frac{c^3}{6EI}W_{ki}+\frac{1-\mu_0^2}{\pi E_0 c}F_{ki}\right)X_i-y_0-a_k\varphi_0-\frac{c^3}{6EI}\sum_{i=1}^{n}F_iW_{ki}=0$$

为简化计算，将上式两边同乘以$\frac{\pi E_0 c}{1-\mu_0^2}$，则得链杆变形协调方程的最后形式：

$$\sum_{i=1}^{n}\delta'_{ki}X_i-\frac{\pi E_0 c}{1-\mu_0^2}y_0-\frac{\pi E_0 c}{1-\mu_0^2}a_k\varphi_0-\alpha\sum_{i=1}^{n}F_iW_{ki}=0(k=1,2,\cdots,n) \tag{11-13}$$

式中

$$\delta'_{ki}=\alpha W_{ki}+F_{ki} \tag{11-14}$$

$$\alpha=\frac{\pi E_0 c}{6EI(1-\mu_0^2)} \tag{11-15}$$

【例题 11-1】 图 11-6（a）所示为钢筋混地基梁，梁长 $l=5.40$m，宽度 $b=1.2$m，高度 $h=0.689$m，梁的弹性模量 $E_c=3\times10^7$kN/m²。地基变形模量 $E_0=28000$kN/m²，泊松比 $\mu_0=0.28$。承受对称集中荷载 $P=400$kN。试按链杆法确定梁的地基反力和内力。

【解】 1. 手算

（1）选择梁的基本体系

本题地基梁和荷载均对称，为计算方便，将基本体系的固定端选在梁的中间，并在固定端处设置两个链杆，设其内力为 X_0，在固定端两侧各设置四个链杆，设它们的内力分别为 X_1、X_2、X_3 和 X_4。显然，在对称位置上的链杆内力相等。这样，虽有 10 个链杆，但仅有 5 个未知数。此外，在固定端处梁的转角 $\phi_0=0$，只有竖向位移 y_0。由于利用了对称性，未知数减少了一半。这时，链杆间距 $c=\frac{5.4\text{m}}{9}=0.60$m（见图 11-6）。

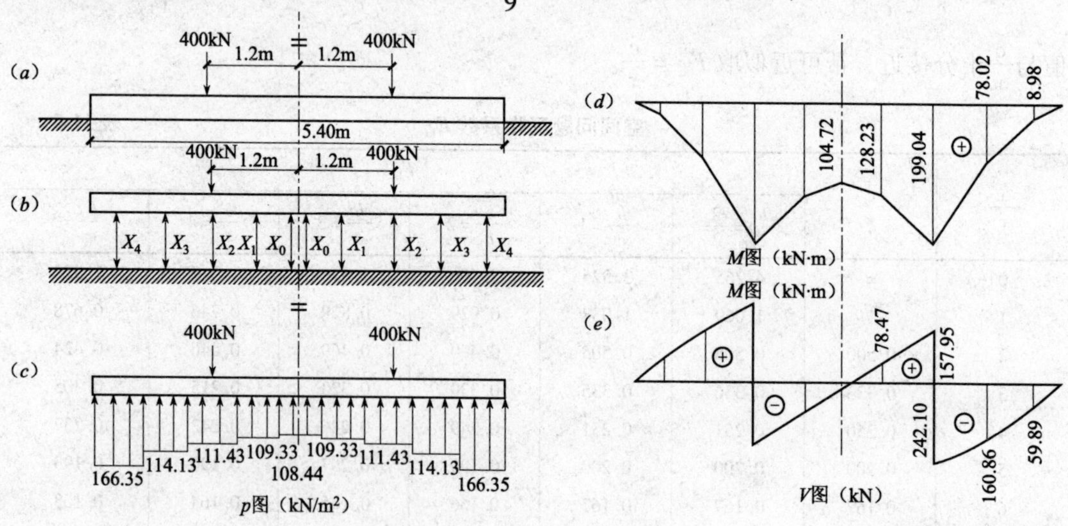

图 11-6 【例题 11-1】附图

（2）计算相对位移 δ'_{ki} 和荷载位移 Δ_{kF}

$$\frac{\pi E_0 c}{1-\mu_0^2}=\frac{3.1416\times28000\times0.6}{1-0.28^2}$$

$$=57269\text{kN/m}$$

按式（11-15）计算：

$$\alpha=\frac{\pi E_0c^4}{6E_cI(1-\mu_0^2)}=\frac{3.1416\times28000\times0.6^2}{6\times3\times10^7\times0.0327(1-0.28^2)}$$
$$=0.00210$$

按式（11-14）计算 $\delta'_{ki}=\alpha W_{ki}+F_{ki}\left(\frac{b}{c}=\frac{1.20}{0.60}=2\right)$

$$\delta'_{00}=2F^{①}_{00}=2\times2.406=4.812$$
$$\delta'_{01}=2F_{01}=2\times0.929=1.858$$
$$\delta'_{02}=2F_{02}=2\times0.490=0.980$$
$$\delta'_{03}=2F_{03}=2\times0.330=0.660$$
$$\delta'_{04}=2F_{04}=2\times0.249=0.498$$
$$\delta'_{11}=0.0021\times2+2.406+0.490=2.900$$
$$\delta'_{12}=0.0021\times5+0.929+0.330=1.269$$
$$\delta'_{13}=0.0021\times8+0.490+0.249=0.756$$
$$\delta'_{14}=0.0021\times11+0.330+0.199=0.552$$
$$\delta'_{22}=0.0021\times16+2.406+0.249=2.688$$
$$\delta'_{23}=0.0021\times28+0.929+0.199=1.189$$
$$\delta'_{24}=0.0021\times40+0.490+0.166=0.740$$
$$\delta'_{33}=0.0021\times54+2.406+0.166=2.685$$
$$\delta'_{34}=0.0021\times81+0.929+0.143=1.242$$
$$\delta'_{44}=0.0021\times128+2.406+0.125=2.799$$

按下式计算变形协调方程（7-126）中的自由项：

$$\Delta_{kF}=\alpha\sum_{i=1}^{n}F_iW_{ki}$$
$$\Delta_{0F}=0$$
$$\Delta_{1F}=0.0021\times400\times5=4.20$$
$$\Delta_{2F}=0.0021\times400\times16=13.44$$
$$\Delta_{3F}=0.0021\times400\times28=23.52$$
$$\Delta_{4F}=0.0021\times400\times40=33.60$$

（3）列出变形协调方程及平衡方程

将上面系数 δ'_{ki} 和自由式代入式（11-13），并同时列出平衡方程，则得：

$$4.812X_0+1.858X_1+0.980X_2+0.660X_3+0.498X_4-57269y_0=0$$
$$1.858X_0+2.900X_1+1.269X_2+0.756X_3+0.552X_4-57269y_0-4.20=0$$
$$0.980X_0+1.269X_1+2.688X_2+1.189X_3+0.740X_4-57269y_0-13.44=0$$
$$0.660X_0+0.756X_1+1.189X_2+2.685X_3+1.242X_4-57269y_0-23.52=0$$
$$0.498X_0+0.552X_1+0.740X_2+1.242X_3+2.799X_4-57269y_0-33.60=0$$
$$X_0+X_1+X_2+X_3+X_4-400=0$$

---

① δ'_{ki} 中 $W_{0i}=0$，此外，F_{ki} 前的乘数 2 是考虑 0、1、2、3 和 4 点及其对称点 $X_i=1$ 对 O 点共同产生的沉降。

解上面联立方程组，得链杆内力和梁固定端竖向位移：

$$X_0 = 39.04\text{kN}$$
$$X_1 = 78.72\text{kN}$$
$$X_2 = 80.23\text{kN}$$
$$X_3 = 82.17\text{kN}$$
$$X_4 = 119.77\text{kN}$$
$$y_0 = 0.00919\text{m}$$

（4）求地基反力

$$p_0 = \frac{2X_0}{bc} = \frac{2 \times 39.04}{1.20 \times 0.60} = 108.44\text{kN/m}^2$$

$$p_1 = \frac{X_1}{bc} = \frac{78.72}{1.20 \times 0.60} = 109.33\text{kN/m}^2$$

$$p_2 = \frac{X_2}{bc} = \frac{80.23}{1.20 \times 0.60} = 111.43\text{kN/m}^2$$

$$p_3 = \frac{X_3}{bc} = \frac{82.17}{1.20 \times 0.60} = 114.13\text{kN/m}^2$$

$$p_4 = \frac{X_4}{bc} = \frac{119.77}{1.20 \times 0.60} = 166.35\text{kN/m}^2$$

（5）求梁的内力

弯矩 M 的计算

$$\begin{aligned} M_0 &= \frac{2}{0.60} \times \frac{0.3^2}{2} X_0 + 0.60X_1 + 1.20X_2 + 1.80X_3 + 2.40X_4 - 1.20F \\ &= \frac{2}{0.60} \times \frac{0.3^2}{2} \times 39.04 + 0.60 \times 78.72 + 1.20 \times 80.23 + 1.80 \times \\ &\quad 82.17 + 2.40 \times 119.77 - 1.20 \times 400 \\ &= 104.72\text{kN} \cdot \text{m} \end{aligned}$$

$$\begin{aligned} M_1 &= \frac{1}{0.60} \times \frac{0.3^2}{2} X_1 + 0.60X_2 + 1.20X_3 + 1.80X_4 - 0.60F \\ &= \frac{1}{0.60} \times \frac{0.3^2}{2} \times 78.72 + 0.60 \times 80.23 + 1.20 \times 82.17 + \\ &\quad 1.80 \times 119.77 - 0.60 \times 400 \\ &= 128.23\text{kN} \cdot \text{m} \end{aligned}$$

$$\begin{aligned} M_2 &= \frac{1}{0.60} \times \frac{0.3^2}{2} X_2 \times 0.60X_3 \times 1.20X_4 \\ &= \frac{1}{0.60} \times \frac{0.3^2}{2} \times 80.23 + 0.60 \times 82.17 + 1.20 \times 119.77 \\ &= 199.04\text{kN} \cdot \text{m} \end{aligned}$$

$$\begin{aligned} M_3 &= \frac{1}{0.60} \times \frac{0.3^2}{2} X_3 \times 0.60X_4 \\ &= \frac{1}{0.60} \times \frac{0.3^2}{2} \times 82.17 + 0.60 \times 119.77 = 78.02\text{kN} \cdot \text{m} \end{aligned}$$

$$M_4=\frac{1}{0.60}\times\frac{0.3^2}{2}X_4=\frac{1}{0.60}\times\frac{0.3^2}{2}\times 119.77=8.98\text{kN}\cdot\text{m}$$

剪力 V 的计算

$$V_0=0\text{kN}$$

$$V_1=-X_4-X_3-X_2-\frac{X_1}{2}+F$$

$$=-119.77-82.17-80.23-\frac{78.72}{2}+400$$

$$=78.47\text{kN}$$

$$V_{2左}=-X_4-X_3-\frac{X_2}{2}+F$$

$$=-119.77-82.17-\frac{80.23}{2}+400$$

$$=157.95\text{kN}$$

$$V_{2右}=-X_4-X_3-\frac{X_3}{2}=-119.77-82.17-\frac{80.23}{2}$$

$$=-242.1\text{kN}$$

$$V_3=-X_4-\frac{X_3}{2}=-119.77-\frac{82.17}{2}=-160.86\text{kN}$$

$$V_4=-\frac{X_4}{2}=-\frac{119.77}{2}=-59.89\text{kN}$$

地基反力 $p(x)$、梁的弯矩 $M(x)$ 和剪力 $V(x)$ 图分别见图 11-6(b)、(c)、(d)。

2. 按计算程序计算

(1) 按 AC/ON 键打开计算器，按 MENU 键，进入主菜单界面；

(2) 按数字 9 键，进入程序菜单；

(3) 找到计算梁的计算程序名：DJL，按 EXE 键；

(4) 按屏幕提示进行操作（见表 11-3），最后，得出计算结果。

【例题 11-1】附表　　**表 11-3**

步骤	屏幕显示	输入数据	单位	计算结果	说　明
1	$b=?$	1.2，EXE	kN		输入地基梁宽度
2	$h=?$	0.689，EXE	m		输入地基梁高度
3	$c=?$	0.6，EXE	m		输入链杆间距
4	$\mu_0=?$	0.28，EXE	-		输入地基土波松比值
5	$E_0=?$	28000，EXE	kN/m^2		输入地基土变形模量
6	$E_c=?$	3×10^7，EXE	kN/m^2		输入地基梁混凝土弹性模量
7	$P_0=?$	0，EXE	kN		输入作用在地基梁上 0 点的荷载
8	$P_1=?$	0，EXE	kN		输入作用在地基梁上 1 点的荷载
9	$P_2=?$	400，EXE	kN		输入作用在地基梁上 2 点的荷载
10	$P_3=?$	0，EXE	kN		输入作用在地基梁上 3 点的荷载

续表

序号	屏幕显示	输入数据	计算结果	单位	说明
11	P_4 = ?	0，EXE	kN		输入作用在地基梁上 4 点的荷载
12	X_0 =		kN	39.09，EXE	输出 0 点链杆的反力
13	X_1 =		kN	78.60，EXE	输出 1 点链杆的反力
14	X_2 =		kN	80.17，EXE	输出 2 点链杆的反力
15	X_3 =		kN	82.17，EXE	输出 3 点链杆的反力
16	X_4 =		kN	119.97，EXE	输出 4 点链杆的反力
17	p_0 =		kN/mm^2	108.59，EXE	输出 0 点链杆的反力集度
18	p_1 =		kN/mm^2	109.17，EXE	输出 1 点链杆的反力集度
19	p_2 =		kN/mm^2	111.35，EXE	输出 2 点链杆的反力集度
20	p_3 =		kN/mm^2	114.12，EXE	输出 3 点链杆的反力集度
21	p_4 =		kN/mm^2	166.62，EXE	输出 4 点链杆的反力集度
22	M_0 =		kN · m	105.05，EXE	输出地基梁 0 点处截面弯矩
23	M_1 =		kN · m	128.54，EXE	输出地基梁 1 点处截面弯矩
24	M_2 =		kN · m	199.28，EXE	输出地基梁 2 点处截面弯矩
25	M_3 =		kN · m	78.14，EXE	输出地基梁 3 点处截面弯矩
26	M_4 =		kN · m	8.99，EXE	输出地基梁 4 点处截面弯矩
27	V_0 =		kN	0，EXE	输出地基梁 0 点处截面剪力
28	V_{1l} =		kN	78.39，EXE	输出地基梁 1 点左截面剪力
29	V_{1r} =		kN	78.39，EXE	输出地基梁 1 点右截面剪力
30	V_{2l} =		kN	157.78，EXE	输出地基梁 2 点左截面剪力
31	V_{2r} =		kN	−242.22，EXE	输出地基梁 2 点右截面剪力
32	V_{3l} =		kN	−161.05，EXE	输出地基梁 3 点左截面剪力
33	V_{3r} =		kN	−161.05，EXE	输出地基梁 3 点右截面剪力
34	V_{4l} =		kN	−59.98，EXE	输出地基梁 4 点左截面剪力
35	V_{4r} =		kN	−59.98，EXE	输出地基梁 4 点右截面剪力

§11-2 地震作用下结构反应时程分析法

时程分析法是用数值积分求解运动微分方程的一种方法，在数学上称为逐步积分法。这种方法是由初始状态开始逐步积分至地震终止，求出结构在地震作用下从静止到振动直至热运动终止整个过程的地震反应（位移、速度和加速度）。

逐步积分法根据假定不同，分为线性加速度法、威尔逊（Wilson）θ 法、纽马克（Newmark）β 法等。

下面以单质点弹性体系为例，说明按线性加速度法求解运动微分方程的基本原理。

这种方法的基本假定是，质点的加速度反应在任一微小时段，即积分时段 Δt 内的变化呈线性关系，参见图 11-7。这时，加速度的变化率为：

$$\ddot{x}(t_i)=\frac{\ddot{x}(t_i+\Delta t)-\ddot{x}(t_i)}{\Delta t}=\frac{\ddot{\Delta}(t_i)}{\Delta t}=\text{常数}\quad(\text{a})$$

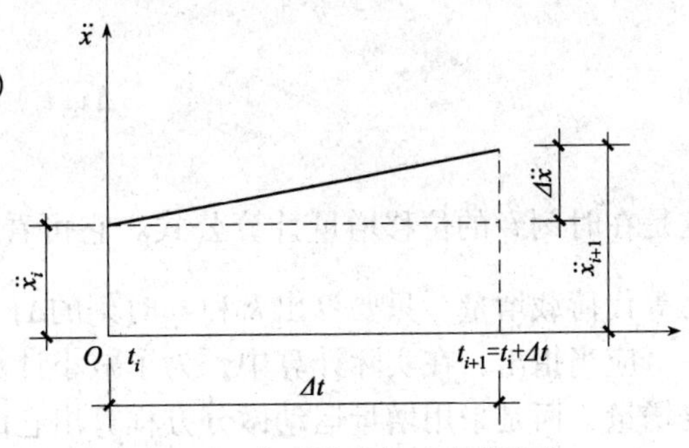

图 11-7　在时段内加速度的变化

设已求出 t_i 时刻质点的地震位移 $x(t_i)$、速度 $\dot{x}(t_i)$ 和加速度 $\ddot{x}(t_i)$，现推导经过时段 Δt 后在 t_{i+1} 时刻的位移 $x(t_i+\Delta t)$、速度 $\dot{x}(t_i+\Delta t)$ 和加速度 $\ddot{x}(t_i+\Delta t)$ 的表达式。为此，将质点位移和速度分别在 t_i 时刻按泰勒公式展开，并考虑到由于假设加速度在 Δt 时段内呈线性变化，故三阶以上的导数为零。于是得：

$$x(t_i+\Delta t)=x(t_i)+\dot{x}(t_i)\Delta t+\frac{\ddot{x}(t_i)}{2!}\Delta t^2+\frac{\dddot{x}(t_i)}{3!}\Delta t^3\qquad(b)$$

$$\dot{x}(t_i+\Delta t)=\dot{x}(t_i)+\ddot{x}(t_i)\Delta t+\frac{\dddot{x}(t_i)}{2!}\Delta t^2\qquad(c)$$

令 $\Delta x(t_i)=x(t_i+\Delta t)-x(t_i)$，$\Delta\dot{x}(t_i)=\dot{x}(t_i+\Delta t)-\dot{x}(t_i)$，并注意到式（$a$），则式（$b$）和式（$c$）经简单变换后可分别写成：

$$\frac{3\,\Delta x(t_i)}{\Delta t}=3\dot{x}(t_i)+\frac{3}{2}\ddot{x}(t_i)\Delta t+\frac{\Delta\ddot{x}(t_i)}{2}\Delta t\qquad(d)$$

$$\text{和}\ \Delta\dot{x}(t_i)=\ddot{x}(t_i)\Delta t+\frac{\Delta\ddot{x}(t_i)}{2}\Delta t\qquad(e)$$

将式（e）减式（d），得：

$$\Delta\dot{x}(t_i)=\frac{3}{\Delta t}\Delta x(t_i)-3\dot{x}(t_i)-\frac{\Delta t}{2}\ddot{x}(t_i)\qquad(11\text{-}16a)$$

由式（d）得：

$$\Delta\ddot{x}(t_i)=\frac{6}{\Delta t^2}\Delta x(t_i)-\frac{6}{\Delta t}\dot{x}(t_i)-3\ddot{x}(t_i)\qquad(11\text{-}16b)$$

式（11-16a）和式（11-16b）分别是在时刻 t_i 的速度增量和加速度增量计算公式。只要已知该时刻的位移增量 $\Delta x(t_i)$、速度 $\dot{x}(t_i)$、加速度 $\ddot{x}(t_i)$ 和时间步长 Δt，即可算出它们的数值。

将式（11-16a）和式（11-16b）代入增量运动微分方程：

$$m\,\Delta\ddot{x}(t_i)+c\,\Delta\dot{x}(t_i)+k\,\Delta x(t_i)=-m\,\Delta\ddot{x}_g(t_i)\qquad(11\text{-}17a)$$

则得：

$$m\left[\frac{6\,\Delta x(t_i)}{\Delta t^2}-\frac{6\dot{x}(t_i)}{\Delta t}-3\ddot{x}(t_i)\right]+c\left[\frac{3\,\Delta x(t_i)}{\Delta t}-3\dot{x}(t_i)-\frac{\ddot{x}(t_i)}{2}\Delta t\right]+k\,\Delta x(t_i)=-m\,\Delta\ddot{x}_g(t_i)$$

令

$$\tilde{k}=k+\frac{6}{\Delta t^2}m+\frac{3}{\Delta t}c\qquad(11\text{-}17b)$$

$$\Delta\tilde{F}(t_i)=-m\,\Delta\ddot{x}_g(t_i)+\left(m\frac{6}{\Delta t}+3c\right)\dot{x}(t_i)+\left(3m+\frac{\Delta t}{2}c\right)\ddot{x}(t_i)\qquad(11\text{-}17c)$$

则

$$\tilde{k}\,\Delta x(t_i)=\Delta\tilde{F}(t_i)$$

即
$$\Delta x(t_i)=\frac{\Delta\widetilde{F}(t_i)}{\widetilde{k}} \tag{11-17d}$$

这是在时刻 t_i 的位移增量计算公式。它可看作是静力平衡方程。$\widetilde{k}$ 称为等代刚度；$\Delta\widetilde{F}$ 称为等代荷载增量。只要算出 $\widetilde{k}$ 和 t_i 时刻的$\Delta\widetilde{F}$ 值，即可算该时刻的质点位移增量。

应当指出，在实际计算中，为了减小计算误差，通常并不采用式（11-16b）计算加速度增量，而是采用增量运动微分方程算出它的数值：

$$\Delta\ddot{x}(t_i)=\frac{1}{m}[-m\ddot{x}_g(t_i)-c\,\Delta\dot{x}(t_i)-k\,\Delta x(t_i)]$$

式（11-16b）可作为校核公式来使用。

这样，在时刻 $t_i+\Delta t$ 的位移、速度和加速度可按下列公式计算：

$$\left.\begin{aligned}x(t_i+\Delta t)&=x(t_i)+\Delta x(t_i)\\ \dot{x}(t_i+\Delta t)&=\dot{x}(t_i)+\Delta\dot{x}(t_i)\\ \ddot{x}(t_i+\Delta t)&=\ddot{x}(t_i)+\Delta\ddot{x}(t_i)\end{aligned}\right\} \tag{11-18}$$

显然，时程分析法的精度与时间步长 Δt 的取值有关。根据经验，一般取等于或小于结构自振周期的1/10，即 $\Delta t\leqslant\frac{1}{10}T$，就可以得到满意的结果。

按时程分析法进行地震反应的计算步骤是：选定经过数字化的地面加速度 $\ddot{x}_g(t)$ 记录；计算体系的动力特性；确定时间步长 Δt 和步数，从 $t=0$ 时刻开始，一个时段一个时段地逐步运算，在每一时段均利用前一步的结果，而最初时段应根据问题的初始条件来确定初始值。

【例题 11-2】 试按时程分析法确定单层框架结构处于弹性阶段在 0.8s 时段内的地震位移 $x(t)$、速度 $\dot{x}(t)$和加速度 $\ddot{x}(t)$反应。

已知框架弹性侧移刚度 $k=6250$kN/m，阻尼系数 $c=87$kN · s/m，结构质量 $m=120$t（图 11-8a），结构自振周期 $T=0.88$s。地面加速度记录曲线如图 11-8(b)所示。

【解】 一、手算

1. 确定时间步长

根据经验，取时间步长 $\Delta t=\frac{T}{10}=\frac{0.88}{10}\approx0.10$s

2. 列出计算参数公式

$$\widetilde{k}=k+\frac{6}{\Delta t^2}m+\frac{3}{\Delta t}c=6250+\frac{6}{0.1^2}\times120+\frac{3}{0.1}\times87=80860\text{kN/m}$$

$$\begin{aligned}\Delta\widetilde{F}(t_i)&=-m\,\Delta\ddot{x}_g(t_i)+\left(m\frac{6}{\Delta t}+3c\right)\dot{x}(t_i)+\left(3m+\frac{\Delta t}{2}c\right)\ddot{x}(t_i)\\&=-120\,\Delta\ddot{x}_g(t_i)+\left(120\times\frac{6}{0.1}+3\times87\right)\dot{x}(t_i)+\left(3\times120+\frac{0.1}{2}\times87\right)\ddot{x}(t_i)\\&=-120\,\Delta\ddot{x}_g(t_i)+7461\dot{x}(t_i)+364.35\ddot{x}(t_i)\end{aligned}$$

$$\begin{aligned}\Delta\dot{x}(t_i)&=\frac{3}{\Delta t}\Delta x(t_i)-3\dot{x}(t_i)-\frac{\Delta t}{2}\ddot{x}(t_i)=\frac{3}{0.1}\Delta x(t_i)-3\dot{x}(t_i)-\frac{0.1}{2}\ddot{x}(t_i)\\&=30\,\Delta x(t_i)-3\dot{x}(t_i)-0.05\ddot{x}(t_i)\end{aligned}$$

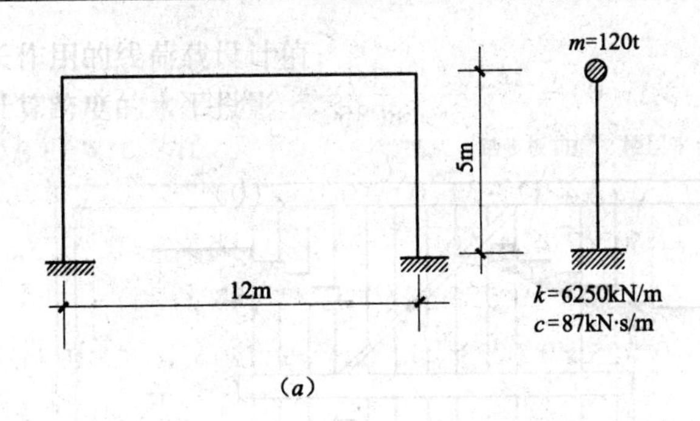

(a)

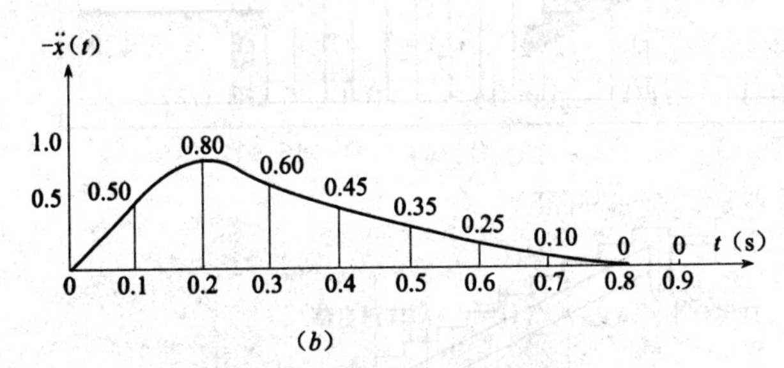

(b)

图 11-8　【例题 11-2】附图之一

$$\begin{aligned}\Delta\ddot{x}(t_i) &= \frac{1}{m}[-m\Delta\ddot{x}_g(t_i)-c\Delta\dot{x}(t_i)-k\Delta x(t_i)]\\ &= \frac{1}{120}[-120\Delta\ddot{x}_g(t_i)-87\Delta\dot{x}(t_i)-6250\Delta x(t_i)]\\ &= -\Delta\ddot{x}_g(t_i)-0.725\Delta\dot{x}(t_i)-52.083\Delta x(t_i)\end{aligned}$$

3. 计算各时刻的质点位移、速度和加速度

(1) $t=0$s

1) 计算 $x(0)$、$\dot{x}(0)$ 和 $\ddot{x}(0)$ 的值

根据已知初始条件 $x(0)=0$，$\dot{x}(0)=0$

由此 $kx(0)=6250\times0=0$，$c\dot{x}(0)=87\times0=0$，由图 11-8(b)可见，$\ddot{x}_g(0)=0$，则由运动微分方程：

$$m\ddot{x}(0)+c\dot{x}(0)+kx(0)=-m\ddot{x}_g(0)$$

得
$$\ddot{x}(0)=0$$

这样，当 $t=0$ 时质点地震反应向量为：

$$\begin{Bmatrix}x(0)\\ \dot{x}(0)\\ \ddot{x}(0)\end{Bmatrix}=\begin{Bmatrix}0\\0\\0\end{Bmatrix}$$

2) 计算$\Delta x(0)$、$\Delta\dot{x}(0)$ 和 $\ddot{x}(0)$的值：

地面加速度增量$\Delta\ddot{x}_g(0)=\ddot{x}_g(0.1)-\ddot{x}_g(0)=-0.50-0=-0.50\text{m/s}^2$

$$\begin{aligned}\Delta\widetilde{F}(0) &= -120\Delta\ddot{x}_g(0)+7461\dot{x}(0)+364.35\ddot{x}(0)\\ &= -120\times(-0.50)+0+0=60\text{kN}\end{aligned}$$

$$\Delta x(0)=\frac{\Delta\widetilde{F}(0)}{\widetilde{k}}=\frac{60}{80860}=7.420\times10^{-4}\text{m}$$

$$\begin{aligned}\Delta\dot{x}(0)&=30\,\Delta x(0)-3\dot{x}(0)-0.05\ddot{x}(0)\\&=30\times7.420\times10^{-4}-3\times0-0.05\times0=0.0223\text{m/s}\end{aligned}$$

$$\begin{aligned}\Delta\ddot{x}(0)=-\Delta\ddot{x}_g(0)-0.725\,\Delta\dot{x}(0)-52.083\,\Delta x(0)=-(-0.50)\\-0.725\times0.0223-52.083\times7.420\times10^{-4}=0.445\text{m/s}^2\end{aligned}$$

(2) $t=0.1$s

1）计算 $x(0.1)$、$\dot{x}(0.1)$和 $\ddot{x}(0.1)$值

$$x(0.1)=x(0)+\Delta x(0)=0+7.420\times10^{-4}=7.420\times10^{-4}\text{m}$$
$$\dot{x}(0.1)=\dot{x}(0)+\Delta\dot{x}(0)=0+0.0223=0.0223\text{m/s}$$
$$\ddot{x}(0.1)=\ddot{x}(0)+\Delta\ddot{x}(0)=0+0.445=0.445\text{m/s}^2$$

当 $t=0.1$s 时质点地震反应向量为：

$$\begin{Bmatrix}x(0.1)\\\dot{x}(0.1)\\\ddot{x}(0.1)\end{Bmatrix}=\begin{Bmatrix}0.000742\\0.0223\\0.4450\end{Bmatrix}$$

2）计算$\Delta x(0.1)$、$\Delta\dot{x}(0.1)$和$\Delta\ddot{x}(0.1)$值

$$\Delta\ddot{x}_g(0.1)=\ddot{x}_g(0.2)-\ddot{x}_g(0.1)=-0.80-(-0.50)=-0.30\text{m/s}^2$$

$$\begin{aligned}\Delta\widetilde{F}(0.1)&=-120\,\Delta\ddot{x}_g(0.1)+7461\dot{x}(0.1)+364.35\ddot{x}(0.1)\\&=-120\times(-0.30)+7461\times0.0223+364.35\times0.445=364.516\text{kN}\end{aligned}$$

$$\Delta x(0.1)=\frac{\Delta\widetilde{F}(0.1)}{\widetilde{k}}=\frac{364.516}{80860}=4.51\times10^{-3}\text{m}$$

$$\begin{aligned}\Delta\dot{x}(0.1)&=30\,\Delta x(0.1)-3\dot{x}(0.1)-0.005\ddot{x}(0.1)\\&=30\times4.51\times10^{-3}-3\times0.0223-0.05\times0.445=0.0458\text{m/s}\end{aligned}$$

$$\begin{aligned}\Delta\ddot{x}(0.1)&=-\Delta\ddot{x}_g(0.1)-0.725\,\Delta\dot{x}(0.1)-52.083\,\Delta x(0.1)\\&=-(-0.30)-0.725\times0.0458-52.083\times4.51\times10^{-3}=0.0318\text{m/s}^2\end{aligned}$$

(3) $t=0.2$s

1）计算 $x(0.2)$、$\dot{x}(0.2)$和 $\ddot{x}(0.2)$值

$$x(0.2)=x(0.1)+\Delta x(0.1)=0.000742+0.00451=0.00525\text{m}$$
$$\dot{x}(0.2)=\dot{x}(0.1)+\Delta\dot{x}(0.1)=0.0223+0.0458=0.0681\text{m/s}$$
$$\ddot{x}(0.2)=\ddot{x}(0.1)+\Delta\ddot{x}(0.1)=0.445+0.0318=0.477\text{m/s}^2$$

当 $t=0.2$s 时质点地震反应向量为：

$$\begin{Bmatrix}x(0.2)\\\dot{x}(0.2)\\\ddot{x}(0.2)\end{Bmatrix}=\begin{Bmatrix}0.00525\\0.0681\\0.4770\end{Bmatrix}$$

2）计算$\Delta x(0.2)$、$\Delta\dot{x}(0.2)$和$\Delta\ddot{x}(0.2)$值

$$\Delta\ddot{x}_g(0.2)=\ddot{x}_g(0.3)-\ddot{x}_g(0.2)=(-0.60)-(-0.80)=0.2\text{m/s}^2$$

$$\Delta\widetilde{F}(0.2) = -120\times\Delta\ddot{x}_g(0.2)+7461\dot{x}(0.2)+364.35\ddot{x}(0.2)$$
$$= -120\times0.2+7461\times0.0681+364.35\times0.477=657.89\text{kN}$$

$$\Delta x(0.2)=\frac{\Delta\widetilde{F}(0.2)}{\tilde{k}}=\frac{657.89}{80860}=0.00814\text{m}$$

$$\Delta\dot{x}(0.2)=30\,\Delta x(0.2)-3\dot{x}(0.2)-0.05\ddot{x}(0.2)$$
$$=30\times0.00814-3\times0.0681-0.05\times0.477=0.0160\text{m/s}$$

$$\Delta\ddot{x}(0.2)=-\Delta\ddot{x}_g(0.2)-0.725\,\Delta\dot{x}(0.2)-52.083\,\Delta x(0.2)$$
$$=-0.2-0.725\times0.0160-52.083\times0.00814=-0.636\text{m/s}^2$$

（4）$t=0.3$s

以下列式计算从略。其计算过程参见表 11-4。

【例题 11-2】附表　　　　**表 11-4**

(1)	i	0	1	2	3	4	5	6	7	8	9
(2)	t(s)	0	0.1	0.2	0.3	0.4	0.5	0.6	0.7	0.8	0.9
(3)	$\ddot{x}_g(t)$(m/s^2)	0	−0.50	−0.80	−0.60	−0.45	−0.35	−0.25	−0.10	0.00	0.00
(4)	$\Delta\ddot{x}_g(t)$ (m/s^2)	−0.50	−0.30	0.20	0.15	0.10	0.10	0.15	0.10	0	—
(5)	$x(t)\times10^{-3}$ (m)	0	0.742	5.250	13.390	20.200	21.300	15.500	5.100	−6.000	−13.570
(6)	$\dot{x}(t)\times10^{-3}$ (m/s)	0	22.300	68.100	84.100	44.400	−24.600	−86.500	−114.000	−100.700	−44.900
(7)	$\ddot{x}(t)\times10^{-3}$ (m/s^2)	0	445.00	477.00	−159.00	−635.00	−742.00	−497.00	−85.00	383.00	737.00
(8)	$-120\Delta\ddot{x}_g(t)$	60	36	−24	−18	−12	−12	−18	−12	0	
(9)	$7461\dot{x}(t)$	0	166.384	508.090	627.470	330.890	−183.540	−645.370	−850.550	−751.32	
(10)	$364.35\ddot{x}(t)$	0	162.136	173.790	−57.930	−231.59	−270.200	181.000	−30.970	139.55	
(11)	$\Delta\widetilde{F}$=(8)+(9)+(10)(kN)	60	364.510	657.890	551.540	87.390	−465.740	−844.450	−893.520	−611.77	
(12)	$\tilde{k}$(kN/m)	80860	80860	80860	80860	80860	80860	80860	80860	80860	
(13)	$\Delta x(t)$=(11)/(12)$\times10^{-3}$(m)	0.742	4.510	8.140	6.820	1.080	−5.760	−10.400	−11.100	−7.570	
(14)	$30\Delta x(t)$(m)	0.0223	0.1350	0.2441	0.2046	0.0324	−0.1728	−0.3120	−0.3330	−0.227	
(15)	$3\dot{x}(t)$(m/s)	0	0.0669	0.2043	0.2523	0.1331	0.0738	−0.260	−0.3420	−0.302	
(16)	$0.05\ddot{x}(t)$ (m/s^2)	0	0.0223	0.0239	−0.0080	−0.0318	0.0731	−0.0249	−0.0043	0.0192	
(17)	$\Delta\dot{x}(t)$=(14)−(15)−(16)	0.0223	0.0458	0.0160	−0.0398	−0.0689	−0.0619	−0.0271	0.0133	0.0558	
(18)	$0.725\Delta\dot{x}(t)$	0.0162	0.0332	0.0116	−0.0288	−0.005	0.0448	−0.0196	0.0964	0.04045	
(19)	$52.083\Delta x(t)$	0.0386	0.2350	0.4240	0.3552	0.0562	0.3000	−0.5420	−0.5780	−0.3942	
(20)	$\Delta\ddot{x}(t)$=−(4)−(18)−(19)	0.4450	0.0318	−0.6360	−0.4764	−0.1062	0.2450	0.4120	0.4680	0.3538	

注：$x(t_i+1)=x(t_i)+\Delta x(t_i)$；$\dot{x}(t_i+1)=\dot{x}(t_i)+\Delta\dot{x}(t_i)$；$\ddot{x}(t_i+1)=\ddot{x}(t_i)+\Delta\ddot{x}(t_i)$。

(5) 绘制位移时程曲线

按上述计算结果（表11-4）绘制的位移时程曲线如图11-9所示。

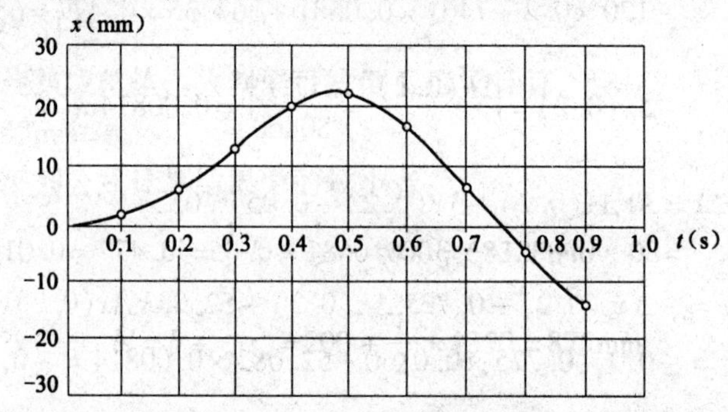

图11-9 【例题11-2】附图［结构顶点位移 $x(t)$ 时程曲线］

二、按程序计算

1. 按MENU键，再按9键，进入程序菜单。

2. 找到地震反应时程分析法计算程序名：［S-C］，按EXE。

3. 按屏幕提示输入数据，并操作。计算过程和计算结果分别见表11-5和表11-6。结构地震位移 $x(t_i)$ 时程曲线见图11-9。

【例题11-2】附表（计算过程） **表11-5**

序号	屏幕显示	输入数据	计算结果	单位	说明
1	$k=?$	6250		kN/m	输入侧移刚度
2	$C=?$	87		kN·s/m	输入阻尼系数
3	$m=?$	120		N·mm	输入结构质量
4	$\Delta t=?$	0.1		s	输入时间步长
5	$N=?$	9		—	输入循环终值
6	$\bar{k}$		80860	m/s^2	输出等代侧移刚度
7	$\ddot{x}_g=?$	−0.50		m/s^2	输入0.1s时地面地震加速度
8	$\Delta\ddot{x}_g$		−0.50		输出0s时地面地震加速度增量
9	$\Delta\bar{F}$		60	kN	输出0s时等代荷载增量
10	Δx		0.0007	mm	输出0s时结构地震位移增量
11	$\Delta\dot{x}$		0.0223	m/s	输出0s时结构地震速度增量
12	$\Delta\ddot{x}$		0.4452	m/s^2	输出0s时结构地震加速度增量
13	$x(t_i)$		0.0007	mm	输出0.1s时结构地震位移
14	$\dot{x}(t_i)$		0.0223	m/s	输出0.1s时结构地震速度
15	$\ddot{x}(t_i)$		0.4452	m/s^2	输出0.1s时结构地震加速度
16	$\ddot{x}_g=?$	−0.80			输出0.2s时地面地震加速度
17	$\Delta\ddot{x}_g$		−0.30	m/s^2	输出0.1s时地面地震加速度增量
18	$\Delta\bar{F}$		364.3	kN	输出0.1s时等代荷载增量
19	Δx		0.0045	mm	输出0.1s时结构地震位移增量

续表

序号	屏幕显示	输入数据	计算结果	单位	说　明
20	$\Delta\dot{x}$		0.0461	m/s	输出 0.1s 时结构地震速度增量
21	$\Delta\ddot{x}$		0.0319	m/s^2	输出 0.1s 时结构地震加速度增量
22	$x(t_i)$		0.0052	mm	输出 0.2s 时结构地震位移
23	$\dot{x}(t_i)$		0.0684	m/s	输出 0.2s 时结构地震速度
24	$\ddot{x}(t_i)$		0.4771	m/s^2	输出 0.2s 时结构地震加速度
25	$x_g=?$	-0.60		m/s^2	输出 0.3s 时地面地震加速度
26	$\Delta\ddot{x}_g$		0.20	m/s^2	输出 0.2s 时地面地震加速度增量
27	$\Delta\overline{F}$		660.0	kN	输出 0.2s 时等代荷载增量
28	Δx		0.0082	mm	输出 0.2s 时结构地震位移增量
29	$\Delta\dot{x}$		0.0159	m/s	输出 0.2s 时结构地震速度增量
30	$\Delta\ddot{x}$		-0.6366	m/s^2	输出 0.2s 时结构地震加速度增量
31	$x(t_i)$		0.0134	mm	输出 0.3s 时结构地震位移
32	$\dot{x}(t_i)$		0.0843	m/s	输出 0.3s 时结构地震速度
33	$\ddot{x}(t_i)$		-0.1595	m/s^2	输出 0.3s 时结构地震加速度
34	$\ddot{x}_g=?$	-0.45		m/s^2	输出 0.4s 时地面地震加速度
35	$\Delta\ddot{x}_g$		0.15	m/s^2	输出 0.3s 时地面地震加速度增量
36	$\Delta\overline{F}$		552.54	kN	输出 0.3s 时等代荷载增量
37	Δx		-0.0068	mm	输出 0.3s 时结构地震位移增量
38	$\Delta\dot{x}$		-0.0398	m/s	输出 0.3s 时结构地震速度增量
39	$\Delta\ddot{x}$		-0.4770	m/s^2	输出 0.3s 时结构地震加速度增量
40	$x(t_i)$		0.0202	mm	输出 0.4s 时结构地震位移
41	$\dot{x}(t_i)$		0.0445	m/s	输出 0.4s 时结构地震速度
42	$\ddot{x}(t_i)$		-0.6366	m/s^2	输出 0.4s 时结构地震加速度
43	$\ddot{x}_g=?$	-0.35			输出 0.5s 时结构地震加速度
44	$\Delta\ddot{x}_g$		-0.10	m/s^2	输出 0.4s 时地面地震加速度增量
45	$\Delta\overline{F}$		87.756	kN	输出 0.4s 时等代荷载增量
46	Δx		0.0109	mm	输出 0.4s 时结构地震位移增量
47	$\Delta\dot{x}$		-0.0690	m/s	输出 0.4s 时结构地震速度增量
48	$\Delta\ddot{x}$		-0.1065	m/s^2	输出 0.4s 时结构地震加速度增量
49	$x(t_i)$		0.0213	mm	输出 0.5s 时结构地震位移
50	$\dot{x}(t_i)$		-0.0245	m/s	输出 0.5s 时结构地震速度
51	$\ddot{x}(t_i)$		-0.7431	m/s^2	输出 0.5s 时结构地震加速度
52	$\ddot{x}_g=?$	-0.25			输出 0.6s 时地面地震加速度
53	$\Delta\ddot{x}_g$		0.10	m/s^2	输出 0.5s 时地面地震加速度增量
54	$\Delta\overline{F}$		-465.72	kN	输出 0.5s 时等代荷载增量

续表

序号	屏幕显示	输入数据	计算结果	单位	说明
55	Δx		-0.0058	mm	输出0.5s时结构地震位移增量
56	$\Delta \dot{x}$		-0.0621	m/s	输出0.5s时结构地震速度增量
57	$\Delta \ddot{x}$		0.2450	m/s^2	输出0.5s时结构地震加速度增量
58	$x(t_i)$		0.0156	mm	输出0.6s时结构地震位移
59	$\dot{x}(t_i)$		-0.0866	m/s	输出0.6s时结构地震速度
60	$\ddot{x}(t_i)$		-0.4981	m/s^2	输出0.6s时结构地震加速度
61	$\ddot{x}_g$ = ?	-0.10			输出0.7s时地面地震加速度
62	$\Delta \ddot{x}_g$		0.15	m/s^2	输出0.6s时地面地震加速度增量
63	$\Delta \bar{F}$		-845.48	kN	输出0.6s时等代荷载增量
64	Δx		-0.0105	mm	输出0.6s时结构地震位移增量
65	$\Delta \dot{x}$		-0.0290	m/s	输出0.6s时结构地震速度增量
66	$\Delta \ddot{x}$		0.4156	m/s^2	输出0.6s时结构地震加速度增量
67	$x(t_i)$		0.00511	mm	输出0.7s时结构地震位移
68	$\dot{x}(t_i)$		-0.1156	m/s	输出0.7s时结构地震速度
69	$\ddot{x}(t_i)$		-0.0825	m/s^2	输出0.7s时结构地震加速度
70	$\ddot{x}_g$ = ?	0		m/s^2	输出0.8s时地面地震加速度
71	$\Delta \ddot{x}_g$		0.10	m/s^2	输出0.7s时地面地震加速度增量
72	$\Delta \bar{F}$		-904.62	kN	输出0.7s时等代荷载增量
73	Δx		-0.0112	mm	输出0.7s时结构地震位移增量
74	$\Delta \dot{x}$		0.0153	m/s	输出0.7s时结构地震速度增量
75	$\Delta \ddot{x}$		0.4716	m/s^2	输出0.7s时结构地震加速度增量
76	$x(t_i)$		-0.0061	mm	输出0.8s时结构地震位移
77	$\dot{x}(t_i)$		-0.1003	m/s	输出0.8s时结构地震速度
78	$\ddot{x}(t_i)$		0.3891	m/s^2	输出0.8s时结构地震加速度
79	$\ddot{x}_g$ = ?	0		m/s^2	输出0.9s时地面地震加速度
80	$\Delta \ddot{x}_g$		0.00	m/s^2	输出0.8s时地面地震加速度增量
81	$\Delta \bar{F}$		-606.41	kN	输出0.8s时等代荷载增量
82	Δx		-0.0075	mm	输出0.8s时结构地震位移增量
83	$\Delta \dot{x}$		0.0564	m/s	输出0.8s时结构地震速度增量
84	$\Delta \ddot{x}$		0.3497	m/s^2	输出0.8s时结构地震加速度增量
85	$x(t_i)$		-0.0136	mm	输出0.9s时结构地震位移
86	$\dot{x}(t_i)$		-0.0439	m/s	输出0.9s时结构地震速度
87	$\ddot{x}(t_i)$		0.7388	m/s^2	输出0.9s时结构地震加速度

注：1. 每项输入数据和计算结果后均应按键EXE（表中从略）。

2. 如不需显示中间计算结果，可将其后面的显示符◢删除。

【例题 11-2】附表（计算结果）　　**表 11-6**

t_i(s)	x(m)	x(m/s)	x(m/s^2)	x_g(m/s^2)	Δx(m)	Δx(m/s)	Δx(m/s^2)	Δx_g(m/s^2)	$\Delta\overline{F}$(kN)
0.0	0	0	0	0	0.0007	0.0223	0.4452	-0.50	60.00
0.1	0.0007	0.0223	0.4452	-0.50	0.0045	0.0461	0.0319	-0.30	364.30
0.2	0.0053	0.0684	0.4771	-0.80	0.0082	0.0159	-0.6366	0.20	660.00
0.3	0.0134	0.0843	-0.1595	-0.60	0.0068	-0.0398	-0.4770	0.15	552.54
0.4	0.0202	0.0445	-0.6366	-0.45	0.0011	-0.0690	-0.1065	0.10	87.76
0.5	0.0213	0.0245	-0.7431	-0.35	0.0058	-0.0621	0.2450	0.10	-465.72
0.6	0.0156	0.0866	-0.4981	-0.25	0.0105	-0.0290	0.4156	1.50	-845.48
0.7	0.0051	0.1156	-0.0825	-0.10	0.0112	0.0153	0.4716	1.00	-904.62
0.8	-0.0061	0.1003	0.3891	0	0.0075	0.0564	0.3497	0	-606.41
0.9	-0.0136	-0.0439	0.7388	0					

第 12 章　编程计算器介绍和编程方法*

§12-1　编程计算器简介

本章仅介绍 *fx*－9750*GⅡ* 计算器，它是一款可编程序的工程计算器。所用算法语言类似于 BASIC 语言，其表达式写法更接近普通数学公式。对变量不需要加以说明，即可在程序中应用。因此，它的程序简单、易学，便于调试。

fx－9750*GⅡ* 计算器内存可达 62000 字节以上，可满足混凝土结构基本构件计算的要求。输入已知数据采取人机对话方式，计算准确、快捷。这款计算器还有剪切、复制和粘贴功能。可设置密码，避免误操作而使程序意外被删除。计算器之间、计算器与计算机之间可传输数据，并可打印。编程时，矩阵可直接赋值、连续进行＋、－、×、转置、求逆运算（最大阶数达 999×999）。因此，这款计算器进行矩阵计算比计算机更加方便。

fx－9750*GⅡ* 计算器除可用英文大写 26 个字母、小写字母 r 和希腊字母 θ 表示变量外，还可采用 List　n［m］（其中，n、m 分别取≤26 和≤999 的正整数）作为变量。提示符可用大写英文字母、小写英文字母、希腊字母和俄文字母表示，并可带下标，编写、调试和识读十分方便。

fx－9750*GⅡ* 计算器还具有体积小、轻便、便于携带、价格便宜等优点，不失为学习编程的好工具。

§12-2　*fx*－9750*GⅡ* 计算器基本操作

12.2.1　开机和关机

开机和普通计算器一样，在计算器面板上按【AC/ON】键即可；关机，则需先按【SHIFT】键，再按【AC/ON】（OFF）键，屏幕上短暂显示“CASIO”字样后关机。

12.2.2　按键

fx－9750*GⅡ* 计算器面板上的按键布置如图 12-1 所示。

1. 操作键。

由于编程计算器功能较多，而计算器的尺寸又受到限制，面板上不可能设置很多按键，一般采取一键多用的方法来加以解决。例如，【sin】键它除表示 sin 外，它还可表示

---

* 本章内容也适用于 *fx*－*CG*20 型号的计算器。

$\sin^{-1}$和英文大写字母 D。若先按【SHIFT】键（黄色），再按【sin】键，则显示$\sin^{-1}$；若先按【ALPHA】（红色）键，再按【sin】键，则显示英文大写字母 D。一般地，即按【SHIFT】键，再按任一键，则显示该键左上角的黄色字符；按【ALPHA】键，再按任一键，则显示该键右上角的红色字符。

【SHIFT】键和【ALPHA】键称为设置键。

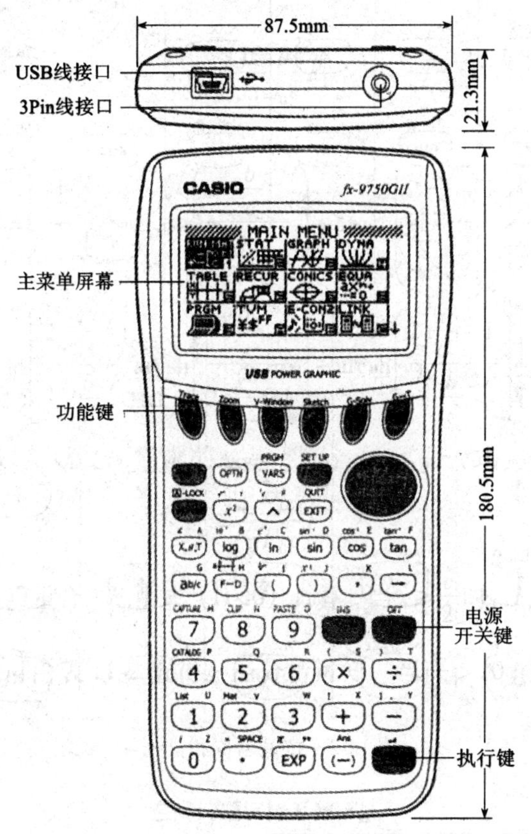

图 12-1　*fx*－9750*GⅡ*计算器面板按键的布置

2. 光标移动键

光标移动键位于面板右上角标有“REPLAY”的圆形盘内，其功能是将光标移动到需要的位置，以进行其他操作。按动其中的三角形，光标将按三角形的指向移动。例如，按▲光标将向上移动，按▼光标则向下移动。

3. 功能键

位于面板第一行灰色键【F1】、【F2】、…、【F6】，即为功能键。它们的功能是，访问显示屏底部功能菜单栏中的菜单和命令。

按键名称和排列图，如图 12-2 所示。为了便于理解，各键的详细用法将在以后各节，结合实例加以叙述。

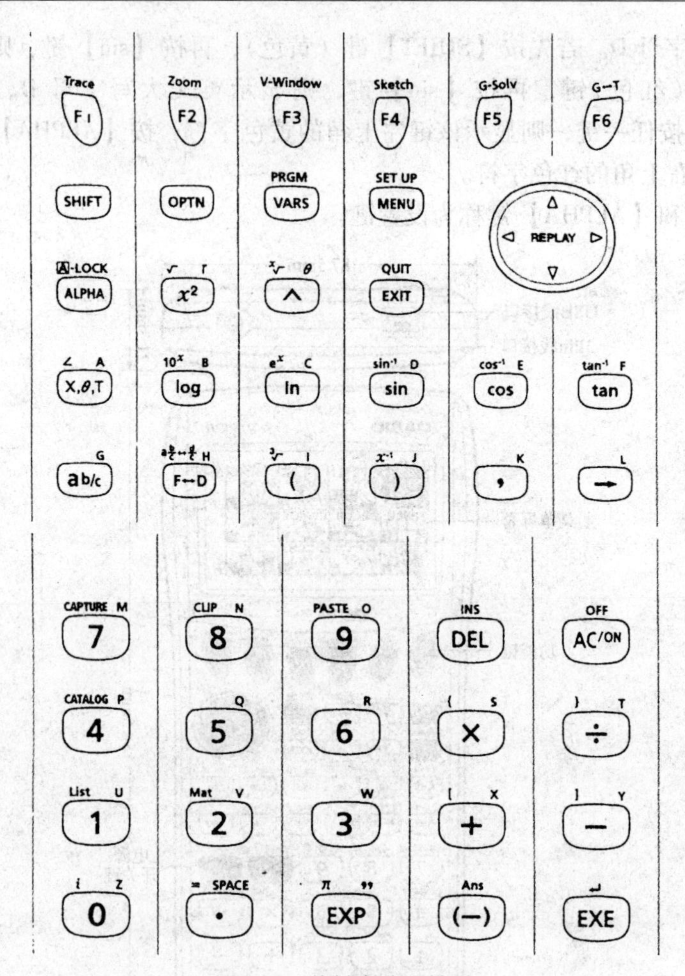

图 12-2　按键名称和排列

§12-3　计算模式和基本设置

12.3.1　计算模式

根据不同的计算任务，$fx-9750G\,II$ 计算器设置了 14 种计算模式，并以图标的形式和数字或字母在屏幕上显示，我们把它称为主菜单（MAIN MENU），见表 12-1。

计算模式图标名称和功能　　　　**表 12-1**

图　标	模式名称	描　述
RUN·MAT	RUN · MAT（运行 · 矩阵）	使用此模式进行算术运算与函数运算，以及进行有关二进制、八进制、十进制与十六进制数值和矩阵的计算
STAT	STAT（统计）	使用此模式进行单变量（标准差）与双变量（回归）统计计算、测试、分析数据并绘制统计图形

续表

图　　标	模 式 名 称	描　　述
GRAPH 5	GRAPH	使用此模式存储图形函数并利用这些函数绘制图形
DYNA 4	DYNA（动态图形）	使用此模式存储图形函数并通过改变代入函数中变量的数值绘制一个图形的多种形式
TABLE 5	TABLE	使用此模式存储函数，生成具有不同解（随着代入函数变量的值改变而改变）的数值表格，并绘制图形
RECUR 6	RECUR（递归）	使用此模式存储递推公式，生成具有不同解（随着代入函数变量的值改变而改变）的数值表格，并绘制图形
CONICS	CONICS	使用此模式，可绘制圆锥曲线图形
EQUA 8	EQUA（方程）	使用此模式，可求解带有2至6个未知数的线性方程以及2至6次的高阶方程
PRGM 9	PRGM（程序）	使用此模式，可将程序存储在程序区并运行程序
TVM	TVM（财务）	使用此模式，可进行财务计算并绘制现金流量与其他类型的图形
E-CON2 B	E-CON2	使用此模式，可控制选配的EA-200数据分析仪。 关于E-CON2模式的详情，请从以下网站下载E-CON2手册（英语版本）：http：//edu. casio. com
LINK C	LINK	使用此模式，可将存储内容或者备份数据传输至另一台设备或PC机
MEMORY D	MEMORY	使用此模式，可管理存储在存储器中的数据
SYSTEM E	SYSTEM	使用此模式可初始化存储器、调节对比度和进行其他系统设置

下面说明如何选择主菜单中的图标，进入所需要的计算模式：

（1）按下【MENU】键，显示主菜单。

（2）使用光标键[（◀）、（▶）、（▲）、（▼）] 选取所需要的图标，按下【EXE】键，进入该计算模式；

（3）也可直接按图标右下角的数字1~9或字母A~E（这时显示大写英文字母不需按设置键【ALPHA】），进入该计算模式。例如，若拟进入算术和函数运算模式（RUN－MAT），则按数字键1，即可进入该模式；若拟进入编程模式（PRGM），进行编程，则按数字键9，即可进入该模式，等等。

12.3.2 基本设置

1. 小数位数设置（Fix）

（1）进入算术和函数运算模式（RUN-MAT）。

（2）按【SHIFT】键，再按【MENU】（SETUP）键，进入“Mode”界面。

（3）移动光标至Display行，按屏幕底部功能键F1，在屏幕出现对话框：Fix［0～9］。根据拟设定的小数位数，按相应的数字键。例如，设定小数点后的位数为5，则按标有数字5的数字键。

（4）按【EXE】键，即可完成小数位数的设置。

2. 角度设置（Angle）

（1）进入算术和函数运算模式（RUN-MAT）。

（2）按【SHIFT】键，再按【MENU】（SETUP）键，进入“Mode”界面。

（3）移动光标至Angle行，根据拟设定的角度单位，按屏幕底部相应的功能键。

（4）按【EXE】键，即可完成角度的设置。

§12-4 变量、运算符与表达式

12.4.1 变量

变量是程序运行过程中用来保存临时数据的内存空间，程序通过变量名来操作变量。每个变量有一定的作用范围（即生效范围）。

fx－9750*GⅡ*计算器提供了A～Z、r、θ28个字母作为变量名，用来表示数学计算公式中的符号。这对简单的程序而言，28个字母是够用的，但对较复杂的程序来说就有困难了。因此，*fx*－9750*GⅡ*计算器又提供了符号List n（m）作变量名。它称为列表或串列，其中，*n*的取值范围：1～26；m的取值范围：1～999①。

12.4.2 运算符

运算符分为算术运算符、关系运算符和逻辑运算符。*fx*－9750*GⅡ*计算器提供的算术运算符有：+、－、×、÷、∧（幂运算）；关系运算符有：=、≠、<、>、≤、≥；逻辑运算符有：“与”运算符And；“或”运算符Or；“非”运算符Not。

算术运算符、关系运算符意义十分清楚，现仅将逻辑运算符意义简述如下：

1. 语句格式：<条件1>And<条件1>，表示2个条件同时成立，则为真（True）。

2. 语句格式：<条件1>Or<条件1>，表示2个条件只要有1个成立，即为真（True）。

3. 语句格式：<条件>Not，表示条件为假（False）时，则为真（True）。

逻辑运算符And、Or和Not，可按功能键【OPTN】、【F6】、【F6】和【F4】，便可在屏幕上显示出来，按相应的功能键即可调出，插入程序中。

---

① List n（m）的意义和应用见12-6。它不能用于矩阵运算。

12.4.3　表达式

表达式是指用运算符连接运算量形成的式子。表达式运算的最后结果称为表达式的值。虽然表达式与数学模型的代数式十分相似，但也有许多不同之处。例如，把数值3赋给变量B，变量B在其作域内若没有新的数值赋予它，则B的值始终保持是3；又如，I+1→I的含义是把变量的原来的值加上数1之后，再赋给变量I，变量I取得了新值，它比原来的值大1。

表达式的运算顺序和普通代数的规定相同，即先运算×、÷，后运算+、-。这表明，×、÷运算符比+、-运算符优先，即前者的优先级别高于后者。在优先级相同（例如只有算术运算符+、-或只有×、÷）的情况下，表达式的运算顺序是从左至右依次计算的。括号内的数值运算总是优先于括号外的运算。在*fx*-9750*GⅡ*计算器程序中的表达式只能用圆括号。当有多层圆括号时，一定要注意左、右两个半括号成对出现，否则会给出错误的结果，而且不容易被发现。变量除以几个变量的乘积时，注意后者要全部用括号括起来：例如$AB\div(XYZ)$，以免产生歧义，使计算器给出错误的结果。

§12-5　*fx*-9750*GⅡ*计算器的编程语言

程序是人们事先编写好的语句序列，计算器按照一定的顺序执行这些语句，并完成全部计算工作。

下面介绍*fx*-9750*GⅡ*计算器提供的常用语句。现将它们的功能和语句格式叙述如下：

12.5.1　输入语句

在工程计算中，已知条件，例如荷载、截面尺寸、材料强度等，都要代入计算公式中，最后才能算出结果。在编写程序时，也要把这些已知条件，以变量的形式事先输入到程序中。这一步骤就是由输入语句来完成的。

例如，已知三角形底边为b，高度为h，求三角形面积A的计算程序中，输入语句为：

"b="? →B:"h="? →H:

在这个输入语句组中，共包含两个输入语句，它们之间用冒号":"隔开，":"称为语句分隔符或连接符。箭头"→"称为赋值符，而"? →"则表示要把多大的数值赋给变量B和H。因为箭头后面的变量B和H在屏幕上不能显示，所以当计算器运行到输入语句，屏幕上出现"?"时，就不知为哪个变量赋值，为了解决这个问题，在"?"前设置了提示符"*b*="和"*h*="，而它们可以在屏幕上显示。这样一来，有了提示符就可知道向哪个变量赋值了。

这样，计算器执行程序运行到输入语句时，屏幕上就会出现b=? 用户就可输入b的已知值，然后按EXE键运行。随后，屏幕又出现h=?，输入h的已知值，再按执行键EXE。至此，就完成了全部输入语句的操作。

输入语句的语句格式：

"提示符"? →<变量>:"提示符"? →<变量>:

输入符号"?"应在PROG模式下进行。按【SHIFT】键、【VARS】键（PRGM），再按【F4】键，就可输入“?”；输入赋值符“→”，直接按面板上的【→】键，就可输入。

12.5.2 输出语句

输出语句的语句格式为：

<语句>◢<语句>

它的功能是使程序暂停执行，并显示显示符“◢”前面的表达式的计算结果。按EXE键继续执行后面的语句。程序最后的一个表达式不必设置显示符“◢”，它能自动地显示计算结果。

为了检查、调试程序，编程时常常将关键的计算结果显示出来，以判断程序正确与否。当程序通过后，再将这些结果后面的显示符“◢”删除。只保留需要输出结果后面的显示符。

输入显示符“◢”应在PROG模式下进行。按【SHIFT】键、【VARS】键（PRGM），再按【F5】键就可输入。

12.5.3 赋值语句

赋值语句是指把一个表达式（常数、变量和函数是表达式的特例）的计算结果（数值）赋给一个变量。这个变量的原来的值被覆盖，不复存在，而得到一个新的值。下面是一个赋值语句的例子。

设三角形底边为 b，高度为 h，则三角形面积为：

$$A=\frac{1}{2}bh \tag{12-1}$$

现把它写成赋值语句：

$$0.5BH \to A \tag{12-2}$$

式中“→”为赋值符，在它左边的式子是计算三角形面积的表达式，其计算结果就是三角形的面积值。“→A”的含义是把计算结果赋给右边的变量A。

赋值语句的语句格式：

<表达式>→<变量>

上面我们已经学习了输入语句、输出语句和赋值语句。现在，可以编写一个简单的计算程序了，说明程序的编写方法和如何把它输入到计算器内，以及用计算器中的程序计算过程。

【例题12-1】 已知三角形底边为 b，高度为 h，（1）试编写计算三角形面积 A 的程序；（2）计算 $b=4$，$h=5$ 的三角形面积。

1. 编写程序

程序名：[A]

```
"b="? →B ◢ "h="? →H ◢
"A=": 0.5BH→A
```

2. 程序输入

（1）程序名的输入

1）按“MENU”进入主菜单；

2）按数字【9】，再按功能键F3（NEW），进入程序名（Program Name）界面；

3）在程序名方括号内输入程序名：[A]，然后按 EXE 键，屏幕显示输入程序界面。

（2）输入计算三角形面积程序，然后，按 EXIT 键，退回到程序菜单（Program List）。

（注：输入英文小写字母 b 的方法是：按【ALPHA】键、【F5】（$A\leftrightarrow a$），再按【B】键即可）

3. 运行程序

（1）按“MENU”进入主菜单；

（2）按数字键【9】进入程序菜单；

（3）移动光标，从程序菜单中找到计算三角形面积程序 A，按 EXE 键；

（4）按计算器屏幕提示，输入已知数据，并操作，计算器输出结果（见表 12-2）。

【例题 12-1】附表　　**表 12-2**

序　号	屏幕显示	输入数据	计算结果	单　位	说　明
1	b = ?	4，EXE		m	输入三角形底边尺寸
2	h = ?	5，EXE		m	输入三角形高度尺寸
3	A		10	m^2	输出三角形面积值

12.5.4　If 条件语句

fx - 9750GII 计算器提供三种不同格式的条件语句：

1. 格式 1

（1）语句格式：

If <条件>：Then <语句块>：IfEnd

（2）语句功能：

这一语句的含义是：若条件表达式成立（结果为 True），则执行 Then 后面的语句块，若条件不成立（结果为 False），则执行 IfEnd 后面的语句。其流程图如图 12-3 所示。

其中“条件”是指条件表达式；语句块是指由一条或多条语句组成的语句集合。各语句之间用分隔符“：”、换行符“↵”或显示符“◢”隔开。

条件表达式中的关系运算符（也称比较运算符）有 =、≠、<、>、≤、≥6 种。

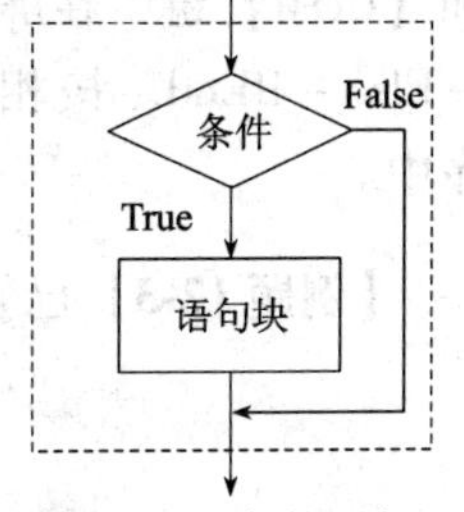

图 12-3　条件语句格式 1 流程图

（3）语句输入：

在程序编辑状态下，按【SHIFT】、【VARS】（PRGM）和【COM】键，在屏幕下端将显示出条件语句：If - Then - IfEnd。按相应的功能键，即可将它们输入到程序中。

在输入条件表达式时，常会遇到关系运算符的输入问题，它的输入方法是：

在程序编辑状态下，按【SHIFT】、【VARS】（PRGM）键，和功能键【F6】（翻页），再按功能键【F3】，在屏幕下端将显示出关系运算符，按相应的功能键，即可将其输入到程序中。

【例题 12-2】《混凝土结构设计规范》规定，在一般剪扭构件计算中，混凝土受扭承载力降低系数按下式计算：

$$\beta_t = \frac{1.5}{1 + 0.5\frac{VW_t}{Tbh_0}} \tag{12-3}$$

并规定，当$\beta_t < 0.5$时，取0.5；当$\beta_t > 1.0$时，取1.0。试写出计算β_t值的程序。

【解】因为β_t、W_t、b和h_0在PRGM计算模式下，计算器不能提供这样的字符作为变量，现分别用K、W、B和H代替。

计算程序：

```
"V"? →V: "T"? →T ↵                          (赋值语句)
"b"? →B: "h0"? →H: "Wt"? →W ↵               (赋值语句)
"βt =": 1.5 ÷ (1 +0.5 ×VW÷ (TBH)) →K ↵      (计算赋值号左端表达式的值，并赋值给变量K)
If  K<0.5: Then 0.5→K◢ IfEnd ↵              (若K<0.5，则取K=0.5)
If  K>1.0: Then 1.0→K◢ IfEnd ↵              (若K>1.0，则取K=1.0)
```

后面两个语句就是条件语句（格式1）。

2. 格式2

（1）语句格式

If <条件>：Then <语句块1>：Else <语句块2>　IfEnd：

（2）语句功能：

这一语句的含义是：若条件成立，则执行Then后面的语句块1，否则（即条件不成立）执行Else后面的语句块2。其流程图如图12-4所示。

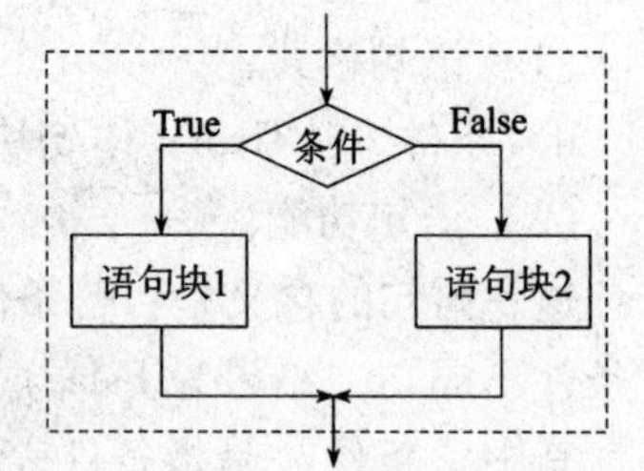

图12-4　条件语句格式2流程图

（3）语句输入：

在程序编辑状态下，按【SHIFT】、【VARS】（PRGM）和【COM】键，在屏幕下端将显示出条件语句：If - Then - Else - IfEnd。按相应的功能键，即可将它们输入到程序中。

【例题12-3】已知偏心受压基础，当偏心距$e \leq \frac{1}{6}L$时，基底最大应力按下式计算：

$$p_{max} = \frac{Q}{LB}\left(1 + \frac{6e}{L}\right) \tag{12-4}$$

当$e > \frac{1}{6}L$时，基底最大应力则按下式计算：

$$p_{max} = \frac{2Q}{3\left(\frac{L}{2} - e\right)B} \tag{12-5}$$

试按条件语句格式2写出计算基底应力最大值的程序。

以E表示变量e。

【解】计算程序：

```
"Q"? →Q: "B"? →B: "L"? →L: "e"? →E ↵    (输入已知数据)
E ÷ L→K ↵                                (计算参数)
```

If K≤0.1667: Then　　　　　　　　　　　　　[若 K<0.1667，则按
"p_{max}=": Q÷(LB)(1+6E÷L)→P ◢ Else　　式(12-4)计算，否则
"p_{max}=": 2Q÷(3(L÷2-E)B)→P　　　　　　按式(12-5)计算]

3. 格式 3:

(1) 语句格式

If <条件 1>: Then <语句块 1>: Else If　<条件 2>: Then <语句块 2>: …, IfEnd:: IfEnd…:

(2) 语句功能

实际上，这一语句的格式是，一个条件语句的语句块中可以包含另一个条件语句，这种语句格式称为"条件语句的嵌套"。其流程图见图 12-5。

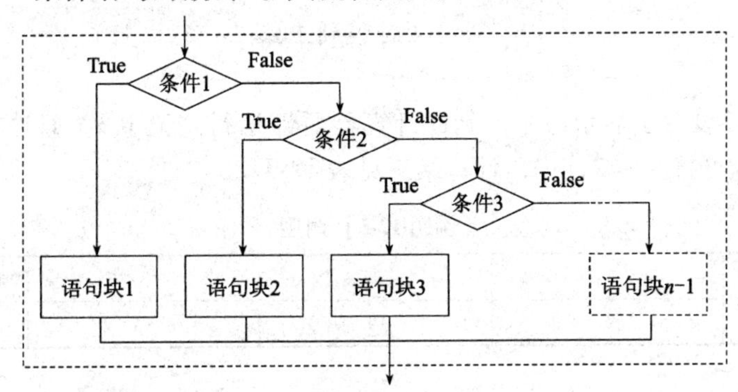

图 12-5　条件语句格式 3 流程图

(3) 语句输入

在程序编辑状态下，按【SHIFT】、【VARS】(PRGM) 和【COM】键，在屏幕下端将显示出条件语句: If-Then-Else-IfEnd。按相应的功能键，即可将它们输入到程序中。

【例题 12-4】 条件与【例题 12-2】相同，试用条件语句格式 3 的嵌套形式写出计算 β_t 值的程序。

【解】 计算程序:

"β_t=": 1.5÷(1+0.5×VW÷(TBH))→K:　　(计算赋值号左边的值并把它赋给变量 K)

If　K<0.5: Then 0.5→K ◢ Else　　　　　　　　(若 K<0.5，则取 K=0.5；否则

If　K>1.0: Then 1.0→K ◢　　　　　　　　　　若 K>1.0，则取 K=1.0)

IfEnd: IfEnd

12.5.5　Goto ~ Lbl 转移语句

1. 语句格式

Goto n: …: Lbl n

其中，n 为 0 ~9 之间的整数。

2. 语句功能:

当程序执行到"Goto　n"语句时，会转移到标有"Lbl n"行标号的程序执行，并继

续往下执行。如果在“Goto n”所处的同一程序中，没有相应的行标号“Lbl n”，则会发生转移错误，屏幕显示“Go ERROR”。

3. 语句输入：

在程序编辑状态下，按【SHIFT】、【VARS】（PRGM）和【F3】（JUMP）键，在屏幕下端将显示出转移语句：Goto－Lbl1。按相应的功能键，即可将它们输入到程序中。

【例题 12-5】设二次函数 $y=2x^2+4x+3$，试编写求当 $x=1$、2、3、4 时 y 值的程序。

【解】（1）计算程序

程序名：［Y2］

Lbl 1：“X＝”？→X：　　　　（对自变量 x 赋值）

“y＝”：$2X^2+4X+3$→Y ◢　　　　（计算 y 值，并在屏幕上显示）

Goto 1：　　　　（转移到 Lbl 1：行运行）

（2）计算

由于在第 2 行设置了显示命令，到此计算器暂停运行。记下 $x=1$ 时的 y 值，然后按 EXE 键继续运行。再输 $x=2$，…，计算结果见表 12-3。

【例题 12-5】附图　　表 12-3

x	1	2	3	4
y	9	19	33	51

12.5.6 For 循环语句

1. 格式 1

（1）语句格式：

For＜初值＞→＜控制变量＞To＜终值＞：＜语句块＞：Next

（2）语句功能

For 到 Next 之间的语句重复执行，每次执行控制变量加 1（从初始值开始）。当控制变量超过终值时，就跳至 Next 后面执行后续语句。如果 Next 后面没有语句，则停止执行（图 12-6）。

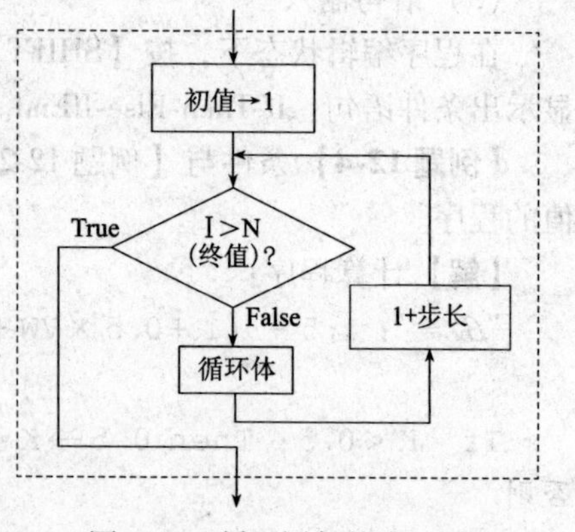

图 12-6　循环语句的流程图

（3）语句输入：

在程序编辑状态下，按【SHIFT】、【VARS】（PRGM）和【COM】键，再按【F6】，在屏幕下端将显示出循环语句：For-To-Next。按相应的功能键，即可将它们输入到程序中。

【例题 12-6】试编写计算等差数列通项及前 n 项和的程序。设数列第 1 项 $a_1=2$，公差 $d=0.5$，求第 5 项及前 $n=5$ 项和。

【解】（1）编写程序

程序名［SHULIE］

“a_1”？→A：“d”？→D：“n”？→N ↵

For 1→I To N：

```
"aₙ": A+ (N-1) D→M:
"Sₙ": NA+0.5 (N-1) D→S:
Next ↵
"aₙ =": M
"Sₙ =": S
```

(2) 计算第5项及前 $n=5$ 项和

计算过程见表12-4。

【例题12-6】附表　　**表12-4**

序　号	屏幕显示	输入数据	计算结果	单　位	说　明
1	$a_1=?$	2，EXE		—	输入数列第1项
2	$d=?$	0.5，EXE		—	输入数列公差
3	$n=?$	5，EXE		—	输入数列前项数 $n=5$
4	a_n		4.0	—	输出数列第5项
5	S_n		15	—	输出数列前5项和

【例题12-7】试写出n的阶乘（即n!）的计算程序，并计算5!。

【解】(1) 编写程序

文件名：[N-JCH]

```
1→M: "N"? →N ↵
For 1→K To N: "N =": MK→M: Next ↵
"N ! =": M
```

(2) 计算5!

计算过程见表12-5。

【例题12-7】附表　　**表12-5**

序　号	屏幕显示	输入数据	计算结果	单　位	说　明
1	$N=?$	5，EXE		—	输入已知条件
2	$N!$		120	—	输出计算结果

【例题12-8】从静止热气球中弹出一个质量为 $m=68.1$kg 的跳伞运动员。空气阻力系数 $c=12.5$kg/s。试分别按手算和程序计算，求出降落伞打开前不同时刻运动员的速度。

【解】(1) 手算

根据物理学原理，可写出以增量形式表示的速度相对时间变化率的方程：

$$\frac{\Delta v}{\Delta t}=\frac{v(t_{i+1})-v(t_i)}{t_{i+1}-t_i}=g-\frac{c}{m}v(t_i) \tag{12-6}$$

式中　Δv——速度的增量；

Δt——时间的增量；

$v(t_i)$——t_i 时刻的速度；

$v(t_{i+1})$——t_{i+1} 时刻的速度。

将式(12-6)进行整理可得：

$$v(t_{i+1})=v(t_i)+\left[g-\frac{c}{m}v(t_i)\right](t_{i+1}-t_i) \tag{12-7}$$

这是一个代数方程：

$$新值 = 旧值 + 斜率 \times 步长$$

如果某一 t_i 时刻的速度 $v(t_i)$已知，就可容易算出下一时刻 t_{i+1}的速度 $v(t_{i+1})$。然后，依次继续下去。这样，用这种方式就可算出任一时刻的速度。

现按式（12-7）计算降降落伞打开之前不同时刻运动员的速度，计算过程中的步长取 $(t_{i+1}-t_i)=2\text{s}$。在开始计算时 $\{t_i=0\}$，运动员的速度为0。利用这些数据，可算出2s时的速度：

$$v(2)=0+\left[9.8-\frac{12.5}{68.1}\times 0\right]\times 2=19.06\text{m/s}$$

对于4s时的速度，重复上面的计算过程，得：

$$v(4)=19.06+\left[9.8-\frac{12.5}{68.1}\times 19.06\right]\times 2=32.00\text{m/s}$$

类似地，可算出其余时刻的速度见表12-6。

（2）程序计算

1）编写程序

程序名：［SHUZI］

```
"N="? →N: "V(0)": 0→List 1 [1] ◢
2→T:
For 1→I To N:
"V(T) =":List 1[I]+(9.8-12.5×List 1[1]÷68.1)×T→List 1[I+1]◢
Next ↵
"V(T)": List 1 [I+1]
```

2）计算

计算过程见表12-6。

【例题12-8】附表 **表12-6**

序号	屏幕显示	输入数据	计算结果	单位	说明
1	N=?	10，EXE		—	
2	V（0）=?	0，EXE		m/s	
3	V（2）		19.60，EXE	m/s	
4	V（4）		32.00，EXE	m/s	
5	V（6）		39.86，EXE	m/s	
6	V（8）		44.82，EXE	m/s	
7	V（10）		47.97，EXE	m/s	
8	V（12）		49.96，EXE	m/s	
9	V（14）		51.22，EXE	m/s	
10	V（16）		52.02，EXE	m/s	
11	V（18）		52.52，EXE	m/s	
12	V（20）		52.84	m/s	

【例题 12-9】 试用数值积分法求标准正态分布密度函数的积分（即求分布函数值）。

$$\Phi(x)=\frac{1}{\sqrt{2\pi}}\int_0^x e^{-\frac{t^2}{2}}dt \tag{12-8}$$

（1）数学模型

众所周知，定积分

$$\int_a^b f(x)dx = F(b)-F(a) \tag{12-9}$$

的几何意义为函数 $f(x)$ 曲线下面的曲边梯形面积（图 12-7）。当函数 $f(x)$ 的原函数 $F(x)$ 不易求得或不能求得时，则一般采用近似数值积分。下面介绍常用的梯形法求定积分。

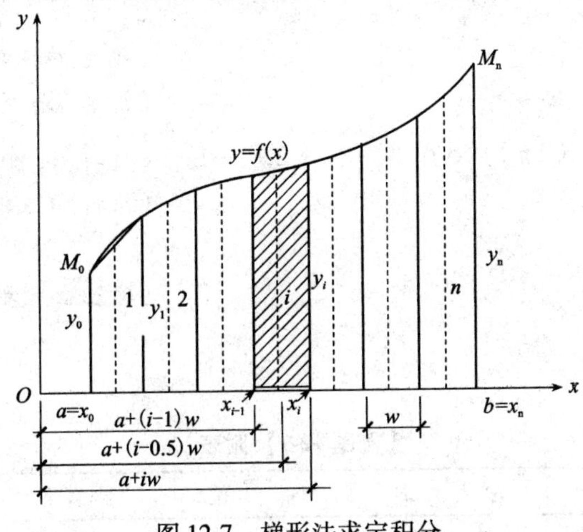

图 12-7　梯形法求定积分

将［a，b］分成 n 个相等的小区间（图 12-7），每一个小区间的宽度为

$$w=\frac{b-a}{n} \tag{a}$$

分点为 $x_0=a$，x_1，x_2，…，$x_n=b$，所对应的纵坐标为：y_0，y_1，y_2，…，y_n。通过相邻两条竖线的端点连以直线，于是得到 n 个小梯形。取这 n 个小梯形面积的和作为 M_0abM_n 曲边梯形面积的近似值。

第 i 个小梯形左端点的横坐标为

$$x_{i-1}=a+(i-1)\times w \tag{b}$$

右端点的横坐标为

$$x_i=a+iw \tag{c}$$

第 i 个小梯形中点的横坐标为

$$x_{i-0.5}=a+(i-0.5)\times w \tag{d}$$

第 i 个小梯形中点的纵坐标，即第 i 个小梯形的平均高度为

$$y_{i-0.5}=h_{i-0.5}=f[a+(i-0.5)w] \tag{e}$$

因此，第 i 个梯形的面积：

$$a_i=h_{i-0.5}w=f[a+(i-0.5)w]w \tag{f}$$

将各梯形小面积加起来，即得积分的近似值：

$$A = \sum_{i=1}^{n} a_i = \sum_{i=1}^{n} h_{i-0.5} w = \sum_{i=1}^{n} f[a + (i - 0.5)w]w \quad (12\text{-}10)$$

当划分小梯形面积的数量 n 足够多时，上式计算结果将趋近于积分 $\int_a^b f(x)\,dx$ 值。

（2）编写程序

程序名：［JIFEN］

```
"X="? →X:                                  (输入积分上限)
"N="? →N:                                  (输入划分的小梯形的数量)
0→A:                                       (将0赋给初始面积)
"W=": X÷N→W:                               (计算每一个小梯形的宽度)
For 1→I To N:                              (确定循环初值和终值)
"T=": (I-0.5) W→T                          (计算第i个小梯形中点的横坐标)
"H=": (1÷√ (2π)) e∧ (-T² ÷2) →H            (计算第i个小梯形中点的高度)
"A=": A+WH→A                               (累计曲边梯形的面积)
Next
"A=": A ◢                                  (输出函数的积分值)
```

（3）计算

计算过程见表12-7。

【例题12-9】附表 表12-7

步　骤	屏幕显示	输入数据	单　位	计算结果	说　明
1	$X=?$	2，EXE			输入积分上限
2	$N=?$	100，EXE			输入划分小梯形的数量
3	A			0.4772	输出函数的积分值

2. 格式2

（1）语句格式

```
For <初值>→<控制变量>To<终值>:
    For <初值>→<控制变量>To<终值>:
        …
          …: <语句块>: <语句块>:
        …
    Next
Next
```

（2）语句功能

一个循环语句的"语句块"中可以包括另一个循环语句，这种语句格式称为"循环语句的嵌套"。编写这种循环语句时应注意以下几点：

1）嵌套的层数不限；

2）内层循环语句应为外层循环语句的一个语句块；

3）为了便于阅读和消除错误，内层循环结构应向右缩进，同一层的 For－Next 上下对齐。

【例题 12-10】 表 12-8 为某校三位学生四科的考试成绩。试编写计算全部课程总分、平均分、最高分和最低分的程序。

【例题 12-10】　　　　**表 12-8**

	数　学	物　理	化　学	外　语
张　三	80	81	70	91
李　四	89	79	81	72
王　五	85	75	65	85

【解】（1）说明

表 12-8 中有序数字的全部称为数组，数组中的一个值（即每人某门课程的成绩）称为元素，所以，数组也可定义为元素的有序集合。显然，指定表 12-8 中的成绩（元素）需要有两个参数才能确定，即姓名和课程名称。这个参数在数学中称为下标，下标的个数称为维数。表 12-8 中的元素（变量）是二维的，而一个元素相当一个变量。因此，必须用能反映二维的字符作为它的变量。*fx*－9750*GⅡ* 计算器中的列表（串列）List n（m）是具有二维的字符，所以，可用它来表示表中的成绩。这里，用 n 表示行号（姓名），m 表示列号（课程名称）。

（2）编写程序

程序名：［SHUZU］

```
0→S:
For 1→I To 3
  For 1→J To 4
     "Z [I, J]"? →List I (J):
    S+List I (J) →S:
  Next
Next
"S": S ◢
"S -": S÷12 ◢
Ausment (List 2, List 3) →List 2:      (将第 3 个列表合并到第 2 个列表后
                                        面，组成一个新的第 2 个列表)
Ausment(List 1,List 2)→List 1:         (将新的第 2 个列表合并到第 1 个列
                                        表后面,组成一个新的第 1 列表)
12→N:
List 1(1)→M:
List 1(1)→K:
For 2→I To N:
  If M<List 1[I]:Then List 1[I]→M:IfEnd:
  If K>List 1[I]:Then List 1[I]→K:IfEnd:
```

```
Next
"Max":M ◢
"Min":K
```

注:1)按本程序计算前,须将 List1、List2 和 List3 全部数值删除(操作方法参见§12-6)。

2)Ausment 输入操作:按【OPTN】键、【F1】键(List)、【F6】(翻页),再按【F5】键。

(3)计算

计算过程见表 12-9。

【例题 12-10】附表 **表 12-9**

步　骤	屏幕显示	输入数据	单　位	计算结果	说　明
1	$Z[I,J]$?	80,EXE			输入张三数学分数
2	$Z[I,J]$?	81,EXE			输入张三物理分数
3	$Z[I,J]$?	70,EXE			输入张三化学分数
4	$Z[I,J]$?	91,EXE			输入张三外语分数
5	$Z[I,J]$?	89,EXE			输入李四数学分数
6	$Z[I,J]$?	79,EXE			输入李四物理分数
7	$Z[I,J]$?	81,EXE			输入李四化学分数
8	$Z[I,J]$?	72,EXE			输入李四外语分数
9	$Z[I,J]$?	85,EXE			输入王五数学分数
10	$Z[I,J]$?	75,EXE			输入王五物理分数
11	$Z[I,J]$?	65,EXE			输入王五化学分数
12	$Z[I,J]$?	85,EXE			输入王五外语分数
13	S			953	输出三人总分数
14	S –			79.417	输出三人平均分数
15	Max			91	输出最高分数
16	Min			65	输出最低分数

12.5.7　子程序

1. 语句格式

…:Porg"子程序名":

2. 语句功能

在编写程序过程中,有时会在程序中多处用到同样的内容,为了节省内存空间,使程序文字简洁,便于阅读和编辑,常将这部分内容单独编在一起,并取相应的文件名。这样的程序相对其他程序(主程序)而言称为子程序。当主程序在某处需要用到这部分内容时,就在该处用"调用函数"(Porg)调用子程序就可以了。其格式为:Porg"子程序名"。子程序编好以后,就和主程序一样,放在计算器文件列表中。当执行主程序遇到 Porg"子程序名"时,就跳到该子程序去执行。当执行至子程序结尾遇到"Return"(返回)时,就返回到主程序继续执行 Porg"子程序名"后面的语句。

在子程序内也可调用另外的子程序。这叫做"嵌套"。其流程图如图 12-8 所示。

3. 语句输入

在程序编辑状态下，按【SHIFT】、【VARS】(PRGM) 和【F2】键 (CTL)，在屏幕下端将显示出子程序命令 Prog、Return。按相应的功能键，即可将它们输入到程序中。

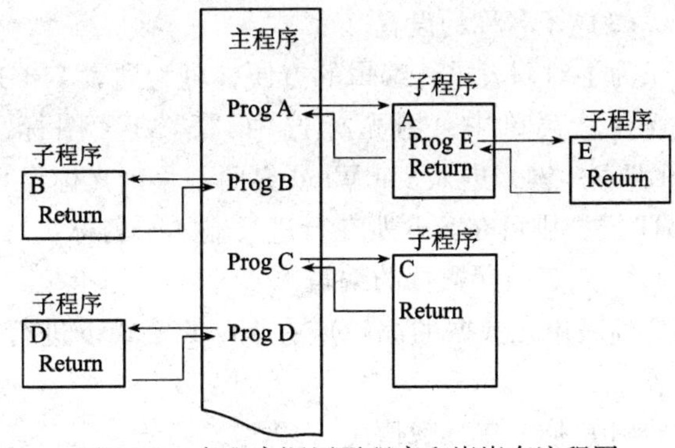

图 12-8　主程序调用子程序和嵌嵌套流程图

【例题 12-11】 已知混凝土强度等级 C20、C25 和 C30，试写出其轴心抗压强度、轴心抗拉强度和弹性模量子程序。

子程序名：“C”：

```
 “C”? →C:        (输入混凝土强度等级序号：C20，输入 20；C25—25；C30—30)
 If  C=20: Then
   “fc =”: 9.6→F: “ft =”: 1.1→T: “Ec =”: 2.55×10∧4→E:
 Else
   If  C=25: Then:
     “fc =”: 11.9→F:: “ft =”: 1.27→T: “Ec =”: 2.80×10∧4→E:
   Else
     If  C=30: Then
       “fc =”: 14.3→F: “ft =”: 1.43→T: “Ec =”: 3.00×10∧4→E:
     IfEnd:
   IfEnd:
 IfEnd:
Return:
```

§12-6　列表及其应用简介

列表又称串列，是用于存储多个数据项的列表寄存器，*fx*－9750*GⅡ* 计算器内置 6 个文件：File 1、File 2、…、File 6。每个文件含 26 个名为 List n (n＝1，2，3…，26) 的列表。在程序中应用列表 List n 时，应定义它的维数，每个列表最多可定义 999 维。其形式为 List n (m)，(n＝1，2，3，…，26；m＝1，2，3，…，999)。

1. 列表设置

List n (m) 可作为变量来使用。使用前，应按下列步骤进行设置：

(1) 设置列表文件

在总菜单中，用光标选中“STAT”图标，按【EXE】，再按【SHIFT】、【MENU】(SETUP) 键，进入 Stat Wind 界面，移动光标至 List File 后，按功能键【F1】，屏幕出现对话框，选择文件名，例如，若选 File 1，则按数字键【1】，再按【EXE】确定。

(2) 设置列表名称和定义维数 (即选择 List n (m) 中的 n、m 值)

若选取择 n＝1，m＝20，即设置 List 1 (20)，则按以下步骤进行设置：

【MENU】－【1】－【20】－【→】－【OPTE】－【F1】－【F3】－【F1】－【1】－【EXE】；

（3）子名称的设置

为了对列表进行编辑的方便，可为列表 List 1 至 List 26 指定“子名称”。设置的方法是：在总菜单中，用光标选中“STAT”图标，按【EXE】，再按【SHIFT】、【MENU】（SETUP）键，进入 Stat Wind 界面，移动光标至 Sub Namet 行，按功能键【F1】（On），按 EXIT 键，则可在 Sub 所在行进行输入子名称，每个子名称最多为 8 个字节。

2. 列表单元数据的编辑

列表单元数据的编辑应在 STAT 模式下进行。这里的“单元”是指表中数据所在的位置。

（1）插入单元数值

移动光标到需要的单元，按【F6】键，再按【F5】（INS）键，在当前单元处插入数值。

（2）删除单元数值

移动光标到需要删除的单元，按【DEL】键，删除当前的单元及其数值，其后单元的数值自动向上移一行。

（3）删除当前列表全部数值

按【F4】（DEL. A），屏幕上出现对话框，按【F1】（Yes）键，删除当前列表的全部数值。

（4）将列表 List j 合并到列表 List i 后面，组成一个新的列表 List i

1）句法格式：

Ausment（List j，List i

2）语句输入

按【OPTN】键、【F1】键（List）、【F6】（翻页），再按【F5】键，即可输入 Ausment（。

§12-7 矩阵及其应用简介

12.7.1 矩阵的命名、维数和输入

1. 矩阵的命名

fx－9750*G*Ⅱ计算器内置的矩阵是以英文大写 26 个字母 A～Z 命名的，即 Mat A 至 Mat Z，此外，还有一个矩阵答案存储器 Mat Ans，它把矩阵计算结果自动存储在矩阵答案存储器中。

2. 矩阵的维数

在主菜单中，按数字键【1】进入矩阵 RUN. MAT 模式，再按功能键【F1】，屏幕显示矩阵列表菜单，将光标移动至需要定义维数的字母矩阵行上，例如，矩阵 A，拟设定它为 3×2 的矩阵。按功能键【F3】，屏幕弹出的矩阵维数对话框，在 m 的后面输入矩阵的行数 3，在 n 的后面输入矩阵的列数 2。这样，就完成定义矩阵 A 的维数了。

fx－9750*G*Ⅱ计算器规定，每个矩阵的行数和列数的最大值均为 255。

3. 矩阵的输入与计算

在编程时遇到矩阵的运算，总是要在 PRGM 模式下进行。现以实例说明，在 PRGM 模

式下如何进行矩阵输入和计算。

【例题 12-12】 已知矩阵

$$[A]=\begin{bmatrix}3 & 2\\4 & -2\end{bmatrix},\qquad [B]=\begin{Bmatrix}12\\2\end{Bmatrix}$$

试编写矩阵 [A] 乘矩阵 [B]，即求 [C] = [A] [B] 的程序。

【解】（1）编写程序

程序名：[JZ1]

```
"a11"? →D: "a12"? →E: "a21" →F: "a22" →G ↵
"b1"? →H: "b2"? →I:
[ [D, E] [F, G]] →Mat A:
[ [H] [I]] →Mat B:
Mat A×MatB→Mat C
```

（2）计算

计算过程见表 12-10。

【例题 12-12】附表　　**表 12-10**

步　骤	屏幕显示	输入数据	单　位	计算结果	说　明
1	a_{11} = ?	3，EXE			输入矩阵 [A] 元素
2	a_{12} = ?	2，EXE			输入矩阵 [A] 元素
3	a_{21} = ?	4，EXE			输入矩阵 [A] 元素
4	a_{22} = ?	-2，EXE			输入矩阵 [A] 元素
5	b_1	12，EXE			输入矩阵 [B] 元素
6	b_2	2，EXE			输入矩阵 [B] 元素
7	c_1			40	输出矩阵 [C] 元素
8	c_2			44	输出矩阵 [C] 元素

本例答案：[C] $=\begin{Bmatrix}40\\44\end{Bmatrix}$

4. 消除矩阵行的操作

（1）语句格式：

- Row 0，A ~ Z，m

（2）语句意义：

数值 0 乘以矩阵 A ~ Z 第 m 行，结果存回原矩阵。

（3）语句输入：

- Row 的输入：进入程序编辑状态，按功能键【F4】、【F2】和【F2】，即可输入。

5. 求逆矩阵 Mat A^{-1}

按【SHIFT】键、数字键【2】（Mat）、【ALPHA】键、字母键【A】、【SHIFT】键和【)】键（x^{-1}），即可完成 Mat A^{-1} 的输入。

【例题 12-13】 试用矩阵求逆法解下列方程组：

$$7x_1+2x_2+5x_3=1$$
$$4x_1+8x_2+3x_3=0$$
$$2x_1+1x_2+6x_3=2$$

【解】 1. 手算

（1）此线性方程组的系数矩阵为

$$[A]=\begin{bmatrix}7&2&5\\4&8&3\\2&1&6\end{bmatrix}$$

（2）自由项列阵

$$[B]=\begin{Bmatrix}1\\0\\2\end{Bmatrix}$$

（3）求［A］的逆矩阵

$$[A]^{-1}=\begin{bmatrix}0.2054&-0.0319&-0.1553\\-0.0822&0.1461&0.0046\\-0.0548&-0.0137&0.2192\end{bmatrix}$$

（3）求方程的解

$$[X]=\begin{Bmatrix}x_1\\x_2\\x_3\end{Bmatrix}=[A]^{-1}[B]=\begin{Bmatrix}-0.1050\\-0.0913\\0.3836\end{Bmatrix}$$

2. 按程序计算

编写程序：

程序名：［JZ2］

（1）将线性方程组的系数值赋值给矩阵［A］的相应元素（变量）

"a_{11}"? →D："a_{12}"? →E："a_{13}"：→F：

"a_{21}"? →G："a_{22}"? →H："a_{23}"：→I：

"a_{31}"? →J："a_{32}"? →K："a_{33}"：→L：

（2）将线性方程组的自由项值赋值给列阵［B］的相应元素（变量）

"b_1"? →M："b_2"? →N："b_3"? →O：

（3）将矩阵［A］的各变量输入矩阵［A］

［［D，E，F］［G，H，I］［J，K，L］］→Mat A ：

（3）将列阵［B］的各变量输入列阵［B］

［［M］［N］［O］］→Mat B：

（4）输入矩阵［A］的逆矩阵

按【SHIFT】键、数字键【2】(Mat)、字母键【A】、【SHIFT】键和【)】键（x^{-1}），即可完成MatA^{-1}的输入；

Mat A^{-1}

（5）输入求解未知数计算公式，并赋值给列阵［X］

Mat A^{-1} × Mat B→Mat X

程序输完后，按【EXIT】键，退回到程序名，按【EXE】键，按屏幕提示输入已知数据并操作，屏幕上即可显示计算结果。

$$[X]=\begin{Bmatrix}-0.105\\-0.091\\0.3835\end{Bmatrix}$$

§12-8　疑难问题解答

1. 怎样输入程序文件名？

按【MENU】键，进入主菜单，再按数字键【9】、功能键【F3】（New），输入程序名。如需设置密码，再按【F5】设置密码。按【EXE】键进入程序输入编辑界面，将程序输入或编辑完成后，按【EXIT】键，返回程序列表界面。

程序名和密码最多允许 8 位字符，A ~ Z、r、θ、数字，以及它们的组合均可作为程序名和密码字符使用。程序列表中，在程序后凡带有星号 * 的，表示该程序设有密码。在程序列表界面底部列有：EXE（运行程序）、EDTI（编辑程序）、NEW（新建程序）、DEL（删除光标所在程序）、DEL A（删除全部程序）（提示：慎用），按对应的功能键即可操作。

2. 如何较快地从程序列表中找到程序名？

计算器中的程序列表是按数字和英文字母顺序排列的。在程序列表屏幕按功能键【F6】翻页，再按功能键【F1】（SRC）进入查找文件界面，在方框内输入文件名，然后按【EXE】键即可找到所需要的文件名。

3. 怎样将英文小写字母、希腊字母作为提示符输入到程序中？

编写程序时，为了易于识别，提示符常常采用与数学公式中符号一致的小写字母、希腊字母等。因此，要掌握这些符号的输入方法。

（1）英文小写字母的输入

在程序编辑状态下，按【ALPHA】键、按功能键【F5】（A↔a），再按字母键即可输入英文小写字母。

（2）希腊字母的输入

在程序编辑状态下，按功能键【F6】，屏幕显示字符子菜单。其中有数学字符菜单（MATH）、特殊字符菜单（SYBL）、大写希腊字母菜单（ΑΒΓ）和小写希腊字母菜单（αβγ）。按相应的功能键即可输入。

4. 在程序编辑状态下，怎样输入绝对值字符 Abs？

按【OPTN】键、【F3】（CPLR）键，再按【F2】（Abs）键，即可输入。

5. 在程序编辑状态下，如何输入双曲函数 sinh、cosh、tanh 和反双曲函数 $\sinh^{-1}$、$\cosh^{-1}$、$\tanh^{-1}$？

在程序编辑状态下，按【OPTN】键、【F6】键（翻页），再按【F2】（HYP）键，按相应的功能键即可输入。

6. 在编程时如何对文字或表达式复制、粘贴？

用计算器的粘贴功能可将程序中的一段文字或表达式，从一处复制到程序的另一处，以提高编程的效率。其步骤是：

（1）在程序编辑状态下，首先，将光标放在需要被复制的文字或表达式的前端，按【SHIFT】键、数字键【8】（CLIP）；其次，用光标将该段文字或表达式反白，按【F1】（COPY）键；然后，将光标插入到需要转移这段文字或表达式的地方，按【SHIFT】键，再按数字键【9】（PASTE）；这样，就把该段文字或表达式复制到新的地方了。

7. 怎样在两台计算器之间进行连接与设置

为了在两台计算器之间进行通信，需对其连接和设置。

（1）检查并确保两台计算器的电源都已关闭；

（2）使用计算器随附的专用电缆连接两台计算器；

（3）在两台计算器上分别打开电源，然后执行以下步骤：

1）在主菜单中，进入 LINK 模式；

2）按下【F4】（CABL）键，这时显示电缆类型选择屏幕；

3）按下【F2】（3Pin）键，将 Cable Type 设置为 3Pin。

8. 怎样在两台计算器之间进行数据通信？

（1）在接收计算器上按下【F2】（RECV）使它处于接收数据状态，屏幕显示：AC；Cancel；

（2）在发送计算器上按下【F1】（TRAN）键，进入 Select Trans Type 界面；

（3）按下【F1】（SEL）键，进入 Main Mem 界面，如需发送 Program 中全部程序，则移动光至 Program 处，然后按下【F1】（SEL）键进行选择，这时在 Program 前标有“▶”符号。如需取消这项选择，则将光标移至该项目，然后再次按【F1】（SEL）键即可；

（4）按【F6】（TRAN）进行发送，这时屏幕提示：确认是否真的要发送？若是，则按 F1（YES），否则按【F6】（NO）；

（5）如果只发送 Program 中某些程序，则移动光标至 Program，然后按下 EXE，这时屏幕出现 Main Mem 界面，将需要传输的程序逐一进行选择，即按【F1】（Sel）键。按【F6】（TRAN）键进行发送；

（6）发送完成后，接收和发送两台计算器均显示如下画面：Complete！ Press ［EXIT］。

附 录

附录A 《混凝土结构设计规范》（GB 50010—2010）材料力学指标

混凝土轴心抗压强度标准值（N/mm²） **附表 A-1**

强度	混凝土强度等级													
	C15	C20	C25	C30	C35	C40	C45	C50	C55	C60	C65	C70	75	C80
f_{ck}	10.0	13.4	16.7	20.1	23.4	26.8	29.6	32.4	35.5	38.5	41.5	44.5	47.4	50.2

混凝土轴心抗压强度标准值（N/mm²） **附表 A-2**

强度	混凝土强度等级													
	C15	C20	C25	C30	C35	C40	C45	C50	C55	C60	C65	C70	75	C80
f_{tk}	1.27	1.54	1.78	2.01	2.20	2.39	2.51	2.64	2.74	2.85	2.93	2.99	3.05	3.11

混凝土轴心抗压强度设计值（N/mm²） **附表 A-3**

强度	混凝土强度等级													
	C15	C20	C25	C30	C35	C40	C45	C50	C55	C60	C65	C70	75	C80
f_c	7.2	9.6	11.9	14.3	16.7	19.1	21.1	23.1	25.3	27.5	29.7	31.8	33.8	35.9

混凝土轴心抗压强度设计值（N/mm²） **附表 A-4**

强度	混凝土强度等级													
	C15	C20	C25	C30	C35	C40	C45	C50	C55	C60	C65	C70	75	C80
f_t	0.91	1.10	1.27	1.43	1.57	1.71	1.80	1.89	1.93	2.04	2.09	2.14	2.18	2.22

混凝土的弹性模量（$\times 10^4$ N/mm²） **附表 A-5**

混凝土强度等级	C15	C20	C25	C30	C35	C40	C45	C50	C55	C60	C65	C70	75	C80
E_c	2.20	2.55	2.80	3.00	3.15	3.25	3.35	3.45	3.55	3.60	3.65	3.70	3.75	3.80

注：1. 当有可靠试验依据时，弹性模量值也可根据实测数据确定；
2. 当混凝土中掺有大量矿物掺合料时，弹性模量可按规定龄期根据实测数据确定。

普通钢筋强度标准值 **附表 A-6**

牌　号	符　号	公称直径 d（mm）	屈服强度标准值 f_{yk}（N/mm²）	极限强度标准值 f_{stk}（N/mm²）
HPB300	ϕ	6～22	300	420
HRB335 HRBF335	Φ Φ^F	6～50	335	455

续表

牌　　号	符　　号	公称直径 d（mm）	屈服强度标准值 f_{yk}（N/mm²）	极限强度标准值 f_{stk}（N/mm²）
HRB400 HRBF400 RRB400	ϕ ϕ^{F} ϕ^{R}	6~50	400	540
HRB500 HRBF500	Φ Φ^{F}	6~50	500	630

预应力筋强度标准值（N/mm²）　　**附表 A-7**

种　　类		符　　号	公称直径 d（mm）	屈服强度标准值 f_{pyk}	极限强度标准值 f_{ptk}
中强度预应力钢丝	光面	ϕ^{PM}	5、7、9	620	800
				780	970
	螺旋肋	ϕ^{HM}		980	1270
预应力螺纹钢筋	螺纹	ϕ^{T}	18、25、32、40、50	785	980
				930	1080
				1080	1230
消除应力钢丝	光面	ϕ^{P}	5	—	1570
				—	1860
			7	—	1570
	螺旋肋	ϕ^{H}	9	—	1470
				—	1570
钢绞线	1×3（三股）	ϕ^{S}	8.6、10.8、12.9	—	1570
				—	1860
				—	1960
	1×7（七股）		9.5、12.7、15.2、17.8	—	1720
				—	1860
				—	1960
			21.6	—	1860

注：极限强度标准值为1960MPa级的钢绞线作后张预应力配筋时，应有要靠的工程经验。

普通钢筋强度设计值（N/mm²）　　**附表 A-8**

牌　　号	抗拉强度设计值 f_y	抗压强度设计值 f'_y
HPB300	270	270
HRB335、HRBF335	300	300
HRB400、HRBF400、RRB400	360	360
HRB500、HRBF500	435	410

预应力筋强度设计值（N/mm^2）　　附表 A-9

种　　类	f_{ptk}	抗拉强度设计值f_{py}	抗压强度设计值f'_{py}
中强度预应力钢丝	800	510	410
	970	650	
	1270	810	
消除应力钢丝	1470	1040	410
	1570	1110	
	1860	1320	
钢绞线	1570	1110	390
	1720	1220	
	1860	1320	
	1960	1390	
预应力螺纹钢筋	980	650	410
	1080	770	
	1230	900	

注：当预应力筋的强度标准值不符合本表的规定时，其强度设计值应进行相应的比例换算。

钢筋的弹性模量（$\times10^5N/mm^2$）　　附表 A-10

牌号或种类	弹性模量 E_s
HPB300 钢筋	2.10
HRB335、HRB400、HRB500 钢筋 HRBF335、HRBF400、HRBF500 钢筋 RRB400 钢筋 预应力螺纹钢筋	2.00
消除应力钢丝、中强度预应力钢丝	2.05
钢绞线	1.95

注：必要时可采用实测的弹性模量。

普通钢筋及预力筋在最大力下的总伸长率限值　　附表 A-11

钢筋品种	普　通　钢　筋			预应力筋
	HPB300	HRB335、HRBF335、 HRB400、HRBF400、 HRB500、HRBF500	RRB400	
δ_{gt}（%）	10.0	7.5	5.0	3.5

附录B　钢筋公称直径和截面面积

钢筋的公称直径、公称截面面积及理论重量　　附表 B-1

公称直径（mm）	不同根数钢筋的公称截面面积（mm^2）									单根钢筋理论重量（kg/m）
	1	2	3	4	5	6	7	8	9	
6	28.3	57	85	113	142	170	198	22	255	0.222
8	50.3	101	151	201	252	302	352	402	453	0.395
10	78.5	157	236	314	393	471	550	628	707	0.617
12	113.1	226	339	452	565	678	791	904	1017	0.888
14	153.9	308	461	615	769	923	1077	1231	1385	1.21
16	201.1	4402	603	804	1005	1206	1407	1608	1809	1.58
18	254.5	509	763	1017	1272	1527	1781	2036	2290	2.00(2.11)
20	314.2	628	942	1256	1570	1884	2199	2513	2827	2.47
22	380.1	760	1140	1540	1900	2281	2661	3041	3421	2.98
25	490.9	982	1473	1964	2454	2945	3436	3927	4418	3.85(4.10)
28	615.8	1232	1847	2463	3079	3695	4310	4926	5542	4.83
32	804.2	1609	2413	3217	4021	4826	5630	6434	7238	6.31(6.65)
36	1017.9	2036	3054	4072	5089	6107	7125	8143	9161	7.99
40	1256.6	2513	3770	5027	6283	7540	8796	10053	11310	9.87(10.34)
50	1963.5	3928	5892	7856	9820	11784	13748	15712	17676	15.42(16.28)

注：括号内为预应力螺纹钢筋的数值。

每米板宽内的钢筋截面面积表　　附表 B-2

钢筋间距（mm）	当钢筋直径（mm）为下列数值时的钢筋截面面积（mm^2）													
	3	4	5	6	6/8	8	8/10	10	10/12	12	12/14	14	14/16	16
70	101	179	281	404	461	719	920	1121	1369	1616	190	2199	2536	2872
75	94.3	167	262	377	524	671	859	1047	1277	1508	1780	2053	2367	2681
80	88.4	157	245	354	491	629	805	981	1198	1414	1669	1924	2218	2513
85	83.2	148	231	333	462	592	758	924	1127	1331	1571	1811	2088	2365
90	78.5	140	218	314	437	559	716	872	1064	1257	1484	1710	1972	2234
95	74.5	132	207	298	414	529	678	826	1008	1190	1405	1620	1868	2116
100	70.6	126	196	283	393	503	644	785	958	1131	1335	1539	1775	2011
110	64.2	114	178	257	357	457	585	714	871	1028	1214	1399	1614	1828
120	58.9	105	163	236	327	419	539	654	798	942	1112	1283	1480	1676
125	56.5	100	157	226	314	402	515	628	766	905	1068	1232	1420	1608

续表

钢筋间距（mm）	当钢筋直径（mm）为下列数值时的钢筋截面面积（mm^2）													
	3	4	5	6	6/8	8	8/10	10	10/12	12	12/14	14	14/16	16
130	54.4	96.6	151	218	302	387	495	604	737	870	1027	1184	1366	1547
140	50.5	89.7	140	202	281	359	460	561	684	808	954	1100	1268	1436
150	47.1	83.8	131	189	262	335	429	523	639	754	890	1026	1188	1340
160	44.1	78.5	123	177	246	314	403	491	599	707	834	962	1110	1257
170	41.5	73.9	115	166	231	296	370	462	564	665	786	906	1044	1183
180	39.2	69.8	109	157	218	279	358	436	532	628	742	855	985	1117
190	37.2	66.1	103	149	207	265	339	413	504	595	702	810	934	1053
200	35.3	62.8	98.2	141	196	251	322	393	479	565	668	770	888	1005
220	32.1	57.1	89.3	129	178	228	292	357	436	514	607	700	807	914
240	29.4	52.4	81.9	118	164	209	268	327	399	471	556	641	740	838
250	28.3	50.2	78.5	113	157	201	258	314	383	452	534	616	710	804
260	27.2	48.3	75.5	109	151	193	248	302	368	435	514	592	682	773
280	25.2	44.9	70.1	101	140	180	230	281	342	404	477	550	634	718
300	23.6	41.9	65.5	94	131	168	215	262	320	377	445	513	592	670
320	22.1	39.2	61.4	88	123	157	201	245	299	353	417	481	554	628

注：表中钢筋直径中的6/8、8/10等系指两种直径的钢筋间隔放置。

钢筋组合表　　**附表B-3**

1根				2根		3根		4根	
直径	面积（mm^2）	周长（mm）	每米质量（kg/m）	根数及直径	面积（mm^2）	根数及直径	面积（mm^2）	根数及直径	面积（mm^2）
ϕ3	7.1	9.4	0.055	2ϕ10	157	3ϕ12	339	4ϕ12	452
ϕ4	12.6	12.6	0.099	1ϕ10 + ϕ12	192	2ϕ12 + 1ϕ14	380	3ϕ12 + 1ϕ14	493
ϕ5	19.6	15.7	0.154	2ϕ12	226	1ϕ12 + 2ϕ14	421	2ϕ12 + 2ϕ14	534
ϕ5.5	23.8	17.3	0.197	1ϕ12 + ϕ14	267	3ϕ14	461	1ϕ12 + 3ϕ14	575
ϕ6	28.3	18.9	0.222	2ϕ14	308	2ϕ14 + 1ϕ16	509	4ϕ14	615
ϕ6.5	33.2	20.4	0.260	1ϕ14 + ϕ16	355	1ϕ14 + 2ϕ15	556	3ϕ14 + 1ϕ16	663
ϕ7	38.5	22.0	0.302	2ϕ16	402	3ϕ16	603	2ϕ14 + 2ϕ16	710
ϕ8	50.3	25.1	0.395	1ϕ16 + ϕ18	456	2ϕ16 + 1ϕ18	657	1ϕ14 + 3ϕ16	757
ϕ9	63.6	28.3	0.499	2ϕ18	509	1ϕ16 + 2ϕ18	710	4ϕ16	804
ϕ10	78.5	31.4	0.617	1ϕ18 + ϕ20	569	3ϕ18	763	3ϕ16 + 1ϕ18	858
ϕ12	113	37.7	0.888	2ϕ20	628	2ϕ18 + 1ϕ20	823	2ϕ16 + 2ϕ18	911
ϕ14	154	44.0	1.21	1ϕ20 + ϕ22	694	1ϕ18 + 2ϕ20	883	1ϕ16 + 3ϕ18	965
ϕ16	201	50.3	1.58	2ϕ22	760	3ϕ20	941	4ϕ18	1017
ϕ18	255	56.5	2.00	1ϕ22 + ϕ25	871	2ϕ20 + 1ϕ22	1009	3ϕ18 + 1ϕ20	1078
ϕ19	284	59.7	2.23	2ϕ25	982	1ϕ20 + 2ϕ22	1074	2ϕ18 + 2ϕ20	1137
ϕ20	321.4	62.8	2.47			3ϕ22	1140	1ϕ18 + 3ϕ20	1197

续表

1根				2根		3根		4根	
直径	面积（mm²）	周长（mm）	每米质量（kg/m）	根数及直径	面积（mm²）	根数及直径	面积（mm²）	根数及直径	面积（mm²）
φ22	380	69.1	2.98			2φ22+1φ25	1251	4φ20	1256
φ25	491	78.5	3.85			1φ22+2φ25	1362	3φ20+1φ22	1323
φ28	615	88.0	4.83			3φ25	1473	2φ20+2φ22	1389
φ30	707	94.2	5.55					1φ20+3φ22φ	1455
φ32	804	101	6.31					4φ22	1520
φ36	1020	113	7.99					3φ22+1φ25	1631
φ40	1260	126	9.87					2φ22+2φ25	1742
								1φ22+3φ25	1853
								4φ25	1964

5根		6根		7根		8根	
根数及直径	面积（mm²）	根数及直径	面积（mm²）	根数及直径	面积（mm²）	根数及直径	面积（mm²）
5φ12	565	6φ12	678	7φ12	791	8φ12	904
4φ12+1φ14	606	4φ12+2φ14	760	5φ12+2φ14	873	6φ12+2φ14	986
3φ12+2φ14	647	3φ12+3φ14	801	4φ12+3φ14	914	5φ12+3φ14	1027
2φ12+3φ14	688	2φ12+4φ14	842	3φ12+4φ14	955	4φ12+4φ14	1068
1φ12+4φ14	729	1φ12+5φ14	883	2φ12+5φ14	996	3φ12+5φ14	1109
5φ14	769	6φ14	923	7φ14	1077	2φ12+6φ14	1150
4φ14+1φ16	817	4φ14+2φ16	1018	5φ14+2φ16	1172	8φ14	1231
3φ14+2φ16	864	3φ14+3φ16	1065	4φ14+3φ16	1219	6φ14+2φ16	1326
2φ14+3φ16	911	2φ14+4φ16	1112	3φ14+4φ16	1266	5φ14+3φ16	1373
1φ14+4φ16	958	1φ14+5φ16	1159	2φ14+5φ16	1313	4φ14+4φ16	1420
5φ16	1005	6φ16	1206	7φ16	1407	3φ14+5φ16	1467
4φ16+1φ18	1059	4φ16+2φ8	1313	5φ16+2φ18	1514	2φ14+6φ16	1514
3φ16+2φ18	1112	3φ16+3φ18	1367	4φ16+3φ18	1568	8φ16	1608
2φ16+3φ18	1166	2φ16+4φ18	1420	3φ16+4φ18	1621	6φ16+2φ18	1716
1φ16+4φ18	1219	1φ16+5φ18	1474	2φ16+5φ18	1675	5φ16+3φ18	1769
5φ18	1272	6φ18	1526	7φ18	1780	4φ16+4φ18	1822
4φ18+1φ20	1332	4φ18+2φ20	1646	5φ18+2φ20	1901	3φ16+5φ18	1876
3φ18+2φ20	1392	3φ18+3φ20	1706	4φ18+3φ20	1961	2φ16+6φ18	1929

续表

5根		6根		7根		8根	
根数及直径	面积（mm^2）	根数及直径	面积（mm^2）	根数及直径	面积（mm^2）	根数及直径	面积（mm^2）
2ϕ18+3ϕ20	1452	2ϕ18+4ϕ20	1766	3ϕ18+4ϕ20	2020	8ϕ18	2036
1ϕ18+4ϕ20	1511	1ϕ18+5ϕ20	1826	2ϕ18+5ϕ20	2080	6ϕ18+2ϕ20	2155
5ϕ20	1570	6ϕ20	1884	7ϕ20	2200	5ϕ18+3ϕ20	2215
4ϕ20+1ϕ122	1637	4ϕ20+2ϕ22	2017	5ϕ20+2ϕ22	2331	4ϕ18+4ϕ22	2275
3ϕ20+2ϕ22	1703	3ϕ20+3ϕ22	2083	4ϕ20+3ϕ22	2397	3ϕ18+5ϕ20	2335
2ϕ20+3ϕ22	1769	2ϕ20+4ϕ22	2149	3ϕ20+4ϕ22	2463	2ϕ18+6ϕ20	2304
1ϕ20+4ϕ22	1835	1ϕ20+5ϕ22	2215	2ϕ20+5ϕ22	2529	8ϕ20	2513
5ϕ22	1900	6ϕ22	2281	7ϕ22	2661	6ϕ20+2ϕ22	2646
4ϕ22+1ϕ25	2011	4ϕ22+2ϕ25	2502	5ϕ22+2ϕ25	2882	5ϕ20+3ϕ22	2711
3ϕ22+2ϕ25	2122	3ϕ22+3ϕ25	2613	4ϕ22+3ϕ25	2993	4ϕ20+4ϕ22	2777
2ϕ22+3ϕ25	2233	2ϕ22+4ϕ25	2724	3ϕ22+4ϕ25	3104	3ϕ20+5ϕ22	2843
1ϕ22+4ϕ25	2344	1ϕ22+5ϕ25	2835	2ϕ22+5ϕ25	3215	2ϕ20+6ϕ22	2909
5ϕ25	2454	6ϕ25	2945	7ϕ25	3436	8ϕ22	3041
						6ϕ22+2ϕ25	3263
						5ϕ22+3ϕ25	3373
						4ϕ22+4ϕ25	3484
						3ϕ22+5ϕ25	3595
						2ϕ22+6ϕ25	3706
						8ϕ25	3927

钢绞线的公称直径、公称截面面积及理论重量　　**附表 B-4**

种类	公称直径（mm）	公称左面面积（mm^2）	理论重量（kg/m）
1×3	8.6	37.7	0.296
	10.8	58.9	0.462
	12.9	84.8	0.666
1×7标准型	9.5	54.8	0.430
	12.7	98.7	0.775
	15.2	140	1.101
	17.8	191	1.500
	21.6	285	2.237

钢丝的公称直径、公称截面面积及理论重量 **附表 B-5**

公称直径（mm）	公称截面面积（mm^2）	理论重量（kg/m）	公称直径（mm）	公称截面面积（mm^2）	理论重量（kg/m）
3. 0	7. 07	0. 055	7. 0	38. 48	0. 302
4. 0	12. 57	0. 099	8. 0	50. 26	0. 394
5. 0	19. 63	0. 154	9. 0	63. 62	0. 499
6. 0	28. 27	0. 222			

附录C 《混凝土结构设计规范》（GB 50010—2010）有关规定

混凝土保护层的最小厚度 c（mm） **附表 C-1**

环境类别	板、墙、壳	梁、柱、杆
一	15	20
二 a	20	25
二 b	25	35
三 a	30	40
三 b	40	50

注：1. 混凝土强度等级不大于 C25 时，表中保护层厚度数值应增加 5mm；
2. 钢筋混凝土基础宜设置混凝土垫层，基础中钢筋的混凝土保护层厚度应从垫层顶面算起，且不应小于 40mm。

纵向受力钢筋的最小配筋百分率 ρ_{min}（%） **附表 C-2**

受力类型			最小配盘百分率
受压构件	全部纵向钢筋	强度等级 500MPa	0.50
		强度等级 400MPa	0.55
		强度等 300MPa、335MPa	0.60
	一侧纵向钢筋		0.20
受弯构件、偏心受拉、轴心受拉构件一侧的受拉钢筋			0.20 和 $45f_t/f_y$ 中的较大值

注：1. 受压构件全部纵向钢筋最小配筋百分率，当采用 C60 以上强度等级的混凝土时，应按表中规定增加 0.10；
2. 板类受栾构件（不包括悬臂板）的受拉钢筋，当采用强度等级 400MPa、500MPa 的钢筋时，其最小配筋百分率应允许采用 0.15 和 $45f_t/f_y$ 中的较大值；
3. 偏心受拉构件中的受压钢筋，应按受压构件一侧纵向钢筋考虑；
4. 受压构件的全部纵向钢筋和一侧纵向钢筋的配筋率以及轴心受拉构件和小偏心受拉构件一侧受拉钢筋的配筋率，均应按构件的全截面面积计算；
5. 受弯构件、大偏受拉构件一侧受拉钢筋的配筋率应按全截面面积扣除受压翼缘面积（$b_f'-b$）h_f'后的截面面积计算；
6. 当钢筋沿构件截面周边布置时，“一侧纵向钢筋”系指沿受力方向两个对边中一边布置的纵向钢筋。

受弯构件的挠度限值 **附表 C-3**

构件类型	挠度限值	
吊车梁	手动吊车	$l_0/500$
	电动吊车	$l_0/600$
屋盖、楼盖及楼梯构件	当 $l_0/<7$m 时	$l_0/200$（$l_0/250$）
	当 7m$\leq l_0 \leq$9m 时	$l_0/250$（$l_0/300$）
	当 $l_0>9$m 时	$l_0/300$（$l_0/400$）

注：1. 表中 l_0 为构件的计算跨度；计算悬臂构件的挠度限值时，其计算跨度 l_0 按实际悬臂长度的 2 倍取用；
2. 表中括号内的数值适用于使用上对挠度有较高要求的构件；
3. 如果构件制作时预先起拱，且使用上也允许，则在验算挠度时，可将计算所得的挠度值减去起拱值；对预应力混凝土构件，尚可减去预加力所产生的反拱值；
4. 构件制作时的起拱值和预加力所产生的反拱值，不宜超过构件在相应荷载组合作用下的计算挠度值。

结构构件的裂缝控制等级及最大裂缝宽度的限值（mm）　　附表 C-4

<table>
<tr><th rowspan="2">环境类别</th><th colspan="2">钢筋混凝土结构</th><th colspan="2">预应力混凝土结构</th></tr>
<tr><th>裂缝控制等级</th><th>w_{lim}</th><th>裂缝控制等级</th><th>w_{lim}</th></tr>
<tr><td>一</td><td rowspan="4">三级</td><td>0.30（0.40）</td><td rowspan="2">三级</td><td>0.20</td></tr>
<tr><td>二 a</td><td rowspan="3">0.20</td><td>0.10</td></tr>
<tr><td>二 b</td><td>二级</td><td>—</td></tr>
<tr><td>三 a、三 b</td><td>一级</td><td>—</td></tr>
</table>

注：1. 对处于年平均相对湿度小于60%地区一类环境下的受弯构件，其最大裂缝宽度限值可采用括号内的数值；
2. 在一类环境下，对钢筋混凝土屋架、托架及需作疲劳验算的吊车梁，其最大裂缝宽度限值应取为0.20mm；对钢筋混凝土屋面梁和托梁，其最大裂缝宽度限值应取为0.30mm；
3. 在一类环境下，对预应力混凝土屋架、托架及双向板体系，应按二级裂缝控制等级进行验算；对一类环境下的预应力混凝土屋面梁、托梁、单向板，应按表中二 a 级环境的要求进行验算；在一类和二 a 类环境下需作疲劳验算的预应力混凝土吊车梁，应按裂缝控制等级不低于二级的构件进行验算；
4. 表中规定的预应力混凝土构件的裂缝控制等级和最大裂缝宽度限值仅适用于正截面的验算；预应力混凝土构件的斜截面裂缝控制验算应符合本规范第7章的有关规定；
5. 对于烟囱、筒仓和处于液体压力下的结构，其裂缝控制要求应符合专门标准的有关规定；
6. 对于处于四、五类环境下的结构构件，其裂缝控制要求应符合专门标准的有关规定；
7. 表中的最大裂缝宽度限值为用于验算荷载作用引起的最大裂缝宽度。

截面抵抗矩塑性影响系数基本值 γ_m　　附表 C-5

<table>
<tr><th>项　次</th><th>1</th><th>2</th><th colspan="2">3</th><th colspan="2">4</th><th>5</th></tr>
<tr><td rowspan="2">截面形状</td><td rowspan="2">矩形截面</td><td rowspan="2">翼缘位于受压区的T形截面</td><td colspan="2">对称I形截面或箱形截面</td><td colspan="2">翼缘位于受拉区的倒T形截面</td><td rowspan="2">圆形和环形截面</td></tr>
<tr><td>$b_f/b \leq 2$、h_f/h 为任意值</td><td>$b_f/b > 2$、$h_f/h < 0.2$</td><td>$b_f/b \leq 2$、h_f/h 为任意值</td><td>$b_f/b > 2$、$h_f/h < 0.2$</td></tr>
<tr><td>γ_m</td><td>1.55</td><td>1.50</td><td>1.45</td><td>1.35</td><td>1.50</td><td>1.40</td><td>$1.6 \sim 0.24 r_1/r$</td></tr>
</table>

注：1. 对 $b_f' > b_f$ 的I形截面，可按项次2与项次3之间的数值采用；对 $b_f' > b_f$ 的I形截面，可按项次3与项次4之间的数值采用；
2. 对于箱形截面，b 系指各肋宽度的总和；
3. r_1 为环形截面的内环半径，对圆形截面取 r_1 为零。

附录 D　等截面等跨连续梁在常用荷载作用下内力系数表

连续梁跨度数	序号	荷载简图	跨内最大弯矩			支座弯矩	横向剪力				
			M_1		M_2	M_B	V_A		$V_{B左}$	$V_{B右}$	V_C
两跨梁	1	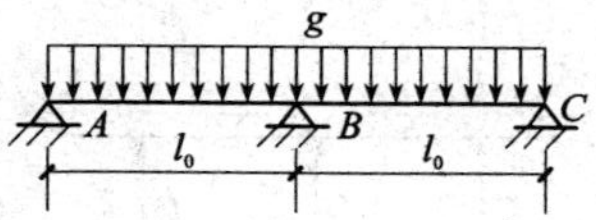	k_1	0.070	0. 070	-0.125①	k_3	0.375	-0.625②	0.625②	-0.375
	2	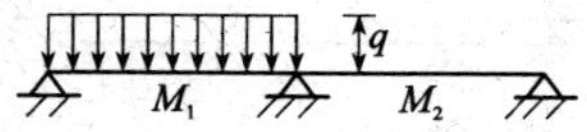	k_2	0.096	-0.025	-0.063	k_4	0.437	-0.563	0.063	0.063
	3	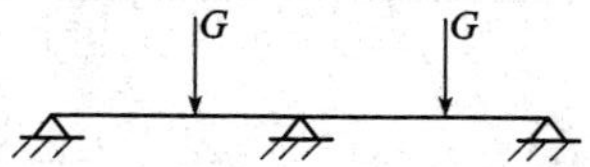	k_1	0.156	0.156	-0.188①	k_3	0.312	-0.688②	0.688②	-0.312
	4	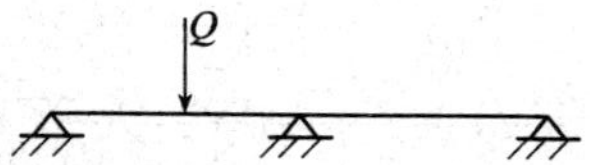	k_2	0.203	0.047	-0.094	k_4	0.406	-0.594	0.094	0.094
	5	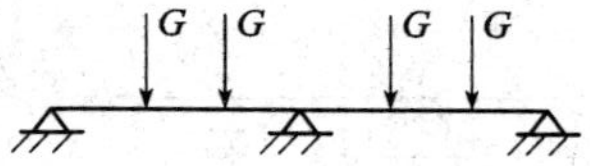	k_1	0.222	0.222	-0.333①	k_3	0.667	-1.334②	1.334②	-0.667
	6	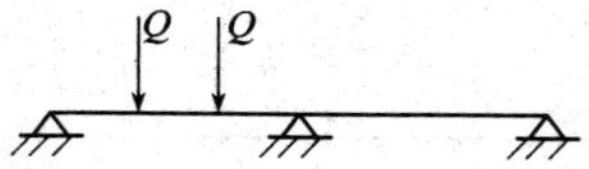	k_2	0.278	-0.056	-0.167	k_4	0.833	-1.167	0.167	0.167

续表

连续梁跨度数	序号	荷载简图	跨内最大弯矩			支座弯矩		横向剪力						
				M_1	M_2	M_B	M_C		V_A	$V_{B左}$	$V_{B右}$	$V_{C左}$	$V_{C右}$	V_D
三跨梁	1		k_1	0.080	0.025	-0.010	-0.100	k_3	0.400	-0.600	0.500	-0.500	0.600	-0.400
	2		k_2	0.101	-0.050	-0.050	-0.050	k_4	0.450	-0.550	0.000	0.000	0.550	-0.450
	3		k_2	-0.025	0.075	-0.050	-0.050	k_4	-0.050	-0.050	0.500	-0.500	0.050	0.050
	4		k_2	0.073	0.054	-0.117	-0.033	k_4	0.383	-0.617	0.583	-0.417	0.033	0.033
	5		k_2	0.094	—	-0.067	-0.017	k_4	0.433	-0.597	0.083	0.083	-0.017	-0.017
	6		k_1	0.175	0.100	-0.150	-0.150	k_3	0.350	-0.650	0.500	-0.500	0.650	-0.350
	7		k_2	0.213	-0.075	-0.075	-0.075	k_4	0.420	-0.575	0.000	0.000	0.575	-0.425
	8		k_2	-0.038	0.175	-0.075	-0.075	k_4	-0.075	-0.075	0.500	-0.500	0.075	0.075
	9		k_2	0.162	0.137	-0.175	-0.050	k_4	0.325	-0.675	0.65	-0.375	0.050	0.050
	10		k_2	0.200	—	-0.100	-0.025	k_4	0.400	-0.600	0.125	0.125	-0.025	-0.025

续表

连续梁跨度数	序号	荷载简图	跨内最大弯矩			支座弯矩		横向剪力						
				M_1	M_2	M_B	M_C		V_A	$V_{B左}$	$V_{B右}$	$V_{C左}$	$V_{C右}$	V_D
三跨梁	11		k_1	0.0244	0.067	-0.267	-0.267	k_3	0.733	-1.267	1.000	-1.000	1.267	-0.733
	12		k_2	0.289	-0.133	-0.133	-0.133	k_4	0.866	-1.134	0.000	0.000	1.134	-0.866
	13		k_2	-0.044	0.200	-0.133	-0.133	k_4	-0.133	-0.133	1.000	-1.000	0.133	0.133
	14		k_2	0.229	0.170	-0.311	-0.089	k_4	0.689	-1.311	1.222	-0.778	0.089	0.089
	15		k_2	0.274	—	-0.178	-0.044	k_4	0.822	-1.178	0.222	0.222	-0.044	-0.044

连续梁跨度数	序号	荷载简图	跨内最大弯矩					支座弯矩			横向剪力								
				M_1	M_2	M_3	M_4	M_B	M_C	M_D		V_A	$V_{B左}$	$V_{B右}$	$V_{C左}$	$V_{C右}$	$V_{D左}$	$V_{D右}$	V_B
四跨梁	1	g; A B C D E; l_0 l_0 l_0 l_0	k_1	0.077	0.036	0.036	0.077	-0.107	-0.071	-0.107	k_3	0.393	-0.607	0.536	-0.464	0.464	-0.536	0.607	-0.393
	2	q	k_2	0.100	-0.045	0.081	-0.023	-0.054	-0.036	-0.054	k_4	0.446	-0.554	0.018	0.018	0.182	-0.418	0.054	0.054
	3	q	k_2	0.072	0.061	—	0.098	-0.121	-0.018	0.058	k_4	0.380	-0.620	-0.603	-0.397	-0.040	-0.040	0.558	-0.442
	4	q	k_2	—	0.056	0.056	—	-0.036	-0.107	-0.036	k_4	-0.036	-0.036	0.429	-0.571	0.571	-0.429	0.036	0.036

续表

连续梁跨度数	序号	荷载简图		跨内最大弯矩				支座弯矩				横向剪力							
				M_1	M_2	M_3	M_4	M_B	M_C	M_D		V_A	$V_{B左}$	$V_{B右}$	$V_{C左}$	$V_{C右}$	$V_{D左}$	$V_{D右}$	V_B
	5	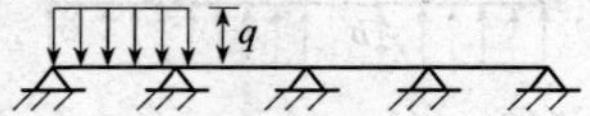	k_2	0.094	—	—	—	-0.067	-0.018	-0.004	k_4	0.433	-0.567	0.085	0.085	-0.022	-0.022	0.004	0.004
	6	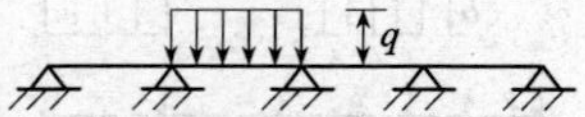	k_2	—	0.074	—	—	-0.049	-0.054	0.013	k_4	0.049	-0.049	0.496	-0.504	0.067	0.067	-0.013	-0.015
	7	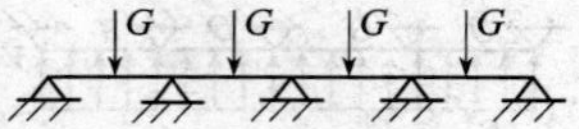	k_1	0.169	0.116	0.116	0.169	-0.161	-0.107	-0.161	k_3	0.339	-0.661	0.558	-0.446	0.446	-0.554	0.661	-0.339
	8	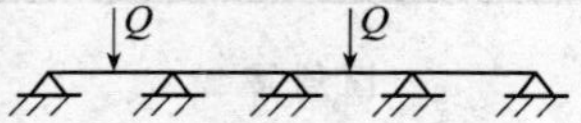	k_2	0.210	-0.067	0.183	-0.040	-0.080	-0.054	-0.080	k_4	0.420	-0.580	0.027	0.027	0.473	-0.527	0.080	0.080
	9	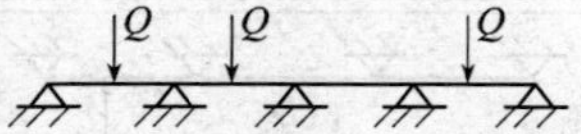	k_2	0.159	0.146	—	0.206	-0.181	-0.027	-0.087	k_4	0.319	-0.681	0.654	-0.346	-0.060	-0.060	0.587	-0.413
四跨梁	10	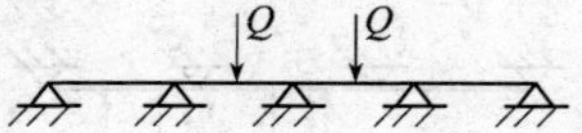	k_2	—	0.142	0.142	—	-0.054	-0.161	-0.054	k_4	0.054	-0.054	0.393	-0.607	0.607	-0.393	0.054	0.054
	11	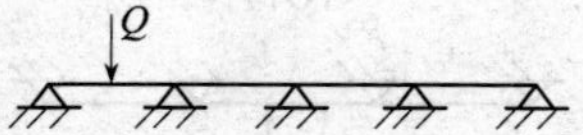	k_2	0.200	—	—	—	-0.100	0.027	-0.007	k_4	0.400	-0.600	0.127	0.127	-0.033	-0.033	0.007	0.007
	12	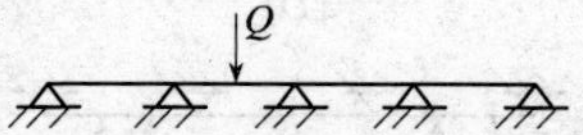	k_2	—	0.173	—	—	-0.074	-0.080	0.020	k_4	-0.074	-0.074	0.493	-0.507	0.100	0.1400	-0.020	-0.020
	13	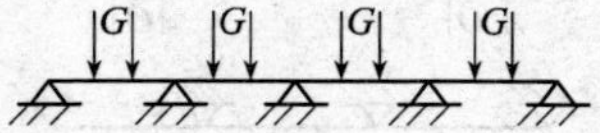	k_1	0.238	0.111	0.111	0.238	-0.286	-0.191	-0.286	k_3	0.714	-1.286	1.095	-0.905	0.95	-1.095	1.286	-0.714
	14	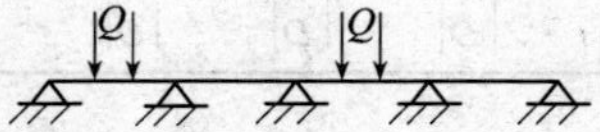	k_2	0.286	-0.111	0.222	-0.048	-0.143	-0.095	-0.143	k_4	0.857	-1.143	0.048	0.048	0.952	-10.48	0.143	0.143
	15	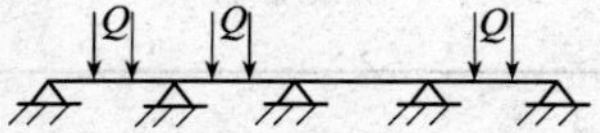	k	0.226	0.194	—	0.282	-0.321	-0.048	-0.155	k_4	0.679	-1.321	1.274	-0.726	-0.107	-0.107	1.155	-0.845

续表

连续梁跨度数	序号	荷载简图		跨内最大弯矩				支座弯矩				横向剪力							
				M_1	M_2	M_3	M_4	M_B	M_C	M_D		V_A	$V_{B左}$	$V_{B右}$	$V_{C左}$	$V_{C右}$	$V_{D左}$	$V_{D右}$	V_B
四跨梁	16		k_2	—	0.175	0.175	—	0.095	-0.286	-0.095	k_4	-0.095	-0.095	0.810	-1.190	1.090	-0.810	0.095	0.095
	17		k_2	0.274	—	—	—	-0.178	0.048	-0.012	k_4	0.822	-1.178	0.226	0.226	-0.060	-0.060	0.012	0.012
	18		k_2	—	0.198	—	—	-0.131	-0.143	0.036	k_4	-0.131	-0.131	0.988	-1.012	0.178	0.178	-0.036	-0.036

连续梁跨度数	序号	荷载简图		跨内最大弯矩			支座弯矩					横向剪力									
				M_1	M_2	M_3	M_B	M_C	M_D	M_E		V_A	$V_{B左}$	$V_{B右}$	$V_{C左}$	$V_{C右}$	$V_{D左}$	$V_{D右}$	$V_{E左}$	$V_{E右}$	V_F
五跨梁	1		k_1	0.0781	0.0331	0.462	-0.105	-0.079	-0.079	-0.105	k_3	0.394	-0.606	0.526	-0.474	0.500	-0.500	0.474	-0.526	0.606	-0.394
	2		k_2	0.1000	-0.0461	0.855	-0.053	-0.040	-0.040	-0.053	k_4	0.447	-0.553	0.013	0.013	0.500	-0.500	-0.013	-0.013	0.553	-0.447
	3		k_2	-0.0263	0.0787	-0.395	-0.053	-0.040	-0.040	-0.053	k_4	-0.053	-0.053	0.513	-0.487	0.000	0.000	0.487	0.513	0.053	0.053
	4		k_2	0.073	0.059③/0.078	—	-0.119	-0.022	-0.044	-0.051	k_4	0.380	-0.620	0.598	-0.402	-0.023	-0.023	0.493	-0.507	0.052	0.052
	5		k_2	—④/0.098	0.055	0.064	-0.035	-0.111	-0.020	-0.057	k_4	-0.035	-0.035	0.424	-0.576	0.591	-0.409	-0.037	-0.037	0.557	-0.443
	6		k_2	0.094	—	—	-0.067	0.018	-0.005	0.001	k_4	0.433	-0.567	0.085	0.085	-0.023	-0.023	0.006	0.006	-0.001	-0.001

续表

连续梁跨度数	序号	荷载简图		跨内最大弯矩			支座弯矩					横向剪力									
				M_1	M_2	M_3	M_B	M_C	M_D	M_E		V_A	$V_{B左}$	$V_{B右}$	$V_{C左}$	$V_{C右}$	$V_{D左}$	$V_{D右}$	$V_{E左}$	$V_{E右}$	V_F
五跨梁	7		k_2	—	0.074	—	-0.049	-0.054	-0.014	-0.004	k_4	-0.049	-0.049	0.495	-0.505	-0.068	-0.068	-0.018	0.018	0.004	0.004
	8		k_4	—	—	0.072	0.013	-0.053	-0.053	0.013	k_4	0.013	0.013	-0.066	-0.066	0.500	-0.500	0.066	0.066	-0.013	-0.013
	9		k_1	0.171	0.112	0.132	-0.158	-0.118	-0.118	-0.158	k_3	0.342	-0.658	0.540	-0.460	0.500	-0.500	0.460	-0.540	0.658	-0.342
	10		k_2	0.211	-0.069	0.191	-0.079	-0.059	-0.059	-0.079	k_4	0.421	-0.579	0.020	0.020	0.500	-0.500	-0.020	-0.020	0.579	-0.421
	11		k_2	0.039	0.181	-0.059	-0.079	-0.059	-0.059	-0.079	k_4	-0.079	-0.079	0.520	-0.480	0.000	0.000	0.480	-0.520	0.079	0.079
	12		k_2	0.160	0.144③/0.178	—	-0.179	-0.032	-0.066	-0.077	k_4	0.321	-0.679	0.647	-0.353	-0.034	-0.034	0.489	-0.511	0.077	0.077
	13		k_2	—④/0.207	0.140	0.151	-0.052	-0.167	-0.031	-0.086	k_4	-0.052	-0.052	0.385	-0.615	0.637	-0.363	-0.056	-0.056	0.586	-0.414
	14		k_2	0.200	—	—	-0.100	0.027	-0.007	0.002	k_4	0.400	-0.600	0.127	0.127	-0.034	-0.034	0.009	0.009	-0.002	-0.002
	15		k_2	—	0.173	—	-0.073	-0.081	0.022	-0.005	k_4	-0.073	-0.073	0.493	-0.507	0.102	0.102	-0.027	-0.027	0.005	0.005
	16		k_2	—	—	0.171	0.020	-0.079	0.079	0.020	k_4	0.020	0.020	-0.099	-0.099	0.500	-0.500	0.099	0.099	-0.020	-0.020

续表

连续梁跨度数	序号	荷载简图	跨内最大弯矩				支座弯矩				横向剪力										
				M_1	M_2	M_3	M_B	M_C	M_D	M_E		V_A	$V_{B左}$	$V_{B右}$	$V_{C左}$	$V_{C右}$	$V_{D左}$	$V_{D右}$	$V_{E左}$	$V_{E右}$	V_F
五跨梁	17	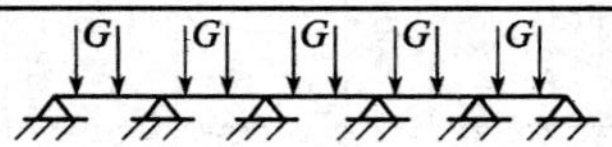	k_1	0.240	0.100	0.122	-0.281	-0.211	-0.211	-0.281	k_3	0.719	-1.281	1.070	-0.930	1.000	-1.000	0.930	-1.070	1.281	-0.719
	18	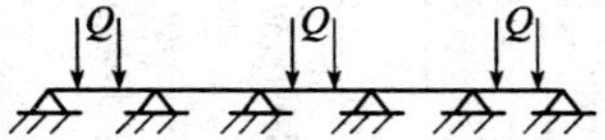	k_2	0.287	-0.117	0.228	-0.140	-0.105	-0.105	-0.140	k_4	0.860	-1.140	0.035	0.035	1.000	-1.000	-0.035	-0.035	1.140	-0.860
	19	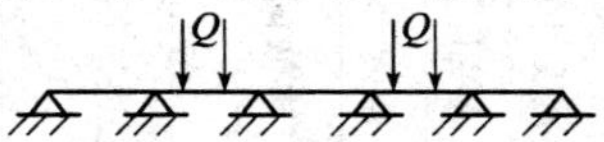	k_2	-0.047	-0.0216	-0.105	-0.140	-0.105	-0.105	-0.140	k_4	-0.140	-0.140	1.035	-0.965	0.000	0.000	0.965	-1.035	0.140	0.140
	20	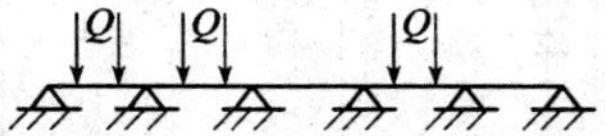	k_2	0.227	$\frac{0.189^{③}}{0.209}$	—	-0.319	-0.057	-0.118	-0.137	k_4	0.681	-1.319	1.262	-0.738	-0.061	-0.061	0.981	-1.019	0.137	0.137
	21	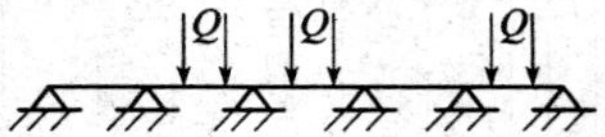	k_2	$\frac{—^{④}}{0.282}$	0.172	0.198	-0.093	-0.297	-0.054	-0.153	k_4	-0.093	-0.093	0.796	-1.204	1.243	-0.757	-0.099	-0.099	1.153	-0.847
	22	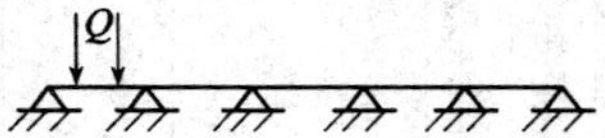	k_2	0.274	—	—	-0.179	0.048	-0.013	0.003	k_4	0.821	-1.179	0.227	0.227	-0.061	-0.061	0.016	0.016	-0.003	-0.003
	23	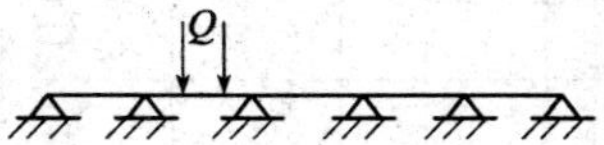	k_2	—	0.198	—	0.131	0.144	0.038	-0.010	k_4	-0.131	-0.131	0.987	-1.013	0.182	0.182	-0.48	-0.048	0.010	0.010
	24	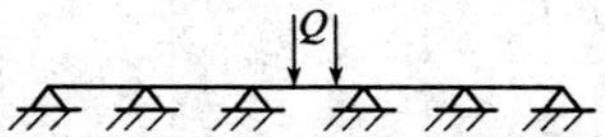	k_2	—	—	0.193	0.035	-0.140	-0.140	0.035	k_4	0.035	0.035	-0.175	-0.175	1.000	-1.000	0.175	0.175	-0.035	-0.035

① 在两跨都布置活荷载时，系数 k_2 取此处 k_1 数值。

② 在两跨都布置活荷载时，系数 k_4 取此处 k_3 数值。

均布荷载 $M = K_1 g l_0^2 + K_2 q l_0^2$ $V = K_3 g l_0 + K_4 q l_0$

集中荷载 $M = K_1 G l_0 + K_2 Q l_0$ $V = K_3 G + K_4 Q$

式中 g——单位长度上的均布恒载；

q——单位长度上的均布活荷载；

G——集中恒载；

Q——集中活荷载；

$K_1 \sim K_4$——由表中相应栏内查得。

③ 分子及分母分别为 M_2 及 M_4 的弯矩系数。

④ 分子及分母分别为 M_1 及 M_5 的弯矩系数。

附录E 计算程序索引

编号	主程序名	子程序名	程序功能说明	章节	页次
1	PF		已知可靠指标β，求失效概率P_f	§2-2	12
2	BEITA		已知结构钢拉杆内力和承载力统计特性，求拉杆的可靠指标β	§2-2	14
3	M1	C20，G，D-AS，P，JIAN	单筋矩形截面梁、单向板配筋计算	§4-6	–
4	YUPEN	C20，G，JIAN	雨篷板配筋计算	§4-6	–
5	M2	C20，G，D-AS，	单筋矩形截面梁、单向板承载力计算	§4-6	–
6	M3	C20，G，D-AS，	双筋矩形截面梁配筋计算	§4-6	–
7	T	C20，G，D-AS，	T形截面梁配筋计算	§4-6	–
8	V	C20，G，P	受弯构件斜截面受剪承载力计算	§5-4	–
9	N	C20，G，D-AS	配置普通箍筋轴心受压构件正截面承载力计算	§6-3	–
10	S-ZHU	C20，G，D-AS	配置螺旋箍筋轴心受压构件正截面承载力计算	§6-3	–
11	N1-M1	C20，G，D-AS，315	矩形截面对称配筋偏心受压构件正截面承载力计算	§6-6	–
12	N2-M2	C20，G，D-AS，315	矩形截面非对称配筋偏心受压构件正截面承载力计算	§6-7	–
13	PXL	C20，G，D-AS，P，P1，JIAN	偏心受拉构件正截面承载力计算	§7-3	–
14	MTV1	C20，G，D-AS	矩形截面弯剪扭构件承载力计算	§8-4	322
15	MTV2	C20，G	T形截面弯剪扭构件承载力计算	§8-4	326
16	F-W	C20，G	钢筋混凝土受弯构件挠度计算	§9-1	–
17	WCR1	C20，G	钢筋混凝土受拉构件裂缝宽度计算	§9-2	–
18	WCR2	C20，G	钢筋混凝土受弯构件裂缝宽度计算	§9-2	–
19	SB-1	SH-1	双向板四边嵌固时配筋计算	§10-1	–
20	SB-2	SH-1	双向板一长边简支其他三边嵌固时配筋计算	§10-1	–
21	SB-3	SH-1	双向板一短边简支其他三边嵌固时配筋计算	§10-1	–
22	SB-4	SH-1	双向板二邻边简支其他二边嵌固时配筋计算	§10-1	–

续表

编号	主程序名	子程序名	程序功能说明	章节	页次
23	SB-5	SH-1	双向板二短边简支二长边嵌固时配筋计算	§10-1	-
24	SB-6	SH-1	双向板二长边简支二短边嵌固时配筋计算	§10-1	-
25	SB-7	SH-1	双向板三边简支一长边嵌固时配筋的计算	§10-1	-
26	SB-8	SH-1	双向板三边简支一短边嵌固时配筋计算	§10-1	-
27	SB-9	SH-1	双向板四边简支时配筋计算	§10-1	-
28	LOUTI	JIAN	钢筋混凝土板式楼梯配筋计算	§10-2	-
29	DJL	F_{II}，F_{KI}	弹性地基梁的计算（链杆法）	§11-1	330
30	SC		单层钢筋混凝土框架地震反应时程分析	§11-2	333

注：表中章节号表示按该程序计算的例题所在位置；页次表示该程序内容所在位置，其中“-”表示该程序内容未收入本书中，如读者需要该程序，可到中国建筑工业出版社网站 hppt://www.cabp.com.cn“图书配套资源下载”栏目下载。

附录F　部分计算程序

F-1：弯剪扭构件计算(1)

1. 主程序

文件名：【MTV1】

```
"M"? →M:
"V"? →V:
"T"? →T:
"b"? →B
"h"? →H
Prog"C20":
Prog"G":
Lbl 1:
If B＞H:Then
"Wt":(H^2 ÷6)(3×B-H)→W ◢
Else
"Wt":(B^2 ÷6)(3×H-B)→W ◢
IfEnd:
"as"? →A
"h0":H-A→O ◢
If T≤0.175W:Then 0→T ◢
"T-NO"◢
IfEnd
"VT":V÷(BO)+T÷(0.8×W)→List 1[15]◢
If List 1[15]＞0.25F:Then "b"? →B:"h"? →B:
Goto 1:
IfEnd
If V÷(BO)+T÷W≤0.7×r:Then "TV-OK"◢
IfEnd
If V≤0.35rBO:Then 0→V:"V-NO"◢
IfEnd
"αs":M÷(FBO^2)→L ◢
"γs":(1+√(1-2L))÷2→G ◢
```

```
"ξ":1 -√(1 -2L)→K ◢
If K≤X: Then
"As":M÷(GOY)→S ◢
Else
"b"? →B
"h"? →H
Goto 1:
IfEnd
Prog "P":
"bcor":B -2(A -10)→ List 1[16]◢
"hcor":H -2(A -10)→List 1[17]◢
"Acor":List 1[16]×List 1[17]→List 1[9]◢
"ucor":2(List 1[16] +List 1[17])→List 1[8]◢
"βt":1.5 ÷ (1 +0.5VW ÷ (TBO))→θ
Ifθ>1:Then 1→θ◢
Else If θ<0.5:Then 0.5→θ◢
IfEnd
IfEnd
"fyv"? →C:
"n"? →N
"A svl ÷s =":(V -0.7(1.5 -θ)rBO) ÷ (NCO)→P ◢
"ζ"? →Z
"Astl ÷s =":(T -0.35rθW) ÷ (1.2 √(Z) ×C×List 1[9])→E ◢
"ρ svmin =":0.28rθ÷C→W ◢
"ρsv =":N(P +E) ÷B→List 3[8]◢
If List 3[8]≥W:Then
"d"? →D:
"A":πD² ÷4→A
"s":A÷ (P +E)→List3[4]◢
"s"? →List 3[4]
"ρsv":NA÷ (BList 3[4])◢
Else"X =":WB÷N→X
"d"? →D
"A =":πD² ÷4→A
"s":A÷X ◢
"s"? →List 3[4]◢
IfEnd
"ρsv":N(0.25×πD²)/BList 3[4]→List 3[8]
"OK"
```

```
"AstL=":ZCList 1[8]E÷Y→K ◢
"X=":T÷(VB)→θ◢
If θ>2:Then 2→θ:IfEnd
"ρstL,min=":0.6√(θ)×r÷Y→U ◢
"Astl":U×BH→M
If K≥M:Then
"Astl=":K
Else If K<M:Then"Astl=":M→K ◢
IfEnd:IfEnd
"AstL1":K×List 1[16]÷List 1[8]→List 3[1]◢
"d"? ->D
"n":List 3[1]÷(πD²÷4)◢
"OK"◢
"AstL2":K×List 1[17]÷List 1[8]→List 3[2]◢
"d"?→D
"n":List 3[2]÷(πD²÷4)◢
"OK"
"As":S+K×(List 1[16]÷List 1[8])→A
"ρs":A/(BH)→R
"ρs1":0.002→P
"ρs2":0.45r÷Y→Q
If P>Q:Then P→List 2[10]
Else→List 2[10]
IfEnd
"ρmin":List 2[10]+U→U
If R>U:Then "A1":A ◢
Else "A2":UBH→A ◢
IfEnd
"I"?→I
If I=1:Then
"d"?→D:
"n":A÷(0.25πD²)→N ◢
Else If I=2:Then
"d1"?→D
"n1"?→N ◢
"A1":N(0.25πD²)→θ
"A2":A-θ→θ
"d2":? ->→D
"n2":θ÷(0.25πD²)→N ◢
```

```
IfEnd
IfEnd
```

2. 子程序

(1)文件名:[C20]

```
"C "? →C ↵
If C=20:Then"f=":9.60→F:"ft=":1.10→r ↵
"ftk=":1.54→K:"Ec=":2.55×10^4→E ↵
Else If C=25:Then"f=":11.9→F:"ft=":1.27→r ↵
"ftk=":1.78→K:"Ec=":2.8×10^4→E ↵
Else If C=30:Then"f=":14.3→F:"ft=":1.43→r ↵
"ftk=":2.01→K:"Ec=":3×10^4→E ↵
Else If C=35:Then"f=":16.7→F:"ft=":1.57→r ↵
"ftk=":2.20→K:"Ec=":3.15×10^4 ↵
Else If C=40:Then"f=:19.1→F:"ft=":1.71→r ↵
"ftk=":2.39→K:"Ec=":3.25×10^4→E◢
Else If C=45:Then"f=:21.1→F:"ft=":1.8→r ↵
"ftk=":2.51→K:"Ec=":3.35×10^4→E ↵
Else If C=50:Then"f=:23.1→F:"ft=":1.89→r ↵
"ftk=":2.64→K:"Ec=":3.45×10^4→E ↵
IfEnd:IfEnd:IfEnd:IfEnd:IfEnd:IfEnd:IfEnd ↵
Return ↵
```

(2)文件名:[G]

```
"G"? →G ↵
If G=1:Then "fy=":270→Y:"fy":270→List 2[2] ↵
"KSIB=":0.576→X: ↵
Else If G=2:Then"fy=":300→Y:"fy":300→List 2[2] ↵
"KSIB=":0.550→X ↵
"Es=":2×10^5→I ↵
Else If G=3:Then"fy=":360→Y:"fy":360→List 2[2] ↵
"KSIB=":0.518→X ↵
"Es=":2×10^5→I ↵
Else If G=4:Then"f'y=":410→Y:"fy":435→List 2[2] ↵
"KSIB=":0.482→X ↵
"Es=":2×10^5→I ↵
IfEnd:IfEnd:IfEnd:IfEnd ↵
Return ↵
```

(3)文件名:[P]

```
If S≥0.002BH And S≥(0.45r÷Y)BH:Then ↵
"As=":S◢
IfEnd ↵
If 0.002BH>(0.45r÷Y)BH And S<0.002BH:Then ↵
"Amin":0.002BH→S◢
IfEnd ↵
If 0.002BH<(0.45r÷Y)BH And S<(0.45r÷Y)BH:Then ↵
"Amin":(0.45r÷Y)BH→S◢
IfEnd ↵
Return
```

F-2:弯剪扭构件计算(2)

1. 主程序

文件名:【MTV2】

```
"M"? →M:
"V"? →V:
"T"? →T:
"b"? →B:
"h"? →H:
"b'f"? →List 1[1]◢
"h'f"? →List 1[2]◢
Prog "C20":
Prog "G":
Lbl 1:
"Wtw":(B^2÷6)(3×H-B)→I ◢
"Wtf'":(0.5×List 1[2]^2)×(List 1[1]-B)→J ◢
"Wt":I+J→W ◢
"as"? →A
"h0":H-A→O ◢
If T≤0.175W:Then 0→T:
"T-NO":
IfEnd
"VT":V÷(BO)+T÷(0.8*W)→List 1[15]◢
If List 1[15]>0.25F:Then "b"? →B:"h"? →H:
Goto 1:
IfEnd:
If V÷(BO)+T÷W≤0.7r:Then "TV-OK":
```

```
IfEnd
If V≤0.35rBO:Then 0→V:
"V-NO":
IfEnd
"Mu":FList 1[1]List 1[2](O-0.5List 1[2])→List 2[1] ◢
If M≤List 2[1]:Then
"αs":M÷(FList1[1]O²)→L ◢
"γs":(1+√(1-2L))÷2→G ◢
"ξ":1-√(1-2L)→K ◢
Else Goto 7:
IfEnd:
If K>X:Then "b"?→B:"h"?→H:
Goto 1:
IfEnd
"As":M÷(GOY)→S ◢
Prog "P":
Goto 4:
Lbl 7:
"As1":F(List 1[1]-B)List 1[2]÷Y→List 1[14] ◢
"Mu1":F(List 1[1]-B)List 1[2](O-List1[2]÷2)→Q ◢
"Mu2":M-Q→M ◢
"αs":M÷(FBO²)→L ◢
"γs":(1+√(1-2L))÷2→G ◢
"ξ":1-√(1-2L→K ◢
If K≤X:Then
"As2":M÷(GOY)→S ◢
Prog "P":
"As":List 1[14]+S→S ◢
Else
"b"?→B:"h"?→H
Goto 1:
IfEnd
Lbl 4:
"Tw":(I÷W)T→List 1[3] ◢
"Tf":T-List 1[3]→List 1[4] ◢
"bcor":B-2(A-10)→List 1[16] ◢
"hcor":H-2(A-10)→List 1[17] ◢
"Acor":List 1[16]×List 1[17]→List 1[9] ◢
"ucor":2(List 1[16]+List 1[17])→List 1[8] ◢
```

```
"βt":1.5÷(1+0.5VI÷(List 1[3]BO))→θ◢
Ifθ>1:Then 1→θ:
Else If θ<0.5:Then 0.5→θ:
IfEnd:
IfEnd:
"fyv"?→C:
"n"?→N:
"Asv1÷s=":(V-0.7(1.5-θ)rBO)÷(NCO)→P◢
"ζ"?→Z:
"Ast1÷s=":(List 1[3]-0.35×r×θI)÷(1.2√(Z)×C×List 1[9])→E◢
"ρsvmin=":0.28×r÷C→W◢
"ρsv=":N(P+E)÷B→List 3[8]◢
If List 3[8]≥W:Then
"d"?→D:
"A=":πD²÷4→A◢
"s=":A÷(P+E)→List 3[4]◢
"s"?→List 3[4]:
"ρsv":NA÷(BList 3[4])◢
Else "X=":WB÷N→X:
"d"?→D:
"A=":πD²÷4→A:
"s=":A÷X◢
"s"?→List 3[4]:
IfEnd:
"ρsv":N(0.25×πD²)÷BList 3[4]→List 3[8]◢
"OK":
"AstL=":ZCList 1[8]E÷Y→K:
"X=":List 1[3]÷(VB)→θ:
If θ>2:Then 2→θ:
IfEnd:
"ρstl,min=":0.6×√(θ)×r÷Y→U◢
U×BH→M
If K≥M:Then "Astl=":K:
Else If K<M:Then "Astl=":M→K:
IfEnd:
IfEnd:
"AstL1":K×List 1[16]÷List 1[8]→List 3[1]◢
"d"?→D:
"n":List 3[1]÷(πD²÷4)◢
```

```
"OK":
"A_stL2":K×List 1[17]÷List 1[8]→List 3[2]:
"d"?→D:
"n":List 3[2]÷(πD^2/4)◢
"OK":
"A_s*":S+K×(List 1[16]÷List 1[8])→A:
"ρ*":A÷(BH)→R:
"ρ_s1":0.002→P:
"ρ_s2":0.45r÷Y→Q:
If P>Q:Then P→List 2[10]:
Else Q→List 2[10]:
IfEnd:
"ρ_min*":List 2[10]+U→U◢
If R>U:Then "A1":A◢
Else "A_2":UBH→A◢
IfEnd:
"I"?→I:
If I=1:Then
"d"?→D:
"n":A÷(0.25πD^2)→N◢
Goto 9:
Else If I=2:Then
"d_1"?→D:
"n_1"?→N:
"A_1":N(0.25πD^2)→θ:
"A_2":A-θ→θ:
"d_2":?→D:
"n_2":θ÷(0.25πD^2)→N◢
IfEnd
IfEnd
Lbl 9:
"a'_s"?→A:
"A_cor":(List 1[1]-B-2A)(List 1[2]-2A)→θ◢
"u_cor":(List 1[1]-B+List 1[2]-4A)×2→U◢
"A_st1÷s":(List 1[4]-0.35rJ)÷(1.2√(Z)×Cθ)→P◢
"d":?→D:
"a":0.25πD^2→A:
"s":A÷P→S◢
"s"?→S:
```

```
"ρsv":2A÷(S×List 1[2])→R:
If R≥W:Then
"OK":
Else WList 1[2]S÷2→Q:
"Asv1":Q
IfEnd
"AstL":ZP×CU÷Y→K ◢
"ρstLmin":0.6√(2)×r÷Y→R ◢
If K≥RList 1[2](List 1[1]-B):Then
"OK"
Else RList 1[2](List 1[1]-B)→K ◢
"AstL":K ◢
IfEnd
```

2. 子程序(与文件名:[MTV1]相同)

F-3:地基梁计算

1. 主程序

文件名:[DJL]

```
"b"?→B:"h"?→H:"c"?→List 1[19]:
"μ"?→M:"E0"?→E:"Ec"?→L:
B×List 1[19]→List 1[20]:"I=":BH^3÷12→I:
"r=":πEList 1[19]÷(1-M²)→r:
"α=":(πE(List 1[19])^4)÷(6EI(1-M²))→L:
B÷List 1[19]→G:
0→K:0→I:
Prog"FKI-1":
"δ00=":2F→A:
F→List 1[1]:
1→I:
Prog"FKI-2":
"δ01=":2F→B:
F→List 1[2]:
2→I:
Prog"FKI-2":
"δ02=":2F→C:
F→List 1[3]:
3→I:
Prog"FKI-2":
```

```
"δ03 =":2F→D:
F→List 1[4]:
4→I:
Prog"FKI -2":
"δ04 =":2F→E:
F→List 1[5]:
"δ11 =":L×2 + List 1[1] + List 1[3] →V:
"δ12 =":L×5 + List 1[2] + List 1[4] →G:
"δ13 =":L×8 + List 1[3] + List 1[5] →H:
5→I:
Prog"FKI -2":
F→List 1[6]:
"δ14 =":L×11 + List 1[4] + List 1[6] →U:
"δ22 =":L×16 + List 1[1] + List 1[5] →J:
"δ23 =":L×28 + List 1[2] + List 1[6] →T:
2→K: -4→I:
Prog"FKI -2":
F→List 1[7]:
"δ24 =":L×40 + List 1[3] + List 1[7] →θ:
"δ33 =":L×54 + List 1[1] + List 1[7] →M:
3→K: -4→I:
Prog"FKI -2":
F→List 1[8]:
"δ34 =":L×81 + List 1[2] + List 1[8] →N:
4→K: -4→I:
Prog"FKI -2":
F→List 1[9]:
"δ44 =":L×128 + List 1[1] + List 1[9] →O:
"P0"? →List 1[10]:
"P1"? →List 1[11]:
"P2"? →List 1[12]:
"P3"? →List 1[13]:
"P4"? →List 1[14]:
"∑Pi=":List 1[10] +List 1[11] + List 1[12] + List 1[13] +List 1[14]
→W:
"Δ1P =":L(List 1[11] ×2 +List 1[12] ×5 +List 1[13] ×8 +List 1[14] ×
11)→P:
"Δ2P =":L(List 1[11] ×5 +List 1[12] ×16 +List 1[13] ×28 +List 1[14] ×
40)→Q:
```

```
"Δ3P =":L(List 1[11] ×8 + List 1[12] ×28 +List 1[13] ×54 +List 1[14] ×
81)→R:
"Δ4P =":L(List 1[11] ×11 +List 1[12] ×40 +List1[13] ×81 +List 1[14] ×
128)→S:
[[A,B,C,D,E, -r][B,V,G,H,U, -r][C,G,J,T,θ, -r][ D,H.T.M.N, -r]
[E,U,θ,N,O , -r]
[1,1,1,1,1,0]]→Mat A:
[[0][P][Q][R][S][W]]→Mat B:
"Mat A^-1 =":Mat A^-1 ◢
"[X] =":Mat A^-1 ×Mat B→Mat D:
Mat D: * Row 0,D,6 :
Mat D:
"X0 =":Mat D[1,1]→List 1[1] ◢
"X1 =":Mat D[2,1]→List 1[2] ◢
"X2 =":Mat D[3,1]→List 1[3] ◢
"X3 =":Mat D[4,1]→List 1[4] ◢
"X4 =":Mat D[5,1]→List 1[5] ◢
* Row 2,D,1:
Mat D←
"[p] =":Mat D÷(List 1[20])→Mat E:
"p0 =":Mat E[1,1] →List 2[1] ◢
"p1 =":Mat E[2,1] →List 2[2] ◢
"p2 =":Mat E[3,1] →List 2[3] ◢
"p3 =":Mat E[4,1] →List 2[4] ◢
"p4 =":Mat E[5,1] →List 2[5] ◢
"M0 =":0.25 List1[19] ×List 1[1] + List 1[19] ×List 1[2] + 2 List 1
[19] ×List 1[3] 3List[19] ×List 1[4] +4List[19] ×List 1[5] -List[19]
×List 1[11] -2 List[19] ×List 1[12] -3List 1[19] ×List 1[13] -4 List 1
[19] ×List 1[14] →A ◢
"M1 =":0.125× List 1[19] ×List 1[2] + List 1[19] ×List 1[3] + 2 List
1[19] ×List 1[4] + 3List 1[19]List 1[5] -List 1[19] ×List 1[12] -2 List
1[19] ×List 1[13] -3List 1[19] ×List 1[14] →B ◢
"M2 =":0.125List 1[19] ×List 1[3] + List 1[19] ×List 1[4] + 2List
1[19] ×List 1[5] -List 1[19] ×List 1[13] -2 List 1[19] ×List 1[14] →
C ◢
"M3 =":0.125× List 1[19] ×List 1[4] + List 1[19] ×List 1[5] - List 1
[19] ×List 1[14] →D ◢
"M4 =":0.125 List 1[19] ×List 1[5] →E ◢
[[A][B][C][D][E]]→Mat M ◢
```

"V_{0l}=": -List 1[5] - List 1[4] - List 1[3] - List 1[2] - List 1[1] + 2List 1[10] + List 1[11] + List 1[12] + List 1[13] + List 1[14]→A ◢

"V_{0r}=":A - List 1[10] ×2→B ◢

"V_{1l}=": -0.5× List 1[2] - List 1[3] - List 1[4] - List 1[5] + List 1[11] + List 1[12]

+List 1[13] List 1[14]→C ◢

"V_{1r}=":C - List 1[11] →D ◢

"V_{2l}=": -0.5×List 1[3] - List 1[4] -List 1[5] + List 1[12]

+ List 1[13] + List 1[14]→E ◢

"V_{2r}=":E - List 1[12] →F ◢

"V_{3l}=": -0.5× List 1[4] -List 1[5] + List 1[13] + List 1[14] →G ◢

"V_{3r}=":G - List 1[13] →H ◢

"V_{4l}=": -0.5×List 1[5] + List 1[14] →I ◢

"V_{4r}=":I - List 1[14] →J ◢

[[A] [B] [C] [D] [E] [F] [G] [H] [I] [J]] →Mat V ◢

2. 子程序

(1)程序名【FII】(占用内存64字节)

"FKI -1 =":2(1 ÷G) ×sinh⁻¹G + sinh⁻¹(1 ÷G)→F:

Return ←

(2)程序名【FKI】(占用内存140字)

"x=":Abs(K - I)List 1[19] →X:

2X ÷List 1[19] +1→Y:

2X ÷List 1[19] -1→Z:

"FKI -2 =":((Y ÷G)sinh⁻¹(G ÷Y) +sinh⁻¹(Y ÷G)) -((Z ÷G)sinh⁻¹(G ÷Z) +sinsh⁻¹(Z ÷G))→F:

Return ←

3. 输入 List n(m)的维数:

将 List 1[20]和 List 2[20]输入计算器内,其步骤为:

1)【MENU】—【1】—【20】—【→】—【OPTN】—【F1】—【F3】—【F1】—【1】;—【EXE】;

2)【20】—【OPTN】—【F1】—【F3】—【F1】—【2】;—【EXE】。

注　1.【】内的英文和符号表示计算器面板上按键上的英文和符号。

注　2. 程序中符号;为语句分隔符;→为赋值符;◢为显示符(显示计算结果);←为换行符。

F-4:结构地震反应时程分析

文件名:[S-C](时程分析)

"k"? →K:

"c"? →C:

"m? →M:

```
"Δt"? →T:
"n"? →N:
0→List 4[1]:
"k-":K+6M÷T²+3C÷T→r ◢
0→List 1[1]:
0→List 2[1]
0→List 3[1]
For 1→I To N:
"xg"? →List 4[I+1]◢
"Δxg":List 4[I+1]-List 4[I]→List 8[I]◢
"ΔF":-M×List 8[I]+(M×6÷T+3C)List 2[I]:
+(3M+TC÷2)×List 3[I]→List 9[I]◢
"Δx":List 9[I]÷r→List 5[I]◢
"Δx":3×List 5[I]÷T-3×List 2[I]-T×List 3[I]/2→List 6[I]◢
"Δx":(1÷M)×(-M×List 8[I]-C×List 6[I]-KList 5[I])→List 7[I]◢
"x(I)":List 1[I]+List 5[I]→List 1[I+1]◢
"x(I)":List 2[I]+List 6[I]→List 2[I+1]◢
"x(I)":List 3[I]+List 7[I]→List 3[I+1]◢
Next
```

参 考 文 献

[1]《建筑结构可靠度设计统一标准》(GB 50068—2001). 北京：中国建筑工业出版社，2002.

[2]《混凝土结构设计规范》(GB 50010—2010). 北京：中国建筑工业出版社，2011.

[3]《建筑结构荷载规范》(GB 50009—2012). 北京：中国建筑工业出版社，2012.

[4] 东南大学，天津大学，同济大学. 混凝土结构. 第五版（上册）. 北京：中国建筑工业出版社，2012.

[5] 东南大学，天津大学，同济大学. 混凝土结构学习辅导与习题精解. 北京：中国建筑工业出版社，2006.

[6] 王栋. Visual Basic 程序设计实用教程（第3版）. 北京：清华大学出版社，2007.

[7] 梁兴文，史庆轩. 混凝土结构设计原理. 第二版. 北京：中国建筑工业出版社，2011.

[8] 腾智明，罗福午，施岚青. 钢筋混凝土基本构件. 第二版. 北京：清华大学出版社，1987.

[9] 白生翔. 不对称配筋小偏心受压构件计算方法的合理应用（一）. 北京：《建筑结构》，1995（5）.

[10] 魏巍. 考虑非弹性及二阶效应特征的钢筋混凝土框架柱的强度问题与稳定问题，2004.

[11] 王依群. 混凝土结构设计计算算例. 北京：中国建筑工业出版社，2012.

[12] 王振东，叶英华. 混凝土结构设计计算. 北京：中国建筑工业出版社，2008.

[13] 刘立新，叶燕华主编. 混凝土结构原理. 武汉：武汉理工大学出版社，2010.

[14] 夏志武，姚谏. 钢结构—原理与设计. 北京：中国建筑工业出版社，2004.

[15] 杨霞林，丁小军主编. 混凝土结构设计原理. 北京：中国建筑工业出版社，2011.

[16] 吕晓寅主编，混凝土结构基本原理. 北京：中国建筑工业出版社，2012.

[17] 郭继武主编. 混凝土结构与砌体结构. 北京：高等教育出版社，1990.

[18] 郭继武，黎钟主编. 建筑结构设计实用手册. 北京：高等教育出版社，1991.

[19] 郭继武. 混凝土结构基本构件设计与计算. 北京：中国建材工业出版社，2010.

[20] 郭继武. 建筑抗震设计（第三版）. 北京：中国建筑工业出版社，2011.

[21] 郭继武. 结构构件及地基计算程序开发和应用. 北京：中国建筑工业出版社，2009.